Rainer Göb

Elementare Wirtschaftsmathematik

Erster Teil: Funktionen von einer und zwei Veränderlichen

Vierte, durchgesehene und erweiterte Auflage

Mit 93 Abbildungen

Methodica-Verlag

Veitshöchheim

Autor:

Rainer Göb

Institut für Angewandte Mathematik und Statistik

Sanderring 2

D – 97 070 Würzburg

Copyright: Methodica-Verlag, Veitshöchheim, 2007

ISBN 978-3-9810563-4-1

Vorwort zur ersten Auflage 2004.

Das vorliegende Buch ist der erste Teil einer auf zwei Bände angelegten *Elementaren Wirtschafts-mathematik*. Der Inhalt beruht auf einer veränderten und beträchtlich erweiterten Version der ersten zwei Teile der mittlerweile vergriffenen *Mathematik für Wirtschaftswissenschaftler*, ebenfalls erschienen im Methodica-Verlag. Dargestellt werden die Grundlagen der mathematischen Modellbildung wie Mengen, Relationen, Zahlenbereiche, und die Methoden der reellen Analysis von Funktionen einer und zweier Veränderlicher: elementare Funktionen, Folgen, Differential-rechnung, Extremwertbestimmung, Integration, Differentialgleichungen. Insgesamt enthält der erste Band den Stoff einer einsemestrigen Einführung in die Wirtschaftsmathematik.

Für den wirtschaftswissenschaftlichen Anwender steht nicht die mathematische Struktur, sondern die Modellbildung im Vordergrund. Das Buch verfolgt daher keinen mathematisch strengen Aufbau der Differentialrechnung auf Grundlage des Folgenbegriffs. Folgen und Funktionen werden als Instrumente der Modellbildung thematisiert. Um den Umgang mit immer wieder benötigten Methoden der Differentialrechnung zu erleichtern, wurden die wichtigsten Feststellungen über Grenzwerte, Differenzierbarkeit, und Extremwertbestimmung bei differenzierbaren Funktionen im Anhang zusammengefaßt.

Vorwort zur zweiten Auflage 2005.

Für die zweite Auflage wurde der gesamte Text durchgesehen, an verschiedenen Stellen erweitert und durch zusätzliche Abbildungen ergänzt. Insbesondere wurde das Kapitel zur kontinuierlichen dynamischen Modellierung (Differentialgleichungen) erheblich erweitert.

Vorwort zur dritten Auflage 2006.

Für die dritte Auflage wurde der gesamte Text eingehend durchgesehen. Hinzugefügt wurden zwei Paragraphen über Zifferndarstellungen reeller Zahlen.

Vorwort zur vierten Auflage 2007.

Für die vierte Auflage wurde der gesamte Text eingehend durchgesehen und an einigen Stellen abgeändert. Hinzugefügt wurde ein Paragraph über Taylorapproximation.

Rainer Göb

Inhaltsverzeichnis

1 Grundlagen: Mengen, Tupel, Relationen.

1.1 Mengen.

Die Begriffe und Notationen der naiven (nichtformalen) Mengenlehre sind bei der Darstellung der Methoden der Analysis nützlich. Bei der Bestimmung des Begriffs der *Menge* folgen wir *Cantor*[1]: „Unter einer *Menge* verstehen wir jede Zusammenfassung M von bestimmten wohlunterschiedenen Objekten unserer Anschauung oder unseres Denkens (welche die *Elemente* von M genannt werden) zu einem Ganzen."

Endliche Mengen können durch die vollständige Aufzählung der in der Menge enthaltenen Objekte (der *Elemente* oder *Mitglieder* der Menge) angegeben werden. Um die Zugehörigkeit der Objekte zu einer Menge herauszustellen, schreibt man die Objekte zwischen zwei Klammern { und }:

$\{1, 3, 6, 112\}$ Menge der Zahlen $1, 3, 6, 112$,

$\Big\{(1,2), (1,3), (1,4)\Big\}$ Menge der Zahlenpaare $(1,2), (1,3), (1,4)$.

Man beachte: Die Aufzählung der Elemente ist im strengen Sinne nur bei endlichen Mengen möglich.

In natürlicher Sprache werden Mengen als Zusammenfassungen von Objekten durch eine charakteristische Eigenschaft angegeben, z. B. die Menge der Studenten eines Studienganges an einer Universität oder die Menge der Zuschauer eines Fußballspiels. Diese Darstellung durch eine Eigenschaft der Elemente (Mitglieder) wird auch zur formalen Notation benutzt. Die Notation der Menge aller Objekte, die eine gewisse Eigenschaft E haben, folgt dem Schema

$\{x \mid x \text{ hat } E\},$

zum Beispiel

$\{x \mid x \text{ ist ganze Zahl}, \; -5 \le x < 2\} \;=\; \{-5, -4, -3, -2, -1, 0, 1\}.$

Mit dieser Darstellung durch eine charakteristische Eigenschaft können nun auch unendliche Mengen angegeben werden. Ist die charakteristische Eigenschaft an einem endlichen Abschnitt der Menge leicht erkennbar, so wird häufig eine unendliche Menge durch die Angabe eines geeigneten endlichen Abschnitts in einer „Pseudoaufzählung" charakterisiert, zum Beispiel

$\{x \mid x \text{ ist ganze Zahl}, \; x \ge -2\} \;=\; \underbrace{\{-2, -1, 0, 1, 2, \dots\}}_{\text{Pseudoaufzählung}},$

$\Big\{(x, y) \mid x \text{ ist natürliche Zahl}, \; y = 2x \text{ oder } y = 3x\Big\} \;=\;$

---

[1] Georg Cantor, geboren am 03. März 1845 in Sankt Petersburg, gestorben am 06. Januar 1918 in Halle. Cantor lehrte von 1872 bis 1913 in Halle. Er leistete wesentliche Beiträge zur Mengenlehre, Zahlentheorie und Analysis.

$$\underbrace{\Big\{(1,2),(1,3),(2,4),(2,6),(3,6),(3,9),\dots\Big\}}_{\text{Pseudoaufzählung}}.$$

Man beachte aber, daß eine solche Pseudoaufzählung keine Identifikation der Menge im strengen Sinne garantiert.

1.1.1 Aufgabe.   Zu der Pseudoaufzählung $\{4,8,12,\dots\}$ gebe man in exakter Notation durch Angabe einer charakterisierenden Eigenschaft zwei verschiedene Mengen an, die beide die aufgezählten Objekte $4,8,12$ enthalten.   •

Die in einer Menge enthaltenen Objekte wurden als *Elemente* oder *Mitglieder* der Menge bezeichnet. Um die Mitgliedschaft bzw. Nichtmitgliedschaft eines Objektes a in einer Menge M auszudrücken, benutzt man die folgenden formalen Schreibweisen:

„$a \in M$" bedeutet „a ist Element (Mitglied) von M".

„$a \notin M$" bedeutet „a ist nicht Element (Mitglied) von M".

1.1.2 Aufgabe.   Welche der folgenden Aussagen sind richtig, welche falsch?

$-3 \in \{x \mid x \text{ ist ganze Zahl}, \ -3 < x \le 2\}$,

$102 \in \{x \mid x \text{ ist ganze Zahl}, \ x \text{ ist teilbar durch } 17\}$.   •

In den bisherigen Beispielen wurde bereits die vom anschaulichen Standpunkt selbstverständliche Definition der Identität zweier Mengen benutzt: Zwei Mengen stimmen genau dann überein, wenn sie genau dieselben Elemente (Mitglieder) enthalten. Mit der Notation für die Elementschaftsbeziehung kann folgende Definition der Identität von Mengen ausgesprochen werden.

1.1.3 Definition (Identität von Mengen).   Es seien A, B zwei Mengen. A und B heißen genau dann *identisch* (in Zeichen: $A = B$), wenn gilt: Für jedes $x \in A$ gilt $x \in B$ und für jedes $x \in B$ gilt $x \in A$.   •

Aus Definition 1.1.3 ergibt sich insbesondere, daß bei der Darstellung einer Menge durch Aufzählung der Elemente die Reihenfolge und Mehrfachnennungen unwesentlich sind, siehe hierzu auch die folgende Aufgabe.

1.1.4 Aufgabe.   Man prüfe, ob die folgenden Mengen identisch sind.

$A = \{3,1,5,1,3\}, \quad B = \{1,3,5\},$

$A = \{x \mid x \text{ ganze Zahl}, x \text{ Nullstelle des Polynoms } x^3 - 5x^2 + \frac{31}{4}x - \frac{15}{4}\}, \quad B = \{1\}.$•

Vom Standpunkte der Anschauung wird man eine Menge A genau dann als Teilmenge einer Menge B auffassen, wenn sich jedes in A enthaltene Objekt auch in B findet. Mit der Notation für die Elementschaftsbeziehung ergibt sich die folgende Definition.

1.1.5 Definition (Teilmengenbeziehung).   Es seien A, B zwei Mengen.
A heißt genau dann *Teilmenge von B* oder *enthalten in B* (in Zeichen: $A \subset B$), wenn gilt:

Für jedes $x \in A$ gilt $x \in B$.   •

Gilt $A \subset B$, so sagt man auch: „B enthält A" oder „B ist Obermenge von A". Die Teilmengenbeziehung $\subset$ bezeichnet man auch als *Inklusion*.

1.1.6 Aufgabe.   Welche der folgenden Aussagen sind richtig, welche falsch?

$\{-3, 7, 5\} \subset \{x \mid x \text{ ist ganze Zahl}, x \geq -4\}$,

$\{x \mid x \text{ ist ganze Zahl}, x \text{ ist teilbar durch } 25\} \quad \subset$

$\{x \mid x \text{ ist ganze Zahl}, x \text{ ist teilbar durch } 55\}$. •

Aus der Definition 1.1.3 der Identität von Mengen folgt, daß es genau eine Menge gibt, die kein einziges Element enthält. Diese *leere Menge* wird mit $\emptyset$ bezeichnet.

1.1.7 Aufgabe.   Welche der folgenden Aussagen sind richtig, welche falsch?

$\{x \mid x \text{ ist ganze Zahl}, x \text{ ist Nullstelle des Polynoms } x^2 - 4x + 3.75\} \;=\; \emptyset$,

$\left\{(x, y, z) \mid x, y, z \text{ sind ganze Zahlen}, x^2 + y^2 = z^2\right\} \;=\; \emptyset$. •

1.1.8 Aufgabe.   Man zeige: Für jede Menge A gilt $\emptyset \subset A$. •

Die Anzahl der Elemente einer endlichen Menge E bezeichnet man als den *Betrag* von E, den man mit $|E|$ notiert.

1.1.9 Aufgabe.   Für die folgenden endlichen Mengen E bestimme man $|E|$.

$\{1, 17, 18.65, \frac{1}{2}, \sqrt{777}\}$, $\{x \mid x \text{ ist ganze Zahl}, x \text{ gerade}, -778 \leq x \leq 999 \}$,

$\{x \mid x \text{ ist ganze Zahl}, x \text{ ist Nullstelle des Polynoms } x^2 - 4x + 3.75\}$. •

Mit den Operationen *Vereinigung, Durchschnitt* und *Differenz* können aus gegebenen Mengen neue Mengen erzeugt werden.

3

1.1.10 Definition (Vereinigung, Durchschnitt, Differenz). Es seien A, B zwei Mengen. Die Menge

$$A \cup B = \{x \mid x \in A \text{ oder } x \in B\} = B \cup A$$

heißt *Vereinigung von A und B.*
Die Menge

$$A \cap B = \{x \mid x \in A \text{ und } x \in B\} = B \cap A$$

heißt *Durchschnitt von A und B.*
Die Menge

$$A \setminus B = \{x \mid x \in A \text{ und } x \notin B\}$$

heißt *Differenz von A und B.* •

Die Vereinigung und die Durchschnittsbildung sind, wie in der Definition bereits vermerkt, *kommutativ*, d. h. es ist

$$A \cup B = B \cup A, \quad A \cap B = B \cap A \qquad \text{für Mengen } A, B. \tag{1}$$

Ein solches Kommutativgesetz gilt *nicht* für die Differenzbildung. Man beachte hierzu die folgenden Aufgaben 1.1.11 und 1.1.12.

1.1.11 Aufgabe. Es sei $A = \{1, 2, 4, 7, 11\}$, $B = \{2, 4, 6, 8, 10\}$. Man bestimme $A \cup B$, $A \cap B$, $A \setminus B$, $B \setminus A$. •

1.1.12 Aufgabe. Man zeige: Für Mengen A, B gilt $A \setminus B = B \setminus A$ genau dann, wenn $A = B$. •

Zwei Mengen A, B heißen genau dann *disjunkt*, wenn sie keine Elemente gemein haben, d. h. wenn $A \cap B = \emptyset$. Die Mengen $A_1, A_2, A_3, \dots$ heißen genau dann *paarweise disjunkt*, wenn für $i \neq j$ gilt $A_i \cap A_j = \emptyset$.

1.1.13 Aufgabe. Welche der folgenden Paare von Mengen sind disjunkt?

$\{z \mid z \text{ ganze Zahl, } 0 < z < 4\}$, $\{z \mid z \text{ ganze Zahl, } z \text{ teilbar durch } 2\}$;

$\{z \mid z \text{ ganze Zahl, } -1 < z < 2\}$, $\{z \mid z \text{ ganze Zahl, } z^2 > 3\}$. •

Gegeben sei eine Menge B. Die Menge

$$\mathfrak{P}(B) = \{A \mid A \subset B\} \tag{2}$$

aller Teilmengen von B wird als *Potenzmenge von B* bezeichnet. Die leere Menge $\emptyset$ und die vorgegebene Menge B sind Elemente der Potenzmenge $\mathfrak{P}(B)$. Die Betrag der Potenzmenge $\mathfrak{P}(B)$ einer endlichen Menge B beträgt $|\mathfrak{P}(B)| = 2^{|B|}$.

1.1.14 Aufgabe. Für die folgenden Mengen B gebe man die Potenzmenge $\mathfrak{P}(B)$ explizit an: $B = \emptyset$, $B = \{3\}$, $B = \{1,2,3\}$. •

1.2 Tupel und cartesische Produkte.

Wir betrachten zunächst ein einfaches Beispiel.

1.2.1 Beispiel. Die Examenskandidaten einer Fakultät nehmen nacheinander an drei Examensklausuren teil. Bei jeder der Klausuren wird eine der Noten 1,...,5 vergeben. Man betrachte z. B. das folgende Ergebnis eines Kandidaten:

1. Klausur	2. Klausur	3. Klausur
2	4	2

In einer einfacheren Notation kann dieses Resultat als *Notentupel* $(2,4,2)$ festgehalten werden. Unter der Vereinbarung, daß die i-te Stelle des Tupels das Ergebnis der i-ten Klausur angibt, kann die Menge aller möglichen Examensergebnisse als Menge

$$\left\{ (i,j,k) \mid i,j,k \in \{1,...,5\} \right\}$$

der möglichen Notentupel aufgefaßt werden. Ein Notentupel ist offenbar etwas anderes als eine Notenmenge. Man vergleiche die Tupel

$$(2,4,2), \quad (4,2,2)$$

und die Notenmengen

$$\{2,4,2\}, \quad \{4,2,2\}.$$

Die beiden Tupel repräsentieren unterschiedliche Examensergebnisse, da die Reihenfolge der Ergebnisse wesentlich ist. Die Notenmengen sind nach Definition 1.1.3 identisch:

$$\{2,4,2\} \quad = \quad \{2,4\} \quad = \quad \{4,2,2\}. \qquad •$$

Eine Zusammenstellung $(x_1,...,x_n)$ von n Objekten heißt n-*Tupel*. Im allgemeinen sind die Objekte Zahlen, es kann sich aber auch z. B. um Mengen oder andere Tupel handeln. Ist $(x_1,...,x_n)$ ein n-Tupel, so heißt das i-te Objekt x_i die i-te *Komponente* oder das i-te *Glied* des Tupels. Man bezeichnet

2-Tupel	(x_1, x_2)	als *Paare*,
3-Tupel	(x_1, x_2, x_3)	als *Tripel*,
4-Tupel	(x_1, x_2, x_3, x_4)	als *Quadrupel*,
5-Tupel	$(x_1, x_2, x_3, x_4, x_5)$	als *Quintupel*.

Die Anzahl n der Komponenten eines Tupels $(x_1,...,x_n)$ heißt auch die *Länge* des Tupels.

Wie aus Beispiel 1.2.1 ersichtlich, spielt bei der Identifikation von Tupeln im Unterschied zur Identifikation von Mengen die Reihenfolge der Komponenten und die Anzahl der Komponenten eine wesentliche Rolle. Die Identität von Tupeln wird folgendermaßen definiert.

1.2.2 Definition (Identität von Tupeln).   Zwei Tupel $(x_1, ..., x_n)$, $(y_1, ..., y_k)$ heißen genau dann *identisch* (in Zeichen: $(x_1, ..., x_n) = (y_1, ..., y_k)$), wenn $n = k$ und wenn $x_1 = y_1, \ldots, x_n = y_n$. •

1.2.3 Aufgabe.   Man gebe zwei nichtidentische 5-Tupel $(x_1, ..., x_5) \neq (y_1, ..., y_5)$ an, wobei aber $\{x_1, ..., x_5\} = \{y_1, ..., y_5\}$. •

Wir führen nun eine Bezeichnung für die Menge aller Tupel ein, deren Komponenten aus vorgegebenen Mengen stammen.

1.2.4 Definition (Cartesisches Produkt von Mengen).   Es seien $A_1, ..., A_n$ nichtleere Mengen. Die Menge

$$A_1 \times A_2 \times ... \times A_n \quad := \quad \Big\{ (a_1, ..., a_n) \,|\, a_1 \in A_1, ..., a_n \in A_n \Big\}$$

heißt *cartesisches Produkt der Mengen $A_1, ..., A_n$*. •

Wie in Definition 1.2.4 schreibt man „:=", wenn die in der Gleichung links stehende Größe durch die rechts stehende definiert wird. Für den Betrag eines cartesischen Produktes endlicher Mengen $A_1, ..., A_n$ ergibt sich leicht, siehe Aufgabe 1.2.6:

$$|A_1 \times ... \times A_n| \quad = \quad |A_1| \cdot ... \cdot |A_n| \,. \tag{3}$$

1.2.5 Aufgabe.   Man gebe die cartesischen Produkte der folgenden Mengen $A_1, ..., A_n$ explizit durch Aufzählung ihrer Elemente an.

$$A_1 = \{1, 2\}, \quad A_2 = \{2, 5\},$$

$$A_1 = \{1\}, \quad A_2 = \{-1, 2\}, \quad A_3 = \{0, 3\},$$

$$A_1 = \{1, 2\}, \quad A_2 = \{-1, 2\}, \quad A_3 = \{1, 2, 3\}. \qquad •$$

1.2.6 Aufgabe.   Man beweise die Gültigkeit der Formel (3). •

Stimmen die Faktoren eines cartesischen Produktes alle überein, so verwendet man eine an die Potenzen von Zahlen, siehe Paragraph 2.11, angelehnte Notation und Sprechweise. Man setzt

$$A^n \quad := \quad \underbrace{A \times ... \times A}_{n\text{-mal}} \tag{4}$$

und nennt A_n *n-te cartesische Potenz von A*.

6

1.2.7 Aufgabe. Man gebe die Menge $\{1,2\}^3$ explizit durch Aufzählung der Elemente an. •

1.3 Relationen.

In der mathematischen Modellierung dienen Mengen der formalen Beschreibung von Gegenstandsbereichen. Eine Strukturbildung ist erst mit dem auf dem Begriff des Tupels beruhenden Begriff der *Relation* möglich.

1.3.1 Definition (Relation). Es seien A, B Mengen.

Jede nichtleere Teilmenge $R \subset A \times B$ des cartesischen Produktes $A \times B$ heißt *Relation auf dem Linksbereich A und dem Rechtsbereich B.* Für $(x, y) \in R$ schreibt man auch xRy und drückt diesen Sachverhalt verbal aus durch „x steht in der Relation R zu y". Der Bereich

$$R_A \quad = \quad \{x | x \in A, \text{ es gibt } y \in B \text{ mit } xRy\} \tag{5}$$

heißt *Vorbereich* der Relation R, der Bereich

$$R_B \quad = \quad \{y | y \in B, \text{ es gibt } x \in A \text{ mit } xRy\} \tag{6}$$

heißt *Nachbereich* der Relation R. Ist $R_A = A$, so heißt R *linksausschöpfend.* Ist $R_B = B$, so heißt R *rechtsausschöpfend.* Eine sowohl linksausschöpfende als auch rechtsausschöpfende Relation heißt *ausschöpfend.*

Ist $A = B$, so bezeichnet man eine Relation $R \subset A \times A$ als *Relation auf A.* •

1.3.2 Aufgabe (Relation). Es sei $A = \{1, 2, ..., 6\}$, $B = \{4, 5, 6, 7\}$. Die Relation R auf A und B sei definiert durch

$$R \quad = \quad \Big\{ (1,7), (4,4), (3,4), (4,6), (5,6), (5,7) \Big\}.$$

Man bestimme den Vorbereich und den Nachbereich der Relation R. •

1.3.3 Aufgabe (Relation). Es sei $A = \{1, 2, 3\}$, $B = \{4, 5\}$. Man bestimme die folgenden Anzahlen von Relationen R auf dem Linksbereich A und dem Rechtsbereich B:

(i)   Anzahl aller Relationen R.

(ii) Anzahl aller linksausschöpfenden Relationen.

(iii) Anzahl aller rechtsausschöpfenden Relationen.

(iv) Anzahl aller ausschöpfenden Relationen. •

1.4 Äquivalenzrelationen.

Die wesentlichen strukturgebenden Relationen sind die *Äquivalenzrelationen* und die im folgenden Paragraphen 1.5 behandelten *Ordnungsrelationen*.

1.4.1 Definition (Äquivalenzrelation).   Es sei A eine Menge.

Eine Relation $\sim$ auf A heißt genau dann *Äquivalenzrelation*, wenn sie die folgenden Eigenschaften hat:

Reflexivität: Für alle $x \in A$ gilt $x \sim x$. $\hfill (7)$

Symmetrie: Für alle $x, y \in A$ mit $x \sim y$ ist auch $y \sim x$. $\hfill (8)$

Transitivität: Für $x, y, z \in A$ mit $x \sim y$ und $y \sim z$ gilt auch $x \sim z$. $\hfill (9)$

•

Die drei Eigenschaften Reflexivität, Symmetrie und Transitivität präzisieren den intuitiven Begriff der Gleichwertigkeit (Äquivalenz). Ersichtlich ist die Identität = eine Äquivalenzrelation.

1.4.2 Aufgabe (Äquivalenzrelation).   Auf der Menge der natürlichen Zahlen 1,2,3,...

sei eine Relation R erklärt durch die Bedingung: xRy genau dann, wenn der Rest bei der Division von x durch 5 mit dem Rest bei der Division von y durch 5 übereinstimmt. Man zeige, daß es sich um eine Äquivalenzrelation handelt. Man klassifiziere die natürlichen Zahlen in *Äquivalenzklassen*, d. h. in Klassen zueinander äquivalenter natürlicher Zahlen.

•

1.5 Ordnungsrelationen.

Ordnungsrelationen werden charakterisiert gemäß dem Muster der elementaren Relationen < (*kleiner*) und ≤ (*kleiner oder gleich*) auf den natürlichen, ganzen, rationalen oder reellen Zahlen. Eine schwache Ordnungsrelation vom Typ , (*kleiner oder gleich*) wird allgemein in Bezug auf eine gewisse Äquivalenzrelation $\sim$ definiert. In vielen Situationen, z. B. bei der Betrachtung von Zahlenbereichen, ist $\sim$ die elementare Äquivalenzrelation = (Identität).

1.5.1 Definition (Ordnungsrelationen).   Es sei A eine Menge.

Eine Relation $\prec$ auf A heißt genau dann *starke Ordnung* oder *Ordnung im Sinne von* <, wenn sie die folgenden Eigenschaften hat:

Transitivität: Für $x, y, z \in A$ mit $x \prec y$ und $y \prec z$ gilt auch $x \prec z$. $\hfill (10)$

Irreflexivität: Für kein $x \in A$ gilt $x \prec x$. $\hfill (11)$

Eine Relation $\preceq$ auf A heißt genau dann *schwache Ordnung* oder *Ordnung im Sinne von* $\leq$ in Bezug auf $\sim$ eine Äquivalenzrelation auf A, wenn sie die folgenden Eigenschaften hat:

Transitivität: Für $x, y, z \in A$ mit $x \preceq y$ und $y \preceq z$ gilt auch $x \preceq z$.   (12)

Reflexivität: Für alle $x \in A$ gilt $x \preceq x$.   (13)

Antisymmetrie bezüglich $\sim$:   Für alle $x, y \in A$ mit $x \preceq y$ und $y \preceq x$ gilt $x \sim y$.   (14)

Eine Ordnung $\prec$ (bzw. $\preceq$) auf A heißt genau dann *total*, wenn jew zwei verschiedene $x, y \in A$ bezüglich der Ordnungsrelation vergleichbar sind, d. h. wenn $x \prec y$ oder $y \prec x$ (bzw. $x \preceq y$ oder $y \preceq x$). Eine nicht totale Ordnung heißt auch *Halbordnung*.

Ist auf A $\prec$ eine starke, $\preceq$ eine schwache Ordnung bezüglich $\sim$, so heißen $\prec$ und $\preceq$ genau dann *verknüpft bezüglich* $\sim$, wenn gilt:

Für $x, y \in A$ gilt $x \preceq y$ genau dann, wenn $x \sim y$ oder $x \prec y$.   (15)

•

Statt „$x \prec y$" bzw. „$x \preceq xy$" schreibt man auch „$y \succ x$" bzw. „$y \succeq x$".

Im allgemeinen betrachtet man auf einer Menge A stets miteinander verknüpfte starke und schwache Ordnungen. Insbesondere sind die natürlichen Ordnungen $<$ und $\leq$ auf den natürlichen, ganzen, rationalen, reellen Zahlen miteinander verknüpft bezüglich der Identität „$=$". Sind $\prec$ und $\preceq$ beide total und verknüpft bezüglich $\sim$, so gilt das

Trichotomiegesetz: Für alle $x, y \in A$ gilt: $x \prec y$ oder $x \sim y$ oder $y \prec x$.   (16)

Weiterhin gilt die

Indirekte Transitivität: Für $x, y_1, y_2, z \in A$ mit $x \prec y_1$, $y_1 \sim y_2$, $y_2 \prec z$, ist $x \prec z$. (17)

Äquivalenz- und Ordnungsrelationen spielen eine wichtige Rolle bei der formalen Modellierung von Bedürfnis-, Wert- oder Güterpräferenzen. Gegeben sei eine Menge B von Bedürfnissen einer Person. Die Gleichwertigkeit von Bedüfrnissen wird ausgedrückt durch eine Äquivalenzrelation $\sim$ auf B. Eine Präferenzordnung (Rangordnung) zwischen Bedürfnissen wird ausgedrückt durch bezüglich $\sim$ verknüpfte Ordnungen $\prec$ und $\preceq$ mit den Interpretationen:

- $b \prec c$: Das Befriedigung des Bedürfnisses c hat Vorrang vor der Befriedigung des Bedürfnisses b.

- $b \preceq c$: Das Befriedigung des Bedürfnisses c hat Vorrang vor oder ist gleichrangig der Befriedigung des Bedürfnisses b.

Die Präferenzen von Personen sind nicht notwendigerweise total geordnet. Man betrachte die folgende Aufgabe.

1.5.2 Aufgabe (Bedürfnispräferenzen).   Es seien $b_1, ..., b_{10}$ 10 Bedürfnisse. Eine Person gibt bei einer Befragung die folgende Rangordnung der Bedürfnisse an: $b_1 \prec ... \prec b_4$,

$b_5 \prec \ldots \prec b_{10}$, $b_2 \sim b_8$, $b_3 \sim b_{10}$. Man gebe sämtliche gültigen Ordnungsbeziehungen $x \prec y$, $x, y \in B$, an. Insbesondere kläre man, ob die Ordnung total ist.   •

2 Grundlagen: Zahlenbereiche.

Die zugrundeliegenden Objekte in den Beispielen und Aufgaben von Kapitel 1 waren Zahlen. In den folgenden Paragraphen werden Zahlen genauer untersucht.

2.1 Nominalzahl, Ordinalzahl, Kardinalzahl.

In der anwendungsorientierten Modellbildung treten Zahlen zur *Bewertung* von Objekten oder zur Darstellung der *Werte* einer gewissen *Charakteristik* auf. Wir fassen diese Bewertung oder Wertdarstellung vorläufig in intuitiver Weise auf. Nähere Erläuterungen folgen in Kapitel 13. In der genannten Verwendung treten Zahlen in dreierlei Interpretationen auf:

(i)   Als *Nominalzahlen* zur bloßen *Unterscheidung* verschiedener Objekte oder verschiedener Werte einer Charakteristik durch eine *Numerierung*. Liegen z. B. 10 Objekte vor, so benennt man diese durch 10 verschiedene Zahlen, im allgemeinen die natürlichen Zahlen $1, ..., 10$.

(ii) Als *Ordinalzahlen* zur Darstellung einer Anordnung. Z. B. kann eine Anordnung von 5 Objekten durch 5 im Sinne der üblichen Ordnungsrelation aufsteigend geordnete natürliche Zahlen dargestellt werden, also durch $1, 3, 4, 5$ oder durch $2, 4, 6, 8, 10$ oder auch durch $1, 3, 4, 7, 11$.

(iii) Als *Kardinalzahlen* zur Größenbemessung (*Quantifizierung*). Die Erkenntnisgegenstände, deren Größe gemessen wird, heißen *Quanten*. Quanten werden visualisiert und repräsentiert durch *Strecken* auf der *Zahlengeraden*. Der Aufgabe der Quantifizierung entspricht in dieser Repräsentation der Aufgabe der Messung einer *Streckenlänge*. Die Quantifizierung benützt entweder eine *diskrete Skala* (natürliche Zahlen, ganze Zahlen, rationale Zahlen), oder eine *kontinuierliche Skala* (reelle Zahlen). Mit der Quantifizierung verbindet sich ein Kalkül der Maßzahlen in den *Rechenoperationen* Addition, Subtraktion, Multiplikation, Division.

In den folgenden Paragraphen 2.2 bis 2.6 werden die Zahlenbereiche $\mathbb{N}$ (natürliche Zahlen), $\mathbb{N}_0$ (natürliche Zahlen mit Null), $\mathbb{Z}$ (ganze Zahlen), $\mathbb{Q}$ (rationale Zahlen), $\mathbb{R}$ (reelle Zahlen) beschrieben. Die nominale Interpretation beruht nur auf der Verschiedenheit und bedarf daher keiner weiteren Untersuchung. Die ordinale Interpretation beruht auf den Ordnungsrelationen $<$ (*kleiner*) und $\leq$ (*kleiner gleich*). Im Hinblick auf die kardinale Interpretation werden Rechenoperationen vorgestellt und die entsprechende Rechenregeln angegeben.

Sowohl die Ordnungsrelationen $<$ (*kleiner*) und $\leq$ (*kleiner gleich*) als auch die Rechenoperationen auf den natürlichen und ganzen Zahlen werden im folgenden nicht im strengen Sinne definiert, sondern als intuitiv plausibel und bekannt vorausgesetzt. $<$ und $\leq$ sind totale Ordnungsrelationen im Sinne von Definition 1.5.1. $<$ und $\leq$ sind verknüpft bezüglich

Abbildung 1: Die natürlichen Zahlen an der diskreten Zahlenhalbgeraden.

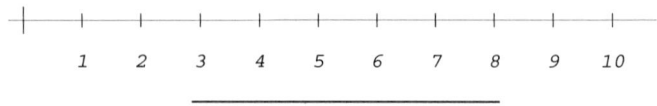

der Identität. Es gelten also die definierenden Gesetze (10) bis (13), die Verknüpfungsregel (15) und das Trichotomiegesetz (16), jeweils mit $=$ für $\sim$.

Für die Rechenpraxis sind alle im Bereich $\mathbb{R}$ der reellen Zahlen gültigen Regeln noch einmal im Anhang A zusammengestellt. Man sollte seine Fähigkeiten im Umgang mit diesen Regeln anhand der Aufgaben 2.2.2 bis 2.2.6, 2.3.1 bis 2.3.3, 2.4.5 bis 2.4.13 testen. Sofern diese Aufgaben gelöst werden können, ist eine genauere Durchsicht der Paragraphen 2.2 bis 2.4 nicht unbedingt erforderlich. Die Paragraphen ab 2.6 sollten aber in jedem Falle studiert werden, da sie mindestens teilweise über den Standardgehalt des Schulwissens hinausgehen.

2.2 Die natürlichen Zahlen.

Elementares Numerieren, Anordnen und Quantifizieren erfolgt mit den *natürlichen Zahlen*

$$\mathbb{N} \;=\; \{1, 2, 3, \ldots\} \quad \text{mit der Ordnung } 1 < 2 < 3 < \ldots \text{ (1 kleiner 2 kleiner 3...)}.$$

Der Aspekt der Ordnung und der diskreten Quantifizierung wird durch die Veranschaulichung der natürlichen Zahlen an der *diskreten Zahlenhalbgeraden* deutlich, siehe Abbildung 1. Bei nominaler und ordinaler Interpretation haben die Einheiten, d. h. die Strecken zwischen zwei Marken auf der Zahlenhalbgeraden in Abbildung 1 keine Bedeutung. Bei kardinaler Interpretation repräsentiert eine Einheit auf der Zahlenhalbgeraden ein einzelnes diskretes Quantum und wird mit der Zahl 1 (Eins) gemessen. Jede natürliche Zahl n kann als Zusammensetzung von n Einheiten, also von n Einsen, aufgefaßt werden. Auf Grundlage dieser Überlegung können für natürliche Zahlen a, b die bekannten Operationen Addition (Zusammenzählung, Summation) $a + b$ und Multiplikation (Vervielfachung, Produktbildung) $a \cdot b$ erklärt werden. Die Menge $\mathbb{N}$ der natürlichen Zahlen ist *abgeschlossen* bezüglich der Addition und der Multiplikation, d. h. sind $a, b \in \mathbb{N}$, so ist $a + b \in \mathbb{N}$ und $a \cdot b \in \mathbb{N}$. Es gelten die folgenden Regeln:

$$a + b \;=\; b + a, \quad (a + b) + c \;=\; a + (b + c), \quad a \cdot b \;=\; b \cdot a, \quad (a \cdot b) \cdot c \;=\; a \cdot (b \cdot c), \quad (18)$$

$$a \cdot (b + c) \;=\; a \cdot b + a \cdot c, \quad 1 \cdot a \;=\; a \;=\; a \cdot 1. \quad (19)$$

Die Zahl 1 fungiert also als *neutrales Element* bzüglich der Multiplikation. Die Definition der Operationen und ihre Regeln lassen sich an der Zahlenhalbgeraden nachvollziehen,

Abbildung 2: Die natürlichen Zahlen einschließlich 0 an der diskreten Zahlenhalbgeraden.

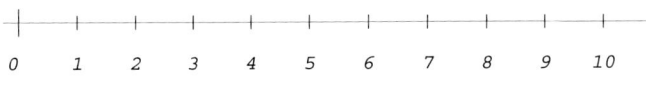

siehe Aufgabe 2.2.1. In vielen Kontexten werden Produkte ohne das Zeichen · notiert, man schreibt also $a \cdot b = ab$.

2.2.1 Aufgabe.   Man veranschauliche die Addition $4 + 2$ und die Multiplikation $2 \cdot 3$ an der diskreten Zahlenhalbgeraden.   •

$\mathbb{N}$ enthält kein neutrales Element bezüglich der Addition, es gilt $a + b > a$ für alle $a, b \in \mathbb{N}$. Wie an der Veranschaulichung an der Zahlenhalbgeraden ersichtlich, repräsentiert jede natürliche Zahl ein bestimmtes diskretes Quantum, das bei der Addition (Zusammenzählung) eine Vergrößerung bewirkt. Um ein neutrales Element bezüglich der Addition zu erhalten, fügt man zu den natürlichen Zahlen die als leeres Quantum interpretierte Zahl 0 hinzu. Man erhält so die Menge

$$\mathbb{N}_0 = \{0, 1, 2, 3, \ldots\}$$

der *natürlichen Zahlen einschließlich* 0 (Null) mit der Ordnung $0 < 1 < 2 < 3 < \ldots$ (0 kleiner 1 kleiner 2 kleiner 3 kleiner ...). Die 0 markiert den Anfangspunkt der diskreten Zahlenhalbgeraden und wird dadurch als leeres Quantum veranschaulicht, siehe Abbildung 2. In die Addition und Multiplikation wird die 0 einbezogen durch die zusätzlich zu den Formeln (18) und (19) geltenden Regeln

$$a + 0 = a = 0 + a, \quad a \cdot 0 = 0 = 0 \cdot a. \tag{20}$$

Auf Grundlage der Multiplikation kann die *Potenzbildung* a^n mit der *Basis* $a \in \mathbb{N}$ und dem *Exponenten* $n \in \mathbb{N}$ definiert werden durch

$$a^n = \underbrace{a \cdot \ldots \cdot a}_{n\text{-mal}}. \tag{21}$$

Die Null wird in die Potenzbildung einbezogen durch die naheliegenden Regeln

$$0^n = \underbrace{0 \cdot \ldots \cdot 0}_{n\text{-mal}} = 0 \quad \text{für } n \in \mathbb{N}, \qquad a^0 = 1 \quad \text{für } a \in \mathbb{N}_0. \tag{22}$$

Die Potenzbildung genügt im Bereich der natürlichen Zahlen den Regeln

$$(ab)^p = a^p b^p, \quad a^p a^q = a^{p+q}, \quad \left(a^p\right)^q = a^{pq}. \tag{23}$$

Für natürliche Zahlen $a, b \in \mathbb{N}$ ist eine *Division mit Rest* erklärt, d. h. es gibt eindeutig bestimmte Zahlen $p, q \in \mathbb{N}_0$ mit

$$a \quad = \quad p \cdot b + q. \tag{24}$$

Liegt die Situation von Formel (24) vor, so schreibt man

$$a\!:\!b \quad = \quad p \text{ Rest } q. \tag{25}$$

2.2.2 Aufgabe. Man bestimme das Ergebnis der folgenden Divisionen mit Rest.

$27\!:\!5, \quad 217\!:\!13, \quad 1143\!:\!21, \quad 11111\!:\!210.$ •

Eine natürliche Zahl $b \in \mathbb{N}$ heißt genau dann *Teiler* der natürlichen Zahl $a \in \mathbb{N}$, wenn der Rest bei der Division $a\!:\!b$ gerade 0 ist, d. h. wenn es eine Zahl $p \in \mathbb{N}$ gibt mit $a\!:\!b = p$ Rest 0. Jede Zahl $a \in \mathbb{N}$ besitzt zwei triviale Teiler:

- a selbst, denn es ist $a\!:\!a = 1$ Rest 0.

- Die Zahl 1, denn es ist $a\!:\!1 = a$ Rest 0.

Von besonderem Interesse unter den natürlichen Zahlen sind die *Primzahlen*, d. h. diejenigen natürlichen Zahlen $p > 1$, die nur die trivialen Teiler p und 1 besitzen.

2.2.3 Aufgabe. Man prüfe, welche der folgenden Zahlen Primzahlen sind.

$1, 2, 3, 4, 5, 6, 7, 8, 9, 17, 53, 57, 143, 527, 1111, 1163, 1173, 1183, 1193.$ •

Zu jeder natürlichen Zahl $a \in \mathbb{N}$, $a \geq 2$ gibt es eine eindeutig bestimmte *Primzahlzerlegung*, d. h. es gibt eine eindeutig bestimmte Zahl $m \in \mathbb{N}$, eindeutig bestimmte Primzahlen (*Primfaktoren*) $p_1, ..., p_m$, und eindeutig bestimmte Exponenten $k_1, ..., k_m \in \mathbb{N}$ mit

$$a \quad = \quad p_1^{k_1} \cdot ... \cdot p_m^{k_m}. \tag{26}$$

Zwei natürliche Zahlen a, b heißen genau dann *teilerfremd*, wenn sie keine gemeinsamen Teiler außer 1 besitzen, d. h. wenn sie keine gemeinsamen Primfaktoren besitzen.

2.2.4 Aufgabe. Man bestimme die Primzahlzerlegung der folgenden natürlichen Zahlen. Man prüfe, welche Paare der Zahlen teilerfremd sind.

$28, 74, 108, 3388, 3825, 8379.$ •

Bei der Addition von Brüchen ganzer Zahlen, siehe hierzu den folgenden Paragraphen 2.4, ist das *kleinste gemeinsame Vielfache* nützlich. Für zwei natürliche Zahlen $a, b \in \mathbb{N}$ ist das kleinste gemeinsame Vielfache $KGV(a, b)$ die kleinste natürliche Zahl $m \in \mathbb{N}$ derart, daß sowohl a als auch b Teiler von m sind. Ersichtlich gilt

$$KGV(a, 1) \quad = \quad a \qquad \text{für alle } a \in \mathbb{N}.$$

Sind $a, b \geq 2$, so kann ihr kleinstes gemeinsames Vielfaches $KGV(a, b)$ mithilfe der Primzahlzerlegungen

$$a = p_1^{k_1} \cdot ... \cdot p_m^{k_m}, \qquad b = q_1^{l_1} \cdot ... \cdot q_n^{l_n}$$

bestimmt werden. Das $KGV(a, b)$ ergibt sich als Produkt aller in den beiden Zerlegungen auftretenden Primfaktoren mit dem jeweils größten vorkommenden Exponenten.

2.2.5 Beispiel. Gesucht ist das kleinste gemeinsame Vielfache von 1470 und 36400. Die Primzahlzerlegungen sind

$$1470 = 2 \cdot 3 \cdot 5 \cdot 7^2, \qquad 36400 = 2^4 \cdot 5^2 \cdot 7 \cdot 13.$$

Folglich ergibt sich

$$KGV(1470, 36400) = 2^4 \cdot 3 \cdot 5^2 \cdot 7^2 \cdot 13 = 764400. \qquad \bullet$$

2.2.6 Aufgabe. Man bestimme jeweils das kleinste gemeinsame Vielfache $KGV(a, b)$ der folgenden Paare (a, b) natürlicher Zahlen.

$(60, 84), \quad (44, 187), \quad (108, 168), \quad (735, 126). \qquad \bullet$

2.3 Die ganzen Zahlen.

Im Zahlenbereich $\mathbb{N}_0$ ist die Zahl 0 das neutrale Element bezüglich der Addition. Insbesondere gilt $0 + 0 = 0$. Für Zahlen $a > 0$ gibt es keine Möglichkeit, durch Addition irgendeiner Zahl $b \in \mathbb{N}_0$ das Ergebnis 0 herbeizuführen, denn es ist stets $a + b \geq a > 0$. Im Zahlenbereich $\mathbb{N}_0$ gibt es also zu keiner Zahl $a > 0$ eine *Inverse bezüglich der Addition*, d. h. keine Zahl $b \in \mathbb{N}_0$ mit $a + b = 0$. Dem entspricht die Interpretation natürlicher Zahlen als diskreter Quanten und der Addition als Zusammensetzung solcher Quanten. Addiert man zu einer natürlichen Zahl eine weitere, so wird ein weiteres Quantum hinzugefügt, auf keinen Fall das Quantum vermindert.

Um eine Inverse bezüglich der Addition einzuführen, muß der aus *positiv* gewichteten Größen bestehende Zahlenbereich durch entgegengesetzt (*negativ*) gewichtete Quanten ergänzt werden. Auf der Zahlengeraden entspricht dies der Ergänzung der positiv orientierten Strecken von der Null nach rechts durch negativ orientierte Strecken identischer Länge von der Null nach links. Dies führt zu der nach beiden Seiten unbeschränkten Zahlengeraden von Abbildung 3, die die Menge

$$\mathbb{Z} = \{..., -2, -1, 0, 1, 2, ...\}$$

der *ganzen Zahlen* mit der Ordnung $... < -2 < -1 < 0 < 1 < 2 < ...$ (... -2 kleiner -1 kleiner 0 kleiner 1 kleiner 2 kleiner ...) repräsentiert. Jedem rechts von der Null

Abbildung 3: Die ganzen Zahlen an der diskreten Zahlengeraden.

angetragenen *positiv gewichteten* diskreten Quantum (jeder rechts von der Null ange-tragenen *positiven* Zahl 1, 2, 3, ...) entspricht ein links in identischer Entfernung von der Null angetragenes *negativ gewichtetes* Quantum (eine *negative* Zahl $-1, -2, -3, ...$). Die in identischer Entfernung von der Null angetragenen positiven und negativen Zahlen bilden gegenseitig die Inverse bezüglich der Addition. Es gilt also

$$(-1) + 1 = 0 = 1 + (-1), \quad (-2) + 2 = 0 = 2 + (-2), \quad \text{und so weiter.}$$

Die negativen Zahlen $-1, -2, ...$ heißen auch *Zahlen von negativem Vorzeichen*, die positi-ven Zahlen 1, 2, ... auch *Zahlen von positivem Vorzeichen*. Durch die bekannten elementa-ren Überlegungen, die an der Zahlengeraden veranschaulicht werden können, werden die negativen Zahlen in die Addition und Multiplikation eingebunden. Darüberhinaus wird eine *Subtraktion* (*Differenzbildung*) erklärt durch

$$a - b = a + (-b) \quad \text{für } a, b \in \mathbb{Z}. \tag{27}$$

Zusätzlich zu Formel (18) gelten die Regeln

$$-a = (-1) \cdot a, \quad -(-a) = a, \quad a - b = a + (-b), \tag{28}$$

$$a \cdot (-b) = -(a \cdot b) = (-a) \cdot b, \quad -(a + b) = -a - b. \tag{29}$$

$\mathbb{Z}$ ist abgeschlossen bezüglich *Addition*, *Differenzbildung* und *Multiplikation*. Das heißt: Sind $a, b \in \mathbb{Z}$, so ist $a + b \in \mathbb{Z}$, $a - b \in \mathbb{Z}$, $a \cdot b \in \mathbb{Z}$.

2.3.1 Aufgabe. Man veranschauliche die Subtraktion $3 - 5$ und die Multiplikation $2 \cdot (-3)$ an der diskreten Zahlengeraden. •

Potenzen von ganzen Zahlen (mit natürlichen Exponenten) werden definiert wie Potenzen natürlicher Zahlen durch Formel (21). Man beachte die unterschiedliche Entwicklung des Vorzeichens bei Potenzen negativer Zahlen mit geraden und ungeraden Exponenten. Für $n \in \mathbb{N}$ gilt:

$$(-1)^n = \begin{cases} 1, & \text{falls } n \text{ gerade,} \\ -1, & \text{falls } n \text{ ungerade,} \end{cases} \tag{30}$$

$$a^n = \begin{cases} < 0, & \text{falls } n \text{ ungerade und } a < 0, \\ > 0, & \text{sonst.} \end{cases} \tag{31}$$

Es gilt auch im Bereich $\mathbb{Z}$ die Regel (23).

2.3.2 Aufgabe. Man berechne die folgenden Potenzen ganzer Zahlen.

$$2^3, \quad (-2)^3, \quad (-7)^0, \quad (-7)^1, \quad (-7)^2, \quad (-7)^3, \quad (-7)^4. \qquad \bullet$$

Die in identischer Entfernung von der Null angetragenen positiven und negativen Zahlen $1, -1$ bzw. $2, -2$, usw. repräsentieren gegensätzlich gewichtete Quanten bzw. geben orientierte Streckenlängen an. Entfernt man das Vorzeichen (die Gewichtung bzw. Orientierung), so beziehen sich beide Zahlen auf dasselbe Quantum, das auf der Zahlengeraden durch die Entfernung der Zahlenmarken von der Null repräsentiert wird. Dieses Quantum wird ausgedrückt durch den gemeinsamen *Betrag*

$$|-1| \;=\; |1| = 1, \quad |-2| \;-\; |2| \;-\; 2,$$

Allgemein ist der Betrag $|a|$ einer ganzen Zahl $a \in \mathbb{Z}$ definiert durch

$$|a| \;=\; \begin{cases} a, & \text{falls } a \geq 0, \\[2mm] -a, & \text{falls } a \leq 0. \end{cases} \qquad (32)$$

Es gelten die Regeln

$$|a \cdot b| \;=\; |a| \cdot |b|, \quad |-a| \;=\; |a|, \quad |a^n| \;=\; |a|^n. \qquad (33)$$

Wir sammeln nun einige wesentliche Gesetze bezüglich des Zusammenhanges der Ordungsrelationen $<$ („kleiner"), $>$ („größer"), $\leq$ („kleiner gleich"), $\geq$ („größer gleich") auf den ganzen Zahlen mit den elementaren Rechenoperationen. Diese Gesetze gelten später auch für die entsprechenden Ordnungsrelationen auf den rationalen Zahlen $\mathbb{Q}$ und den reellen Zahlen $\mathbb{R}$ gelten werden. Im Bereich der ganzen Zahlen können die Regeln unmittelbar an der Zahlengeraden begründet werden. Die Grundregeln für die Relationen $<$ und $>$ sind die folgenden:

$$x < y \;\Longleftrightarrow\; x + z < y + z. \qquad (34)$$

$$x < y \;\Longleftrightarrow\; \lambda x < \lambda y \text{ für alle } \lambda > 0 \;\Longleftrightarrow\; \lambda x > \lambda y \text{ für alle } \lambda < 0. \qquad (35)$$

Die Grundregeln für die Relationen $\leq$ und $\geq$ lauten:

$$x < y \;\Longleftrightarrow\; x + z \leq y + z. \qquad (36)$$

$$x \leq y \;\Longleftrightarrow\; \lambda x \leq \lambda y \text{ für alle } \lambda > 0 \;\Longleftrightarrow\; \lambda x \geq \lambda y \text{ für alle } \lambda < 0. \qquad (37)$$

2.3.3 Aufgabe. Man gebe die Elemente der folgenden Teilmengen von $\mathbb{Z}$ explizit an. Man trage die Elemente auf der diskreten Zahlengeraden ein.

$$\{a \mid a \in \mathbb{Z},\ |a - 5| < 9\}, \quad \{a \mid a \in \mathbb{Z},\ |a - 1| \geq 10\}, \quad \{a \mid a \in \mathbb{Z},\ |a + 9| \leq 2\}. \qquad \bullet$$

Abbildung 4: Einteilung der Zahlengeraden in Strecken der Länge $\frac{1}{3}$.

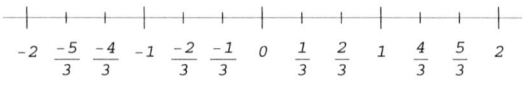

2.4 Die rationalen Zahlen.

Auf der die ganzen Zahlen $\mathbb{Z}$ repräsentierenden Zahlengeraden von Abbildung 3 haben die Punkte auf den Strecken zwischen den Zahlenmarken n und $n + 1$ keine Interpretation. Um gewissen dieser Punkte eine Bedeutung zu verleihen, wird die Graphik in folgender Weise ergänzt. Man fixiert eine natürliche Zahl $q \geq 2$ und teilt die zwischen den ganzen Zahlen liegenden Strecken der Länge 1 in jeweils q Teile identischer Länge auf. Jede dieser Strecken repräsentiert den q-ten Teil der Eins bzw. ein Quantum von der Größe des q-ten Teils des Quantums 1.

Man numeriert die Endpunkte der Strecken, beginnend beim Punkt 0 mit 0, nach rechts aufsteigend. Entsprechend der Numerierung beschriftet man die Endpunkte der Halbgeraden rechts der Null mit

$$0 = \frac{0}{q}, \frac{1}{q}, \ldots, \frac{q-1}{q}, 1 = \frac{q}{q}, \frac{q+1}{q}, \ldots,$$

siehe Abbildung 4 für den Fall $q = 3$. Die Strecke von 0 bis zur Marke $\frac{p}{q}$ ($p > 0$) repräsentiert das p-fache des q-ten Teils des Quantums 1. In Analogie zur Bildung der natürlichen Zahlen aus dem elementaren Quantifizieren können also $\frac{1}{q}, \frac{2}{q}, \frac{3}{q}, \ldots$ als Zahlen aufgefaßt werden.

Auf der Halbgeraden links der Null verfährt man analog und beschriftet dort absteigend mit

$$0 = \frac{0}{q}, \frac{-1}{q}, \ldots, \frac{-(q-1)}{q}, -1 = \frac{-q}{q}, \frac{-(q+1)}{q}, \ldots,$$

siehe Abbildung 4 für den Fall $q = 3$. In Analogie zur Bildung der ganzen Zahlen aus den natürlichen Zahlen wird $\frac{-p}{q}$ ($p > 0$) als negativ gewichtetes Quantum (negative Zahl) zum positiv gewichteten Quantum (zur positiven Zahl) $\frac{p}{q}$ aufgefaßt.

Führt man diese Überlegung für jede natürliche Zahl $q \in \mathbb{N}$ durch, so erhält man die Menge

$$\mathbb{Q} = \left\{ \frac{p}{q} \,\middle|\, p \in \mathbb{Z}, q \in \mathbb{N} \right\} \tag{38}$$

der *rationalen Zahlen*. Man bezeichnet $\frac{p}{q}$ (gesprochen: „p durch q") als *Bruch* oder *Quotienten* mit dem *Zähler* p und dem *Nenner* q. Die Menge $\mathbb{Z}$ der ganzen Zahlen ist in der Menge $\mathbb{Q}$ der rationalen Zahlen enthalten, denn die Konstruktion von $\mathbb{Q}$ zeigt, daß

$$a = \frac{a \cdot q}{q} \qquad \text{für } a \in \mathbb{Z}, q \in \mathbb{N}. \tag{39}$$

Brüche mit negativem Nenner haben keine direkte anschauliche Interpretation. Sie werden in die Betrachtung einbezogen durch die Festsetzung

$$-\frac{p}{q} = \frac{-p}{q} = \frac{p}{-q} \quad \text{für } p, q \in \mathbb{Z},\ q \neq 0. \tag{40}$$

Durch Anwendung von Formel (40) kann stets ein positiver Nenner erzielt werden. Nach (40) ist z. B.

$$-\frac{3}{5} = \frac{-3}{5} = \frac{3}{-5}, \quad -\frac{4}{-7} = \frac{-4}{-7} = \frac{4}{7}.$$

Diese Beispiel zeigen bereits, daß zwischen einem Bruch als einer *Notation* und seinem *Wert* als einer *rationalen Zahl* zu unterscheiden ist: In der Notation verschiedene Brüche können dieselbe rationale Zahl angeben. Weitere Beispiele ergeben sich aus der Veranschaulichung an der Zahlengeraden.

2.4.1 Beispiel.   Man vergleiche die Brüche $\frac{1}{2}$ und $\frac{3}{6}$. 3 Abschnitte der Länge $\frac{1}{6}$ der 1 sind zusammen genauso lang wie 1 Abschnitt der halben Länge der 1. Die Brüche $\frac{1}{2}$ und $\frac{3}{6}$ bezeichnen also dieselbe rationale Zahl, es gilt $\frac{1}{2} = \frac{3}{6}$.   •

Generell gilt

$$\frac{p}{q} = \frac{p \cdot a}{q \cdot a} \quad \text{für } p, q, a \in \mathbb{Z},\ q, a \neq 0. \tag{41}$$

Formel (40) ist ein Spezialfall von Formel (41) mit $a = -1$. Gemäß Formel (41) ändern die folgenden Operationen nicht den Wert eines Bruchs:

- *Erweitern*, d. h. Multiplikation von Zähler und Nenner mit derselben ganzen Zahl $a \neq 0$. Beispiele:

$$\frac{2}{3} = \frac{2 \cdot 4}{3 \cdot 4} = \frac{8}{12}, \quad \frac{13}{5} = \frac{13 \cdot 2}{5 \cdot 2} = \frac{26}{10}.$$

Formel (40) kann als Spezialfall des Erweiterns mit -1 aufgefaßt werden.

- *Kürzen*, d. h. Division von Zähler und Nenner durch eine ganze Zahl $a \neq 0$, die sowohl Teiler des Zählers als auch Teiler des Nenners ist. Beispiele:

$$\frac{34}{51} = \frac{2 \cdot 17}{3 \cdot 17} = \frac{2}{3}, \quad \frac{495}{396} = \frac{5 \cdot 99}{4 \cdot 99} = \frac{5}{4}.$$

Sind Zähler und Nenner *teilerfremd*, d. h. frei von gemeinsamen Teilern, so kann der Bruch nicht weiter gekürzt werden. Beispiel: $\frac{7}{3}$. Ein Bruch heißt *echt*, wenn er nicht durch Kürzen zu einer ganzen Zahl umgeformt werden kann. Beispiele: $\frac{34}{5}$ ist ein echter Bruch, $\frac{35}{5}$ ist kein echter Bruch, denn es ist

$$\frac{35}{5} = \frac{7 \cdot 5}{1 \cdot 5} = \frac{7}{1} = 7.$$

Auf der Zahlengeraden entspricht dem Erweitern eine *Verfeinerung* der Streckeneinteilung, dem Kürzen eine *Vergröberung* der Streckeneinteilung.

2.4.2 Beispiel. Beim Übergang von $\frac{2}{3}$ zu $\frac{8}{12}$ (Erweiterung mit 4) wird jede Strecke der Länge $\frac{1}{3}$ der 1 noch einmal in 4 Stücke eingeteilt, die alle die Länge $\frac{1}{12}$ der 1 besitzen. •

2.4.3 Aufgabe. Entsprechend Beispiel 2.4.2 illustriere man den Übergang von $\frac{13}{5}$ zu $\frac{26}{10}$ (Erweiterung mit 2) an der Zahlengeraden. •

Beim Kürzen ist es gelegentlich nützlich, für Zähler und Nenner die Primzahlzerlegung anzugeben. Das Kürzen kann dann durch Abstreichen gemeimsamer Primfaktoren erfolgen.

2.4.4 Beispiel. Es soll der Bruch $\frac{4914}{504}$ gekürzt werden. Es ist

$$4914 \;=\; 2 \cdot 3^3 \cdot 7 \cdot 13, \qquad 504 \;=\; 2^3 \cdot 3^2 \cdot 7.$$

Somit:

$$\frac{4914}{504} \;=\; \frac{2 \cdot 3^3 \cdot 7 \cdot 13}{2^3 \cdot 3^2 \cdot 7} \;=\; \frac{3 \cdot 13}{2^2} \;=\; \frac{39}{4}.$$

•

2.4.5 Aufgabe. Man kürze die folgenden Brüche so weit wie möglich.

$$\frac{18}{15}, \; \frac{192}{84}, \; \frac{4719}{9009}, \; \frac{4068}{3861}.$$

•

Zwei Brüche $\frac{p_1}{q_1}$, $\frac{p_2}{q_2}$ heißen *gleichnamig*, falls $q_1 = q_2$ (übereinstimmende Nenner), andernfalls *ungleichnamig* (nicht übereinstimmende Nenner). Der Größenvergleich, die Addition (Summation) und die Subtraktion (Differenzbildung) gleichnamiger Brüche ergeben sich unmittelbar aus der Veranschaulichung an der Zahlengeraden. Es ist

$$\frac{p_1}{q} + \frac{p_2}{q} \;=\; \frac{p_1 + p_2}{q}, \quad \frac{p_1}{q} - \frac{p_2}{q} \;=\; \frac{p_1}{q} + \left(-\frac{p_2}{q} \right) \;=\; \frac{p_1 - p_2}{q}. \tag{42}$$

Manchmal kann Gleichnamigkeit der Brüche durch Kürzen erzielt werden, siehe Aufgabe 2.4.6.

2.4.6 Aufgabe. Man vergleiche die folgenden Brüche und bilde ihre Summen und Differenzen.

$$\frac{3}{-4}, \; \frac{7}{-4}; \quad \frac{-3}{18}, \; \frac{2}{-6}; \quad \frac{17}{21}, \; \frac{34}{42}.$$

•

Die Addition zweier ungleichnamiger Brüche $\frac{p_1}{q_1}$, $\frac{p_2}{q_2}$ wird erklärt, indem die Brüche durch geeignete Erweiterung gleichnamig gemacht werden. In der Darstellung auf der Zahlengeraden entspricht dies der Erzeugung einer gemeinsamen Verfeinerung der Achseneinteilung. Gesucht ist also ein *gemeinsamer Nenner* oder *Hauptnenner*, d. h. ein gemeinsames Vielfaches

$$q = k_1 \cdot q_1 = k_2 \cdot q_2 \qquad \text{mit} \quad k_1, k_2 \in \mathbb{Z}.$$

Dann ist

$$\frac{p_1}{q_1} = \frac{k_1 \cdot p_1}{q}, \qquad \frac{p_2}{q_2} = \frac{k_2 \cdot p_2}{q}.$$

Ein einfacher Hauptnenner ist das Produkt $q = q_1 \cdot q_2$. Dieser Hauptnenner kann gelegentlich unangenehm groß werden. Der kleinste Hauptnenner ist das kleinste gemeinsame Vielfache $q = KGV(q_1, q_2)$, siehe hierzu Paragraph ? ? Die Addition und die Subtraktion können nach Bilden eines Hauptnenners $q = k_1 \cdot q_1 = k_2 \cdot q_2$ auf (42) zurückgeführt werden:

$$\frac{p_1}{q_1} + \frac{p_2}{q_2} = \frac{p_1 \cdot k_1}{q} + \frac{p_2 \cdot k_2}{q} = \frac{p_1 \cdot k_1 + p_2 \cdot k_2}{q}, \tag{43}$$

$$\frac{p_1}{q_1} - \frac{p_2}{q_2} = \frac{p_1 \cdot k_1}{q} - \frac{p_2 \cdot k_2}{q} = \frac{p_1 \cdot k_1 - p_2 \cdot k_2}{q}. \tag{44}$$

2.4.7 Aufgabe. Man gebe den Wert der folgenden Summen und Differenzen rationaler Zahlen als Brüche $\frac{p}{q}$ mit teilerfremden Zählern und Nennern an.

$$\frac{17}{12} - \frac{25}{18}, \quad \frac{1}{2} + \frac{1}{3}, \quad \frac{1}{2} + \frac{1}{3} + \frac{1}{4}, \quad \frac{1}{2} + \frac{1}{3} + \frac{1}{4} + \frac{1}{5},$$

$$\frac{1}{2} + ... + \frac{1}{6}, \quad \frac{1}{2} + ... + \frac{1}{7}, \quad \frac{1}{2} + ... + \frac{1}{8}, \quad \frac{1}{2} + ... + \frac{1}{9}, \quad \frac{1}{2} + ... + \frac{1}{10},$$

$$2 - \frac{17}{13}, \quad \frac{179}{156} - \frac{1011}{3042} \,. \qquad\qquad\qquad \bullet$$

Auf Grundlage der Interpretation an der Zahlengeraden ist die folgende Definition der Multiplikation (Produktbildung) rationaler Zahlen zwangsläufig:

$$\frac{p_1}{q_1} \frac{p_2}{q_2} = \frac{p_1 \cdot p_2}{q_1 \cdot q_2} \qquad \text{für} \quad p_1, p_2, q_1, q_2 \in \mathbb{Z}, \ q_1, q_2 \neq 0. \tag{45}$$

Bislang wurden nur Quotienten von ganzen Zahlen betrachtet. Auf Grundlage der Interpretation an der Zahlengeraden erweist sich die folgende Definition der Quotientenbildung (Division) rationaler Zahlen sinnvoll:

$$\frac{p_1}{q_1} : \frac{p_2}{q_2} = \frac{\frac{p_1}{q_1}}{\frac{p_2}{q_2}} = \frac{p_1}{q_1} \cdot \frac{q_2}{p_2} = \frac{p_1 \cdot q_2}{q_1 \cdot p_2} \qquad \text{für} \quad p_1, p_2, q_1, q_2 \in \mathbb{Z}, \ p_2, q_1, q_2 \neq 0. \tag{46}$$

$\mathbb{Q}$ ist also abgeschlossen bezüglich *Addition*, *Subtraktion*, *Multiplikation* und *Division*. Die für natürliche und ganze Zahlen aufgestellten Rechenregeln (18), (19), (28), (29) gelten auch im Bereich der rationalen Zahlen. Zusätzlich gelten die Regeln

$$\frac{a}{b} = a \cdot \frac{1}{b}, \qquad -\frac{a}{b} = \frac{-a}{b} = \frac{a}{-b} \quad (b \neq 0), \tag{47}$$

$$\frac{a+c}{b} = \frac{a}{b} + \frac{c}{b}, \qquad \frac{a \cdot d}{b \cdot d} = \frac{a}{b} \quad (b, d \neq 0), \qquad \frac{\frac{a}{b}}{\frac{c}{d}} = \frac{a \cdot d}{b \cdot c} \quad (b, c, d \neq 0). \tag{48}$$

Insbesondere besitzt jede rationale Zahl $a = \frac{p}{q} \in \mathbb{Q} \setminus \{0\}$ eine Inverse bezüglich der Multiplikation, nämlich den *Kehrwert* $\frac{1}{a} = \frac{q}{p}$.

Quotienten $\frac{a}{0}$ sind nicht definierbar, da sie nicht in die bisher gefundenen Rechenregeln integriert werden können. Wären sie definiert und gälten die gefundenen Rechenregeln, so wäre

$$a = a \cdot \frac{0}{0} = \frac{a}{0} \cdot 0 = 0 \qquad \text{für alle } a \in \mathbb{Q}.$$

2.4.8 Aufgabe. Man vereinfache den folgenden Ausdruck so weit wie möglich.

$$\frac{27}{-21} \cdot \frac{17 - \frac{23}{6} + \frac{31}{12} \cdot 28 - \frac{39}{30}}{\frac{8}{39} \cdot 26 - \frac{25}{18} \cdot \frac{28}{15}}. \qquad \bullet$$

Potenzen rationaler Zahlen mit nichtnegativem Exponenten werden definiert wie Potenzen natürlicher und ganzer Zahlen durch (21). Zusätzlich werden Potenzen mit negativem Exponenten eingeführt durch

$$a^{-n} = \frac{1}{a^n} \qquad \text{für } a \in \mathbb{Q}, \ a \neq 0, \ n \in \mathbb{N}. \tag{49}$$

Die wichtigsten Regeln für den Umgang mit Potenzen sind

$$a^0 = 1, \qquad \left(\frac{a}{b}\right)^n = \frac{a^n}{b^n}, \qquad \left(\frac{a}{b}\right)^{-n} = \frac{b^n}{a^n}, \tag{50}$$

wobei $n \in \mathbb{N}_0$. Die Wirkung von Potenzen auf das Vorzeichen wird wie bei ganzen Zahlen bestimmt durch Regel (31).

2.4.9 Aufgabe. Man vereinfache die folgenden Ausdrücke so weit wie möglich.

$$\left(\frac{2}{3} - \frac{4}{5}\right)^3, \qquad \frac{7^2}{18^2} \cdot \frac{45^2}{231^2}, \qquad \left(\frac{18}{4}\right)^{-3} \cdot \left(\frac{117}{2}\right)^2. \qquad \bullet$$

Aus den Rechenregeln für die Multiplikation, insbesondere aus dem Distributivgesetz von Formel (19) können die *binomischen Formeln* abgeleitet werden:

$$(a+b)^2 = a^2 + 2ab + b^2, \qquad (a-b)^2 = a^2 - 2ab + b^2, \qquad (a+b) \cdot (a-b) = a^2 - b^2. \tag{51}$$

2.4.10 Aufgabe. Durch Kürzen und mittels der binomischen Formeln vereinfache man die folgenden Brüche soweit wie möglich.

$$\frac{98\ a^3bc^2}{42\ b^2a^4c}, \qquad \frac{-8\ ay\ +\ 48\ ay^2\ -\ 28\ a^2y^7}{12\ aby^3\ -\ 20\ a^3y^2\ +\ 52\ ay}, \qquad \frac{7y\ -\ 8x}{8x\ -\ 7y},$$

$$\frac{(9\ a^2\ -\ 64\ x^2)\cdot(-10\ z^2)}{100\ z^4\cdot(3a\ +\ 8x)}, \qquad \frac{3x^2 + 42xa^3 + 147a^6}{ax^2 - 49a^7}\ . \qquad\qquad \bullet$$

Die Definition des Größenvergleichs ungleichnamiger Brüche kann durch Hauptnenner-bildung auf den unproblematischen Größenvergleich gleichnamiger Brüche zurückgeführt werden. Eine andere Definitionsweise geht von den vom Standpunkt der Anschauung selbstverständlichen Regeln (35) und (37): Die Beziehungen $a < b$ und $a \leq b$ bleiben bei beidseitiger Multiplikation mit einer positiven ganzen Zahl erhalten. Bei positiven Nennern $q_1, q_2 \in \mathbb{N}$, was durch Anwendung von Formel (40) stets erzielt werden kann, gilt also

$$\frac{p_1}{q_1} < \frac{p_2}{q_2} \quad\Longleftrightarrow\quad \frac{p_1}{q_1}\cdot q_1\cdot q_2 < \frac{p_2}{q_2}\cdot q_1\cdot q_2 \quad\Longleftrightarrow\quad p_1q_2 < p_2q_1, \tag{52}$$

analog für $\leq$. Durch die Umformung (52) wird der Größenvergleich von Brüchen auf den Größenvergleich der Zähler zurückgeführt. Bei ganzzahligen Zählern kann der Vergleich elementar ausgeführt werden. Für die durch (52) definierten Vergleichsrelationen $<$ und $\leq$ gelten die Gesetze (10) bis (13), die Verknüpfungsregel (15) und das Trichotomiegesetz (16), jeweils mit = für $\sim$, sowie die Rechenregeln (34) bis (37), siehe Paragraph 2.3.

2.4.11 Aufgabe. Man vergleiche die folgenden rationalen Zahlen.

$$\frac{4}{5}, \frac{15}{19}; \qquad \frac{123}{16}, \frac{6766}{880}; \qquad \frac{1111}{673}, \frac{4665088}{2825827}\ . \qquad\qquad \bullet$$

Der Betrag $|a|$ rationaler Zahlen ist definiert wie der Betrag ganzer Zahlen durch die Formel (32) und besitzt dieselbe Interpretation als ungewichtetes Quantum bzw. nicht orientierte Streckenlänge an der Zahlengeraden. Es gelten die Regeln

$$|a\cdot b| \ =\ |a|\cdot|b|, \qquad |a^n| \ =\ |a|^n. \tag{53}$$

Berechnet man den Wert eines Quotienten $\frac{p}{q}$ ($q \neq 0$) ganzer Zahlen mit dem Taschenrechner, so erhält man eine Darstellung als *Dezimalbruch*. Der Dezimalbruch bricht entweder nach endlich vielen Stellen ab, z. B.

$$\frac{5}{8} \ =\ 0.625,$$

oder er hat unendlich viele Stellen, ist aber *periodisch*, z. B.

$$\frac{3}{7} \ =\ 0.428571\,428571\ldots\ .$$

Abbildung 5: Bildung arithmetischer Mittel an der Zahlengeraden.

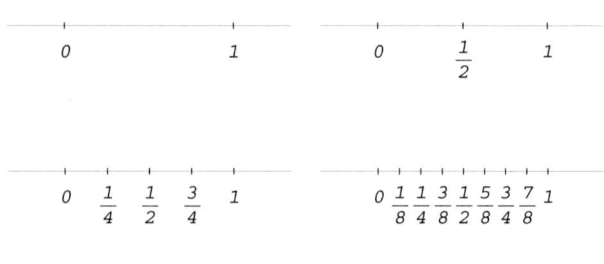

Ein unendlicher periodischer Dezimalbruch kann im Display des Rechners nicht mehr exakt angegeben werden. Man erhält in diesem Falle eine Rundung, z. B.

$$\frac{3}{7} \approx 0.428571\,4286 \,.$$

Die Periodizität einer unendlichen Dezimalbruchdarstellung eines Bruches $\frac{p}{q}$ resultiert aus einer fortlaufenden Anwendung der Division mit Rest, siehe Paragraph 2.2, Formeln (24) und (25). Dividiert man die Reste fortlaufend durch q, so kann stets nur ein neuer Rest im Bereich $0, ..., q-1$ anfallen. Sobald sich ein Rest wiederholt, beginnt eine neue Periode.

2.4.12 Beispiel. Die Dezimalbruchdarstellung von $\frac{3}{7}$ ergibt sich folgendermaßen:

$$\frac{3}{7} = 0 + \frac{1}{10} \cdot \frac{30}{7} = 0 + \frac{1}{10} \cdot \left(4 + \frac{2}{7}\right) = 0 + \frac{4}{10} + \frac{1}{100} \cdot \frac{20}{7} =$$

$$0 + \frac{4}{10} + \frac{1}{100} \cdot \left(2 + \frac{6}{7}\right) = 0 + \frac{4}{10} + \frac{2}{100} + \frac{1}{1000} \cdot \frac{60}{7} = ... \qquad \bullet$$

Die ganzen Zahlen $\mathbb{Z}$ sind durch die Ordnungsrelation $<$ *diskret* geordnet: Jede ganze Zahl a hat bezüglich $<$ den Nachfolger $a+1$, zwischen a und $a+1$ liegt keine weitere ganze Zahl. Bei festem Nenner $q \in \mathbb{N}$ liegt eine diskrete Ordnung auch vor für die rationalen Zahlen

$$..., \frac{-2}{q}, \frac{-1}{q}, \frac{0}{q}, \frac{1}{q}, \frac{2}{q}, \, ...$$

In der Gesamtheit $\mathbb{Q}$ der rationalen Zahlen gibt es bezüglich der Ordnung $<$ keine diskreten Nachfolger. Zwischen zwei rationalen Zahlen $a < b$ liegt nach dem Resultat von Aufgabe 2.4.13 stets eine weitere, ja sogar unendlich viele rationale Zahlen.

2.4.13 Aufgabe. Es seien $a, b \in \mathbb{Q}$, $a < b$. Man zeige:

$\dfrac{a+b}{2}$ ist eine rationale Zahl mit $a < \dfrac{a+b}{2} < b$.

Ausgehend von $a = 0$, $b = 1$ ist das Resultat der fortschreitenden Bildung des arithmetischen Mittels aufeinanderfolgender Zahlen in Abbildung 5 veranschaulicht. $\qquad \bullet$

24

2.5 Das Kontinuumsproblem.

Meßbare Größen (Quanten) werden an der Zahlengeraden durch Strecken repräsentiert. Streckenbemessung ist also das Muster der Quantifizierung im allgemeinen. Durch den Schritt von den ganzen zu den rationalen Zahlen werden die Möglichkeiten der Streckenbemessung erheblich erweitert. Mit rationalen Zahlen kann weit mehr Strecken ein Maß zugewiesen werden als mit ganzen Zahlen. Dem entspricht eine Ausweitung der Quantifizierungsmöglichkeiten im allgemeinen.

Wie weit geht das Quantifizierungsvermögen von $\mathbb{Q}$? Das Maximum an Quantifizierungsvermögen wird erreicht von einem Zahlenbereich $\mathbb{M}$, der die folgende Eigenschaft (K) besitzt:

(K)   Jeder Punkt auf der Zahlengeraden repräsentiert eine Zahl aus $\mathbb{M}$, d. h. für jede auf der Zahlengeraden markierbare Strecke ausgehend von der Null kann durch eine Zahl aus $\mathbb{M}$ ein Maß festgelegt werden.

Erfüllt ein Zahlenbereich $\mathbb{M}$ die Bedingung (K), so nennt man ihn ein *Modell des Kontinuums*. Aufgrund des Resultates von Aufgabe 2.4.11, siehe die Veranschaulichung in Abbildung 5, könnte man vermuten, daß $\mathbb{Q}$ ein Modell des Kontinuums ist.

Um die Betrachtung nicht durch vorzeichenbehaftete Quantifizierung zu erschweren, diskutieren wir die Gültigkeit der Aussage (K) für $\mathbb{Q}$ nur für die rechte Zahlenhalbgerade. Ersichtlich gilt die Aussage (K) für $\mathbb{Q}$ auf der rechten Zahlenhalbgeraden genau dann, wenn es zu jedem Punkt X rechts der Null Zahlen $p, q \in \mathbb{N}$ gibt mit den Eigenschaften:

- Die Strecke von 0 bis X besteht aus p Teilstrecken identischer Länge.
- Die Strecke 0 bis 1 besteht aus q Teilstrecken der obigen Länge.

Folglich ist die Gültigkeit der Aussage (K) für $\mathbb{Q}$ bezüglich der rechten Zahlenhalbgeraden gleichwertig zur Gültigkeit der folgenden These (KQ):

(KQ)   Die Längen zweier Strecken S_1 und S_2 verhalten sich stets wie zwei natürliche Zahlen p und q, d. h. zu zwei Strecken S_1 und S_2 gibt es stets eine Einteilung in diskrete Teilstrecken identischer Länge derart, daß S_1 aus p Teilstrecken, S_2 aus q Teilstrecken besteht.

Die These (KQ) wurde bereits in der Antike diskutiert und nachdrücklich vertreten von der Schule der *Pythagoräer*, benannt nach *Pythagoras*[2] (circa 570 - 497), der durch den ihm

---

[2]Pythagoras wurde um 570 v. Chr. auf der dem griechischen Kleinasien vorgelagerten Insel Samos geboren. Seine Biographie wurde zunächst nur mündlich überliefert. Erst über 800 Jahre nach seinem Tod liefert *Jamblichos* in der *Vita Pythagoraei* ein schriftliches Zeugnis. Auf der Flucht vor der auf Samos sich etablierenden Tyrannis des Polykrates kam Pythagoras mit etwa 18 Jahren nach Milet und wurde dort Schüler der Naturphilosophen *Anaximandros* und *Thales*. Einige Jahre später trat Pythagoras eine Seereise nach Ägypten an, um die Priester in Memphis und Diospolis aufzusuchen, bei denen auch Thales studiert hatte. Die Seefahrer, mit denen er unterwegs war, hielten Pythagoras für ein göttliches Wesen, da die Seefahrt wider Erwarten ruhig verlief. Pythagoras blieb 22 Jahre in Ägypten. Er studierte dort

Abbildung 6: Die Konstruktion von Hippasos an der Zahlengeraden.

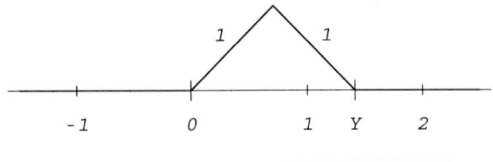

zugeschriebenen Lehrsatz sicher einer der bekanntesten Mathematiker überhaupt ist. Der Mathematik, aufgefaßt als Geometrie und Zahlenlehre, kam im Denken der Pythagoräer eine beherrschende Stellung zu. In der Natur, im Seienden überhaupt, versuchte man mathematische Struktur und mathematische Ordnung zu erkennen: Zahlen und Verhältnisse von Zahlen. Zahlen waren aber stets *natürliche* Zahlen. Die Gültigkeit der These (KQ) erschien daher den Pythagoräern als unumstößliche Gewißheit. Der Pythagoräer Stobaios schreibt in einem seiner überlieferten Werke:

Denn die Zahl enthalte auch alles andere, und zwischen allen Zahlen gibt es ein gegenseitiges rationales Verhältnis [...] Die Einheit ist das Prinzip der Zahlen.

Tatsächlich erweist sich die These (KQ) jedoch als falsch. Sie wurde bereits im 5. Jahrhundert vor Christus von dem Pythagoräer *Hippasos von Metapont* durch eine Anwendung des bekannten Lehrsatzes seines Meisters widerlegt. Auf der Zahlengeraden läßt sich die Argumentation des Hippasos folgendermaßen darstellen. Man errichtet ein gleichschenkliges rechtwinkliges Dreieck der Kathetenlängen 1 wie in Abbildung 6 dargestellt. Man nehme an, die Länge der Hypotenuse (Strecke von 0 bis zum Punkt Y) des Dreiecks könne durch eine rationale Zahl c angegeben werden. Nach dem Satz von Pythagoras gilt

Sternenkunde, Geometrie und wurde in ägyptische Mysterienkulte eingeweiht. In Kriegswirren wurde er von Truppen des Kambyses gefangengenommen und nach Babylon entführt. Er verbrachte dort 12 Jahre, studierte Zahlenlehre und andere Wissenschaften, erhielt eine musikalische Ausbildung, wurde in die babylonischen Magiekulte eingeführt, und lernte die aus Persien stammende Lehre des Zarathustra kennen. Über Samos kam er etwa um 530 v. Chr. nach Kroton (Unteritalien) und gründete dort den pythagoräischen Bund, eine Mischung aus politischem Geheimbund, esoterischer Schule und wissenschaftlicher Akademie, in der auch Frauen ausgebildet wurden. Wegen ihrer politischen Ziele stießen die Pythagoräer auf Widerstände und wurden sogar verfolgt. Pythagoras starb um 497 v. Chr. in Metapont am Golf von Tarent. Von Pythagoras selbst verfaßte Werke sind nicht erhalten, da die Schule zur Geheimhaltung verpflichtet war. Erst spätere Pythagoräer hinterließen schriftliche Zeugnisse. Die Zahlenlehre der Pythagoräer beschränkte sich nicht auf mathematischen Kalkül, sondern verband sich mit Naturphilosphie, Kosmologie, musikalischer Harmonielehre und Ethik. Der Zahlenreihe 1 (Monas), 2 (Dyas), 3 (Trias), 4 (Tetras) kommt eine besondere Bedeutung zu. Monas ist die *Einheit*, Dyas die *Zweiheit*, die mit den folgenden zehn Paaren assoziiert wird: Grenze und Unendliches, Ungerades und Gerades, Einheit und Vielheit, Rechts und Links, Mann und Frau, Ruhendes und Bewegtes, Gerades und Krummes, Licht und Finsternis, Gutes und Böses, Quadrat und Parallelogramm. Die ersten vier Zahlen werden in der *Tetraktys* (Viereckszahl) zur 10 (Dekas) in Beziehung gesetzt. Es ist $1 + 2 + 3 + 4 = 10$. Die Summe der ersten vier Zahlen ist Zehn, also gleich der Basis unseres Zahlendarstellungssystems (Zehnersystem). Die Zehn ist die Einheit in einer höheren Ebene. In der pythagoräischen Mystik entspricht das Verhältnis von Einheit (Eins) zur Zehn metaphorisch dem Verhältnis des Apfelkerns zum Apfelbaum.

$c^2 = 1^2 + 1^2 = 2$. Ersichtlich ist somit c keine natürliche Zahl, also $c \in \mathbb{Q} \setminus \mathbb{N}$, denn es ist

$$1^2 = 1 < 2 = c^2 = 2 < 4 \leq k^2 \quad \text{für alle } k \in \mathbb{N}, k \geq 2.$$

Es gibt also teilerfremde natürliche Zahlen p, q, $q \geq 1$, mit $c = \frac{p}{q}$. Dann ist

$$\frac{p^2}{q^2} = c^2 = 2.$$

Aus der letzten Zeile folgt, daß p^2 und q^2 nicht teilerfremd sind, damit aber auch p und q nicht teilerfremd. Die Annahme $c \in \mathbb{Q}$ führt also zu einem Widerspruch (p, q teilerfremd und nicht teilerfremd) und ist somit falsch. Die Länge der Strecke 0 bis Y kann nicht durch eine rationale Zahl angegeben werden.

Viele Pythagoräer waren über die Entdeckung des Hippasos empört, da sie ihre Lehre in den Grundfesten erschüttert sahen. Hippasos bezahlte dies mit dem Leben. Auf einer Seereise wurde er von pythagoräischen Gesinnungsgenossen ins Meer geworfen. Die Pythagoräer spannen um den von ihnen verübten Mord die Legende, Hippasos sei wegen seiner Anmaßung von zornigen Göttern vernichtet worden. Die pythagoräische Schule spaltete sich in zwei Gruppen auf. Zum einen die *Akusmatiker*, die die in *Akusmata* (Symbolsprüchen) enthaltene Lehre des Pythagoras deuten, tradieren und in ihrer Lebenspraxis umsetzen wollten. Zum anderen die *Mathematiker* (abgeleitet von *mathema*, d. h. das Gelernte, die Kenntnis), die die Mathematik weiterentwickelten und die Konsequenzen aus der Entdeckung des Hippasos zu ziehen bereit waren.

Aus dem Argument des Hippasos geht hervor: Soll ein Zahlenbereich $\mathbb{M}$ ein Modell des Kontinuums sein, d. h. soll jede Strecke auf der Zahlengeraden durch eine Zahl aus $\mathbb{M}$ bemessen werden können, so muß $\mathbb{M}$ eine echte Obermenge von $\mathbb{Q}$ sein und sogenannte *irrationale* (nicht-rationale) Zahlen enthalten. Dieses Postulat war bereits in der Antike bekannt. Bis ins 19. Jahrhundert hinein bestand jedoch über die Einschätzung irrationaler Zahlen und die Konstruktion eines Modells des Kontinuums Uneinigkeit und Unklarheit. Typisch für die dunklen Vorstellungen über den Begriff der irrationalen Zahl ist die folgende Stellungnahme des *Michael Stifel*[3] in seiner *Arithmetica integra*, erschienen in Nürnberg 1544:

---

[3] Stifel (auch Stiefel, Styfel, Stieffel), Michael, Theologe und Mathematiker. Geboren um 1487 in Esslingen, gestorben am 19.4. 1567 in Jena. Als Augustinereremit in Esslingen kam er mit den Schriften Luthers in Berührung und bekannte sich 1522 in dem Traktat „Von der Christförmigen, rechtgegründeten Lehre Doktor Martin Luthers" entschieden zur Reformation. Stifel mußte 1522 aus Süddeutschland fliehen und wurde in Wittenberg von Luther freundlich aufgenommen, bis dieser ihn im März 1523 dem Grafen Albrecht IV. von Mansfeld als Hofprediger anvertraute. In seiner Mansfelder Zeit beschäftigte sich Stifel intensiv mit Rechenkunst und Mathematik. In spekulativer Weise glaubte er, durch Wortrechnungen - er übertrug Buchstaben in Trigonalzahlen - apokalyptische Aussagen der Bücher Daniel und der Offenbarung ergründen zu können. Mit Luther sah er im Papst den Antichrist und war der Überzeugung, durch Buchstabensummen Leo X. mit dem „Tier" aus Offenbarung 13, dessen Zahl mit 666 angegeben wird, identifizieren zu können. So ist nach Stifel (siehe die Schrift *Eine sehr wunderbarliche Wortrechnung*, 1553) die Zahl 666 die Summe von „Sed ecce Leo Papa", von „Ecce bestia magna", oder „Leo et draco". 1525 als erster evangelischer Prediger in Österreich, 1527 wieder in Wittenberg, ab 1528 Übernahme der vakanten Pfarrei Lochau (heute Annaburg) bei Torgau. Im September 1533 fixiert Stifel nach einem Bericht Luthers das Datum für die Wiederkunft Christi auf Sonntag, den 19. Oktober

Mit Recht wird bei den irrationalen Zahlen darüber disputiert, ob sie wahre Zahlen sind oder nur fiktive. Denn bei Beweisen an geometrischen Figuren haben die irrationalen Zahlen noch Erfolg, wo uns die rationalen im Stich lassen, und sie beweisen genau das, was die rationalen Zahlen nicht beweisen konnten. Wir werden also veranlasst, ja gezwungen zuzugeben, daß sie in Wahrheit existieren, nämlich auf Grund ihrer Wirkungen ... Aber andere Gründe veranlassen uns zu der entgegengesetzten Behauptung, daß wir nämlich bestreiten müssen, daß die irrationalen Zahlen Zahlen sind. Nämlich wenn wir versuchen, sie der Zählung zu unterwerfen und sie mit rationalen Zahlen in ein Verhältnis setzen, dann finden wir, daß sie uns fortwährend entweichen, so daß keine von ihnen sich genau erfassen lässt ... Es kann aber nicht etwas eine wahre Zahl genannt werden, bei dem es keine Genauigkeit gibt und was zu wahren Zahlen kein bekanntes Verhältnis hat.

2.6 Die reellen Zahlen.

Erst im ausgehenden 19. Jahrhundert gelangt die Theorie der *reellen Zahlen* als eines Modells des Kontinuums und damit die Theorie der irrationalen Zahlen zu einem befriedigenden Abschluß. Wesentliches Element dieser Theorie ist der Begriff der *konvergenten Zahlenfolge*. Wichtige Beiträge leisteten der bereits in Paragraph 1.1 erwähnte *Georg Cantor* und *Richard Dedekind*[4]

Aufgrund der Probleme bei der Genese des Begriffs ist es nicht überraschend, daß eine einfache intuitiv evidente Beschreibung des Bereichs $\mathbb{R}$ der reellen Zahlen nicht möglich ist. Wir sammeln im folgenden die wichtigsten Eigenschaften:

(R1) $\mathbb{R}$ ist eine echte Obermenge von $\mathbb{Q}$, d. h. $\mathbb{Q} \subset \mathbb{R}$, aber $\mathbb{Q} \neq \mathbb{R}$. Die Menge $\mathbb{R} \setminus \mathbb{Q}$ der irrationalen Zahlen ist also nichtleer, tatsächlich sogar sehr umfangreich. Die meisten Wurzeln ganzer Zahlen sind irrational , z. B. $\sqrt{2}$, $\sqrt{3}$, $\sqrt{5}$, siehe Paragraph 2.11 zum Begriff der Wurzel. Weitere bekannte irrationale Zahlen sind die *Kreiszahl* π (die Hälfte des Umfangs eines Kreises vom Radius 1) und die *Eulersche Zahl e*, siehe hierzu Paragraph 4.15.

(R2) Auf $\mathbb{R}$ sind eine Addition $x + y$, eine Subtraktion $x - y$, eine Multiplikation $xy = x \cdot y$, eine Division (Quotientenbildung) $\frac{x}{y}$ ($y \neq 0$) definiert. Für rationale Zahlen

---

1533, acht Uhr morgens. Ausführungen über den bevorstehenden Weltuntergang, jedoch ohne Angabe des genauen Datums, finden sich in der Schrift *Ein Rechenbüchlin vom End Christ. Apocalypsis in Apocalypsin* (1532). Nach der ausgebliebenen Parusie wird Stifel in Wittenberg unter Hausarrest gestellt, erhält aber durch Vermittlung Luthers ab 1534/35 wieder eine Pfarrei übertragen. Stifel widmet sich der Mathematik, erwirbt 1541 an der Wittenberger Universität den Grad Magister Artium. Als „erster deutscher Zahlentheoretiker"(M. Cantor) gewinnt er Einblick in das Logarithmensystem. Während des Schmalkaldischen Krieges flieht Stifel 1548 nach Ostpreußen. Ab 1554 Pfarrer im sächsischen Brück. Seit etwa 1559 bis zu seinem Tod hielt Stifel an der Universität Jena mathematische Vorlesungen.

[4]*Richard Dedekind*, geboren am 06. Oktober 1831 in Braunschweig, gestorben am 12. Februar 1916 in Braunschweig. Lehrte in Zürich und Braunschweig.

stimmen diese Operationen mit den in Paragraph 2.4 definierten entsprechenden Operationen überein. Es gelten die für rationale Zahlen ermittelten Rechenregeln, die im Anhang A noch einmal zusammengestellt sind, siehe dort die Formelzeilen (503) bis (510).

(R3) $\mathbb{R}$ ist geordnet durch Ordnungsrelationen $<$ (kleiner), $\leq$ (kleiner oder gleich), $>$ (größer), $\geq$ (größer oder gleich) mit den gewohnten Gesetzen (10) bis (13), der Verknüpfungsregel (15) und das Trichotomiegesetz (16), jeweils mit $=$ für $\sim$, sowie den Rechenregeln (34) bis (37), (34) bis (37). Für rationale Zahlen stimmen die Relationen mit den in Paragraph 2.4 definierten entsprechenden Relationen überein.

(R4) Jede reelle Zahl kann als Grenzwert einer Folge rationaler Zahlen dargestellt werden, d. h. zu jedem $x \in \mathbb{R}$ gibt es eine Folge $(q_n)_\mathbb{N}$ aus $\mathbb{Q}$ mit $\lim\limits_{n \to \infty} q_n = r$. Siehe Kapitel 5 zum Begriff der *Folge* und den Anhang C zum Begriff des Grenzwerts.

(R5) Es seien $(x_n)_\mathbb{N}$, $(y_n)_\mathbb{N}$ Folgen aus $\mathbb{R}$ mit den folgenden Eigenschaften:

- $x_n \leq y_n$ für alle $n \in \mathbb{N}$.
- $\lim\limits_{n \to \infty} (y_n - x_n) = 0$, d. h. zu jedem $\varepsilon > 0$ gibt es $n_\varepsilon \in \mathbb{N}$ derart, daß $y_n - x_n < \varepsilon$ für alle $n \geq n_\varepsilon$.

Dann gibt es eine Zahl $a \in \mathbb{R}$ mit der Eigenschaft

$$x_n \leq a \leq y_n \quad \text{für alle } n \in \mathbb{N}.$$

Durch die Eigenschaft (R5) wird sichergestellt, daß $\mathbb{R}$ ein Modell des Kontinuums ist. Dies kann an der Zahlengeraden leicht veranschaulicht werden. Man fixiert einen Punkt Y auf der Zahlengeraden, z. B. den ominösen Punkt Y aus dem Argument des Hippasos. Man teilt die Einheiten der Achse sukzessive in Teilstrecken der Länge $\frac{1}{n}$ mit $n \in \mathbb{N}$. Alle Strecken zwischen der 0 und den zusätzlich gesetzten Marken werden durch rationale Zahlen $\frac{q}{n}$ bemessen. Für $n \in \mathbb{N}$ sei a_n die größte Marke unterhalb von Y (die größte rationale Zahl $\frac{q}{n}$ unterhalb des Punktes Y), b_n die kleinste Marke oberhalb von Y (die kleinste rationale Zahl $\frac{q}{n}$ oberhalb des Punktes Y). Dann gilt für $n \in \mathbb{N}$

$$a_n \leq b_n \quad \text{und} \quad b_n - a_n = \frac{1}{n},$$

und somit

$$\lim_{n \to \infty} (b_n - a_n) = \lim_{n \to \infty} \frac{1}{n} = 0.$$

Nach (R5) gibt es also eine Zahl $x \in \mathbb{R}$ mit $a_n \leq x \leq b_n$ für alle $n \in \mathbb{N}$. Diese Zahl x muß der Marke Y entsprechen.

2.6.1 Aufgabe. Für die irrationale Zahl y aus dem Argument des Hippasos bestimme man, wie oben beschrieben, die approximierenden rationalen Zahlen a_n und b_n für $n = 1, 10, 100, 1000, 10000$. ●

Wie jede rationale Zahl hat auch jede reelle Zahl eine eindeutig bestimmte Dezimalbruchentwicklung mit möglichen „Nachkommastellen", wie sie auf dem Taschenrechner
sichtbar werden. Der Anwender unterscheidet meist nicht zwischen ganzen Zahlen, echt
rationalen Zahlen (echte Brüche), und irrationalen Zahlen, sondern nur zwischen Zahlen
„ohne Nachkommastellen"(ganze Zahlen) und Zahlen „mit Nachkommastellen"(Zahlen
aus $\mathbb{R} \setminus \mathbb{Z}$). Rationale und irrationale Zahlen können aber anhand ihrer Dezimalbruchentwicklung unterschieden werden. Es gilt:

- Die Dezimalbruchentwicklung rationaler Zahlen bricht entweder nach endlich vielen
  Stellen ab, oder sie ist periodisch, siehe Paragraph 2.4.

- Die Dezimalbruchentwicklung irrationaler Zahlen hat unendlich viele Stellen und ist
  nicht periodisch.

Im Wirtschaftsleben treten streng genommen nur rationale Zahlen auf. Ökonomisch interessante Größen wie Preis, Kosten, Profit, Rohstoffmenge, werden im allgemeinen in
Dezimalbruchdarstellung mit höchstens zwei Nachkommastellen, insbesondere also als rationale Zahlen angegeben. In Modellen der mathematischen Wirtschaftstheoerie sind die
reellen Zahlen dennoch ein unabdingbares Hilfsmittel. Im Bereich $\mathbb{R}$ können die Methoden der Differentialrechnung angewandt werden, die für viele Zwecke (Untersuchung des
Wachstumsverhaltens, Extremwertbestimmung, Optimierung) sehr nützlich sind. Irrationale Lösungen bei ökonomisch relevanten mathematischen Untersuchungen sind jedoch
stets als Annäherungen an die Realität aufzufassen.

2.7 Intervalle auf der reellen Achse.

Die Menge $\mathbb{R}$ der reellen Zahlen ist ein Modell des Kontinuums. Strecken und Halbgeraden
auf der Zahlengeraden entsprechen daher gewissen Teilmengen von $\mathbb{R}$, den *Intervallen*.
Die verschiedenen Typen von Intervallen sind in Tafel 1 angegeben. In der Notation von
Tafel 1 heißt der Punkt a *linker Randpunkt*, der Punkt b *rechter Randpunkt* des Intervalls.
Das Intervall heißt *beschränkt*, wenn es zwei Randpunkte $a, b \in \mathbb{R}$ besitzt, andernfalls
unbeschränkt. Bei einem beschränkten Intervall mit Randpunkten $a \leq b$ ist $b - a$ die Länge
des Intervalls. Die Länge unbeschränkter Intervalle wird mit ∞ (unendlich) festgesetzt.
In Tafel 1 sind also die Intervalle $[a; b]$, $(a; b]$, $[a; b)$, $(a; b)$ beschränkt mit der Länge $b - a$,
die Intervalle $[a; +\infty)$, $(a; +\infty)$, $(-\infty; b]$, $(-\infty; b)$ unbeschränkt mit der Länge ∞.

Das aus einem Intervall I durch Weglassen der Randpunkte entstehende offene Intervall
$\overset{\circ}{I}$ heißt das *Innere von I*. Es gilt also

$$[a; b] \;=\; [\overset{\circ}{a; b}) \;=\; (\overset{\circ}{a; b}] \;=\; (\overset{\circ}{a; b}) \;=\; (a; b), \tag{54}$$

$$(\overset{\circ}{-\infty; b}] \;=\; (\overset{\circ}{-\infty; b}) \;=\; (-\infty; b), \qquad [\overset{\circ}{a; +\infty}) \;=\; (\overset{\circ}{a; +\infty}) \;=\; (a; +\infty). \tag{55}$$

Tabelle 1: Tafel der Intervalle reeller Zahlen.

Formel	Bezeichnung	Auf der Zahlengeraden
$[a,b]$ = $\{x \mid x \in \mathbb{R}, a \le x \le b\}$	Abgeschlossenes und beschränktes (kompaktes) Intervall.	Strecke von a nach b.
$[a;b)$ = $\{x \mid x \in \mathbb{R}, a \le x < b\}$	Nach rechts halboffenes beschränktes Intervall.	Strecke von a nach b.
$(a;b]$ = $\{x \mid x \in \mathbb{R}, a < x \le b\}$	Nach links halboffenes beschränktes Intervall.	Strecke von a nach b.
$(a;b)$ = $\{x \mid x \in \mathbb{R}, a < x < b\}$	Offenes beschränktes Intervall.	Strecke von a nach b.
$(-\infty;b]$ = $\{x \mid x \in \mathbb{R}, x \le b\}$	Nach rechts abgeschlossenes unbeschränktes Intervall.	Halbgerade links von b.
$(-\infty;b)$ = $\{x \mid x \in \mathbb{R}, x < b\}$	Offenes unbeschränktes Intervall.	Halbgerade links von b.
$[a;+\infty)$ = $\{x \mid x \in \mathbb{R}, x \ge a\}$	Nach links abgeschlossenes unbeschränktes Intervall.	Halbgerade rechts von a.
$(a;+\infty)$ = $\{x \mid x \in \mathbb{R}, x > a\}$	Offenes unbeschränktes Intervall.	Halbgerade rechts von a.
$(-\infty;+\infty)$ = $\mathbb{R}$	Menge der reellen Zahlen	Gesamte Zahlengerade.

2.7.1 Aufgabe.   Man skizziere die folgenden Intervalle auf der Zahlengeraden. Man gebe jeweils den Typ des Intervalls, die Randpunkte, die Länge und das Innere des Intervalls an.

$$[-2; 3), \quad (2; 5), \quad (-\infty; 2), \quad (-\infty; 3], \quad (-1; +\infty), \quad [1; +\infty). \qquad \bullet$$

Für die Differentialrechnung sind die ε-*Umgebungen* ($\varepsilon > 0$) eines Punktes a von Bedeutung. Dies sind Intervalle der Länge 2ε mit dem Mittelpunkt a:

Formel	Bezeichnung	Auf der Zahlengeraden
$U_\varepsilon(a) = (a - \varepsilon; a + \varepsilon) = \{x \,|\, x \in \mathbb{R}, a - \varepsilon < x < a + \varepsilon\}$	Offene ε-Umgebung von a.	Strecke von $a - \varepsilon$ nach $a + \varepsilon$.
$[a - \varepsilon; a + \varepsilon] = \{x \,|\, x \in \mathbb{R}, a - \varepsilon \leq x \leq a + \varepsilon\}$	Abgeschlossene ε-Umgebung von a.	Strecke von $a - \varepsilon$ nach $a + \varepsilon$.

2.7.2 Aufgabe.   Man drücke die folgenden Mengen als Intervalle bzw. als Vereinigungen von Intervallen aus und man skizziere die Mengen auf der Zahlengeraden. Man bestimme die Randpunkte, die Länge und das Innere der jeweils beteiligten Intervalle.

(i) $\{x | 6 - 2x \geq 5\};$ (ii) $\{x | -2 \leq 5 - 2x < 8\};$ (iii) $\{x | 0.5 - x \leq 2x + 7 < 8 - x\};$

(iv) $\{x | 5 + 2x < 7 - x \leq 8 + 3x\};$ (v) offene ε-Umgebung von 2 mit $\varepsilon = 0.1;$

(vi) abgeschlossene ε-Umgebung von 3 mit $\varepsilon = 0.2.$ $\qquad \bullet$

2.8   Der Betrag reeller Zahlen.

Der *Betrag* $|a|$ einer reellen Zahl $a \in \mathbb{R}$ ist wie der Betrag ganzer und rationaler Zahlen definiert durch Formel (32) und besitzt dieselbe Interpretation als ungewichtetes Quantum bzw. nichtorientiertes Streckenmaß auf der Zahlengeraden (Entfernung der Zahlenmarke a von der 0). Es gelten die folgenden Regeln:

$$|x \cdot y| = |x| \cdot |y|, \quad |-x| = |x|, \quad |x + y| \leq |x| + |y| \quad \text{(Dreiecksungleichung)}. \qquad (56)$$

2.8.1 Aufgabe.   Man drücke die folgenden Mengen als Intervalle bzw. als Vereinigungen von Intervallen aus und man skizziere die Mengen auf der Zahlengeraden. Welche der Mengen sind offen, welche abgeschlossen?

(i) $\{x | \, |x - 5| < 9\};$ (ii) $\{x | \, |x - \frac{1}{2}| \geq 10\};$ (iii) $\{x | \, |9 + x| \leq 2\}.$ $\qquad \bullet$

2.9 Offene, abgeschlossene, kompakte Teilmengen der reellen Achse.

Die Begriffe *offen*, *abgeschlossen*, *beschränkt*, *kompakt* können von Intervallen auf beliebige Teilmengen $A \subset \mathbb{R}$ erweitert werden. Ausgehend von der Veranschaulichung auf der Zahlengeraden bezeichnet man eine Teilmenge $A \subset \mathbb{R}^2$ genau dann als

- *offen*, wenn die Randpunkte der Menge nicht zur Menge gehören, d. h. wenn es zu jedem $a \in A$ eine offene ε-Umgebung $U_\varepsilon(a) = (a - \varepsilon; a + \varepsilon)$ gibt, die vollständig in A enthalten ist,

- *abgeschlossen*, wenn die Randpunkte der Menge zur Menge gehören, d. h. wenn ihr Komplement $\mathbb{R} \setminus A$ offen ist;

- *nach unten beschränkt*, wenn es ein $r \in \mathbb{R}$ gibt mit $x \geq r$ für alle $x \in A$;

- *nach oben beschränkt*, wenn es ein $r \in \mathbb{R}$ gibt mit $x \leq r$ für alle $x \in A$;

- *beschränkt*, wenn sie sowohl nach unten als auch nach oben beschränkt ist, d. h. wenn es eine nichtnegative reelle Zahl r gibt mit $|x| \leq r$ für alle $x \in A$,

- *kompakt*, wenn sie abgeschlossen und beschränkt ist.

Eine Teilmenge $A \subset \mathbb{R}$ ist also genau dann offen, wenn ihr Komplement $\mathbb{R} \setminus A$ abgeschlossen ist. Aus der Definition kann die folgende Charakterisierung offener Mengen im $\mathbb{R}^1$ abgeleitet werden.

2.9.1 Satz (Offene Menge). Es sei $A \subset \mathbb{R}$. Dann sind gleichwertig:

(i) A ist offen.

(ii) A kann als Vereinigung von höchstens abzählbar unendlich vielen paarweise disjunkten offenen Intervallen dargestellt werden. •

Aus jeder Menge B kann eine offene Menge gebildet werden, indem man die Randpunkte der Menge entfernt. Wie bei Intervallen bezeichnet man diese offene Menge $\overset{\circ}{B}$ als das *Innere von B*.

2.9.2 Aufgabe. Welche der folgenden Mengen sind offen bzw. abgeschlossen bzw. beschränkt bzw. kompakt? Man veranschauliche die Mengen an der Zahlengeraden. Man bilde das Innere der Mengen.

$(2; 3]$, $\quad [2; 3]$, $\quad (2; 3)$, $\quad (2; 4) \cup (5; 8)$, $\quad (2; 5) \cap [3; 7)$, $\quad [1; 3] \cup [2; 4] \cup [5; 7]$. •

2.10   Infimum und Supremum.

Aus den Axiomen der reellen Zahlen, siehe Paragraph 2.6 und dort insbesondere Eigenschaft (R5) auf Seite 29, ergeben sich die folgenden Sätze mit den darauf aufbauenden Definitionen des Infimums und des Supremums.

2.10.1 Satz und Definition (Infimum).   Es sei $M \subset \mathbb{R}$ eine nichtleere Menge reeller Zahlen.

Es sei M nach unten beschränkt, d. h. es gebe ein $r \in \mathbb{R}$ mit $r \le x$ für alle $x \in M$. Dann gibt es eine größte untere Schranke von M, die als *Infimum von M* bezeichnet und mit $\inf M$ notiert wird. Das Infimum ist charakterisiert durch die Ungleichungen

$$\inf M \le x \text{ für alle } x \in M, \tag{57}$$

$$\inf M \ge y \text{ für alle } y \in \mathbb{R} \text{ mit der Eigenschaft } y \le x \text{ für alle } x \in M. \tag{58}$$

Liegt das Infimum $\inf M$ in M, so stimmt es überein mit dem *Minimum* $\min M$. Dies ist insbesondere der Fall, wenn M endlich oder kompakt ist.

Ist M nicht nach unten beschränkt, so setzt man $\inf M = -\infty$.   •

2.10.2 Satz und Definition (Supremum).   Es sei $M \subset \mathbb{R}$ eine nichtleere Menge reeller Zahlen.

Es sei M nach oben beschränkt, d. h. es gebe ein $r \in \mathbb{R}$ mit $r \ge x$ für alle $x \in M$. Dann gibt es eine kleinste obere Schranke von M, die als *Supremum von M* bezeichnet und mit $\sup M$ notiert wird. Das Supremum ist charakterisiert durch die Ungleichungen

$$\sup M \ge x \text{ für alle } x \in M, \tag{59}$$

$$\sup M \le y \text{ für alle } y \in \mathbb{R} \text{ mit der Eigenschaft } y \ge x \text{ für alle } x \in M. \tag{60}$$

Liegt das Supremum $\sup M$ in M, so stimmt es überein mit dem *Maximum* $\max M$. Dies ist insbesondere der Fall, wenn M endlich oder kompakt ist.

Ist M nicht nach oben beschränkt, so setzt man $\sup M = +\infty$.   •

Auch für beschränkte Mengen liegt das Infimum bzw. das Supremum nicht notwendigerweise in der Menge.

2.10.3 Beispiel (Infimum, Supremum).   Man betrachte die Intervalle $(0; 1]$, $[0; 1]$, $[0; 1)$, $(0; 1)$. Für alle vier Intervalle I ist $\inf I = 0$, $\sup I = 1$. Nur für $I = [0; 1]$ und $I = [0; 1)$ ist $\inf I = \min I$, und nur für $I = [0; 1]$ und $I = (0; 1]$ ist $\sup I = \max I$.   •

2.10.4 Aufgabe (Infimum, Supremum).   Man bestimme das Infimum und das Supremum der folgenden Mengen:

$$(3; 7], \quad \{1/n | n \in \mathbb{N}\}, \quad \{2 - 0.1^n | n \in \mathbb{N}\}.$$ •

2.11 Operationen mit reellen Zahlen: Potenzen und Wurzeln.

Potenzen reeller Zahlen mit ganzzahligen Exponenten werden definiert wie die entsprechenden Potenzen rationaler Zahlen in Paragraph 2.4 durch

$$x^n \; := \; \underbrace{x \cdot \ldots \cdot x}_{n\text{-mal}} \quad \text{für} \; n \in \mathbb{N}, \tag{61}$$

$$x^0 \; := \; 1, \tag{62}$$

$$x^{-n} \; := \; \frac{1}{x^n} \quad \text{für} \; n \in \mathbb{N}, \; x \neq 0. \tag{63}$$

Addition und Subtraktion, Multiplikation und Division können in gewissem Sinne als entgegengesetzte Operationen aufgefaßt werden. Es ist z. B. $(a - b) + b = a$, $\frac{a}{b} \cdot b = a$. Gibt es auch zum Potenzieren eine entgegengesetzte Operation? Diese Operation wird als *Wurzelbildung* (*Wurzelziehen*) bezeichnet. Sie kann nicht wie das Potenzieren durch einfache Formeln beschrieben werden und ist auch im Bereich der rationalen Zahlen nicht definiert. Mithilfe der Eigenschaft (R5) der reellen Zahlen kann gezeigt werden, daß es zu jedem $n \in \mathbb{N}$ und jedem $x \in [0; +\infty)$ genau eine Zahl $y \in [0; +\infty)$ gibt mit

$$y^n \; = \; x, \tag{64}$$

wobei $y > 0$, falls $x > 0$. Man bezeichnet diese eindeutig bestimmte Zahl y als *n-te Wurzel von x* und schreibt

$$y \; = \; \sqrt[n]{x} \; = \; x^{1/n}. \tag{65}$$

Tatsächlich heben sich Potenzieren und Wurzelziehen gegenseitig auf. Es gilt

$$\sqrt[n]{x^n} \; = \; x, \quad \left(\sqrt[n]{x}\right)^n \; = \; x \quad \text{für} \; x \in [0; +\infty), \; n \in \mathbb{N}. \tag{66}$$

Inbesondere bezeichnet man die zweite Wurzel $\sqrt{x} = \sqrt[2]{x}$ von x als *Quadratwurzel von x*, die dritte Wurzel $\sqrt[3]{x}$ von x als *kubische Wurzel von x*. Die ominöse Zahl x aus dem Beweis des Hippasos ist also gerade $y = \sqrt{2}$.

Potenzen mit beliebigen rationalen Exponenten können definiert werden durch

$$x^{m/n} \; = \; \left(x^{1/n}\right)^m \quad \text{für} \; x \in (0; +\infty), \; m \in \mathbb{Z}, \; n \in \mathbb{N}. \tag{67}$$

Für das Rechnen mit Potenzen mit rationalen Exponenten gelten die bekannten Rechengesetze

$$a^{p+q} \; = \; a^p \cdot a^q, \quad (a^p)^q \; = \; a^{pq} \; = \; (a^q)^p, \quad a^p \cdot b^p \; = \; (a \cdot b)^p. \tag{68}$$

Ist n ungerade, so kann die Wurzel auch für negative reelle Zahlen erklärt werden durch

$$x^{1/n} \; = \; -(-x)^{1/n} \quad \text{für} \; x \in (-\infty; 0]. \tag{69}$$

Die Wurzeln

$$\sqrt[3]{x}, \; \sqrt[5]{x}, \; \sqrt[7]{x}, \; \ldots$$

können also sind für beliebige $x \in \mathbb{R}$ definiert werden. Hingegen sind die Wurzeln

$$\sqrt[2]{x}, \ \sqrt[4]{x}, \ \sqrt[6]{x}, \ \ldots$$

nur für nichtnegative $x \in [0; +\infty)$ definiert. Die Definition dieser Wurzeln für negatives x führt zu Widersprüchen, siehe das folgende Beispiel 2.11.1. Um solche Wurzeln definieren zu können, muß zu dem größeren Bereich der *komplexen Zahlen* übergegangen werden, siehe Paragraph 2.17.

2.11.1 Beispiel. Man nehme an, die Quadratwurzel $\sqrt{-2}$ sei als reelle Zahl definiert. Dann gälte nach der definierenden Formel (64)

$$-2 \ = \ \left(\sqrt{-2}\right)^2 \ > \ 0 \ > \ -2.$$

Die Annahme führt also zum Widerspruch. Die Quadratwurzel $\sqrt{-2}$ kann nicht als reelle Zahl definiert werden. •

Quadratwurzeln sind erforderlich bei der Bestimmung der reellen Lösungen x einer *quadratischer Gleichung*

$$\alpha x^2 + \beta x + \gamma \ \overset{!}{=} \ 0 \qquad \text{mit} \ \ \alpha \neq 0 \tag{70}$$

Man berechnet zunächst die *Diskriminante*

$$D \ = \ \beta^2 - 4\alpha\gamma. \tag{71}$$

Es gilt:

- Im Falle $D > 0$ besitzt die Gleichung (70) genau zwei reelle Lösungen x_1, x_2, und zwar

$$x_1 \ = \ \frac{-\beta - \sqrt{\beta^2 - 4\alpha\gamma}}{2\alpha}, \qquad x_2 \ = \ \frac{-\beta + \sqrt{\beta^2 - 4\alpha\gamma}}{2\alpha}. \tag{72}$$

- Im Falle $D = 0$ besitzt die Gleichung (70) genau eine reelle Lösung x_0, und zwar

$$x_0 \ = \ \frac{-\beta}{2\alpha}. \tag{73}$$

- Im Falle $D < 0$ besitzt die Gleichung (70) keine reelle Lösung.

Die Lösung quadratischer Gleichungen (70) über dem Bereich der $\mathbb{C}$ der komplexen Zahlen wird in Paragraph 2.17 untersucht.

2.11.2 Aufgabe. Man prüfe, ob die folgenden quadratischen Gleichungen reelle Lösungen besitzen. Gegebenenfalls bestimme man diese Lösungen.

$$x^2 - 30x + 33 \ \overset{!}{=} \ 3, \qquad 4x^2 - 8x - 11 \ \overset{!}{=} \ 10, \qquad 16x^2 + 112x + 71 \ \overset{!}{=} \ -100,$$

$$49x^2 - 70x + 27 \ \overset{!}{=} \ 2, \qquad 9x^2 + 6x + 5 \ \overset{!}{=} \ 0, \qquad 6400x^2 + 800x + 3165 \ \overset{!}{=} \ 4. \qquad \bullet$$

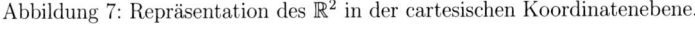

Abbildung 7: Repräsentation des $\mathbb{R}^2$ in der cartesischen Koordinatenebene.

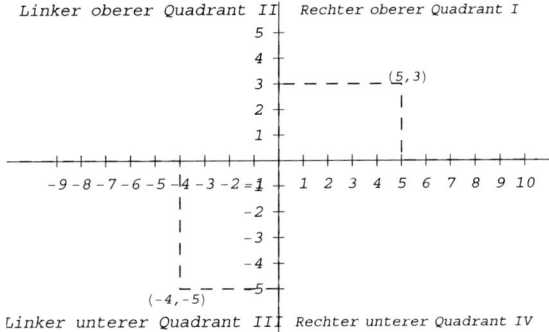

2.12 Der $\mathbb{R}^2$.

Der $\mathbb{R}^2$ ist die Menge der Paare reeller Zahlen bzw. die zweite cartesische Potenz von $\mathbb{R}$:

$$\mathbb{R}^2 \;=\; \mathbb{R} \times \mathbb{R} \;=\; \Big\{ (x,y) \,|\, x,y \in \mathbb{R} \Big\}. \tag{74}$$

Die Elemente des $\mathbb{R}^2$ werden mit aufeinanderfolgenden Buchstaben wie (x,y), (a,b), (r,s), (u,v), oder mit numerierten Buchstaben wie (a_1,a_2), (x_1,x_2) notiert. Man bezeichnet die Komponenten eines Elementes des $\mathbb{R}^2$ auch als *Koordinaten*, und zwar, unabhängig von der Notation, die erste Koordinate als *x-Koordinate*, die zweite als *y-Koordinate*.

Die Menge $\mathbb{R} = \mathbb{R}^1$ der reellen Zahlen wird durch die Zahlengerade graphisch repräsentiert. Zur Darstellung des $\mathbb{R}^2$ werden demgemäß zwei Zahlengeraden (*Koordinatenachsen*) für die beiden Komponenten (Koordinaten) benötigt. Eine besonders suggestive Darstellung ergibt sich, wenn die beiden Zahlengeraden senkrecht zueinander zu einem *cartesischen Koordinatensystem* angeordnet werden. Der Schnittpunkt der beiden Koordinatenachsen wird als *Ursprung* des Koordinatensystems bezeichnet. Im allgemeinen wählt man den Punkt $(0,0)$ als Ursprung. Auf der horizontalen Achse (*x*-Achse, Abszisse) wird die *x*-Koordinate des Paares (x,y), auf der vertikalen Achse (*y*-Achse, Ordinate) wird die *y*-Koordinate des Paares (x,y) angetragen. In den Markierungen x und y werden Parallelen zu den Achsen eingezeichnet. Das Paar (x,y) wird durch den Schnittpunkt dieser Parallelen repräsentiert, siehe Abbildung 7. Durch die Darstellung im cartesischen Koordinatensystem wird der $\mathbb{R}^2$ zum Modell der kontinuierlichen Ebene. Man spricht daher auch von der *cartesischen Koordinatenebene* und bezeichnet die Elemente des $\mathbb{R}^2$ als *Punkte*. Die Viertel der Koordinatenebene werden, wie in Abbildung 7 eingetragen, als *Quadranten* bezeichnet.

Einfach zu beschreibende Teilmengen des $\mathbb{R}^2$ sind die cartesischen Produkte

Abbildung 8: Cartesische Produkte von Intervallen im $\mathbb{R}^2$.

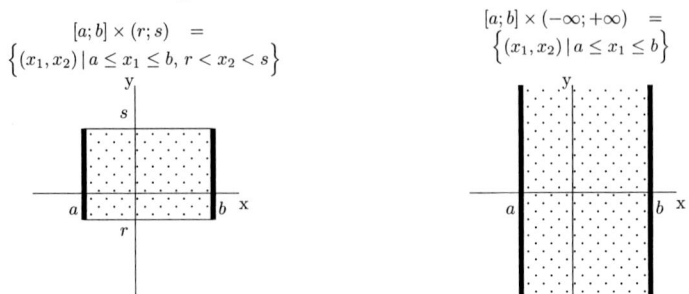

$$[a;b] \times (r;s) = \left\{(x_1,x_2)\,|\,a \leq x_1 \leq b,\, r < x_2 < s\right\}$$

$$[a;b] \times (-\infty;+\infty) = \left\{(x_1,x_2)\,|\,a \leq x_1 \leq b\right\}$$

Abbildung 9: Cartesische Produkte von Intervallen im $\mathbb{R}^2$.

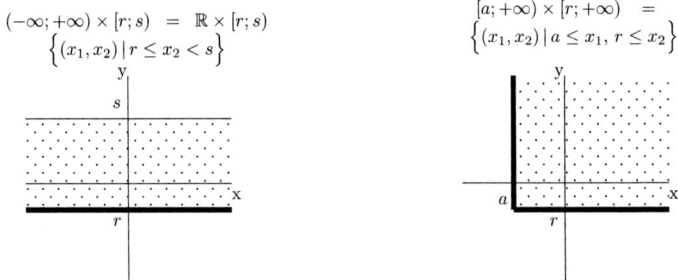

$$(-\infty;+\infty) \times [r;s) = \mathbb{R} \times [r;s) \quad \left\{(x_1,x_2)\,|\,r \leq x_2 < s\right\}$$

$$[a;+\infty) \times [r;+\infty) = \left\{(x_1,x_2)\,|\,a \leq x_1,\, r \leq x_2\right\}$$

$$A_1 \times A_2 = \left\{(x_1,x_2)\,|\,x_1 \in A_1,\, x_2 \in A_2\right\} \tag{75}$$

von Teilmengen A_1, A_2 des $\mathbb{R}^1$. Von besonderer Bedeutung sind die cartesischen Produkte $I_1 \times I_2$ von Intervallen I_1, I_2 des $\mathbb{R}^1$. Diese cartesischen Produkte werden in der Koordinatenebene durch Rechtecke repräsentiert, und daher auch als *Rechtecke* bezeichnet. Ein Rechteck $I_1 \times I_2$ ist genau dann beschränkt (besitzt vier Seiten endlicher Länge), wenn beide Intervalle I_1, I_2 beschränkt sind (endliche Länge besitzen). Andernfalls ist das Rechteck unbeschränkt. Sind beide Intervalle I_1, I_2 beschränkt mit linken Randpunkten a, r und rechten Randpunkten b, a, so ist (a, r) der linke untere, (b, s) der rechte obere Eckpunkt des beschränkten Rechtecks $I_1 \times I_2$. Die Gestalt beschränkter und unbeschränkter Rechtecke geht aus den Abbildungen 8 und 9 hervor. Zu den jeweiligen Mengen gehörige Ränder sind durch dick gezogene Linien gekennzeichnet. In der folgenden Aufgabe 2.12.1 finden sich verschiedene Beispiel beschränkter und unbeschränkter Rechtecke im $\mathbb{R}^2$.

2.12.1 Aufgabe. Man skizziere die folgenden Rechtecke (cartesischen Produkte von Intervallen) in der cartesischen Koordinatenebene. Inbesondere mache man kenntlich, welche Teile des Randes zur Menge gehören und welche nicht.

$(2; 4) \times [1; 5),\quad (2; 4) \times (1; 5),\quad [2; 4] \times [1; 5],\quad (-\infty; 2) \times (3; 6),\quad [3; +\infty) \times [1; 7],$

$[3; +\infty) \times (1; 7],\quad (-\infty; +\infty) \times [1; 6],\quad [-1; 3) \times [2; +\infty),\quad (-1; 3) \times (2; +\infty).$ •

Man beachte, daß bei weitem nicht alle Teilmengen des $\mathbb{R}^2$ als cartesische Produkte von Teilmengen von $\mathbb{R}$ dargestellt werden können.

2.12.2 Aufgabe. Man veranschauliche die folgenden Mengen in der cartesischen Koordinatenebene. Welche dieser Mengen können als cartesische Produkte von Teilmengen des $\mathbb{R}^1$ dargestellt werden?

$$\Big\{(x,y) \mid -2 \leq x < 3,\, 0 < y \leq 4\Big\}, \qquad \Big\{(x,y) \mid x \geq 0,\, 2 \leq y - x < 4\Big\},$$

$$\Big\{(x,y) \mid y - x \leq 1,\, y + \tfrac{1}{2}x \leq 5,\, y > -1\Big\}, \qquad \Big\{(x,y) \mid x^2 + y^2 \leq 25\Big\}. \qquad •$$

2.13 Umgebungen im $\mathbb{R}^2$.

Um für den $\mathbb{R}^2$ eine exakte Definition des Begriffs der offenen Menge wie in Paragraph 2.9 angeben zu können, benötigt man den Begriff der Umgebung eines Punktes im $\mathbb{R}^2$. Die ε-Umgebung $U_\varepsilon(a)$ eines Elementes a des $\mathbb{R}^1$ war definiert als die Menge aller Punkte x, die von a auf der Zahlengeraden einen Abstand kleiner als ε haben. Aus dem Satz von Pythagoras folgt, daß der elementargeometrische (euklidische) Abstand zweier Punkte (x_1, y_1), (x_2, y_2) des $\mathbb{R}^2$ gegeben ist durch

$$\sqrt{(x_1 - x_2)^2 + (y_1 - y_2)^2}\ , \tag{76}$$

siehe Abbildung 10. Die Menge aller Punkte (x, y), die von einem gegebenen Punkt (a, b) im $\mathbb{R}^2$ einen Abstand von höchstens ε haben, ist die Fläche des Kreises vom Radius ε (vom Durchmesser 2ε) um den Mittelpunkt (a, b), siehe Abbildung 11. In Analogie zum $\mathbb{R}^1$ definiert man daher die in Tabelle 4 angegebenen ε-Kreis-Umgebungen eines Punktes (a, b).

Eine andere Übertragung des Umgebungsbegriffs vom $\mathbb{R}^1$ auf den $\mathbb{R}^2$ benutzt die die cartesischen Produkte von Umgebungen im $\mathbb{R}^1$. Diese cartesischen Produkte sind Quadrate mit dem Mittelpunkt (a, b), siehe Tabelle 5.

2.13.1 Aufgabe. Man skizziere die folgenden Mengen in der cartesischen Koordinatenebene: $\tfrac{1}{2}$-Kreis-Umgebung des Punktes $(4, 2)$, $\tfrac{1}{4}$-Quadrat-Umgebung des Punktes $(4, 2)$, $\tfrac{1}{4}$-Kreis-Umgebung des Punktes $(-2, 3)$, $\tfrac{3}{4}$-Quadrat-Umgebung des Punktes $(-2, 3)$. •

Abbildung 10: Der euklidische Abstand in der cartesischen Koordinatenebene.

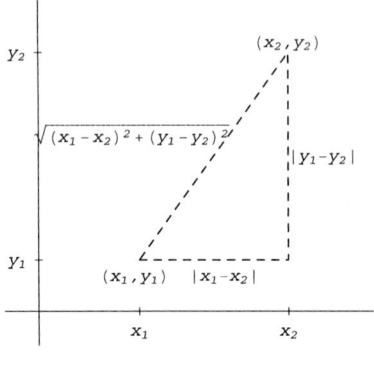

Abbildung 11: Kreis vom Radius 1 um den Punkt $(3, 2)$.

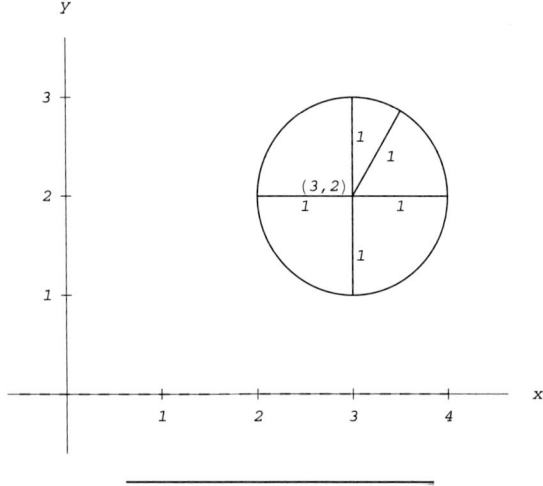

Tabelle 4: ε-Kreis-Umgebungen eines Punktes (a, b) des $\mathbb{R}^2$.

Formel	Bezeichnung	In der Koordinatenebene
$U_\varepsilon(a,b) =$ $\left\{ (x,y) \mid \sqrt{(x-a)^2 + (y-b)^2} < \varepsilon \right\}$	Offene ε-Kreis-Umgebung von (a,b).	Kreisfläche ohne Peripherie um (a,b) mit Radius ε.
$\left\{ (x,y) \mid \sqrt{(x-a)^2 + (y-b)^2} \le \varepsilon \right\}$	Abgeschlossene ε-Kreis-Umgebung von (a,b).	Kreisfläche mit Peripherie um (a,b) mit Radius ε.

Tabelle 5: ε-Quadrat-Umgebungen eines Punktes (a, b) des $\mathbb{R}^2$.

Formel	Bezeichnung	In der Koordinatenebene
$U_\varepsilon(a,b) =$ $(a - \varepsilon; a + \varepsilon) \times (b - \varepsilon; b + \varepsilon)$	Offene ε-Quadrat-Umgebung von (a,b).	Quadrat der Seitenlänge 2ε mit Mittelpunkt (a,b).
$[a - \varepsilon; a + \varepsilon] \times [b - \varepsilon; b + \varepsilon]$	Abgeschlossene ε-Quadrat-Umgebung von (a,b).	Quadrat der Seitenlänge 2ε mit Mittelpunkt (a,b).

2.14 Offene, abgeschlossene, kompakte Mengen im $\mathbb{R}^2$.

Ausgehend von der Definition des Umgebungsbegriffs in Paragraph 2.13 können die Begriffe *offen* und *abgeschlossen* wie im $\mathbb{R}^1$ bestimmt werden, vergleiche Paragraph 2.9. Man bezeichnet eine Teilmenge $A \subset \mathbb{R}^2$ genau dann als

- *offen*, wenn die Randpunkte der Menge nicht zur Menge gehören, d. h. wenn es zu jedem $(a,b) \in A$ eine offene ε-Umgebung $U_\varepsilon(a,b)$ gibt, die vollständig in A enthalten ist,

- *abgeschlossen*, wenn die Randpunkte der Menge zur Menge gehören, d. h. wenn ihr Komplement $\mathbb{R} \setminus A$ offen ist.

- *beschränkt*, wenn der euklidische Abstand der Punkte $(a,b) \in A$ vom Ursprung $(0,0)$ der cartesischen Ebene nicht beliebig groß werden kann, d. h. wenn es eine nichtnegative reelle Zahl R gibt mit $\sqrt{a^2 + b^2} \le R$ für alle $(a,b) \in A$,

- *kompakt*, wenn sie abgeschlossen und beschränkt ist.

Eine Teilmenge $A \subset \mathbb{R}$ ist also genau dann offen, wenn ihr Komplement $\mathbb{R} \setminus A$ abgeschlossen ist. Bei der Definition offener Mengen spielt es offenbar keine Rolle, ob offene Kreise oder offene Quadrate verwendet werden: Jeder Kreis mit Mittelpunkt (a,b) enthält ein Quadrat mit Mittelpunkt (a,b), jedes Quadrat mit Mittelpunkt (a,b) enthält einen Kreis mit Mittelpunkt (a,b). Eine einfache Charakterisierung offener Mengen des $\mathbb{R}^2$ in Analogie zum Satz 2.9.1 ist nicht möglich.

Insbesondere sind die folgenden Mengen offen:

- Offene Rechtecke $\left\{(x,y)\,|\,a_1 < x < a_2,\ b_1 < y < b_2\right\} = (a_1;a_2) \times (b_1;b_2).$

- Offene Streifen wie $\left\{(x,y)\,|\,a_1 < x,\ b_1 < y < b_2\right\} = (a_1;+\infty) \times (b_1;b_2),$
  $\left\{(x,y)\,|\,x < a_2,\ b_1 < y < b_2\right\} = (-\infty;a_2) \times (b_1;b_2),$
  $\left\{(x,y)\,|\,b_1 < y < b_2\right\} = \mathbb{R} \times (b_1;b_2)$ usw.

- Offene Teilebenen wie $\left\{(x,y)\,|\,a_1 < x,\ b_1 < y\right\} = (a_1;+\infty) \times (b_1;+\infty),$
  $\left\{(x,y)\,|\,b_1 < y\right\} = \mathbb{R} \times (b_1;+\infty)$ usw.

- Offene Kreise um einen Punkt (a_1,a_2) wie $\left\{(x,y)\,|\,(a_1 - x)^2 + (a_2 - y)^2 < r^2\right\}.$

2.14.1 Aufgabe. Welche der Rechtecke aus Aufgabe 2.12.1 sind offen bzw. abgeschlossen bzw. beschränkt bzw. kompakt? •

2.14.2 Aufgabe. Man skizziere die folgenden offenen Mengen in der cartesischen Koordinatenebene :

$$\left\{(x,y)\,|\,-1 < x < 3,\ -2 < y < 4\right\}, \qquad \left\{(x,y)\,|\,-1 < x,\ -2 < y < 4\right\},$$

$$\left\{(x,y)\,|\,-2 < y < 4\right\}, \qquad \left\{(x,y)\,|\,x > 1,\ 2 < y - x < 3\right\},$$

$$\left\{(x,y)\,|\,(2 - x)^2 + (3 - y)^2 < 9\right\}.$$

Man wähle jeweils einen Punkt der Menge und zeichne zu diesem Punkt eine geeignet gewählte vollständig in der Menge enthaltene ε-Umgebung U_ε ein. •

2.15 Konvexe Mengen im $\mathbb{R}^2$.

Aus der elementaren analytischen Geometie ist bekannt, daß die Verbindungsstrecke zweier Punkte (x_1,y_1), (x_2,y_2) des $\mathbb{R}^2$ gegeben ist durch die Punktmenge

$$\left\{\left(\lambda x_1 + (1 - \lambda)y_1, \lambda x_2 + (1 - \lambda)y_2\right) \,|\, \lambda \in [0;1]\right\}. \tag{77}$$

In der cartesischen Koordinatenebene kennt man mehrere Typen von Mengen, bei denen mit je zwei Punkten auch deren Verbindungsstrecke in der Menge liegt: Rechtecke, Dreiecke, Kreise (ε-Umgebungen), Geraden. Die Generalisierung dieser Eigenschaft führt zum Begriff der *konvexen Menge*.

2.15.1 Definition (Konvexe Menge). Es sei $M \subset \mathbb{R}^n$.

M heißt genau dann *konvex*, wenn gilt: Für Punkte $(x_1, y_1), (x_2, y_2) \in M$ liegen auch die Punkte ihrer Verbindungsstrecke in M, d. h.

$$\left\{ \Big(\lambda x_1 + (1 - \lambda)y_1, \lambda x_2 + (1 - \lambda)y_2 \Big) \,|\, \lambda \in [0; 1] \right\} \quad \subset \quad M. \qquad \bullet$$

Insbesondere sind Rechtecke, d. h. cartesische Produkte von Intervallen des $\mathbb{R}^1$, Quadranten und ε-Umgebungen konvex im $\mathbb{R}^2$.

2.15.2 Aufgabe (Konvexe Mengen). Man veranschauliche einige konvexe Mengen

in der cartesischen Koordinatenebene. Weiterhin veranschauliche man in der cartesischen Koordinatenebene ein Beispiel einer nicht-konvexen Teilmenge des $\mathbb{R}^2$. ●

Die sogenannten *Extremalpunkte* konvexer Mengen spielen eine Rolle in der Extremwertbestimmung.

2.15.3 Definition (Extremalpunkt). Es sei $M \subset \mathbb{R}^2$ eine konvexe Menge, (a, b) ein

Punkt in M.

(a, b) heißt genau dann *Extremalpunkt von M*, wenn (a, b) auf keiner Verbindungsstrecke zweier verschiedener Punkte (x_1, y_1), (x_2, y_2) aus M liegt. ●

2.16 Der $\mathbb{R}^3$.

Der $\mathbb{R}^3$ ist die Menge der Tripel reeller Zahlen bzw. die dritte cartesische Potenz von $\mathbb{R}$:

$$\mathbb{R}^3 \quad = \quad \mathbb{R} \times \mathbb{R} \times \mathbb{R} \quad = \quad \Big\{ (x, y, z) \,|\, x, y, z \in \mathbb{R} \Big\}. \qquad (78)$$

Die Elemente des $\mathbb{R}^3$ werden mit aufeinanderfolgenden Buchstaben wie (x, y, z), (a, b, c), (r, s, t), (u, v, w), oder mit numerierten Buchstaben wie (a_1, a_2, a_3), (x_1, x_2, x_3) notiert. Wie beim $\mathbb{R}^2$ bezeichnet man die Komponenten eines Elementes des $\mathbb{R}^3$ auch als *Koordinaten*, und zwar, unabhängig von der Notation, die erste Koordinate als *x-Koordinate*, die zweite als *y-Koordinate*, die dritte als *z-Koordinate*.

Der $\mathbb{R}^1$ wird durch die Zahlengerade, der $\mathbb{R}^2$ durch die cartesische Koordinatenebene graphisch repräsentiert. Zur Darstellung des $\mathbb{R}^3$ wird eine dritte Koordinatenachse (*z-Achse*) eingeführt, die senkrecht zur cartesischen Koordinatenebene in deren Ursprung errichtet wird. Man erhält so das *dreidimensionale cartesische Koordinatensystem*. Der Schnittpunkt der drei Koordinatenachsen wird als *Ursprung* des Koordinatensystems bezeichnet. Im allgemeinen wählt man den Punkt $(0, 0, 0)$ als Ursprung. Zur Repräsentation des Tripels (x, y, z) identifiziert man (x, y) in der durch die x-Achse und die y-Achse festgelegten Ebene. Im Punkte (x, y) wird eine Parallele zur z-Achse errichtet. Auf dieser Parallelen wird das Tripel (x, y, z) im Abstand $|z|$ von der Ebene angetragen, siehe Abbildung 12.

Abbildung 12: Repräsentation des $\mathbb{R}^3$ im cartesischen Koordinatenraum.

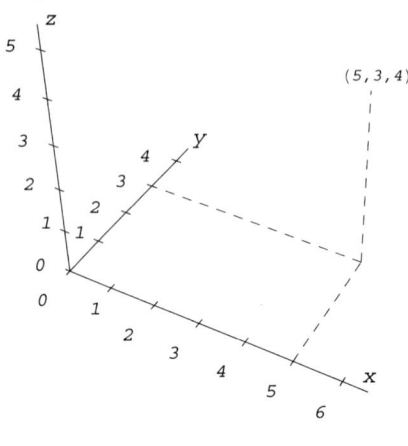

Durch die Darstellung im dreidimensionalen cartesischen Koordinatensystem wird der $\mathbb{R}^3$ zum Modell des kontinuierlichen Raumes. Man spricht daher auch vom *cartesischen Koordinatenraum* und bezeichnet die Elemente des $\mathbb{R}^3$ als *Punkte*.

2.17   Die komplexen Zahlen.

Die Gleichung

$$y^2 \overset{!}{=} x, \tag{79}$$

besitzt für die meisten rationalen Zahlen $x \geq 0$ keine Lösung, d. h. für die meisten rationalen Zahlen ist keine rationale Quadratwurzel definiert, z. B. nicht für $x = 2, 3, 5, 7$. Im größeren Bereich $\mathbb{R}$ der reellen Zahlen sind Quadratwurzeln $\sqrt{x}$ für alle $x \geq 0$ definiert. Die Definitionslücke wird also durch den Übergang zu einem größeren Zahlenbereich beseitigt. In $\mathbb{R}$ sind jedoch Quadratwurzeln $\sqrt{x}$ nicht für Zahlen $x < 0$ definiert. Kann auch diese Definitionslücke durch Übergang zu einem größeren Zahlenbereich beseitigt werden? Gesucht ist also ein Zahlenbereich $\mathbb{M}$ mit den folgenden Eigenschaften:

(C1) $\mathbb{R} \subset \mathbb{M}$.

(C2)   Alle vom Bereich $\mathbb{R}$ bekannten Operationen liegen auch für $\mathbb{M}$ mit den vertrauten Rechenregeln vor.

(C3)   Für alle $x \in \mathbb{R}$, $x < 0$, ist die Quadratwurzel $\sqrt{x}$ in $\mathbb{M}$ definiert, d. h. es gibt eine Zahl $y \in \mathbb{M}$ mit $y^2 = x$.

Abbildung 13: Repräsentation der komplexen Zahlen in der cartesischen Koordinatenebene.

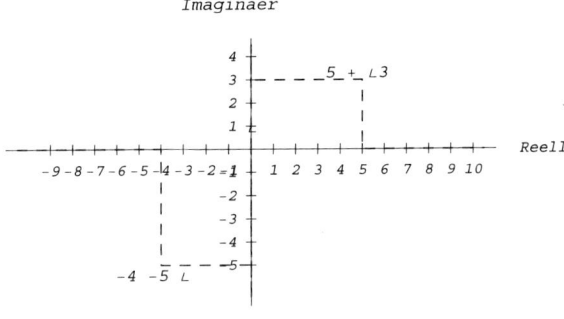

Ein solcher Zahlenbereich $\mathbb{M}$ muß mindestens eine Zahl $\imath$ enthalten, die der Gleichung

$$\imath^2 \;=\; -1 \tag{80}$$

genügt. In der mathematischen Theorie der *Zahlenkörper* wird gezeigt, daß ein Zahlenbereich $\mathbb{M} = \mathbb{C}$ existiert, der die Forderungen (C1), (C2), (C3), insbesondere also (80) erfüllt, und daß $\mathbb{C}$ dargestellt werden kann in der Form

$$\mathbb{C} \;=\; \{a + \imath b \,|\, a, b \in \mathbb{R}\}. \tag{81}$$

Für Elemente $z \in \mathbb{C}$ ist die Darstellung $z = a + \imath b$ eindeutig bestimmt, d. h. zu $z \in \mathbb{C}$ gibt es eindeutig bestimmte reelle Zahlen $a = Re(z)$ (*Realteil* von z), $b = Im(z)$ (*Imaginärteil* von z) mit $z = a + \imath b$.

Aufgrund der Eindeutigkeit der Darstellung $z = a + \imath b$ steht $\mathbb{C}$ in einer Eins-zu-Eins-Beziehung (Bijektion, siehe hierzu Paragraph 3.6) zum $\mathbb{R}^2$. $\mathbb{C}$ wird daher graphisch repräsentiert durch die cartesische Koordinatenebene, wobei der Zahl $z \in \mathbb{C}$ der Punkt $(Re(z), Im(z))$ entspricht. Insbesondere wird die imaginäre Zahl $\imath$ repräsentiert durch den Punkt $(0, 1)$, , siehe Abbildung 13. Man bezeichnet daher die cartesische Ebene auch als *komplexe Ebene*, die x-Achse als *reelle Achse*, die y-Achse als *imaginäre Achse*.

Der Betrag $|x|$ einer reellen Zahl x gibt den Abstand des Eintrags x auf der Zahlengeraden von der 0 an. Dementsprechend verwendet man als Betrag $|z|$ einer komplexen Zahl $z = a + \imath b$ den euklidischen Abstand des die Zahl repräsentierenden Punktes (a, b) vom Ursprung $(0, 0)$ des Koordinatensystems. Dieser Abstand wurde bereits in Paragraph 2.12 bestimmt. Mit Formel (76) ergibt sich

$$|z| \;=\; |a + \imath b| \;=\; \sqrt{a^2 + b^2} \; . \tag{82}$$

Um die Eigenschaft (C2) zu erfüllen, sind auf $\mathbb{C}$ geeignete Rechenoperationen zu definieren. Addition $z_1 + z_2$, Subtraktion $z_1 - z_2$ und Multiplikation $z_1 z_2 = z_1 \cdot z_2$ können aus einem intuitiven Ansatz gewonnen werden: Man wendet die Rechenregeln für die entsprechenden Operationen auf $\mathbb{R}$, siehe Anhang A, auf die Darstellungen $z_1 = a_1 + \imath b_1$, $z_2 = a_2 + \imath b_2$ an, wobei $\imath$ mit Formel (80) integriert wird. Man erhält so

$$z_1 + z_2 = (a_1 + \imath b_1) + (a_2 + \imath b_2) = (a_1 + a_2) + \imath(b_1 + b_2), \tag{83}$$

$$z_1 - z_2 = (a_1 + \imath b_1) - (a_2 + \imath b_2) = (a_1 - a_2) + \imath(b_1 - b_2), \tag{84}$$

$$z_1 \cdot z_2 = (a_1 + \imath b_1) \cdot (a_2 + \imath b_2) = (a_1 a_2 - b_1 b_2) + \imath(a_1 b_2 + a_2 b_1). \tag{85}$$

Etwas aufwendiger ist die Herleitung der Quotientenbildung. Es ergibt sich

$$\frac{1}{z} = \frac{1}{a + \imath b} = \frac{a - \imath b}{a^2 + b^2} = \frac{a - \imath b}{|z|^2}. \tag{86}$$

2.17.1 Aufgabe. Man bestimme das Ergebnis der folgenden Rechenoperationen mit komplexen Zahlen in der Form $a + \imath b$.

$$(3 + \imath 2) - (5 - \imath 4), \quad (2 + \imath 5)(3 - \imath 2), \quad (5 - \imath 3)^2, \quad \frac{2 - \imath 3}{5 + \imath 2}, \quad \left(\frac{7 + \imath 3}{6 - \imath 5}\right)^2. \qquad \bullet$$

Zwei komplexe Zahlen $z_1 = a + \imath b$, $z_2 = a - \imath b = a + \imath(-b)$, d. h. mit $Im(z_1) = -Im(z_2)$, heißen *konjungiert komplex*. Konjungiert komplexe Zahlen haben denselben Betrag, ihr Produkt ist reellwertig mit

$$(a + \imath b)(a - \imath b) = a^2 + b^2 = |a + \imath b|^2 = |a - \imath b|^2. \tag{87}$$

Aus (80) ergibt sich

$$\imath^n = \begin{cases} -1, & \text{falls } n = 2, 6, 10, ..., \\ 1, & \text{falls } n = 4, 8, 12, ..., \\ -\imath, & \text{falls } n = 3, 7, 11, ..., \\ \imath, & \text{falls } n = 1, 5, 9, ... \end{cases} \tag{88}$$

Für $x \in \mathbb{R}$, $x < 0$, wird also die Gleichung

$$y^2 \overset{!}{=} x$$

gelöst durch $y = \imath\sqrt{|x|}$, d. h. es gilt in $\mathbb{C}$

$$x^{\frac{1}{2}} = \sqrt{x} = \imath\sqrt{|x|} = \imath|x|^{\frac{1}{2}} \quad \text{für } x \in \mathbb{R}, \ x < 0. \tag{89}$$

2.18 Lösung quadratischer Gleichungen in komplexen Variablen.

In $\mathbb{C}$ ist jede quadratische Gleichung

$$\alpha z^2 + \beta z + \gamma \stackrel{!}{=} 0, \quad z \in \mathbb{C}, \tag{90}$$

mit reellen Koeffizienten $\alpha, \beta, \gamma \in \mathbb{R}$, $\alpha \neq 0$, lösbar. Wie bei quadratischen Gleichungen über $\mathbb{R}$, siehe Paragraph 2.11, berechnet man zunächst die *Diskriminante*

$$D = \beta^2 - 4\alpha\gamma. \tag{91}$$

Es gilt:

- Im Falle $D > 0$ besitzt die Gleichung (90) genau zwei Lösungen z_1, z_2, diese sind beide reell mit

$$z_1 = \frac{-\beta - \sqrt{\beta^2 - 4\alpha\gamma}}{2\alpha}, \qquad z_2 = \frac{-\beta - \sqrt{\beta^2 - 4\alpha\gamma}}{2\alpha}. \tag{92}$$

- Im Falle $D = 0$ besitzt die Gleichung (90) genau eine Lösung $z_0 = z_1 = z_2$, diese ist reell, und zwar

$$z_0 = z_1 = z_2 = \frac{-\beta}{2\alpha}. \tag{93}$$

- Im Falle $D < 0$ besitzt die Gleichung (90) genau zwei Lösungen z_1, z_2, diese sind beide komplex mit

$$z_1 = \frac{-\beta - \imath\sqrt{-\beta^2 + 4\alpha\gamma}}{2\alpha}, \qquad z_2 = \frac{-\beta + \imath\sqrt{-\beta^2 + 4\alpha\gamma}}{2\alpha}. \tag{94}$$

Die Lösungen z_1, z_2 der quadratischen Gleichung (90) sind die *Nullstellen* des *Polynoms zweiten Grades* $\alpha z^2 + \beta z + \gamma$ mit reellen Koeffizienten $\alpha, \beta, \gamma \in \mathbb{R}$, $\alpha \neq 0$. Das Polynom kann damit als Produkt von *Linearfaktoren* dargestellt werden in der Form

$$\alpha z^2 + \beta z + \gamma = \alpha(z - z_1)(z - z_2) \qquad \text{für alle } z \in \mathbb{C}. \tag{95}$$

Weiteres zu *Polynomen* in komplexen Argumenten findet sich in Paragraph 4.11.

2.18.1 Aufgabe. Man löse die folgenden quadratischen Gleichungen über $\mathbb{C}$ und gebe die entsprechenden Polynome zweiten Grades als Produkte von Linearfaktoren an.

$$8z^2 + 4z + 3 \stackrel{!}{=} 0, \quad z^2 + 5z + 1 \stackrel{!}{=} 15, \quad 9z^2 + 6z - 1 \stackrel{!}{=} -11. \qquad \bullet$$

3 Grundlagen: Funktionen.

3.1 Funktionen: Grundbegriffe.

Wir betrachten zunächst ein einfaches Beispiel.

3.1.1 Beispiel. Den Notentripeln von Beispiel 1.2.1 soll die Durchschnittsnote der ersten beiden Prüfungen zugeordnet werden. Man betrachtet also die Zuordnung

$$(i, j, k) \ \mapsto \ \frac{i+j}{2} \qquad \text{für } i, j, k \in \{1, ..., 5\}$$

zwischen der Menge $D = \{1, ..., 5\}^3$ der Notentripel und, im weitesten Sinne, der Menge $E = \mathbb{R}$ der reellen Zahlen.

Diese Zuordnung hat offenbar die folgenden Eigenschaften:

(i) Jedem Notentripel aus D wird genau ein Wert in E zugeordnet.

(ii) Verschiedenen Notentripeln aus D kann derselbe Wert in E zugeordnet werden. So erhalten z. B. die Tripel $(1, 3, k)$ und $(2, 2, k)$ alle den Wert 2.

(iii) Nicht alle Elemente von E treten notwendigerweise in der Zuordnung auf. So ist z. B. die Zahl 1.3 kein Durchschnitt zweier Noten aus $1, ..., 5$. •

Eine Zuordnung zwischen zwei nichtleeren Mengen mit der Charakteristik (i) aus Beispiel 3.1.1 wird als *Funktion* bezeichnet. Es seien D, E nichtleere Mengen. Eine Funktion f mit *Definitionsbereich* D und *Zielbereich* E ordnet jedem Element $x \in D$ genau ein Element $y = f(x)$ aus E zu. Es ist also durchaus erlaubt, verschiedenen Elementen $x_1, x_2, ...$ von D dasselbe Element y aus E zuzuweisen. Verboten ist nur, einem $x \in D$ verschiedene Elemente $y_1 \neq y_2$ aus E zuzuordnen.

Die Elemente x des Definitionsbereiches D nennt man *Argumente* von f. Zu gegebenem $x \in D$ heißt $f(x)$ *Bild (Wert) von x unter f* oder *Wert von f bei Argument x*; zu gegebenem $y = f(x) \in E$ heißt x *Urbild* von y.

In der wirtschaftswissenschaftlichen Modellierung verwendet man Funktionen zur Beschreibung des Zusammenhanges wirtschaftlicher Charakteristika wie Preis, Profit, Kosten, Nachfrage, Nutzen etc. In wechselnder Betrachtungsweise können solche Charakteristika in einem Fall an der Argumentstelle, im anderen Fall als Funktionswert auftreten. So kann die Nachfrage in einem gewissen Zusammenhang als Funktion des Preises, in einem anderen Zusammenhang der Preis als Funktion der Nachfrage aufgefaßt werden. Um die Zuordnung der betrachteten Charakteristika zur Argumentstelle und zur Stelle des Funktionswertes zu klären, bezeichnet man in naheliegender Sprechweise das Argument bzw. die an der Argumentstelle stehende Charakteristik als *unabhängige Variable* (*unabhängige Veränderliche*) und den Funktionswert bzw. die an der Stelle des Funktionswertes stehende Charakteristik als *abhängige Variable* (*abhängige Veränderliche*).

48

In der Terminologie von Paragraph 1.3 ist eine Funktion f mit Definitionsbereich D und Zielbereich E eine spezielle Relation auf dem Linksbereich D und dem Rechtsbereich E. Definitionsgemäß ist diese Relation linksausschöpfend, d. h. der Linksbereich D ist gleich dem Vorbereich der Relation. Jedes $x \in D$ tritt nur in genau einem Paar $(x, y) = (x, f(x))$ der Relation auf. Bezüglich des Rechtsbereiches und des Nachbereiches werden keine Einschränkungen gemacht.

Als Relation ist eine Funktion mit Definitionsbereich D und Zielbereich E vollständig festgelegt durch ihren *Graphen*

$$\left\{ (x, f(x)) \,|\, x \in D \right\} \quad \subset \quad D \times E. \tag{96}$$

Im Falle reellwertiger (Zielbereich $\mathbb{R}$) Funktionen $f(x)$ bzw. $f(x, y)$ von einer bzw. zwei reellen Variablen hat der Graph tatsächlich eine graphische Bedeutung, siehe die Kapitel 4 und 15

Eine Funktion f ist als Relation nicht notwendigerweise rechtsausschöpfend, d. h. nicht alle Elemente des Zielbereiches E sind notwendigerweise Bilder von geeigneten Elementen des Definitionsbereiches, siehe Beispiel 3.1.1. Die Menge

$$f^+(D) \quad := \quad \left\{ f(x) \,|\, x \in D \right\} \quad := \quad \left\{ y \,|\, \text{Es gibt ein } x \in D \text{ mit } y = f(x) \right\} \tag{97}$$

der tatsächlich angenommenen Werte heißt *Wertebereich* oder *Bildbereich* von f.

3.1.2 Aufgabe. Für die in Beispiel 3.1.1 beschriebene Funktion gebe man den Definitionsbereich, den Zielbereich und den Wertebereich an. Zu jedem Wert der Funktion gebe man die Menge seiner Urbilder explizit an. $\quad\bullet$

Für die Aussage

f ist eine auf D definierte Funktion mit Werten in E

bzw.

f ist eine Funktion mit Definitionsbereich D und Zielbereich E

oder für den Begriff

auf D definierte Funktion f mit Zielbereich E

schreibt man kurz

$f: D \to E$.

Im folgenden beschränken wir uns zunächst auf reellwertige Funktionen, d. h. auf Funktion $f: D \to E$ mit $E \subset \mathbb{R}$. Der Definitionsbereich ist stets eine Teilmenge des $\mathbb{R}^n$ mit $n \geq 1$. Der Fall $n \geq 2$ ist von erheblicher Bedeutung, denn Funktionen von mehr als einer Veränderlichen sind in sinnvollen mathematischen Modellen der Wirtschaftswissenschaften eher die Regel als die Ausnahme. Kosten, Verlust, Gewinn, Nachfrage, Produktionsumfang, Nutzen etc. hängen im allgemeinen stets von mehreren Einflußgrößen ab. Zur

Einübung werden wir allerdings nach Abschluß des vorliegenden einführenden Kapitels zunächst nur Funktionen einer reellen Veränderlichen betrachten, d. h. der Definitionsbereich D ist zunächst eine Teilmenge von $\mathbb{R}$. In diesem Falle ist der Definitionsbereich D meist ein Intervall oder eine endliche Vereinigung von Intervallen.

3.2 Die Definition von Funktionen.

Ist der Definitionsbereich endlich, so kann die Funktion durch explizite Angabe ihres Graphen in Form einer *Wertetabelle* festgelegt werden.

3.2.1 Beispiel. Es sei

$$D_1 = \{1, 2, 5, 7, 11\} = D_2,$$

$$D_3 = \Big\{(0,0,0), (0,1,3), (2,7,3)\Big\} = D_6,$$

$$D_4 = \Big\{(0,0,0), (0,1,3), (2,7,3), (1,1,1)\Big\},$$

$$D_5 = \Big\{(0,0,0), (0,1,3), (2,7,3), (3,3,3)\Big\},$$

$$D_7 = \Big\{2, 5, 0\Big\}.$$

Auf D_i seien die Funktionen f_i festgelegt durch die folgenden Wertetabellen:

x	1	2	5	7	11
$f_1(x)$	3.0	1.2	5.0	−2.7	−10.8
$f_2(x)$	4.1	−1.3	4.1	−3.0	2.6

(98)

x	$(0,0,0)$	$(0,1,3)$	$(2,7,3)$
$f_3(x)$	2	5	0

x	$(0,0,0)$	$(0,1,3)$	$(2,7,3)$	$(1,1,1)$
$f_4(x)$	2	5	0	2

x	$(0,0,0)$	$(0,1,3)$	$(2,7,3)$	$(3,3,3)$
$f_5(x)$	2	5	0	2

x	$(0,0,0)$	$(0,1,3)$	$(2,7,3)$
$f_6(x)$	2	5	0

x	2	5	0
$f_7(x)$	-1	6	17

Man hat also $D_1, D_2, D_7 \subset \mathbb{R}$, $D_3, ..., D_6 \subset \mathbb{R}^3$, $f_i \colon D_i \to \mathbb{R}$ für $i = 1, ..., 7$. ●

Ist der Definitionsbereich unendlich, z. B. ein Intervall aus $\mathbb{R}$, so kann eine Funktion häufig explizit durch einen mithilfe der Rechenoperationen der elementaren Algebra gebildeten Ausdruck (Formel) definiert werden. Beispiele:

$$g \colon \mathbb{R} \to \mathbb{R} \quad \text{mit} \quad g(x) = 0.5x^3 - 2x^2 + \frac{10}{5 + x^2}, \tag{99}$$

$$h \colon (0; +\infty) \to \mathbb{R} \quad \text{mit} \quad h(x) = 3x^5 - \frac{1}{x},$$

$$f \colon (0; +\infty) \to \mathbb{R} \quad \text{mit} \quad f(x) = x^{\frac{-2}{7}} + 5x^2.$$

Gelegentlich zerfällt der Definitionsbereich in Teilbereiche, auf denen die Funktion durch unterschiedliche Formeln beschrieben wird. Es handelt sich dann um eine *abschnittsweise Definition*, z. B.

$$f \colon \mathbb{R} \to \mathbb{R} \quad \text{mit} \quad f(x) = \begin{cases} \frac{3}{x^2} - 7, & \text{falls } x > 0, \\ 5x - 4, & \text{falls } x \leq 0. \end{cases}$$

Für die Aussage

Dem Punkte x wird durch die Funktion f das Bild $f(x)$ zugeordnet (100)

schreibt man

$$x \mapsto f(x). \tag{101}$$

Entsprechend schreibt man unter Angabe des Definitionsbereiches für

Dem Punkte x aus dem Definitionsbereich D wird durch die Funktion f das Bild $f(x)$ zugeordnet (102)

kurz

$$D \ni x \mapsto f(x) \tag{103}$$

oder unter Angabe von Definitions- und Zielbereich für

Dem Punkte x aus dem Definitionsbereich D wird durch die Funktion f das Bild $f(x)$ im Zielbereich E zugeordnet (104)

kurz

$$D \ni x \mapsto f(x) \in E. \tag{105}$$

Wenn die Bilder $f(x)$ durch einen Ausdruck oder eine einfache Formel beschrieben werden können, benützt man diesen Ausdruck auch zur Bezeichnung der Funktion selbst oder zur

Kurzdefinition der Funktion. So spricht man etwa von den Funktionen

$$\mathbb{R}^2 \ni (x_1, x_2) \;\mapsto\; x_1 + x_2,$$

$$\mathbb{R} \ni x \;\mapsto\; 27x^3 - 5x^2 + \frac{1}{5 + x^2},$$

$$\mathbb{R} \setminus \{0\} \ni x \;\mapsto\; 3x^5 - \frac{1}{x}.$$

Ist der Definitionsbereich klar oder soll der Definitionsbereich nicht angegeben werden, so verwendet man auch einfach die Formeln zur Bezeichnung der Funktion und spricht von den Funktionen $x_1 + x_2$, $27x^3 - 5x^2 + \frac{1}{5+x^2}$, $3x^5 - \frac{1}{x}$.

Bislang wurden *explizite* Darstellungen von Funktionen durch Wertetabellen oder Formeln betrachtet. In vielen Situationen werden Funktionen *implizit* durch gewisse charakteristische Eigenschaften festgelegt. Eine wichtige implizite Definitionsmethode ist die Festlegung einer Funktion als Lösung einer Gleichung. Beispiel: Die Gleichung

$$\frac{113}{1680}y^3 - \frac{209}{560}y^2 + \frac{827}{840}y - 4 \stackrel{!}{=} x \tag{106}$$

besitzt für jedes vorgegebene $x \in \mathbb{R}$ eine eindeutig bestimmte Lösung $y = y(x) \in \mathbb{R}$. Durch die Gleichung (106) wird also eine Funktion $f \colon \mathbb{R} \to \mathbb{R}$ mit $f(x) = y(x)$ implizit festgelegt. Eine explizite Darstellung von f ist zwar möglich, aber sehr kompliziert.

Implizite Methoden der Festlegung von Funktionen werden behandelt in den Paragraphen 4.15, 15.5, und in Kapitel 19.

3.3 Wichtige Begriffe im Zusammenhang mit dem Funktionsbegriff.

Zwei Funktionen f, g mit demselben Definitionsbereich D bezeichnet man genau dann als *identisch* (in Zeichen: $f = g$), wenn gilt

$$f(x) \;=\; g(x) \qquad \text{für alle } x \in D. \tag{107}$$

Alle von der Identität zwischen Zahlen bzw. Zahlentupeln geläufigen Regeln gelten auch für die Identitätsbeziehung zwischen Funktionen.

3.3.1 Aufgabe. Man untersuche die Funktionen $f_1, ..., f_7$ aus Beispiel 3.2.1 auf Identität. •

Ist $D \subset D'$ und ist $f \colon D \to E$, $g \colon D' \to E$, und gilt $f(x) = g(x)$ für alle $x \in D$, so nennt man f die *Einschränkung von g auf D* und schreibt $f = g|D$. Umgekehrt heißt g *Fortsetzung von f auf D'*.

3.3.2 Aufgabe.   Man untersuche, welche der Funktionen $f_1, ..., f_7$ aus Beispiel 3.2.1 als Einschränkung oder Fortsetzung anderer Funktionen $f_1, ..., f_7$ aufgefaßt werden können. •

In Analogie zur Definition (97) des Wertebereichs nennt man für Teilmengen $A \subset D$ des Definitionsbereiches die Menge

$$f^+(A) \quad = \quad \Big\{ f(x) \,|\, x \in A \Big\} \quad = \quad \Big\{ y \,|\, y \in E; \text{ es gibt } x \in A \text{ mit } y = f(x) \Big\} \qquad (108)$$

der Bilder, die durch Anwendung von f auf die Elemente von A hervorgebracht werden, das *Bild von A unter f*. Der Wertebereich ist also gerade das Bild $f^+(D)$ des gesamten Definitionsbereiches unter der Funktion f. In Paragraph 3.1 wurde bereits darauf hingewiesen, daß der Wertebereich $f^+(D)$ eine echte Teilmenge des Zielbereichs sein kann, daß also nicht alle Elemente des Zielbereichs E einer Funktion $f: D \to E$ notwendigerweise Bilder von geeigneten Elementen des Definitionsbereiches D sind. Der Wertebereich ist also häufig weit kleiner als der Zielbereich. Stimmt der Wertebereich mit dem Zielbereich überein, so nennt man die Funktion *surjektiv*.

3.3.3 Aufgabe.   Für sämtliche Teilmengen A der Definitionsbereiche $D_1, ..., D_7$ der Funktionen $f_1, ..., f_7$ aus Beispiel 3.2.1 bestimme man die Bilder $f_i^+(A)$ unter f_i. Insbesondere bestimme man die Wertebereiche $f_i^+(D_i)$. •

Man erkennt ein deutliches Ungleichgewicht von Definitionsbereich und Zielbereich. Verkleinerung bzw. Vergrößerung des Definitionsbereiches bedeutet Einschränkung bzw. Fortsetzung der Funktion, es ergibt sich eine völlig neue Funktion. Für den Zielbereich kann hingegen jede Menge E gewählt werden, die den Wertebereich $f^+(D)$ enthält, ohne daß die Funktion sich verändert. Aus Bequemlichkeit wählt man bei reellwertigen Funktionen meist den größtmöglichen Zielbereich $\mathbb{R}$.

Es sei f eine Funktion mit Definitionsbereich D und Zielbereich E. Für Teilmengen B des Zielbereiches E ist

$$f^-(B) \quad = \quad \Big\{ x \,|\, x \in D,\, f(x) \in B \Big\} \qquad (109)$$

die *Menge der Urbilder von B unter f*.

3.3.4 Aufgabe.   Für die Funktion f_4 aus Beispiel 3.2.1 bestimme man

$$f_4^-\Big((-\infty; 0) \Big), \quad f_4^-\Big((-\infty; 0] \Big), \quad f_4^-\Big([0; +\infty) \Big), \quad f_4^-\Big(\{ x \,|\, |x| \leq 2 \} \Big). \qquad •$$

3.4   Rechenoperationen mit Funktionen.

Wir betrachten reellwertige Funktionen $f: D \to \mathbb{R}$. Mithilfe der für reelle Zahlen erklärten Operationen Addition, Subtraktion, Multiplikation, Division können aus gegebenen Funktionen neue Funktionen erzeugt werden. Für $f, g\colon D \to \mathbb{R}$, $\lambda \in \mathbb{R}$, sind die Funktionen

$$f + g\colon D \to \mathbb{R}, \quad f - g\colon D \to \mathbb{R}, \quad \lambda f\colon D \to \mathbb{R}, \quad f \cdot g\colon D \to \mathbb{R}$$

definiert durch

$$(f + g)(x) \quad := \quad f(x) + g(x), \tag{110}$$

$$(f - g)(x) \quad := \quad f(x) - g(x), \tag{111}$$

$$(\lambda f)(x) \quad := \quad \lambda \cdot f(x), \tag{112}$$

$$(f \cdot g)(x) \quad := \quad f(x) \cdot g(x) \tag{113}$$

Der Quotient $\frac{f}{g}$ kann definiert werden durch

$$\left(\frac{f}{g}\right)(x) \quad := \quad \frac{f(x)}{g(x)} \quad \text{für } x \in D \text{ mit } g(x) \neq 0. \tag{114}$$

3.4.1 Aufgabe. Für die Funktionen f_1 und f_2 aus Beispiel 3.2.1 gebe man die Funktionen $2f_1 + 4f_2$, $f_1 - 3f_2$, $f_1 \cdot f_2$, $3f_1/5f_2$ durch Wertetabellen an. •

3.4.2 Aufgabe. Für die Funktionen $f, g\colon \mathbb{R}^2 \to \mathbb{R}$ mit

$$f(x_1, x_2) \ = \ x_1 + 2x_2 + 4x_1 x_2, \qquad g(x_1, x_2) \ = \ 7x_1 - x_2 + 3x_1 x_2 + x_1^3$$

gebe man die Funktionen $f + g$, $f - g$, $f \cdot g$, $3g$ explizit an. •

3.5   Verkettung von Funktionen.

Eine weitere wichtige Operation ist die *Hintereinanderausführung* oder *Verkettung* von Funktionen. Es sei $g\colon C \to D$, $f\colon D \to E$, d. h. alle von g erzeugten Bilder sollen im Definitionsbereich D von f liegen. Man kann nun jedem Punkt $x \in C$ sein Bild $g(x) \in D$ zuweisen, und diesem Punkte $g(x)$ wiederum sein Bild $f(g(x))$ zuordnen. Man erhält so die aufeinanderfolgenden Zuordnungen

$$x \ \mapsto \ g(x) \ \mapsto \ f\Big(g(x)\Big) \ .$$

Die zusammengesetzte Zuordnung

$$C \ni x \ \mapsto \ f\Big(g(x)\Big) \in E$$

ist eine neue Funktion auf C mit Werten in E. Diese *Hintereinanderausführung* oder *Verkettung* der Funktionen g und f wird mit $f \circ g$ bezeichnet. Es ist also

$$f \circ g\colon C \to E, \quad (f \circ g)(x) \ = \ f\Big(q(x)\Big) \quad \text{für } x \in C. \tag{115}$$

3.5.1 Aufgabe. Man gebe die Verkettung $f_7 \circ f_4 \colon D_4 \to \mathbb{R}$ der Funktionen f_7 und f_4 aus Beispiel 3.2.1 durch eine Wertetabelle an.   •

3.5.2 Aufgabe. Für die Funktionen $g \colon \mathbb{R}^2 \to \mathbb{R}$, $f \colon \mathbb{R} \to \mathbb{R}$ mit

$$g(x_1, x_2) = x_1 + x_2^2 + 7, \qquad f(y) = 2y^2 - 3y + 5$$

gebe man die Verkettung $f \circ g \colon \mathbb{R}^2 \to \mathbb{R}$ explizit an.   •

3.6 Injektivität, Umkehrabbildung, Bijektivität von Funktionen.

Eine Funktion f ordnet jedem Element x ihres Definitionsbereiches D genau ein Bild y des Zielbereiches E bzw. des Wertebereiches $f^+(D)$ zu. Allerdings kann ein y aus dem Wertebereich $f^+(D)$ durchaus Bild mehrerer Elemente des Definitionsbereiches D sein. Mit anderen Worten: Für $y \in f^+(D)$ besteht die Urbildmenge $f^-\big(\{y\}\big)$ nicht notwendig nur aus einem Element. In Beispiel 3.2.1 gilt etwa:

$$f_2\big((0,0,0)\big) = (1,2) = f_2\big((1,1,1)\big), \quad \text{d. h.} \quad f_2^-\big\{(1,2)\big\} = \big\{(0,0,0),(1,1,1)\big\}.$$

Funktionen, bei denen jedem Bild genau ein Urbild entspricht, nennt man *injektiv*. Die folgenden Aussagen über $f \colon D \to E$ sind also äquivalent:

(i)   Die Funktion f ist injektiv.

(ii)   Zu jedem $y \in f^+(D)$ gibt es genau ein $x \in E$ mit $f(x) = y$.

(iii) Für $x_1, x_2 \in D$ gilt: Ist $f(x_1) = f(x_2)$, so ist $x_1 = x_2$.

(iv) Für $x_1, x_2 \in D$ gilt: Ist $x_1 \neq x_2$, so ist $f(x_1) \neq f(x_2)$.

Eine injektive Funktion wird auch als *umkehrbare* oder *invertierbare* Funktion bezeichnet.

Ist eine Funktion $f \colon D \to E$ injektiv, so existiert ihre *Umkehrfunktion* oder *Inverse* f^{-1}, die jedem Bild $y = f(x)$ aus dem Wertebereich $f^+(D)$ sein eindeutig bestimmtes Urbild x zuordnet. Es gilt also:

$$(f^{-1} \circ f)(x) = f^{-1}\big(f(x)\big) = x \quad \text{für } x \in D,$$

$$(f \circ f^{-1})(y) = f\big(f^{-1}(y)\big) = y \quad \text{für } y \in f^+(D).$$

3.6.1 Aufgabe. Man prüfe die Funktionen $f_1, ..., f_7$ aus Beispiel 3.2.1 auf Injektivität und bestimme gegebenenfalls die Umkehrfunktion durch eine Wertetabelle.   •

3.6.2 Aufgabe. Man prüfe die folgenden Funktionen auf Injektivität. Gegebenenfalls bestimme man die Umkehrfunktion.

$f \colon \mathbb{R} \to \mathbb{R}$ mit $f(x) = 7x + 4,$

$f \colon \mathbb{R} \to \mathbb{R}$ mit $f(x) = x^2 - 3x + 2,$

$f \colon (1.5; +\infty) \to \mathbb{R}$ mit $f(x) = x^2 - 3x + 2,$

$f \colon (2; +\infty)$ mit $f(x) = x^2 - 3x + 2.$ •

Für eine Funktion $f \colon D \to E$, bei der der Wertebereich mit dem Zielbereich E übereinstimmt, wurde in Paragraph 3.3 der Begriff *surjektiv* eingeführt. Eine Funktion, die sowohl injektiv als auch surjektiv ist, heißt *bijektiv*. Bei einer bijektiven Funktion $f \colon D \to E$ stehen also der Definitionsbereich D und der Zielbereich E in einer Eins-zu-Eins-Relation:

- Jedes $x \in D$ besitzt genau ein Bild $y = f(x)$ in E.

- Jedes $y \in E$ besitzt genau ein Urbild $x \in D$ mit $y = f(x)$.

3.6.3 Aufgabe. Man prüfe die Funktionen aus Aufgabe 3.6.2 auf Bijektivität. •

4   Elementare reellwertige Funktionen eines reellen Arguments.

4.1   Reellwertige Funktionen eines reellen Arguments in der Modellbildung.

Eine reellwertige Funktionen eines reellen Arguments ist eine auf einem Teilbereich $B \subset \mathbb{R}$ definierte Funktion $f \colon B \to \mathbb{R}$, die als Werte reelle Zahlen annimmt. Solche Funktionen sind die bei weitem wichtigsten in der wirtschaftswissenschaftlichen Modellbildung. Insbesondere treten die folgenden Funktionen auf:

(i)   **Produktionskostenfunktion:**   Die Produktionskosten $K(x)$ in Geldeinheiten (GE) als Funktion des Produktionsoutputs x in Mengeneinheiten (ME). Die Produktionskosten beinhalten im allgemeinen fixe Kosten K_0 und variable Kosten $K_v(x)$, die tatsächlich vom Produktionsoutput x abhängen. Es gilt dann $K(x) = K_v(x) + K_0$.

(ii)   **Nachfragefunktion:**   Die Nachfrage $N(p)$ in ME als Funktion des Preises p in GE.

(iii)   **Preisfunktion:**   Der Preis $P(x)$ in GE als Funktion der Nachfrage x in ME.

(iv)   **Erlösfunktion:**   Der Erlös $E(p)$ in GE als Funktion des Preises p in GE oder der Erlös $E(x)$ in GE als Funktion der Nachfrage x in ME. Ist $N(p)$ eine Nachfragefunktion, so ist $E(p) = p \cdot N(p)$. Ist $P(x)$ eine Preisfunktion, so ist $E(x) = P(x) \cdot x$.

(v)   **Produktionsfunktion (Ertragsfunktion):**   Der Produktionsoutput $O(x)$ in ME als Funktion des Inputs x in ME.

(vi)   **Durchschnittsertragsfunktion:**   Es sei $O(x)$ eine Ertragsfunktion. Dann ist die *Durchschnittsertragsfunktion* $\frac{O(x)}{x}$ der durchschnittliche Ertrag pro ME Input als Funktion des Inputs x in ME.

(vii)   **Gewinnfunktion:**   Es seien $E(x)$ der Erlös, $K(x)$ die Kosten in GE als Funktionen des Absatzes (oder der Produktionsmenge oder der Nachfrage) x in ME. Dann ist $G(x) = E(x) - K(x)$ der Gewinn in GE als Funktion der Nachfrage (Produktionsmenge) x in ME.

(viii) **Stückgewinnfunktion:**   Es sei $G(x)$ eine Gewinnfunktion. Dann ist die *Stückgewinnfunktion* $\frac{G(x)}{x}$ der durchschnittliche Gewinn pro ME Absatzmenge als Funktion des Absatzes x in ME.

(ix)   **Deckungsbeitragsfunktion:**   Es seien $E(x)$ der Erlös, $K_v(x)$ die variablen Kosten in GE als Funktionen des Absatzes (oder der Produktionsmenge oder der Nachfrage) x in ME. Dann ist $G_D(x) = E(x) - K_v(x)$ der Deckungsbeitrag in GE als Funktion der Nachfrage (Produktionsmenge) x in ME. $\frac{G_D(x)}{x}$ ist der *Stückdeckungsbeitrag.*

Abbildung 14: Graph der Funktion f_1 und   Graph der Funktion g auf $[-2.0; 4.5]$

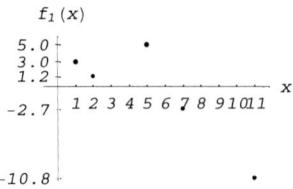 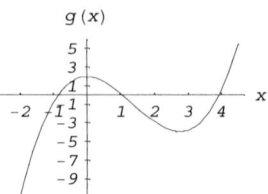

(x)   **Konsumfunktion:** Der Konsum $C(x)$ eines Haushalts in GE als Funktion des Haushaltseinkommens x in GE.

(xi)   **Sparfunktion:** Der Sparbetrag $S(x)$ eines Haushalts in GE als Funktion des Haushaltseinkommens x in GE.

(xii)   **Nutzenfunktion:** Der Nutzen $U(x)$, den ein Konsument aus einer ihm zur Verfügung stehenden Menge x in ME eines Gutes zieht. Dabei wird unterstellt, daß der Nutzen in einer Skala von reellen Zahlen gemessen werden kann. Nähere Ausführungen hierzu finden sich in Kapitel 14.

In vielen Fällen ist die unabhängige Variable die Zeit, z. B. Umsatz als Funktion der Zeit der Marktpräsenz eines Produktes, der Kurs eines Werpapieres, das Volksvermögen, Indexzahlen als Funktionen der Zeit. Diese Konstellation tritt häufig auf und eignet sich besonders gut zur Erläuterung der Eigenschaften von reellwertigen Funktionen eines reellen Arguments. Wir formulieren daher die folgende *Standardinterpretation* 4.1.1.

4.1.1 Standardinterpretation.   Es sei B ein Teilbereich der reellen Achse (x-Achse), $f: B \to \mathbb{R}$ eine Funktion.

Die *Standardinterpretation* betrachtet die x-Achse als *Zeitachse*, d. h. die Argumente $x \in B$ als *Zeitpunkte*, und die Funktionswerte $f(x)$ als *Werte einer Größe* oder *Bestände* zu den Zeitpunkten $x \in B$.   •

Der Graph einer Funktion $f: B \to \mathbb{R}$, $B \subset \mathbb{R}$ ist eine Teilmenge des $\mathbb{R}^2$,

$$\left\{ (x, f(x)) \mid x \in B \right\} \quad \subset \quad \mathbb{R}^2, \tag{116}$$

und kann demgemäß graphisch in der cartesischen Koordinatenebene dargestellt werden. Als Beispiel betrachte man in Abbildung 14 die Graphen der Funktion f_1 aus Formel (98) in Paragraph 3.1 und der ebenfalls in Paragraph 3.1, Formel (99) eingeführten Funktion g auf dem Intervall $[-2.0; 4.5]$.

In den folgenden Paragraphen 4.2 bis 4.6 werden einige wichtige Begriffe und Kenngrößen bezüglich reellwertiger Funktionen eines reellen Arguments eingeführt. Die Paragraphen

4.7 bis 4.21 stellen die für die wirtschaftswissenschaftliche Modellbildung wichtigsten elementaren Funktionen eines reellen Arguments vor. Der Definitionsbereich ist dabei stets entweder ein Intervall oder eine endliche Vereinigung von Intervallen. Berücksichtigt man die in Kapitel 3 angegebenen Möglichkeiten der abschnittsweisen Definition, der Addition, Subtraktion, Multiplikation, Division und Verkettung von Funktionen, so können mit den in den Paragraphen 4.7 bis 4.21 angegebenen Funktionen als Bausteinen die meisten in der wirtschaftswissenschaftlichen Modellbildung relevanten Funktionen eines reellen Arguments zusammengesetzt werden.

4.2 Monotonie reellwertiger Funktionen eines reellen Arguments.

Eine zentrale Fragestellung der Wirtschaftswissenschaften ist die Untersuchung des Wachstumsverhaltens gewisser Größen in Abhängigkeit von anderen Quantitäten. Wächst oder fällt der Absatz, wenn der Preis erhöht wird? Wachsen oder fallen die Stückkosten, wenn die Produktionsmenge zunimmt? Wächst oder fällt der Umsatz, wenn die Dauer der Marktpräsenz eines Produktes zunimmt? Werden solche Zusammenhänge mithilfe reellwertiger Funktionen eines reellen Arguments beschrieben, so verläuft die Untersuchung des Wachstumsverhaltens über die Untersuchung des *Monotonieverhaltens* der entsprechenden Funktionen. Hierzu zunächst die folgende Definition.

4.2.1 Definition (Monotonie reellwertiger Funktionen). Es sei $B \subset \mathbb{R}$, $f \colon B \to \mathbb{R}$.

f heißt *(streng) monoton wachsend auf B*, wenn für je zwei $x_1, x_2 \in B$ mit $x_1 < x_2$ gilt: $f(x_1) \overset{\leq}{\scriptstyle(<)} f(x_2)$.
f heißt *(streng) monoton fallend auf B*, wenn für je zwei $x_1, x_2 \in B$ mit $x_1 < x_2$ gilt: $f(x_1) \overset{\geq}{\scriptstyle(>)} f(x_2)$. •

Graphisch kann anhand einer Darstellung im cartesischen Koordinatensystem das Monotonieverhalten einer auf einem Bereich $B \subset \mathbb{R}$ definierten Funktion f leicht bestimmt werden. Die Funktion ist zum Beispiel auf B genau dann streng monoton wachsend, wenn weiter rechts auf der x-Achse liegenden Argumenten aus B stets größere Werte auf der y-Achse zugeordnet sind als weiter links liegenden.

Bei einfachen Funktionen läßt sich das Monotonieverhalten leicht überblicken, siehe die anschließenden Paragraphen 4.7 bis 4.21. Bei komplizierten Funktionen, insbesondere bei Abhängigkeit von Parametern, kann die Monotonieuntersuchung recht schwierig sein. Methoden zur Untersuchung der Monotonie differenzierbarer Funktionen sind im Anhang angegeben. Bei elementaren Monotonieuntersuchungen drückt man die Vergrößerung des Argumentes häufig durch Addition eines Wertes $\Delta > 0$ zu einem gegebenen Wert x aus und untersucht den *absoluten Zuwachs* $f(x + \Delta) - f(x)$. Der Begriff des *Zuwachses* beinhaltet keine Entscheidung über das Vorzeichen von $f(x + \Delta) - f(x)$:

• Bei *positivem Zuwachs* $f(x + \Delta) - f(x) > 0$ nimmt der Bestand zu, es liegt also eine *Zunahme* vor.

- Bei *negativem Zuwachs* $f(x + \Delta) - f(x) < 0$ nimmt der Bestand ab, es liegt also eine *Abnahme* vor.

4.2.2 Aufgabe. Für die in Abbildung 14 dargestellten Funktionen bestimme man graphisch Teilbereiche des jeweiligen Definitionsbereiches, auf denen die Funktion streng monoton wächst bzw. streng monoton fällt. •

Es sei $f\colon B \to \mathbb{R}$ und es sei der Definitionsbereich B nach rechts nicht abgeschlossen, also z. B.

$$B = [a; +\infty) \quad \text{oder} \quad B = (a; b).$$

Man interessiert sich für das Verhalten der Funktion, wenn das Argument x gegen den rechten Rand des Definitionsbereiches strebt, d. h. im obigen Beispiel $x \to +\infty$ (x strebt gegen $+\infty$, d. h. x wird beliebig groß) bzw. $x \to a$ (x strebt gegen a, d. h. x nähert sich beliebig dicht an a an). Analoge Überlegungen können für den linken Rand eines nach links nicht abgeschlossenen Definitionsbereiches angestellt werden. Die mathematische Grundlage solche Untersuchungen liefert die Theorie der *Grenzübergänge*. Diese Theorie wird in Kapitel 7 näher erläutert. Einfache Fälle können mit den im Anhang C angegebenen Regeln bearbeitet werden.

4.3 Extremwerte reellwertiger Funktionen eines reellen Arguments.

Im Zusammenhang mit der Untersuchung des Wachstumsverhaltens stellt sich die Frage nach größten bzw. kleinsten Werten der abhängigen Variablen sowie nach denjenigen Werten der unabhängigen Variablen, für die die abhängige Variable größte bzw. kleinste Werte annimmt. Für welchen Preis ist der Absatz am größten? Für welche Produktionsmenge treten die geringsten Stückkosten ein? Zu welchem Zeitpunkt der Marktpräsenz eines Produktes ist der Umsatz am größten? Solche Fragen führen auf die Untersuchung von *Extremwerten* und *Extremalstellen* der entsprechenden Funktionen.

4.3.1 Definition (Globale bzw. absolute Extremalstellen und Extremwerte).
Es sei $B \subset \mathbb{R}$, $f\colon B \to \mathbb{R}$.

Ein Punkt $a \in B$ mit $f(x) \leq f(a)$ für alle $x \in B$ heißt *globale Maximalstelle* oder *absolute Maximalstelle* von f, und der Funktionswert $f(a)$ heißt *globales Maximum* oder *absolutes Maximum* von f.

Ein Punkt $a \in B$ mit $f(x) \geq f(a)$ für alle $x \in B$ heißt *globale Minimalstelle* oder *absolute Minimalstelle* von f, und der Funktionswert $f(a)$ heißt *globales Minimum* oder *absolutes Minimum* von f.

Die globalen Maximal- und Minimalstellen von f heißen *globale Extremalstellen*, und die zugehörigen Funktionswerte heißen *globale Extrema*. •

Aus verschiedenen Gründen existieren auf gewissen Definitionsbereichen B keine globalen Extrema. Schränkt man sich aber auf einen geeigneten Teilbereich des Definitionsbereiches ein, so findet man oft Punkte, die bezüglich dieses Teilbereiches Extremalstellen sind. Man bezeichnet solche Punkte als *lokale* oder *relative Extremalstellen*. Die exakte Definition lautet wie folgt:

4.3.2 Definition (Lokale bzw. relative Extremalstellen). Es sei $B \subset \mathbb{R}$ ein Intervall oder eine Menge von diskreten, äquidistant liegenden Punkten, $f\colon B \to \mathbb{R}$.

Ein Punkt $a \in B$, für den es ein $\varepsilon > 0$ gibt derart, daß

(i) $B \cap (a - \varepsilon; a) \neq \emptyset$ und $B \cap (a; a + \varepsilon) \neq \emptyset$,

(ii) $f(x) \leq f(a)$ für alle $x \in B$ mit $a - \varepsilon < x < a + \varepsilon$,

heißt *lokale Maximalstelle* oder *relative Maximalstelle* von f und der Funktionswert $f(a)$ heißt *lokales Maximum* oder *relatives Maximum* von f.

Ein Punkt $a \in B$, für den es ein $\varepsilon > 0$ gibt derart, daß

(i) $B \cap (a - \varepsilon; a) \neq \emptyset$ und $B \cap (a; a + \varepsilon) \neq \emptyset$,

(ii) $f(x) \geq f(a)$ für alle $x \in B$ mit $a - \varepsilon < x < a + \varepsilon$,

heißt *lokale Minimalstelle* oder *relative Minimalstelle* von f, und der Funktionswert $f(a)$ heißt *lokales Minimum* oder *relatives Minimum* von f.

Die lokalen (relativen) Maximal- und Minimalstellen von f heißen *lokale (relative) Extremalstellen*, und die zugehörigen Funktionswerte heißen *lokale (relative) Extrema*. •

Methoden zur Bestimmung von relativen und absoluten Extremalstellen von differenzierbaren Funktionen sind im Anhang E angegeben. Diese Methoden werden in Kapitel 11 eingehend behandelt. Für einfache Funktionen sind die Extremalstellen zumindest graphisch leicht zu überblicken, siehe die in den folgenden Paragraphen 4.7 bis 4.21 vorgestellten Funktionen. Eine besonders einfache Situation, in der eine Funktion $f\colon B \to \mathbb{R}$ eine globale Maximalstelle bzw. globale Minimalstelle besitzt, liegt vor, wenn der Definitionsbereich in zwei Teilbereiche gegensinnigen Monotonieverhaltens zerfällt. Zur Illustration betrachte man die Funktionen $f, g\colon \mathbb{R} \to \mathbb{R}$ mit

$$f(x) \;=\; \begin{cases} -2x + 5, & \text{falls } x \leq 2, \\[2mm] 1, & \text{falls } 2 < x \leq 3, \qquad g(x) \;=\; 0.75x^2 - 4.5x + 7.75, \\[2mm] 1.5x^2 - 8.5x + 13, & \text{falls } x > 3, \end{cases} \tag{117}$$

deren Graphen ausschnittsweise in Abbildung 15 dargestellt sind.

Abbildung 15: Graphen der in Formel (117) definierten Funktionen f und g.

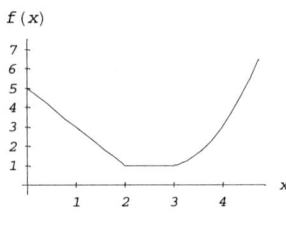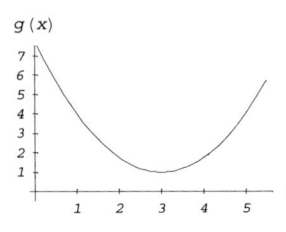

Abbildung 16: Graphen der Funktionen $f_1(x) = \frac{8.5}{x^2-8x+27}$ und $f_2(x) = \frac{13}{384}x^4 - \frac{17}{32}x^3 + \frac{11}{4}x^2 - 5x + 4$.

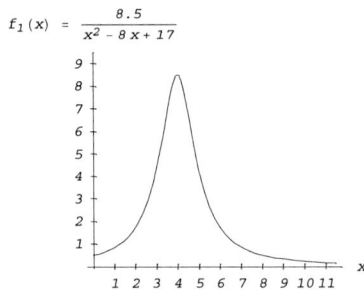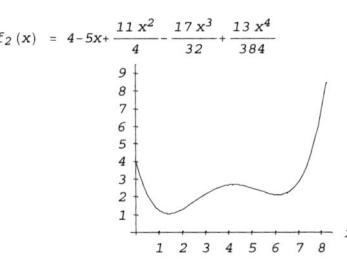

4.3.3 Aufgabe. Man bestimme graphisch die relativen und absoluten Extremalstellen der in den Abbildungen 14, 15 und 16 dargestellten Funktionen. •

4.4 Krümmung reellwertiger Funktionen eines reellen Arguments.

Zur Untersuchung auf Extremalstellen sind oft Kenntnisse über die *Krümmung* der Funktion nützlich. Man unterscheidet *konvexe* und *konkave* Krümmung.

4.4.1 Definition (Konvexe, konkave Funktion). Es sei $I \subset \mathbb{R}$ ein Intervall, $f \colon I \to \mathbb{R}$.

f heißt genau dann *(streng) konvex* oder *(streng) konvex gekrümmt (auf I)*, wenn für je zwei Zahlen $x_1 < x_2$ aus I die Verbindungsstrecke der Punkte $\big(x, f(x_1)\big)$, $\big(x, f(x_2)\big)$ stets (echt) oberhalb des Graphen von f liegt, d. h. wenn

$$f\big((1 - \lambda)x_1 + \lambda x_2\big) \underset{(<)}{\leq} (1 - \lambda)f(x_1) + \lambda f(x_2) \quad \text{für alle} \quad \lambda \in [0; 1].$$

f heißt genau dann *(streng) konkav* oder *(streng) konkav gekrümmt (auf I)*, wenn für je zwei Zahlen $x_1 < x_2$ aus I die Verbindungsstrecke der Punkte $\big(x, f(x_1)\big)$, $\big(x, f(x_2)\big)$ stets (echt) unterhalb des Graphen von f liegt, d. h. wenn

$$f\big((1 - \lambda)x_1 + \lambda x_2\big) \underset{(>)}{\geq} (1 - \lambda)f(x_1) + \lambda f(x_2) \quad \text{für alle} \quad \lambda \in [0; 1]. \quad •$$

Diejenigen Punkte, in denen die Funktion von Konvexität in Konkavität übergeht oder umgekehrt, werden als *Wendepunkte* bezeichnet. Methoden zur Bestimmung der Wendepunkte von differenzierbaren Funktionen sind im Anhang E angegeben. Zur Illustration betrachte man Abbildung 17. Die dort dargestellte Funktion f besitzt einen Wendepunkt in $x = 9.5$. Die eingezeichneten Verbindungsstrecken illustrieren beispielhaft die Tatsache, daß links bzw. rechts des Wendepunktes die Verbindungsstrecken unterhalb bzw. oberhalb des Graphen von f liegen.

Um Verwechslungen zu vermeiden, präge man sich die folgende Regel über die graphische Gestalt konvexer bzw. konkaver Funktionen ein:

- Die *nach oben* geöffnete Parabel, d. h. der Graph einer quadratischen Funktion $f(x) = ax^2 + bc + c$ mit $a > 0$, siehe Paragraph 4.9, ist das Muster des Graphen einer *streng konvexen* Funktion.

- Die *nach unten* geöffnete Parabel, d. h. der Graph einer quadratischen Funktion $f(x) = ax^2 + bc + c$ mit $a < 0$, siehe Paragraph 4.9, ist das Muster des Graphen einer *streng konkaven* Funktion.

Abbildung 17: Graph der Funktion $f(x) = x^3 - 28.5x^2 + 207.75x + 51.125$.

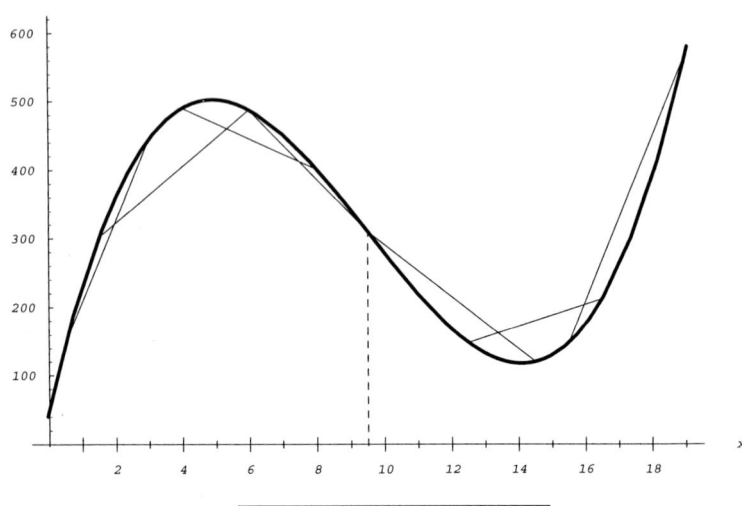

4.4.2 Aufgabe (Konvexe, konkave Funktion).   Für die Funktionen aus den Abbildungen 14, 15 und 16 ermittle man graphisch anhand der Bedingung von Definition 4.4.1 die Bereiche, in denen diese Funktionen (streng) konvex bzw. (streng) konkav sind, sowie die Wendepunkte.   •

Die Kenntnis des Krümmungsverhalten einer Funktion ist vorwiegend zur Untersuchung auf Extremalstellen nützlich. Für Funktionen, die auf offenen Intervallen definiert sind, ist der entsprechende Sachverhalt im folgenden Satz enthalten.

4.4.3 Satz (Krümmungsverhalten und Extremwerte).   Es sei $I \subset \mathbb{R}$ ein offenes Intervall, $f \colon I \to \mathbb{R}$.

(a)   Es sei f streng konvex auf I. Dann gilt genau eine der drei folgenden Aussagen:

    (i) f ist streng monoton wachsend auf I.

    (ii) f ist streng monoton fallend auf I.

    (iii) f besitzt genau eine relative Minimalstelle a auf I.

(b)   Es sei f streng konkav auf I. Dann gilt genau eine der drei folgenden Aussagen:

    (i) f ist streng monoton wachsend auf I.

    (ii) f ist streng monoton fallend auf I.

    (iii) f besitzt genau eine relative Maximalstelle a auf I.   •

Weitere Informationen über die Rolle des Krümmungsverhaltens bei der Extremwertbestimmung differentzierbarer Funktionen finden sich im Paragraphen E.4 des Anhangs.

4.5 Elementare Kenngrößen reellwertiger Funktionen eines reellen Arguments.

Der Zusammenhang zwischen einer unabhängigen Variablen x, z. B. Absatz, und einer abhängigen Variablen y, z. B. Preis, sei durch eine Funktion f bestimmt, d. h. es sei $y = f(x)$. Aus technischen Gründen, z. B. Monotonieuntersuchung, ebensowohl wie aus inhaltlichen Motiven, z. B. die komparative Bewertung des Preis-Absatz-Zusammenhanges, interessiert man sich für den Vergleich des Funktionswertes $f(r)$ für das Argument x mit dem Funktionswert $f(x + \Delta)$ für das um den Wert $\Delta > 0$ vergrößerte Argument $x + \Delta$. Eine für diesen Vergleich wichtige Größe ist der bereits in Paragraph 4.2 erwähnte *absolute Zuwachs* $f(x + \Delta) - f(x)$. Man erhält weitere *Kenngrößen* der Funktion, indem man den absoluten Zuwachs in Bezug auf gewisse andere Größen relativiert. Zur Deutung der Kenngrößen ist die Standardinterpretation 4.1.1 besonders vorteilhaft. Die folgenden Punkte 4.5.1 bis 4.5.5 enthalten die wichtigsten elementaren Kenngrößen mit den entsprechenden Interpretationen.

4.5.1 Absoluter Zuwachs. Der *absolute Zuwachs*

$$f(x + \Delta) - f(x) \tag{118}$$

gibt die Veränderung des Funktionswertes bei Übergang vom Argument x zum Argument $x + \Delta$ an. Im Sinne der Standardinterpretation (SI): Veränderung des Bestandes bei Übergang vom Zeitpunkt x zum Zeit $x + \Delta$. Der absolute Zuwachs ist bei Untersuchung auf Monotonie nützlich, siehe Paragraph 4.2. •

4.5.2 Mittlerer Zuwachs. Der *Zuwachsquotient* oder *Differenzenquotient* oder *mittlere Zuwachs*

$$\frac{f(x + \Delta) - f(x)}{\Delta} \tag{119}$$

setzt den absoluten Zuwachs des Funktionswertes ins Verhältnis zum absoluten Zuwachs des Arguments. Der Differenzenquotient gibt also die mittlere Veränderung des Funktionswertes pro Einheit des Zuwachses des Arguments an. Diese Größe spielt eine zentrale Rolle in der Differentialrechnung. Im Sinne der Standardinterpretation (SI) gibt der mittlere Zuwachs $\frac{f(x+\Delta)-f(x)}{\Delta}$ die *mittlere Geschwindigkeit* der Bestandsentwicklung bzw. den *mittleren Zuwachs pro Zeiteinheit* im Zeitintervall $[x; x+\Delta]$ an. Betrachtet man zusätzlich die Funktionswerte als Kapitalwerte, so ist der Zuwachsquotient der mittlere Zuwachs des Kapitals pro Zeiteinheit im Zeitintervall $[x; x+\Delta]$. Ersichtlich kann der mittlere Zuwachs anstelle des absoluten Zuwachses zur Monotonieuntersuchung eingesetzt werden. •

4.5.3 Prozentualer Zuwachs. Der *relative Zuwachs* oder *prozentuale Zuwachs* oder *Funktionsrendite*

$$\frac{f(x+\Delta)-f(x)}{f(x)}, \qquad \text{wobei } f(x) \neq 0, \tag{120}$$

setzt den absoluten Zuwachs des Funktionswertes ins Verhältnis zum Ausgangsfunktionswert. Ersichtlich gilt: Bei Übergang vom Argument x zum Argument $x+\Delta$ verändert sich der Funktionswert um $q \cdot 100\ \%$, wobei

$$q = \left| \frac{f(x+\Delta)-f(x)}{f(x)} \right|.$$

Im Sinne der Standardinterpretation (SI) ist der relative Zuwachs $\frac{f(x+\Delta)-f(x)}{f(x)}$ das Verhältnis des Bestandszuwachses zwischen den Zeitpunkten x und $x+\Delta$ zum Bestand beim Zeitpunkt x. Betrachtet man zusätzlich die Funktionswerte als Kapitalwerte, so ist der relative Zuwachs die *Kapitalrendite* im Zeitintervall $[x; x+\Delta]$. •

4.5.4 Mittlerer prozentualer Zuwachs. Der *mittlere relative Zuwachs* oder *mittlere prozentuale Zuwachs*

$$\frac{f(x+\Delta)-f(x)}{\Delta f(x)} = \frac{\frac{f(x+\Delta)-f(x)}{f(x)}}{\Delta}, \qquad \text{wobei } f(x) \neq 0, \tag{121}$$

setzt den relativen Zuwachs des Funktionswertes ins Verhältnis zum absoluten Zuwachs des Arguments. Dieser Quotient gibt also den mittleren relativen (prozentualen) Zuwachs des Funktionswertes pro Einheit des Zuwachses des Arguments an. Ersichtlich gilt: Bei Übergang vom Argument x zum Argument $x+\Delta$ verändert sich der Funktionswert pro Zeiteinheit im Mittel um $q' \cdot 100\ \%$, wobei

$$q' = \left| \frac{f(x+\Delta)-f(x)}{\Delta f(x)} \right|.$$

Im Sinne der Standardinterpretation (SI) ist der mittlere relative Zuwachs $\frac{f(x+\Delta)-f(x)}{\Delta f(x)}$ der mittlere relative Zuwachs pro Zeiteinheit. Betrachtet man zusätzlich die Funktionswerte als Kapitalwerte, so ist der mittlere relative Zuwachs die *mittlere Rendite pro Zeiteinheit* im Zeitintervall $[x; x+\Delta]$. •

4.5.5 Mittlere Elastizität. Die *mittlere Elastizität*

$$\varepsilon_f(x,\Delta) = \frac{\frac{f(x+\Delta)-f(x)}{f(x)}}{\frac{\Delta}{x}}, \qquad \text{wobei } f(x) \neq 0, \tag{122}$$

mittelt den prozentualen Zuwachses des Funktionswerts (abhängige Variable) bezüglich des prozentualen Zuwachses des Arguments (unabhängige Variable). Ersichtlich gilt im Falle $x > 0$: Wächst das Argument x um $q100\ \%$ auf $(1 + q)x$, so verändert sich der Funktionswert um $q|\varepsilon_f(x, q\tau)| \cdot 100\ \%$. Die Bezeichnung *Elastizität* für die Kenngröße $\varepsilon_f(x,\Delta)$ wird in Paragraph 12.4 begründet. •

In unterschiedlichen Situationen und zu unterschiedlichen Zwecken wird jeweils eines der drei relativen Zuwachsmaße sinnvoll sein. Man betrachte das folgende Beispiel.

4.5.6 Beispiel. Es seien $f(x)$ die Produktionskosten in Geldeinheiten (GE) als Funktion des Produktionsvolumens in Mengeneinheiten (ME).

(i)   Der absolute Zuwachs $f(x + \Delta) - f(x)$ gibt an, welche zusätzlichen Kosten durch die Mehrproduktion von Δ ME entstehen. Hier geht es also um den zusätzlich erforderlichen Kostenumfang, z. B. um zu klären, ob die erforderlichen Geldmittel überhaupt vorhanden sind oder nicht.

(ii) Der Differenzenquotient $\frac{f(x+\Delta)-f(x)}{\Delta}$ gibt an, welche zusätzlich produzierten Kosten pro zusätzlich produzierte Mengeneinheit entstehen. Hier geht es also z. B. um die Frage, ob die mittleren zusätzlichen Kosten pro zusätzlich produzierte Mengeneinheit hoch oder gering sind.

(iii) Der Quotient $\frac{f(x+\Delta)-f(x)}{f(x)}$ (prozentualer Zuwachs der Kosten) zeigt an, ob die zusätzlichen Kosten durch Mehrproduktion von Δ ME in Relation zu den bereits für die Produktion von x ME entstehenden Kosten hoch oder gering sind.

(iv) Der Quotient $\varepsilon_f(x, \Delta)$ setzt die prozentuale Erhöhung der Kosten in Bezug zur prozentualen Mehrproduktion. Hier geht es um die Frage, ob die Kosten bei Mehrproduktion prozentual stärker oder geringer wachsen als das Produktionsvolumen.

$\bullet$

4.6 Differentialkenngrößen reellwertiger Funktionen eines reellen Arguments.

Die Bestimmung der in Paragraph 4.5 eingeführten elementaren Kenngrößen führt auch bei einfachen Funktionen meist zu komplizierten Ausdrücken, siehe die entsprechenden Aufgaben in den Paragraphen 4.7 bis 4.21. Häufig interessiert man sich, z. B. bei Monotonieuntersuchungen, für kleine Veränderungen $\Delta > 0$ des Argumentes. Für diesen Fall bietet die Differentialrechnung die Betrachtung des Grenzwertes der jeweiligen Kenngröße für $\Delta \to 0$ an, sofern im Einzelfall dieser Grenzwert existiert. Die Untersuchung dieses Grenzwertes läuft in allen Fällen auf die Untersuchung der sogenannten *Ableitung*

$$f'(x) \;=\; \lim_{\Delta \to 0} \frac{f(x + \Delta) - f(x)}{\Delta} \tag{123}$$

als Grenzwert des Differenzenquotienten hinaus. Existiert diese Ableitung, so bezeichnet man die Funktion als *differenzierbar*. Der Grenzwertbegriff wird ausführlich behandelt in Kapitel 7, der Begriff der Differenzierbarkeit in Kapitel 10. Die in den folgenden Paragraphen 4.7 bis 4.21 behandelten elementaren Funktionen sind alle auf ihrem gesamten Definitionsbereich differenzierbar. Die Ableitungen entnimmt man dem Anhang E. Für

4 Elementare reellwertige Funktionen eines reellen Arguments.

Tabelle 6: Tafel der Kenngrößen einer Funktion f.

Elementare Kenngröße	Differentialkenngröße	Näherungsformel für kleines $\Delta > 0$
Zuwachsquotient, *Differenzenquotient* *mittlere Geschwindigkeit* *mittlerer Zuwachs pro Zeiteinheit* $\dfrac{f(x+\Delta)-f(x)}{\Delta}$	*Ableitung* *Momentangeschwindigkeit* *Momentanzuwachs pro Zeiteinheit* $f'(x)$	$\dfrac{f(x+\Delta)-f(x)}{\Delta} \approx f'(x)$
Relativer Zuwachs, *prozentualer Zuwachs,* *Rendite* $\dfrac{f(x+\Delta)-f(x)}{f(x)}$	–	–
Mittlerer relativer Zuwachs, *mittlerer prozentualer Zuwachs pro Zeiteinheit,* *mittlere Rendite pro Zeiteinheit* $\dfrac{f(x+\Delta)-f(x)}{\Delta f(x)}$	*Differentieller relativer Zuwachs,* *Momentaner prozentualer Zuwachs pro Zeiteinheit,* *Momentanrendite pro Zeiteinheit* $\dfrac{f'(x)}{f(x)}$	$\dfrac{f(x+\Delta)-f(x)}{\Delta f(x)} \approx \dfrac{f'(x)}{f(x)}$
Mittlere Elastizität $\varepsilon_f(x,\Delta) = \dfrac{\frac{f(x+\Delta)-f(x)}{f(x)}}{\frac{\Delta}{x}}$	*Momentanelastizität* $\varepsilon_f(x) = \dfrac{x f'(x)}{f(x)}$	$\varepsilon_f(x,\Delta) \approx \varepsilon_f(x)$

diese Funktionen können die auf der Ableitung der Funktion beruhenden Kenngrößen mühelos bestimmt werden.

In der Tabelle 6 ist jeweils die *elementare Kenngröße* zusammen mit der entsprechenden auf der Ableitung beruhenden *Differentialkenngröße* angegeben. Die dritte Spalte der Tabelle gibt den näherungsweisen Zusammenhang zwischen der elementaren Kenngröße und der Differentialkenngröße für kleines $\Delta > 0$ an. Grundlage der Näherung ist stets ein Grenzübergang mit $\Delta \to 0$ unter Verwendung von Formel (123). Nähere Ausführungen zur Grenzwertbildung und zur Interpretation der Differentialkenngrößen als „momentane" Kenngrößen finden sich in Paragraph 10.4. Die Bezeichnung *Elastizität* für die in Tabelle 6 eingeführte Kenngröße $\varepsilon_f(x) = \frac{x f'(x)}{f(x)}$ wird in Paragraph 12.4 erläutert. Man beachte nochmals: Differentialkenngrößen sind nur im Falle der Existenz der Ableitung, d. h. im Falle der Existenz des Grenzwertes des Differenzenquotienten wie in Formel (123) sinnvoll.

Die Kenngrößen vermitteln wesentliche Eigenschaften einer Funktion, ohne daß diese explizit durch eine Formel ausgedrückt werden muß. Bei der Untersuchung elementarer Funktionen in den folgenden Paragraphen 4.7 bis 4.21 richten wir daher unser Augenmerk vor allem auf die Gestalt der elementaren Kenngrößen und der Differentialkenngrößen. Zur Einübung des Umgangs mit Differentialkenngrößen betrachte man die folgende Aufgabe 4.6.1.

4.6.1 Aufgabe (Kenngrößen einer Funktion). Es sei $f\colon [0; +\infty) \to \mathbb{R}$ eine Bestandsfunktion, d. h. für $t \geq 0$ sei $f(t)$ der Bestand zum Zeitpunkt t. f sei differenzierbar.

(a) In einem gewissen Zeitpunkt t habe die Momentanrendite pro Zeiteinheit (ZE) den Wert $f'(t)/f(t) = 0.05$. Der Bestand zum Zeitpunkt t sei $f(t) = 1200$. Man bestimme näherungsweise den Bestand zum Zeitpunkt $t + 0.3$.

(b) In einem Zeitpunkt t habe die Momentanelastizität den Wert $\varepsilon_f(t) = 0.12$. Man bestimme näherungsweise den prozentualen Zuwachs des Bestandes, wenn die Zeit ausgehend von t um 10% wächst.

(c) In einem gewissen Zeitpunkt t habe die Momentangeschwindigkeit den Wert $f'(t) = 15$. Man bestimme näherungsweise den absoluten Zuwachs des Bestandes im Zeitraum zwischen t und $t + 0.3$. •

4.7 Lineare Funktionen.

Eine lineare Funktion $f\colon \mathbb{R} \to \mathbb{R}$ mit der *Steigung* a und dem *Nullwert* b ist gegeben durch die Formel

$$f(x) = ax + b \qquad \text{für } x \in \mathbb{R}. \tag{124}$$

Der Graph einer linearen Funktion ist eine Gerade, siehe Abbildung 18. Der Sinn des Begriffes *Nullwert* ist unmittelbar klar, denn es gilt $f(0) = b$. Wächst das Argument einer linearen Funktion um einen Betrag Δ von x nach $x + \Delta$, so verändert sich der Funktionswert um

$$f(x + \Delta) - f(x) = a(x + \Delta) + b \quad (ax + b) = a\Delta.$$

Das Verhältnis der Veränderung des Funktionswertes zur Veränderung des Arguments (Differenzenquotient, Zuwachsquotient) ist also

$$\frac{f(x + \Delta) - f(x)}{\Delta} = a \qquad \text{unabhängig von } x \text{ und } \Delta.$$

Dies erklärt die Bezeichnung *Steigung* für den Parameter a. Interpretiert man die x-Achse als Zeitachse und $f(x)$ als den Bestand zum Zeitpunkt x, so zeigt sich, daß die mittlere Geschwindigkeit der Bestandsentwicklung im Zeitintervall $[x; x + \Delta]$ konstant

Abbildung 18: Graphen der linearen Funktionen $f(x) = 0.8x + 1$, $g(x) = -1.6x + 2$, $h(x) = 3.5$.

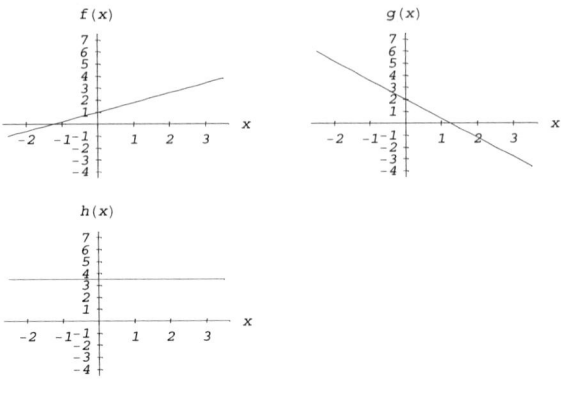

$\frac{f(x+\Delta)-f(x)}{\Delta} = a$ für alle x und alle Δ ist. In diesem Sinne kann a als globales Maß für die Geschwindigkeit der Bestandsentwicklung aufgefaßt werden. Eine lineare Funktion beschreibt also eine Bestandsentwicklung mit konstanter Geschwindigkeit a. Die mittlere Intervallgeschwindigkeit stimmt bei einer linearen Funktion mit der Momentangeschwindigkeit überein, denn $f(x) = ax + b$ ist differenzierbar mit $f'(x) = a$.

Im Falle $a \neq 0$ sei α der Winkel zwischen der x-Achse und dem Graphen der Funktion $f(x) = ax + b$, wobei der Winkel von der positiven x-Achse zur Geraden im entgegengesetzten Uhrzeigersinn gemessen wird. Aus der Trigonometrie ist bekannt, daß dann gilt:

$$\tan(\alpha) \quad = \quad a. \tag{125}$$

Der Graph einer linearen Funktion ist eine Gerade, die Funktion ist also auf ganz $\mathbb{R}$ entweder streng monoton wachsend oder streng monoton fallend oder unveränderlich konstant. Abbildung 18 weist bereits darauf hin, daß das Monotonieverhalten am Steigungsparameter abgelesen werden kann. Es gilt:

$$\text{Die Funktion } f(x) = ax + b \text{ ist} \begin{cases} \text{streng monoton wachsend,} & \text{falls } a > 0, \\ \text{konstant mit } f(x) = b, & \text{falls } a = 0, \\ \text{streng monoton fallend,} & \text{falls } a < 0. \end{cases} \tag{126}$$

Der Graph der linearen Funktion ist im Falle $a < 0$ eine vom linken oberen in den rechten unteren Quadranten verlaufende Gerade, im Falle $a > 0$ eine vom linken unteren in den rechten oberen Quadranten verlaufende Gerade, im Falle $a = 0$ eine Parallele zur x-Achse durch den Punkt $(0, b)$. Im Falle $a \neq 0$ besitzt eine lineare Funktion eine eindeutig bestimmte Nullstelle im Punkte $x_0 = \frac{-b}{a}$. Im Falle $a < 0$ ist $x_0 = \frac{-b}{a}$ die Stelle eines Vorzeichenwechsels von $+$ nach $-$. Im Falle $a > 0$ ist $x_0 = \frac{-b}{a}$ die Stelle eines Vorzeichenwechsels von $-$ nach $+$.

4.7.1 Aufgabe. Man skizziere die linearen Funktionen

$$f(x) = 2x + 3, \quad g(x) = -2x + 3, \quad h(x) = x, \quad k(x) = 1$$

im cartesischen Koordinatensystem. •

4.7.2 Aufgabe. Man diskutiere die absoluten und relativen Extrema einer linearen Funktion $f(x) = ax + b$ für die folgenden Fälle:

(i) $f: \mathbb{R} \to \mathbb{R}$, d. h. Definitionsbereich $\mathbb{R}$.

(ii) $f: I \to \mathbb{R}$, wobei $I \subset \mathbb{R}$ ein beschränktes Intervall ist. •

4.7.3 Aufgabe. Für eine lineare Funktion $f(x) = ax + b$ bestimme man die elementaren Kenngrößen und die entsprechenden Differentialkenngrößen aus Tabelle 6. Man beweise damit die Aussage (126). •

Abbildung 19 zeigt den Verlauf der Kenngrößen der linearen Funktion $f(x) = 0.05x + 1$:

Ableitung	$f'(x)$	$=$	0.05	
Momentanrendite pro Zeiteinheit	$\dfrac{f'(x)}{f(x)}$	$=$	$\dfrac{0.05}{0.05x + 1}$,	
Elastizität	$\varepsilon_f(x)$	$=$	$\dfrac{xf'(x)}{f(x)}$	$= \dfrac{0.05x}{0.05x + 1}$.

4.8   Potenzfunktion bei rationalem Exponenten.

Die Potenz mit rationalem Exponenten $p \in \mathbb{Q}$ kann gemäß Definition (67) als Funktion

$$(0; +\infty) \ni x \mapsto x^p$$

aufgefaßt werden. Ist $p > 0$, so kann als Definitionsbereich $D = [0; +\infty)$ gewählt werden. Das Monotonieverhalten von Potenzfunktionen ist leicht zu überblicken. Es gilt:

$$\text{Die Potenzfunktion } f(x) = x^p \text{ ist } \begin{cases} \text{streng monoton wachsend,} & \text{falls } p > 0, \\ \text{konstant mit } f(x) = 1, & \text{falls } p = 0, \quad (127) \\ \text{streng monoton fallend,} & \text{falls } p < 0. \end{cases}$$

Abbildung 19: Kenngrößen der linearen Funktion $f(x) = 0.05x + 1$.

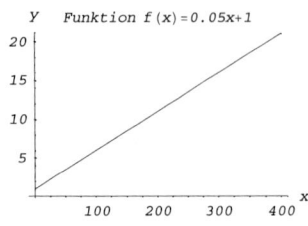
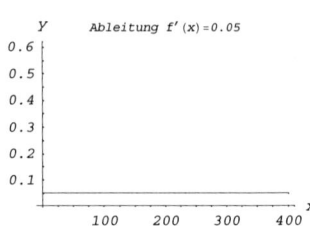

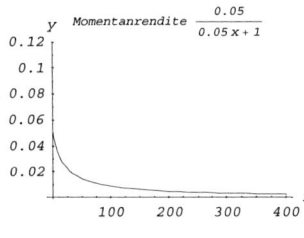
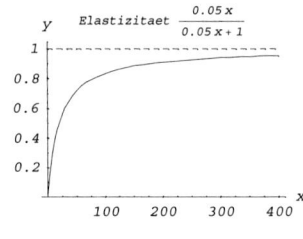

Abbildung 20: Graphen der Potenzfunktionen $f_1(x) = x^{2/3}$, $f_2(x) = x^{1.5}$, $f_3(x) = x^{-2/3}$ und $f_4(x) = x^{2.5}$.

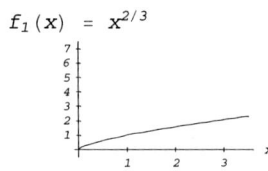
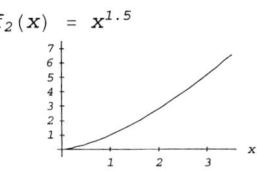

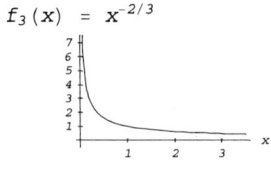
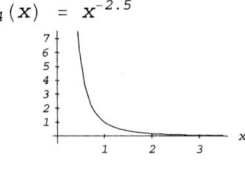

Man vergleiche Abbildung 20.

4.8.1 Aufgabe. Man skizziere die Potenzfunktionen

$$f(x) = x^{2/5}, \quad g(x) = x^{-2}$$

im cartesischen Koordinatensystem. •

4.8.2 Aufgabe. Man diskutiere die absoluten und relativen Extrema einer Potenzfunktion $f(x) = x^p$ für die folgenden Fälle:

(i) $f: (0; +\infty) \to \mathbb{R}$, d. h. Definitionsbereich $(0; +\infty)$.

(ii) $f: I \to \mathbb{R}$, wobei $I \subset (0; +\infty)$ ein beschränktes Intervall ist. •

4.8.3 Aufgabe. Die Potenzfunktion f sei gegeben durch $f(x) = x^p$. Man bestimme für $0 < x_1 < x_2$ den Quotienten $\frac{f(x_1)}{f(x_2)}$ und beweise damit die Aussage (127). Sodann bestimme man die elementaren Kenngrößen und die entsprechenden Differentialkenngrößen aus Tabelle 6. •

4.9 Quadratische Funktionen (Polynome vom Grade 2).

Durch lineare Funktionen und Potenzfunktionen können nur Zusammenhänge modelliert werden, bei denen die abhängige Variable entweder stets wächst oder stets fällt. In vielen Situationen führt jedoch die Vergrößerung der unabhängigen Variablen nicht entweder stets zur Zunahme oder stets zur Abnahme der abhängigen Variablen. Vielmehr gibt es Bereiche der unabhängigen Variablen, in denen die abhängige Variable zunimmt und andere Bereiche, in denen die abhängige Variable abnimmt. In einem besonders einfachen, in der Praxis aber durchaus häufigen Fall zerfällt der Bereich der unabhängigen Variablen (der Definitionsbereich der zu betrachtenden Funktion) in zwei Teilbereiche, für die die abhängige Variable (die zu betrachtende Funktion) gegensinniges Monotonieverhalten aufweist. An der Grenze dieser beiden Bereiche liegt dann entweder eine absolute Maximalstelle (zuerst monoton wachsend, dann monoton fallend) oder eine absolute Minimalstelle (zuerst monoton fallend, dann monoton wachsend). Man vergleiche Abbildung 15. Wir betrachten einige Beispiele für diese Situation.

4.9.1 Beispiel. Bei wachsender Produktionsmenge sinken die Stückkosten zunächst aufgrund von Rationalisierungseffekten. Ab einer gewissen Produktionsmenge steigen die Stückkosten jedoch aufgrund von zusätzlichen Investitionen in Anlagen, Maschinen, Arbeitskraft wieder an. •

4.9.2 Beispiel. Ein Monopolist kann den Preis eines von ihm vertriebenen Produkts beliebig festsetzen. Bei moderat zunehmendem Preis steigt zunächst der Gewinn des Monopolisten, da die Nachfrage in diesem Preisbereich nicht entscheidend sinkt. Bei weiter ansteigendem Preis sinkt die Nachfrage aber so stark, daß der Absatzverlust nicht mehr durch den erhöhten Preis aufgefangen wird, folglich sinkt der Gewinn des Monopolisten. Die Untersuchung der monopolistischen Preisbildung geht zurück auf den französischen Nationalökonomen und Mathematiker A.A. Cournot[5] (1801-1877). •

4.9.3 Beispiel. Mit der Dauer der Marktpräsenz eines Modeartikels steigt zunächst die Nachfrage aufgrund von Propagandaeffekten. Ab einer gewissen Dauer der Marktpräsenz wenden sich die Konsumenten aus Übersättigung zunehmend von dem Artikel ab, die Nachfrage sinkt. •

Ein Klasse einfacher Funktionen, die die Modellierung von funktionalen Abhängigkeiten mit zwei Bereichen gegensinnigen Monotonieverhaltens erlauben, sind die *quadratischen Funktionen*. Eine quadratische Funktion $f\colon \mathbb{R} \to \mathbb{R}$ ist gegeben durch

$$f(x) = ax^2 + bx + c, \qquad \text{wobei } a \neq 0. \tag{128}$$

Man bezeichnet a als den *Koeffizienten des quadratischen Terms*, b als den *Koeffizienten des linearen Terms*, c als den *Nullwert* (Wert der Funktion an der Stelle 0). Im Unterschied zu linearen Funktionen läßt man bei quadratischen Funktionen den Wert $a = 0$ nicht zu. Dies wäre auch überflüssig, denn im Falle $a = 0$ würde (128) eine lineare Funktion festlegen.

Die Graphen quadratischer Funktionen sind *Parabeln*, siehe die Abbildung 21. Die Parabel ist im Falle $a > 0$ nach oben, im Falle $a < 0$ nach unten geöffnet. Der Gestalt der Parabel entspricht die Art des im sogenannten *Scheitel* der Parabel gelegenen Extremwerts der quadratischen Funktion. Im Falle $a > 0$ handelt es sich um ein Minimum, im Falle $a < 0$ um ein Maximum. Die zugehörige Extremalstelle x_S wird als *Scheitelstelle*, der Funktionswert $f(x_S)$ als *Scheitelwert* bezeichnet. Scheitelstelle und Scheitelwert können leicht bestimmt werden. Für $x \in \mathbb{R}$ ist

$$ax^2 + bx + c = a\left(x - \frac{-b}{2a}\right)^2 + c - \frac{b^2}{4a} \begin{cases} \geq c - \frac{b^2}{4a}, & \text{falls } a > 0, \\ \\ \leq c - \frac{b^2}{4a}, & \text{falls } a < 0, \end{cases} \tag{129}$$

wobei das Minimum bzw. Maximum in der Scheitelstelle $x_S = \frac{-b}{2a}$ angenommen wird.

Je nach Größe des Scheitelwertes $c - \frac{b^2}{4a}$ besitzt die quadratische Funktion bzw. die darstellende Parabel keine, genau eine, oder genau zwei Nullstellen, siehe Aufgabe 4.9.4.

4.9.4 Aufgabe. Durch Betrachtung des Scheitelwertes oder mithilfe des Verfahrens zur Lösung quadratischer Gleichungen gebe man genau an, in welchen Fällen die quadratische

---

[5]*Antoine Augustin Cournot*, geboren am 28. August 1801 in Gray, gestorben am 31. März 1877 in Paris. Lehrte in Paris, Lyon, Grenoble. Gefördert von S. Poisson. Cournot beschäftigte sich mit der Theorie des Marktgleichgewichts unter Monopol-, Duopol- und vollständigem Wettbewerb.

Abbildung 21: Graphen der quadratischen Funktionen $f_1(x) = 1.5x^2 - 6x + 4.5$, $f_2(x) = 1.5x^2 - 6x + 7$, $f_3(x) = -0.5x^2 + 2x - 1$ und $f_4(x) = -0.5x^2 + 2x - 3$.

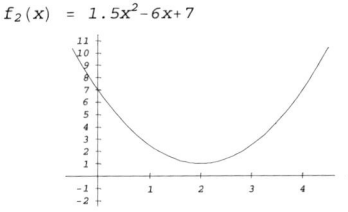

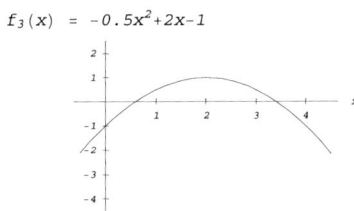

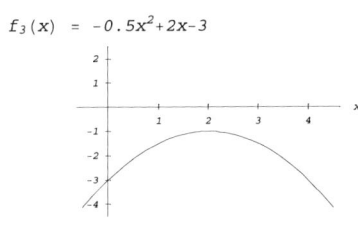

Funktion $f(x) = ax^2 + bx + c$ keine, genau eine, oder genau zwei Nullstellen besitzt. •

4.9.5 Aufgabe.   Man skizziere die quadratischen Funktionen

$$f_1(x) = 2x^2 - 7, \quad f_2(x) = 2x^2 + 3x - 7, \quad f_3(x) = 2x^2 + 3x + 1,$$

$$f_4(x) = -2x^2 + 7, \quad f_5(x) = -2x^2 - 3x + 7, \quad f_6(x) = -2x^2 - 3x - 1. \quad •$$

4.9.6 Aufgabe.   Die quadratische Funktion f sei gegeben durch $f(x) = ax^2 + bx + c$. Man bestimme für $\Delta > 0$ den absoluten Zuwachs $f(x + \Delta) - f(x)$ und erkläre damit das Monotonieverhalten der Funktion. Sodann bestimme man die elementaren Kenngrößen und die entsprechenden Differentialkenngrößen aus Tabelle 6.   •

Abbildung 22 zeigt den Verlauf der Kenngrößen der quadratischen Funktion $f(x) = 0.025x^2 + x + 1$:

Ableitung $\qquad\qquad\qquad\qquad f'(x) \;=\; 0.05x + 1,$

Momentanrendite pro Zeiteinheit $\quad \dfrac{f'(x)}{f(x)} \;=\; \dfrac{0.05x + 1}{0.025x^2 + x + 1},$

Elastizität $\qquad\qquad\qquad\qquad \varepsilon_f(x) \;=\; \dfrac{xf'(x)}{f(x)} \;=\; \dfrac{0.05x + 1}{0.025x^2 + x + 1}.$

Abbildung 22: Kenngrößen der quadratischen Funktion $f(x) = 0.025x^2 + x + 1$.

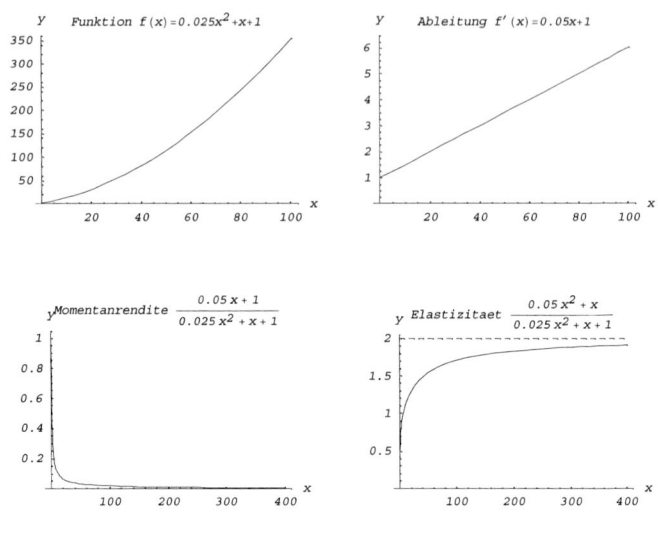

4.9.7 Aufgabe. Man drücke die folgenden Mengen als Intervalle bzw. als Vereinigungen von Intervallen aus und man skizziere die Mengen auf der Zahlengeraden.

(i) $\{x|x^2 + x - 6 \geq 0\}$; (ii) $\{x|x^2 - x + 1 > 0\}$; (iii) $\{x|\frac{1}{4}x^2 - \frac{5}{2}x + \frac{19}{4} \leq 3 - \frac{1}{4}x\}$;
(iv) $\{x|\frac{1}{2}x^2 + \frac{3}{4}x + 10 < \frac{19}{4}x + \frac{1}{2}\}$. ●

4.10 Kubische Funktionen (Polynome vom Grade 3).

Die Betrachtung quadratischer Funktionen kann durch den Wunsch nach einer Klasse einfacher Funktionen motiviert werden, die einen einmaligen Wechsel des Monotonieverhaltens aufweisen. Bei vielen funktionalen Zusammenhängen tritt aber ein mehrfacher Wechsel des Monotonieverhaltens auf. An den Stellen der Wechsel des Monotonieverhaltens liegen relative oder absolute Extremalstellen. Man betrachte das folgende Beispiel 4.10.1, vergleiche Beispiel 4.9.1.

4.10.1 Beispiel. Bei wachsender Produktionsmenge sinken die Stückkosten zunächst aufgrund einer besseren Auslastung der Anlagen und der Arbeitskraft. Ab einer gewissen

Abbildung 23: Graph der kubischen Funktion $f(x) = -\frac{11}{60}x^3 + \frac{67}{30}x^2 - \frac{443}{60}x + 10$.

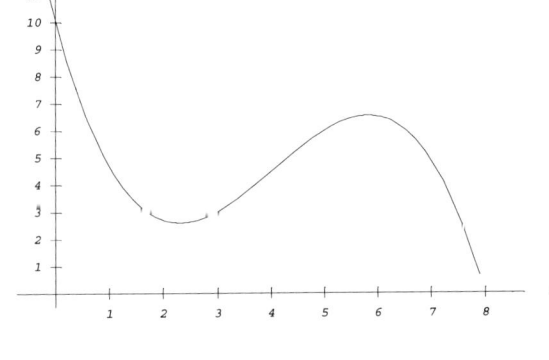

Produktionsmenge wird eine weitere Steigerung zunächst durch Belastung der vorhandenen Anlagen im Grenzlastbereich und durch Mehrbelastung der vorhandenen Arbeitskräfte erzielt, z. B. durch höhere Leistungsanforderungen, außertarifliche Überstunden. Dies führt zu erhöhtem Verschleiß, erhöhtem Ausschußanteil und zu höheren Stückarbeitskosten. Insgesamt wachsen die Stückkosten wieder an. Ab einer höheren Produktionsmenge werden zusätzliche moderne Anlagen beschafft. Daraufhin sinken die Stückkosten wieder. •

Ein Beispiel einer Funktion, die den in Beispiel 4.10.1 beschriebenen Zusammenhang auszudrücken erlaubt, ist in Abbildung 23 graphisch dargestellt. Diese Funktion gehört zur Klasse der *kubischen Funktionen (Polynome vom Grade 3)*, die als Funktionen $f \colon \mathbb{R} \to \mathbb{R}$ festgelegt sind in der Form

$$f(x) = ax^3 + bx^2 + cx + d, \qquad \text{wobei } a \neq 0. \tag{130}$$

Man bezeichnet a als den *Koeffizienten des kubischen Terms* bzw. *des Terms der Ordnung 3*, b als den *Koeffizienten des quadratischen Terms* bzw. *des Terms der Ordnung 2*, c als den *Koeffizienten des linearen Terms* bzw. *des Terms der Ordnung 1*, d als den *Nullwert* (Wert der Funktion an der Stelle 0). Der Wert $a = 0$ ist wie bei quadratischen Funktionen nicht zugelassen, denn im Falle $a = 0$ würde (130) eine quadratische Funktion festlegen.

Kubische Funktionen weisen nicht stets Wechsel des Monotonieverhaltens mit den entsprechenden Extremalstellen auf. Wechselt das Monotonieverhalten nicht, so ist die kubische Funktion entweder streng monoton wachsend oder streng monoton fallend. Es liegt dann aber wenigstens ein Wendepunkt vor, in dem sich die Krümmung des Graphen der Funktion verändert, siehe Paragraph 4.4 zur Definition. Die Abbildungen 24 und 25 zeigen die vier möglichen Situationen.

Das Verhalten einer kubischen Funktion kann anhand des Koeffizienten a des kubischen Terms und der sogenannten *kubischen Diskriminante* $D = 3ac - b^2$ bestimmt werden.

4.10.2 Regel (Verlauf einer kubischen Funktion).   Es sei $f(x) = ax^3 + bx^2 + cx + d$ mit $a \neq 0$.

(i)   Im Falle $D = 3ac - b^2 \geq 0$ gilt:

$$\text{Die kubische Funktion } f \text{ ist} \begin{cases} \text{streng monoton wachsend,} & \text{falls } a > 0, \\ \\ \text{streng monoton fallend,} & \text{falls } a < 0. \end{cases}$$

Die kubische Funktion f besitzt genau eine Nullstelle; diese ist die Stelle eines Vorzeichenwechsels.

(ii)   Im Falle $D = 3ac - b^2 < 0$ gilt: Die kubische Funktion f besitzt genau zwei relative Extrema $x_1 < x_2$ und eine, zwei oder drei Nullstellen, unter denen sich entweder genau eine oder genau drei Stellen eines Vorzeichenwechsels befinden.

(ii.i)   Im Falle $a > 0$ gilt: $x_1 = \frac{-b - \sqrt{-D}}{3a}$, $x_2 = \frac{-b + \sqrt{-D}}{3a}$. x_1 ist eine relative Maximalstelle, x_2 ist eine relative Minimalstelle. f ist streng monoton wachsend auf $(-\infty; x_1)$, streng monoton fallend auf $(x_1; x_2)$, streng monoton wachsend auf $(x_2; +\infty)$.

(ii.ii)   Im Falle $a < 0$ gilt: $x_1 = \frac{-b + \sqrt{-D}}{a}$, $x_2 = \frac{-b - \sqrt{-D}}{a}$. x_1 ist eine relative Minimalstelle, x_2 ist eine relative Maximalstelle. f ist streng monoton fallend auf $(-\infty; x_1)$, streng monoton wachsend auf $(x_1; x_2)$, streng monoton fallend auf $(x_2; +\infty)$.   •

4.10.3 Aufgabe.   Mit Methoden der Differentialrechnung, siehe Anhang E.4, beweise man die obigen Aussagen über den Verlauf kubischer Funktionen.   •

4.10.4 Aufgabe.   Die kubische Funktion f sei gegeben durch $f(x) = ax^3 + bx^2 + cx + d$. Man bestimme die Differentialkenngrößen aus Tabelle 6.   •

Abbildung 26 zeigt den Verlauf der Kenngrößen der kubischen Funktion $f(x) = 5 + 5.5x - 1.83x^2 + 0.15x^3$:

$$\text{Ableitung} \qquad f'(x) = 5.5 - 3.66x + 0.45x^2,$$

$$\text{Momentanrendite pro Zeiteinheit} \quad \frac{f'(x)}{f(x)} = \frac{5.5 - 3.66x + 0.45x^2}{5 + 5.5x - 1.83x^2 + 0.15x^3},$$

$$\text{Elastizität} \qquad \varepsilon_f(x) = \frac{xf'(x)}{f(x)} = \frac{5.5x - 3.66x^2 + 0.45x^3}{5 + 5.5x - 1.83x^2 + 0.15x^3}.$$

Abbildung 24: Graphen der kubischen Funktionen $f_1(x) = \frac{1}{6}x^3 - x^2 - \frac{1}{6}x + 5$ und $f_2(x) = -\frac{1}{6}x^3 + x^2 + \frac{1}{6}x - 5$.

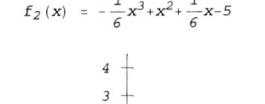

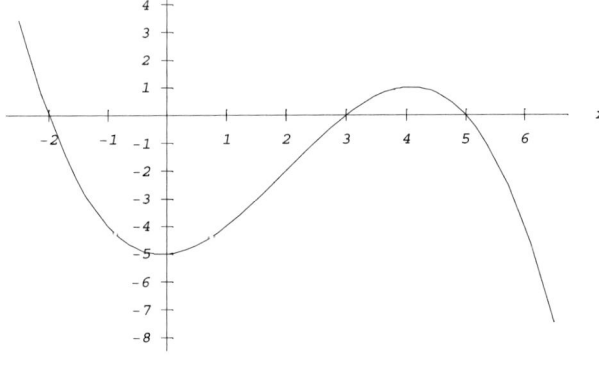

Abbildung 25: Graphen der kubischen Funktionen $g_1(x) = -\frac{113}{1680}x^3 + \frac{209}{560}x^2 - \frac{827}{840}x + 4$ und $g_2(x) = \frac{113}{1680}x^3 - \frac{209}{560}x^2 + \frac{827}{840}x - 4$.

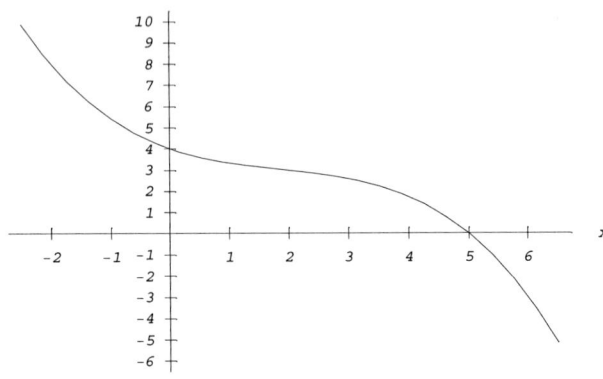

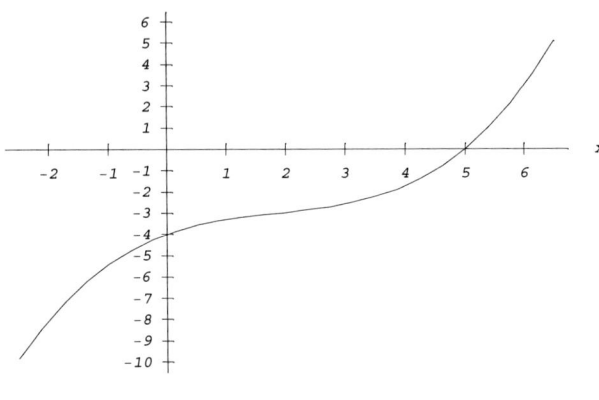

Abbildung 26: Kenngrößen der kubischen Funktion $f(x) = 5 + 5.5x - 1.83x^2 + 0.15x^3$.

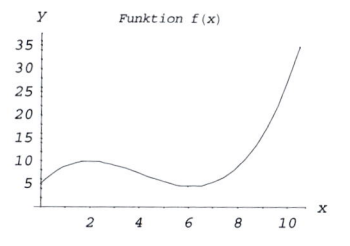
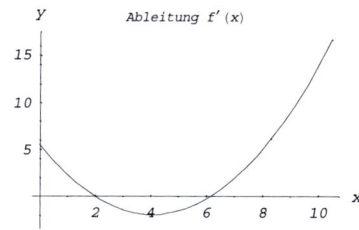

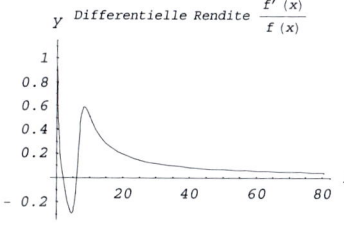
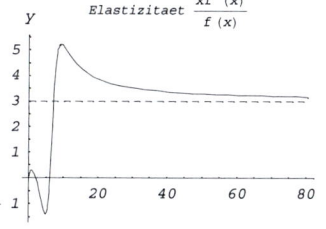

4.10.5 Aufgabe.   Man diskutiere den Verlauf der folgenden kubischen Funktionen. Man fertige eine Skizze des Graphen an.

$$f_1(x) = x^3 - 5x^2 + 7.75x - 3.75, \quad f_2(x) = \frac{-5}{48}x^3 + \frac{11}{12}x^2 - \frac{9}{4}x + 1,$$

$$f_3(x) = \frac{-5}{48}x^3 + \frac{11}{12}x^2 - \frac{9}{4}x + \frac{3}{2}, \quad f_4(x) = \frac{-1}{12}x^3 + \frac{5}{8}x^2 - \frac{23}{12}x + 3,$$

$$f_5(x) = \frac{-1}{12}x^3 + \frac{7}{8}x^2 - \frac{23}{12}x + 3, \quad f_6(x) = \frac{-1}{12}x^3 + \frac{5}{8}x^2 - \frac{3}{12}x + 3.$$

4.11 Polynome.

Die Betrachtung quadratischer und kubischer Funktionen wurde in den Paragraphen 4.9 und 4.10 durch den Wunsch nach Funktionen mit wechselndem Monotonieverhalten motiviert. Quadratische Funktionen $f(x) = ax^2 + bx + c$ erlauben die Darstellung eines einmaligen, kubische Funktionen $f(x) = ax^3 + bx^2 + cx + d$ die Darstellung eines zweimaligen Wechsels des Monotonieverhaltens. Die Vermutung liegt nahe, daß sich durch Einführung von Termen in x^n mit genügend großem n eine beliebig große Anzahl von Wechseln des Monotonieverhaltens darstellen läßt. Zur Illustration betrachte man die Abbildung 27. Diese Überlegung führt auf die Betrachtung der *Polynome vom Grade n* (auch bezeichnet als *Polynome n-ten Grades*). Ein Polynom $f\colon \mathbb{R} \to \mathbb{R}$ vom Grade n ist gegeben durch

$$f(x) = a_n x^n + a_{n-1} x^{n-1} + \ldots + a_1 x^1 + a_0, \qquad \text{wobei } a_n \neq 0. \tag{131}$$

Man bezeichnet a_i als den *Koeffizienten des Terms der Ordnung i*.

Gelegentlich unterläßt man die Forderung, daß der Koeffizient des Termes höchster Ordnung von 0 verschieden sein muß und betrachtet Funktionen $g\colon \mathbb{R} \to \mathbb{R}$ mit

$$g(x) = a_m x^m + a_{m-1} x^{m-1} + \ldots + a_1 x^1 + a_0. \tag{132}$$

Eine solche Funktion ist ein Polynom vom Grade $n = \max\{i | 0 \leq i \leq m, a_i \neq 0\}$ und wird daher als *Polynom höchstens m-ten Grades* bezeichnet. Die in Paragraph 4.7 untersuchten linearen Funktionen sind Polynome vom Grade höchstens 1.

Bei beliebigem $n \in \mathbb{N}$ sind generelle und zugleich detaillierte Aussagen über den Verlauf von Polynomen n-ten Grades, wie sie für quadratische und kubische Funktionen in den Paragraphen 4.9 und 4.10 angegeben wurden, nicht mehr verfügbar. Die im allgemeinen verfügbaren Kenntnisse sind in der folgenden Regel 4.11.1 enthalten.

4.11.1 Regel (Verlauf eines Polynoms).   Es sei $f(x) = a_n x^n + a_{n-1} x^{n-1} + \ldots + a_1 x^1 + a_0$ ein Polynom vom Grade n.

(i)   Im Falle ungeradzahligen Grades n gilt: Im Falle $a_n > 0$ verläuft f von $-\infty$ bis $+\infty$, im Falle $a_n < 0$ verläuft f von $+\infty$ bis $-\infty$.

Abbildung 27:   Graphen der Polynome $f_1(x) = \frac{7}{48}x^4 - \frac{17}{16}x^3 + \frac{13}{24}x^2 + 4x - 1$ und
$f_2(x) = \frac{1}{18}x^5 - \frac{37}{72}x^4 + \frac{149}{180}x^3 + \frac{761}{360}x^2 - \frac{173}{60}x - \frac{8}{5}$.

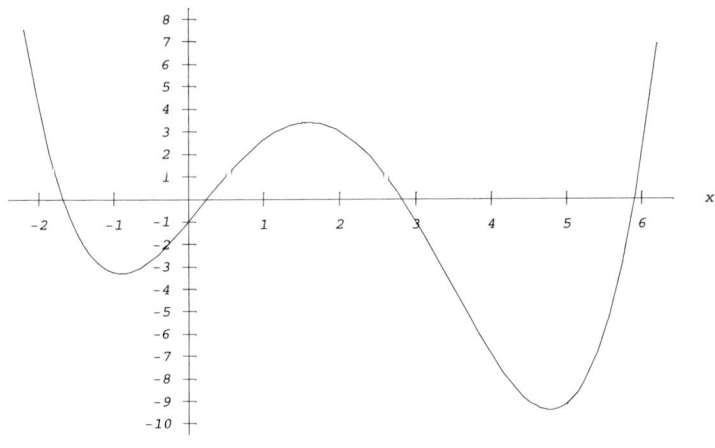

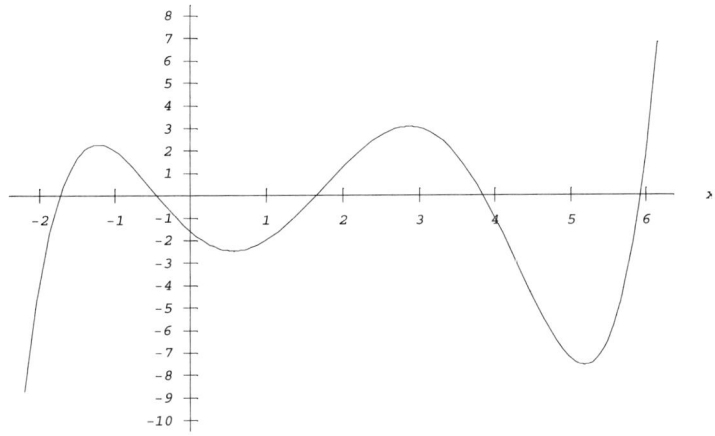

f besitzt mindestens eine und höchstens n Nullstellen, von denen mindestens eine eine Stelle eines Vorzeichenwechsels ist. Die Anzahl der Vorzeichenwechsel ist ungerade.

f besitzt keine absoluten Extremalstellen. f besitzt entweder keine relative Extremalstelle oder eine geradzahlige Anzahl von Extremalstellen, höchstens aber $n-1$ Extremalstellen, wobei Minimalstellen und Maximalstellen einander abwechseln. Zwischen zwei Nullstellen von f liegt mindestens eine Extremalstelle von f.

(ii) Im Falle geradzahligen Grades n gilt: Im Falle $a_n > 0$ verläuft f von $+\infty$ über ein absolutes Minimum bis $+\infty$. Im Falle $a_n < 0$ verläuft f von $-\infty$ über ein absolutes Maximum bis $-\infty$.

f besitzt besitzt höchstens n Nullstellen. Die Anzahl der Vorzeichenwechsel ist entweder 0 oder gerade.

f besitzt mindestens eine relative Extremalstelle, eine der relativen Extremalstellen ist absolute Extremalstelle des entsprechenden Typs. Die Anzahl der Extremalstellen ist ungeradzahlig und beträgt höchstens $n - 1$, wobei Minimalstellen und Maximalstellen einander abwechseln. Zwischen zwei Nullstellen von f liegt mindestens eine Extremalstelle von f. •

Zur Untersuchung der Nullstellen eines Polynomes n-ten Grades $f(x) = a_n x^n + a_{n-1} x^{n-1} + \ldots a_1 x^1 + a_0$ vom Grade n ist die *Zeichenregel von Descartes* [6] nützlich.

4.11.2 Regel (Zeichenregel von Descartes). Die Anzahl der positiven Nullstellen des Polynoms $f(x) = a_n x^n + a_{n-1} x^{n-1} + \ldots + a_1 x^1 + a_0$ vom Grade n ist höchstens so groß wie die Anzahl der Vorzeichenwechsel in der Folge $a_0, a_1, ..., a_n$ der Koeffizienten, und kann sich von dieser nur um eine gerade Zahl unterscheiden. •

Es sei $P(x) = a_n x^n + a_{n-1} x^{n-1} + \ldots + a_1 x^1 + a_0$ ein Polynom vom Grade n. Für jede Nullstelle ξ von P gilt: Der *Linearfaktor* $(x - \xi)$ kann aus $P(x)$ ohne Rest herausdividiert werden, d. h. es gibt ein Polynom $Q_1 \colon \mathbb{R} \to \mathbb{R}$ vom Grade $n - 1$ mit reellen Koeffizienten derart, daß

$$P(x) = (x - \xi) \cdot Q_1(x). \tag{133}$$

Ist ξ auch eine Nullstelle von Q_1, so kann der Linearfaktor $(x-\xi)$ auch aus Q_1 herausdividiert werden. Insgesamt kann also der Faktor $(x - \xi)^2$ aus $P(x)$ ohne Rest herausdividiert werden. Der maximale Exponent v_ξ derart, daß der Faktor $(x - \xi)^{v_\xi}$ aus $P(x)$ ohne Rest herausdividiert werden kann, ist der maximale Exponent v_ξ, zu dem es ein Polynom $Q_{v_\xi} \colon \mathbb{R} \to \mathbb{R}$ vom Grade $n - v_\xi$ mit reellen Koeffizienten gibt derart, daß

$$P(x) = (x - \xi)^{v_\xi} \cdot Q_{v_\xi}(x). \tag{134}$$

---

[6] *René Descartes*, auch *Renatus Cartesius*, französischer Philosoph und Mathematiker. Geboren in La Haye (Touraine) 31.03.1596, gestorben in Stockholm 11.02.1650, wurde in der Jesuitenschule La Flèche erzogen, war seit 1618 in Kriegsdiensten, reiste dann in Europa und lebte seit 1629 meist in den Niederlanden, seit 1649, einem Ruf der Königin Christine folgend, in Stockholm.

Dieser maximale Exponent wird als die *Vielfachheit* der Nullstelle ξ bezeichnet. Die Formel (134) bezeichnet man als *Faktorisierung* des Polynoms bezüglich der Nullstelle ξ.

Wir fassen nun das Polynom als Polynom $P(z) = a_n z^n + a_{n-1} z^{n-1} + \ldots + a_1 z^1 + a_0$ in komplexen Argumenten z auf. Es kann gezeigt werden, daß über $\mathbb{C}$ jede Nullstellengleichung $Q(z)=0$ bezüglich eines Polynoms $Q(z)$ mit reellen Koeffizienten lösbar ist. Es sei nun $r \leq p$ die Anzahl der Nullstellen des Polynoms P, und es seien $\lambda_1, \ldots, \lambda_r$ die paarweise verschiedenen Nullstellen mit den Vielfachheiten $v_1, \ldots, v_r$. Aus den obigen Ausführungen über das Herausdividieren von Linearfaktoren und die Lösbarkeit von Gleichungen $Q(z)=0$ folgt: Die Summe der Vielfachheiten der r verschiedenen Nullstellen beträgt $v_1 + \ldots + v_r = n$, und das Polynom P kann vollständig in die Faktoren $(z - \lambda_i)^{v_i}$ zerlegt werden, d. h. daß

$$P(z) = a_n (z - \lambda_1)^{v_1} \cdot \ldots \cdot (z - \lambda_r)^{v_r} \qquad \text{für alle} \quad z \in \mathbb{C}. \tag{135}$$

4.11.3 Aufgabe. Das Polynom P vom Grade 5 sei gegeben durch

$$P(x) = -702 + 837x - \frac{777}{2}x^2 + \frac{351}{4}x^3 - \frac{29}{3}x^4 + \frac{5}{12}x^5.$$

Man bestimme sämtliche reellen und komplexen Nullstellen mit ihren Vielfachheiten und man zerlege das Polynom in Linearfaktoren. **Hinweis:** Das Polynom hat nichtnegative ganzzahlige Nullstellen ξ im Bereich der Zahlen 1 bis 10. Man ermittle diese durch Probieren und wende dann die Faktorisierungsformel (134) an. ●

4.11.4 Aufgabe. Das Polynom f vom Grade 4 sei gegeben durch $f(x) = ax^4 + bx^3 + cx^2 + dx + e$. Man bestimme die Differentialkenngrößen aus Tabelle 6. ●

4.11.5 Aufgabe. Man untersuche den Verlauf der folgenden Polynome. Insbesondere fertige man eine Skizze des Graphen an.

$$f_1(x) = 2x^4 - 8.5x^3 - 16.25x^2 + 39.25x + 22.5,$$

$$f_2(x) = 2x^4 - 8.5x^3 - 16.25x^2 + 39.25x + 5,$$

$$f_3(x) = x^4 + 2x^3 - x^2 + 5x - 1, \quad f_4(x) = x^4 - 2x^3 - 6x^2 + 2x + 2. \qquad ●$$

4.12 Anpassung von Funktionen an Daten.

Die Betrachtung von Polynomen 4.9, 4.10 und 4.11 war durch Monotonieüberlegungen motiviert. Ein anderer Zugang verläuft über die Frage der Anpassung eines Modells an gegebene Daten. Gegeben seien Datenpaare $(x_1, y_1), \ldots, (x_n, y_n)$ mit paarweise verschiedenen x_i, z. B. Absatzquantitäten y_i zu gewissen Preisen x_i, Energieverbrauch y_i bei gewissen Geschwindigkeiten x_i, Nachfragequantitäten y_i zu gewissen Zeitpunkten x_i. Die x-Werte $x_1, \ldots, x_n$ sollen als Werte einer unabhängigen Variablen und die y-Werte $y_1, \ldots, y_n$

als Werte einer abhängigen Variablen aufgefaßt werden. Der Zusammenhang zwischen der unabhängigen und der abhängigen Variablen soll durch eine einfache Funktion f ausgedrückt werden, die mit den gegebenen Datenpaaren kompatibel ist, d. h., für die $f(x_1) = y_1, ..., f(x_n) = y_n$ gilt. Im Hinblick auf den Graphen der gesuchten Funktion kann das Problem folgendermaßen ausgedrückt werden: Gesucht ist eine einfache Funktion f, deren Graph die Punkte $(x_1, y_1), ..., (x_n, y_n)$ der cartesischen Koordinatenebene verbindet. Aufgrund dieser Deutung spricht man auch vom Problem der *Interpolation* der gegebenen Wertepaare durch eine einfache *Interpolationsfunktion*.

Wir betrachten das obige Problem für die kleine Anzahl $n = 2$ von Wertepaaren. Zwei verschiedene Punkte (x_1, y_1) und (x_2, y_2) der Ebene legen bekanntlich eine eindeutig bestimmte Gerade fest. Gilt zusätzlich $x_1 \neq x_2$, so kann die Gerade als Graph einer linearen Funktion im Sinne von Paragraph 4.7 aufgefaßt werden. Diese Interpolationsfunktion ist gegeben durch

$$f(x) = \frac{y_2 - y_1}{x_2 - x_1}(x - x_1) + y_1 \quad \text{für } x \in \mathbb{R}. \tag{136}$$

Gegeben seien nun Punkte (x_1, y_1), (x_2, y_2), (x_3, y_3) mit paarweise verschiedenen x_1, x_2, x_3. Zur Vereinfachung sei $x_1 < x_2 < x_3$. Eine einfache Interpolationskurve könnte zusammengesetzt werden aus Abschnitten der durch (x_1, y_1), (x_2, y_2) bzw. (x_2, y_2), (x_3, y_3) festgelegten Geraden, die sich ja im Punkte (x_2, y_2) schneiden. Unter Verwendung von (136) erhält man so die abschnittsweise definierte Interpolationsfunktion

$$f(x) = \begin{cases} \frac{y_2 - y_1}{x_2 - x_1}(x - x_1) + y_1, & \text{für } x \in (-\infty; x_2], \\ \\ \frac{y_3 - y_2}{x_3 - x_2}(x - x_2) + y_2, & \text{für } x \in (x_2; +\infty). \end{cases} \tag{137}$$

Eine solche Zusammensetzung von Geradenabschnitten wird auch als *Polygonzug* bezeichnet. Ein solcher Polygonzug ist jedoch im allgemeinen keine im Sinne der Anschauung „glatte" Kurve. Wenn die vorgegebenen Punkte nicht alle auf derselben Geraden liegen, weist die Kurve in den mittleren Vorgabepunkten Knicke auf, man vergleiche in Abbildung 28 den Graphen der durch (137) festgelegten Interpolationsfunktion f zu den Punkten $(1, 1)$, $(2, 5)$, $(4, 2)$.

Die Abbildungen der Paragraphen 4.9, 4.10 und 4.11 zeigen, daß die Graphen von Polynomen im Sinne der Anschauung „glatte" Kurven sind. Ein Polynom, dessen Graph durch die Vorgabepunkte (x_1, y_1), (x_2, y_2), (x_3, y_3) verläuft, würde also das obige Interpolationsproblem mit einer „glatten" Kurve lösen. Da ein Polynom vom Grade höchstens 2 drei festlegbare Parameter besitzt, liegt es nahe zu vermuten, daß ein Polynom vom Grade höchstens 2 existiert, dessen Graph durch die Vorgabepunkte (x_1, y_1), (x_2, y_2), (x_3, y_3) verläuft. Diese Vermutung trifft zu. Das Interpolationspolynom vom Grade höchstens 2 kann in der folgenden, auf *Lagrange*[7] zurückgehenden Form angegeben werden:

$$P(x) = y_1 \frac{(x - x_2)(x - x_3)}{(x_1 - x_2)(x_1 - x_3)} + y_2 \frac{(x - x_1)(x - x_3)}{(x_2 - x_1)(x_2 - x_3)} + y_3 \frac{(x - x_1)(x - x_2)}{(x_3 - x_1)(x_3 - x_2)}. \tag{138}$$

---

[7] *Joseph Louis de Lagrange*, französischer Mathematiker. Geboren am 25.01.1736 in Turin, gestorben am 10.04.1813 in Paris.

Abbildung 28: Graphen des interpolierenden Polygonzugs und des interpolierenden Polynoms vom Grade 2 zu den Punkten $(1,1)$, $(2,5)$, $(4,2)$.

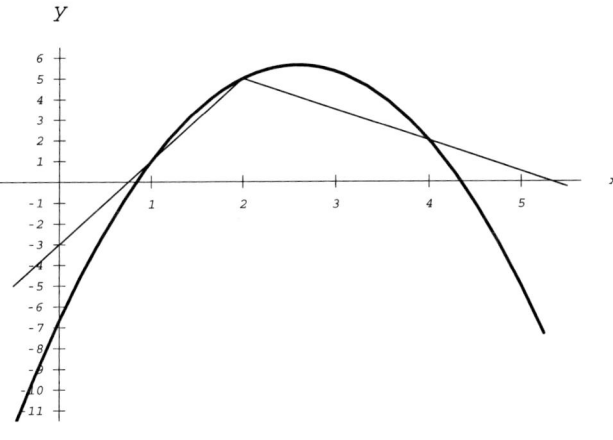

Durch Einsetzen läßt sich leicht nachprüfen, daß $P(x_i) = y_i$ erfüllt ist. Tatsächlich ist das durch (138) festgelegte Polynom vom Grade 2 auch das einzige Polynom vom Grade 2 mit $P(x_i) = y_i$, d. h. es gibt genau ein Polynom vom Grade höchstens 2, welches die Interpolationsaufgabe löst.

Abbildung 28 enthält die Graphen des interpolierenden Polygonzugs (dünne Linie) und des interpolierenden Polynoms vom Grade 2 (dicke Linie) zu den Punkten $(1,1)$, $(2,5)$, $(4,2)$. Der Vergleich zeigt, daß der Unterschied der Interpolationsfunktionen im Bereich $[1;4]$ zwischen dem kleinsten und größten x-Wert nicht erschreckend groß ist. Außerhalb dieses Bereichs wird der Unterschied allerdings beliebig groß.

4.12.1 Aufgabe. Gegeben seien Punkte (x_1, y_1), (x_2, y_2), (x_3, y_3) mit paarweise verschiedenen x_1, x_2, x_3. Durch Betrachtung eines linearen Gleichungssystems für die Koeffizienten a, b, c zeige man, daß es genau ein Polynom $P(x) = ax^2 + bx + c$ vom Grade höchstens 2 gibt mit $P(x_i) = y_i$. Man gebe die Koeffizienten als Lösungen des linearen Gleichungssystems an. Unter welchen Bedingungen legen die Punkte (x_1, y_1), (x_2, y_2), (x_3, y_3) ein Polynom vom Grade genau 2, unter welchen Bedingungen legen sie ein Polynom vom Grade 1 (eine lineare Funktion) fest? Schließlich bestimme man den interpolierenden Polygonzug und das interpolierende Polynom vom Grade höchstens 2 zu den Punkten $(0,8)$, $(3,1)$, $(5,4)$. •

Es ist klar, daß ein interpolierender Polygonzug in Analogie zu (137) für beliebig viele Punkte $(x_1, y_1),...,(x_n, y_n)$ mit paarweise verschiedenen $x_1, ..., x_n$ konstruiert werden kann.

Abbildung 29: Interpolationspolynom $f(x) = 8 - \frac{511}{60}x + 4x^2 - \frac{29}{60}x^3$ zu den Punkten $(0,8)$, $(1,3)$, $(4,7)$, $(5,5)$, siehe Aufgabe 4.12.2.

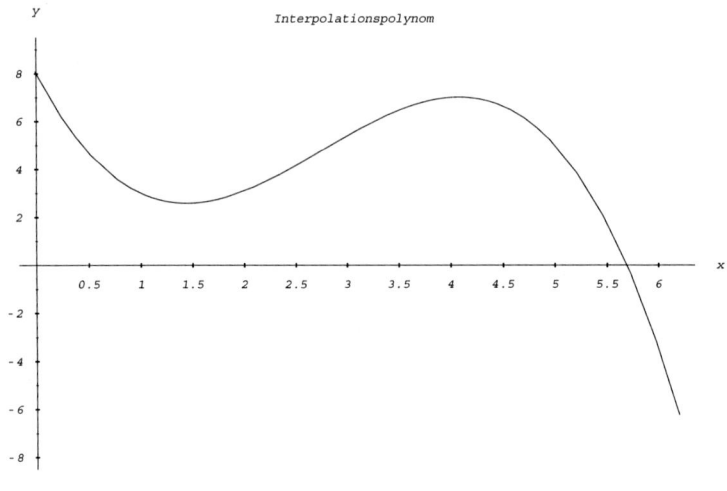

Tatsächlich legen, entsprechend der oben für $n = 3$ untersuchten Situation, n Punkte $(x_1, y_1), ..., (x_n, y_n)$ mit paarweise verschiedenen $x_1, ..., x_n$ auch ein eindeutig bestimmtes Polynom P vom Grade höchstens $n - 1$ mit $P(x_i) = y_i$ fest. Die Formel für dieses sogenannte *Lagrange-Polynom* ist jedoch für beliebiges n recht unübersichtlich. Wir geben sie noch für den Fall $n = 4$ an:

$$P(x) = y_1\frac{(x - x_2)(x - x_3)(x - x_4)}{(x_1 - x_2)(x_1 - x_3)(x_1 - x_4)} + y_2\frac{(x - x_1)(x - x_3)(x - x_4)}{(x_2 - x_1)(x_2 - x_3)(x_2 - x_4)} + \tag{139}$$
$$y_3\frac{(x - x_1)(x - x_2)(x - x_4)}{(x_3 - x_1)(x_3 - x_2)(x_3 - x_4)} + y_4\frac{(x - x_1)(x - x_2)(x - x_3)}{(x_4 - x_1)(x_4 - x_2(x_4 - x_3)} \ .$$

4.12.2 Aufgabe. Zu den Punkten $(0,8)$, $(1,3)$, $(4,7)$, $(5,5)$ gebe man das Lagrangesche Interpolationspolynom sowie den interpolierenden Polygonzug an. •

Abbildung 29 zeigt das Interpolationspolynom

$$f(x) = 8 - \frac{511}{60}x + 4x^2 - \frac{29}{60}x^3$$

vom Grade 3 (kubische Funktion) zu den Punkten $(0,8)$, $(1,3)$, $(4,7)$, $(5,5)$, siehe Aufgabe 4.12.2.

Es ist anschaulich klar, daß es außer Polygonzügen und Polynomen noch beliebig viele andere Funktionen gibt, die im Sinne der Interpolation an eine gegebene Menge von Datenpaaren angepaßt werden können. Die Frage, welche *Art* von Funktion gewählt werden soll, ist kein Problem der Mathematik. Diese Frage muß vom Anwender anhand von Kenntnissen über die spezielle Sachlage beantwortet werden. Erst wenn eine gewisse Klasse von anpassbaren Funktionen festgelegt ist, kann die Mathematik durch Eindeutigkeitsaussagen und Konstruktionsverfahren zur Auswahl einer bestimmten Interpolationsfunktion bei gegebenem Datenmaterial beitragen. Eine genauere Analysis dieses Problems findet sich in Kapitel 17.

4.13 Rationale Funktionen.

In Analogie zur Bildung der rationalen Zahlen als Quotienten von ganzen Zahlen, siehe Paragraph 2, sind die *rationalen Funktionen* als Quotienten von Polynomen definiert. Eine reellwertige Funktion f heißt genau dann *rationale Funktion*, wenn f als Quotient $f(x) = \frac{p(x)}{q(x)}$ zweier Polynome

$$p(x) = a_n x^n + a_{n-1}x^{n-1} + \ldots + a_1 x^1 + a_0, \quad q(x) = b_m x^m + b_{m-1}x^{m-1} + \ldots + b_1 x^1 + b_0$$

dargestellt werden kann.

Ist $f = \frac{p}{q}$ eine rationale Funktion mit teilerfremden Polynomen p und q, so ist

$$D = \left\{ x \mid q(x) \neq 0 \right\}$$

der größtmögliche Definitionsbereich von f. Ist q vom Grade m so besitzt q höchstens m Nullstellen, also ist D eine Vereinigung von höchstens $m + 1$ Intervallen.

4.13.1 Aufgabe.
Man bestimme die größtmögliche Teilmenge von $\mathbb{R}$, auf der mittels der folgenden Ausdrücke eine rationale Funktion definiert werden kann:

$$\frac{17x + 25}{x^2 - 4x + 3}, \quad \frac{8x^2 - 6x + 23}{x^3 - 5x^2 + 7.75x - 3.75}. \qquad \bullet$$

Rationale Funktionen wurden bereits implizit bei der Diskussion der Kenngrößen von Polynomfunktionen $f(x) = a_n x^n + a_{n-1}x^{n-1} + \ldots + a_1 x^1 + a_0$ betrachtet. Die Momentanrendite pro Zeiteinheit einer solchen Polynomfunktion ist nämlich die rationale Funktion

$$\frac{f'(x)}{f(x)} = \frac{na_n x^{n-1} + (n-1)a_{n-1}x^{n-2} + \ldots + 2a_2 x^1 + a_1}{a_n x^n + a_{n-1}x^{n-1} + \ldots + a_1 x^1 + a_0},$$

die Elastizität ist die rationale Funktion

$$\varepsilon_f(x) = \frac{xf'(x)}{f(x)} = \frac{na_n x^n + (n-1)a_{n-1}x^{n-1} + \ldots + 2a_2 x^2 + a_1 x}{a_n x^n + a_{n-1}x^{n-1} + \ldots + a_1 x^1 + a_0}.$$

Beide Kenngrößen sind definiert für alle $x \in \mathbb{R}$ mit Ausnahme der Nullstellen des Polynoms. In den Nullstellen x_i des Polynoms können nur die Grenzwerte $\lim_{x \downarrow x_i} f(x)$ $\lim_{x \uparrow x_i} f(x)$ bestimmt werden, für die nur die Werte $+\infty$ und ∞ in Frage kommen.

4.14   Rationale Funktionen als Sättigungs- und Ausfallfunktionen.

Für die wirtschaftswissenschaftliche Modellbildung sind rationale Funktionen zur Beschreibung von *Sättigungs-* oder *Ausfallgeschehen* von Interesse. Es sei $F(x)$ der von einer unabhängigen Variablen x bestimmte Wert einer Charakteristik, z. B. der Nutzen eines Konsumenten aus x ME eines Gutes, der Gesamterlös in Abhängigkeit von der Produktionsmenge x, der Umfang eines Bestand zum Zeitpunkt x. Mit zunehmenden Werten der unabhängigen Variablen x nähert sich $F(x)$ beliebig dicht einer gewissen oberen Schranke $S > 0$ an, ohne diese je zu überschreiten. In mathematischer Formulierung:

$$F(x) \leq S \quad \text{für alle } x , \qquad \lim_{x \to +\infty} F(x) = S. \tag{140}$$

In der Situation von Formel (140) bezeichnet man F als *Sättigungsfunktion* und S als *Sättigungsgrenze*.

Ist die Funktion F in der Situation von (140) monoton wachsend, so interpretiert man die Situation (140) auch als *Ausfallgeschehen* und F als *Ausfallfunktion*. Man interpretiert dann $F(x)$ als den Umfang des bis zum Zeitpunkt x ausgefallenen Teilbestandes eines Gesamtbestandes S. Auf lange Sicht, d. h. für $x \to +\infty$, fällt der gesamte Bestand aus. Die Entitäten im Bestand sind z. B. Werkstücke, Anlagen, oder Lebewesen. „Ausfall" bedeutet den Übergang vom Zustand der Funktionstüchtigkeit, Verwendbarkeit, Unversehrtheit oder biologischen Lebens in den Zustand der Funktionsuntüchtigkeit oder des biologischen Todes[8]. Ist F eine Ausfallfunktion, so gibt die sogenannte *Überlebensfunktion*

$$\overline{F}(x) = 1 - F(x) \tag{141}$$

den Umfang des zum Zeitpunkt x noch nicht ausgefallenen (überlebenden) Bestandes an.

Rationale Funktionen des Typs

$$F(x) = \frac{a_n x^n + a_{n-1} x^{n-1} + ... + a_1 x^1 + a_0}{b_n x^n + b_{n-1} x^{n-1} + ... + b_1 x^1 + b_0} \quad \text{mit } a_n, b_n > 0 \tag{142}$$

---

[8]Die *Medizinisch-ethischen Richtlinien zur Definition und Feststellung des Todes im Hinblick auf Organtransplantationen* der Schweizerischen Akademie der Wissenschaften geben die folgenden Kriterien des klinischen Todes an:

Der Mensch gilt als tot, sobald einer der folgenden Zustände eingetreten ist:

(a)   Irreversibler Herzstillstand, der die Blutzufuhr zum Hirn beendigt (*Herztod*).

(b)   Vollständiger und irreversibler Funktionsausfall des Hirns einschließlich des Hirnstamms (*Hirntod*).

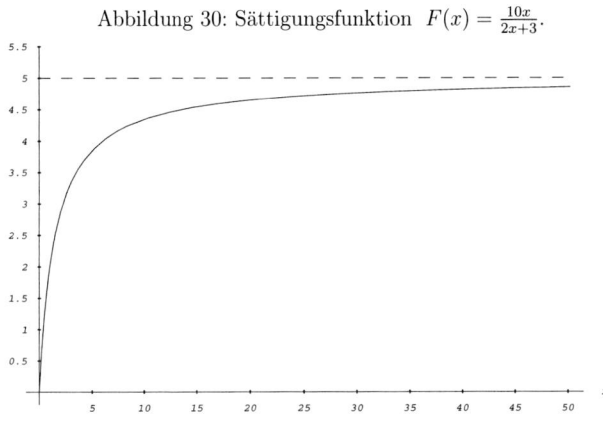

Abbildung 30: Sättigungsfunktion $F(x) = \frac{10x}{2x+3}$.

sind Sättigungs- bzw. Ausfallfunktionen, denn aus (142) ergibt sich

$$\lim_{x \to +\infty} F(x) \;=\; \frac{a_n}{b_n}. \tag{143}$$

Die Funktionen $F \colon [0; +\infty) \to \mathbb{R}$ mit

$$F(x) \;=\; \frac{ax + b}{x + c} \quad \text{mit } a, c > 0 \tag{144}$$

sind besonders einfache Sättigungsfunktionen. Durch geeignete Wahl der Parameter a, b und c kann die Funktion an gewisse Vorgaben angepaßt werden, siehe z. B. die Aufgabe 4.14.1. Der Graph einer solchen Funktion findet sich in Abbildung 30.

4.14.1 Aufgabe (Rationale Sättigungsfunktion).   Man konstruiere eine Sättigungsfunktion $F(x) = \frac{ax+b}{x+c}$ vom Typ (144), die den folgenden Forderungen genügt:

$$F(0) \;=\; 0, \quad \lim_{x \to +\infty} F(x) \;=\; 0.5, \quad F'(2) \;=\; 0.03. \qquad \bullet$$

Die Sättigungsgrenze kann auf $S = 1$ normiert werden. Dann gibt $F(r) \cdot 100$ gibt den Prozentsatz und $F(x) \cdot 100$ den Prozentfaktor der bis zum Zeitpunkt x ausgefallenen Entitäten an, d. h. zum Zeitpunkt x sind $F(x) \cdot 100\%$ der Entitäten ausgefallen. Die Zahl $\overline{f}(x) \cdot 100$ ist dann den Prozentsatz der bis zum Zeitpunkt x noch nicht ausgefallenen (überlebenden) Entitäten, d. h. zum Zeitpunkt x sind $\overline{f}(x) \cdot 100\%$ der Entitäten noch nicht ausgefallen.

Bei Ausfallfunktionen betrachtet man als spezielle Kenngröße die durch

$$\frac{F(x+\Delta) - F(x)}{1 - F(x)} \;=\; \frac{F(x+\Delta) - F(x)}{\overline{F}(x)} \;=\; -\frac{\overline{F}(x+\Delta) - \overline{F}(x)}{\overline{F}(x)} \tag{145}$$

definierte *mittlere Ausfallrate pro Zeiteinheit im Intervall* $[x; x + \Delta]$. Im Sinne von Paragraph 4.5 ist die Ausfallrate die negative mittlere Rendite der Überlebensfunktion. Da die Überlebensfunktion $\overline{f}$ abnimmt, ist die Ausfallrate gerade der Betrag des mittleren Prozentsatzes der pro Zeiteinheit im Intervall $[x; x + \Delta]$ ausgefallenen Entitäten. Bei differenzierbaren Ausfallfunktionen betrachtet man als nähernde Differentialkenngröße die durch

$$\lambda(t) \quad = \quad \frac{F'(x)}{1 - F(x)} \quad = \quad -\frac{\overline{F}'(x)}{\overline{F}(x)} \tag{146}$$

definierte sogenannte *Momentanausfallrate pro Zeiteinheit im Zeitpunkt x*.

4.14.2 Aufgabe (Rationale Ausfallfunktion). Man betrachte die Ausfallfunktion

$$F(x) \quad = \quad \frac{1.9x + 9}{x + 10} - 0.9.$$

Man berechne die Überlebensfunktion sowie die Momentanausfallrate. Wie groß ist der Prozentsatz der pro Zeiteinheit im Zeitpunkt 10 ausfallenden Entitäten? •

4.15 Die Exponentialfunktion.

In den Paragraphen 4.7 bis 4.13 wurde für lineare Funktionen, Potenzfunktionen, Polynome und rationale Funktionen der differentielle relative Zuwachs $\frac{f'(x)}{f(x)}$ untersucht, siehe die Aufgaben 4.7.3, 4.8.3, 4.9.6, 4.10.4, 4.11.4. In allen Fällen zeigte sich, daß der Betrag $\left| \frac{f'(x)}{f(x)} \right|$ des differentiellen relativen Zuwachses für große x streng monoton fällt und gegen 0 strebt. Unter der Standardinterpretation der unabhängigen Variablen x als Zeit bedeutet dies: Die Geschwindigkeit der Bestandsentwicklung wird auf lange Sicht klein im Verhältnis zum Bestand.

Es gibt jedoch Situationen, bei denen die Geschwindigkeit der Bestandsentwicklung konstant ist im Verhältnis zum Bestand, z. B. Epidemien oder Wertpapierkurse. In solchen Fällen ist also die Momentanrendite pro Zeiteinheit konstant. Eine zur Bescheibung einer solchen Entwicklung geeignete Funktion $f: B \to \mathbb{R}$ muß also, anders als die oben genannten Funktionen, die folgende Gleichung erfüllen:

$$f'(x) \quad = \quad \rho f(x) \qquad \text{für alle } x \in B \quad \text{mit festem } \rho \in \mathbb{R} \setminus \{0\}. \tag{147}$$

Eine solche Gleichung wird auch als *Differentialgleichung* bezeichnet. Differentialgleichungen werden in Kapitel 19 genauer untersucht. Unter Verwendung der *Exponentialfunktion* kann die Gesamtheit der Funktionen angegeben werden, die die Differentialgleichung (147) erfüllen, siehe den folgenden Paragraphen 4.16. Im Unterschied zu den in den Paragraphen 4.7 bis 4.13 betrachteten Funktionen kann die Exponentialfunktion nicht durch eine einfache Formel auf Grundlage der elementaren Rechenoperationen angegeben werden. Die Existenz und Eindeutigkeit werden durch den folgenden Satz 4.15.1 geklärt. Der Satz läßt sich mithilfe der Theorie der Differentialgleichungen beweisen und ist ein Spezialfall des Satzes 19.4.1 von Paragraph 19.3.

4.15.1 Satz und Definition (Exponentialfunktion). Es gibt genau eine differenzierbare Funktion $f: \mathbb{R} \to \mathbb{R}$, die die Gleichungen

$$f'(x) = f(x) \qquad \text{für alle } x \in \mathbb{R}, \tag{148}$$

$$f(0) = 1 \tag{149}$$

erfüllt. Diese Funktion wird als *Exponentialfunktion* bezeichnet und durch $f = \exp$ notiert.

•

Satz 4.15.1 enthält allerdings keine Methoden zur Berechnung von Werten der Exponentialfunktion. Auf Grundlage des Grenzwertbegriffes ist die Berechnung mithilfe der folgenden Formel möglich:

$$\exp(x) = \lim_{n \to \infty} \left(1 + \frac{x}{n}\right)^n \qquad \text{für } x \in \mathbb{R}. \tag{150}$$

Eine weitere Grenzwertdarstellung durch eine unendliche Reihe findet sich in Paragraph 7.16. Die Genauigkeit der Approximation der Exponentialfunktion durch Formeln wie (150) wird durch Abschätzungen geklärt, die für die wirtschaftswissenschaftliche Modellierung ohne Belang sind. Um sich ein Gefühl für das zugrundeliegende Problem zu verschaffen, löse man die folgende Aufgabe 4.15.2.

4.15.2 Aufgabe. Für die Werte $x \in \{1, 3, 10\}$ berechne man $\left(1 + \frac{x}{n}\right)^n$ für $n = 1, 10, 100$. Man vergleiche jeweils das Ergebnis mit dem vom Taschenrechner ausgegebenen Wert $\exp(x)$.

•

Aus Satz 4.15.1 folgt klarerweise, daß exp differenzierbar ist auf $\mathbb{R}$ mit

$$\exp'(x) = \exp(x) \qquad \text{für } x \in \mathbb{R}. \tag{151}$$

Weiterhin findet man die folgenden Eigenschaften: exp ist streng monoton wachsend auf $\mathbb{R}$ mit

$$\lim_{x \to -\infty} \exp(x) = 0, \quad \exp(0) = 1, \quad e := \exp(1) \approx 2.7182, \tag{152}$$

$$\lim_{x \to +\infty} \exp(x) = +\infty. \tag{153}$$

Die Zahl e ist irrational und wird als *Eulersche Zahl* bezeichnet. Der Wertebereich von exp ist

$$\left\{ \exp(x) \mid x \in \mathbb{R} \right\} = (0; +\infty). \tag{154}$$

Für $x, y \in \mathbb{R}$ gilt

$$\exp(x + y) = \exp(x) \cdot \exp(y), \qquad \left(\exp(x)\right)^y = \exp(x \cdot y), \tag{155}$$

Abbildung 31: Graph der Exponentialfunktion exp und ihrer Umkehrfunktion ln.

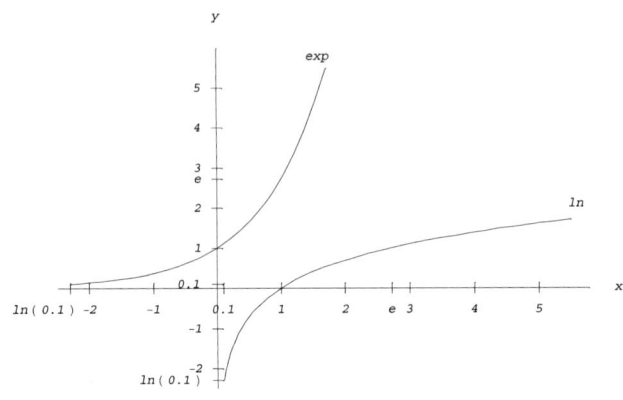

$$\exp(-x) \;=\; \frac{1}{\exp(x)}, \tag{156}$$

siehe 4.19 zur Definition von Potenzen mit beliebigen Exponenten. Mithilfe der Rechenregeln für Potenzen aus 4.19 und mithilfe von (152) begründet man auch die oft verwendete Gleichung $\exp(x) = e^x$, siehe Paragraph 4.19.

Die Umkehrfunktion der Exponentialfunktion exp ist die Logarithmusfunktion $\ln\colon (0;+\infty) \to \mathbb{R}$, siehe Paragraph 4.18, d. h. es gilt

$$\ln\Big(\exp(x)\Big) \;=\; x \quad \text{für } x \in \mathbb{R}, \qquad \exp\Big(\ln(y)\Big) \;=\; y \quad \text{für } y \in (0;+\infty). \tag{157}$$

Zur Illustration siehe die Abbildung 31.

4.16 Funktionen mit konstanter Momentanrendite pro Zeiteinheit.

Die Gesamtheit der Funktionen mit konstanter Momentanrendite pro Zeiteinheit, d. h. die Gesamtheit der Lösungen der Differentialgleichung (147), kann mithilfe der Exponentialfunktion angegeben werden. Zunächst ist leicht zu sehen, daß die Funktionen

$$f_{a,\rho}\colon \mathbb{R} \to \mathbb{R} \quad \text{mit} \quad f_{a,\rho}(x) \;=\; a\exp(\rho x) \quad \text{für } x \in \mathbb{R}, \qquad \text{wobei } a \in \mathbb{R}, \tag{158}$$

Lösungen der Differentialgleichung (147) sind. In Paragraph 19.4 wird gezeigt, daß die Menge der Funktionen $f_{a,\rho}$ mit $a, \rho \in \mathbb{R}$ gerade die Menge aller Lösungen der Differentialgleichung (147) ist. Im vorliegenden Zusammenhang interessieren wir uns für die

Abbildung 32: Graphen der Funktionen $f_{0.5,1.5}(x) = 0.5\exp(1.5x)$ und $f_{0.5,-1.5}(x) = 0.5\exp(-1.5x)$.

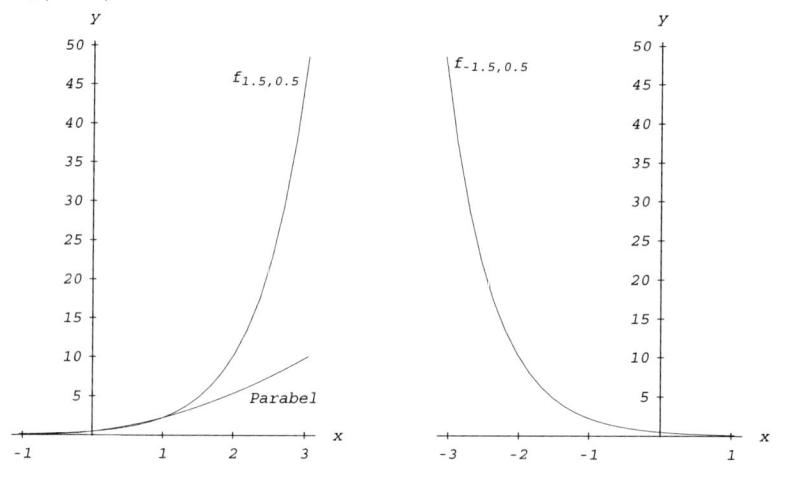

Interpretation der Parameter a und ρ. Ersichtlich ist $f_{a,\rho}(0) = a$, d. h. a kann als *Nullwert* bezeichnet werden. Die folgenden Fälle sind zu unterscheiden.

(i)   Im Falle $a = 0$ ist $f_{a,\rho}(x) = 0$ für alle $x \in \mathbb{R}$.

(ii)   Im Falle $a > 0$ ist $f_{a,\rho}(x) > 0$ für alle $x \in \mathbb{R}$. Der Parameter ρ entscheidet über das Montonieverhalten von $f_{a,\rho}$.

    (ii.i)   Im Falle $\rho > 0$ ist $f_{a,\rho}$ streng monoton wachsend mit $\lim\limits_{x\to\infty} f_{a,\rho}(x) = +\infty$.
Gemäß der Differentialgleichung (147) bewegt sich $f'_{a,\rho}(x)$ bis auf den Faktor a in der Größenordnung von $f_{a,\rho}(x)$. Die Funktion muß also ein für große x sehr starkes Wachstum aufweisen. Zur Veranschaulichung betrachte man den Graph der Funktion $f_{0.5,1.5}$ in Abbildung 32. Zur Illustration des Wachstums ist der Graph einer quadratischen Funktion (Parabelast) abgebildet, die an den Stellen $x = -1$, $x = 0$, $x = 1$ mit der Funktion $f_{0.5,1.5}$ übereinstimmt.

    (ii.ii)   Im Falle $\rho < 0$ ist $f_{a,\rho}$ streng monoton fallend mit $\lim\limits_{x\to-\infty} f_{a,\rho}(x) = +\infty$.
Gemäß der Differentialgleichung (147) bewegt sich $f'_{a,\rho}(x)$ bis auf den negativen Faktor a in der Größenordnung von $f_{a,\rho}(x)$. Die Funktion muß also für große x sehr stark fallen. Zur Veranschaulichung betrachte man den Graph der Funktion $f_{0.5,-1.5}$ in Abbildung 32.

(iii) Im Falle $a < 0$ ist $f_{a,\rho}(x) < 0$ für alle $x \in \mathbb{R}$. Der Effekt des Parameters ρ kann durch Betrachtung der Funktion $-f_{a,\rho}$ aus dem Fall (ii) gefolgert werden.

4.16.1 Aufgabe. Man vervollständige die Überlegungen des obigen Falles (iii), d. h. man beschreibe den Verlauf der Funktion $f_{a,\rho}$ im Falle $a < 0$. •

4.16.2 Aufgabe. Man bestimme eine Bestandsfunktion $f: [0; +\infty) \to \mathbb{R}$ mit den folgenden Eigenschaften:

(i) Der Bestand zum Zeitpunkt 0 hat den Wert 5000.

(ii) Die Momentanrendite pro ZE beträgt konstant 4%. •

4.17 Sättigungs- und Ausfallfunktionen auf Grundlage der Exponentialfunktion.

Wir betrachten Funktionen $F_{\vartheta,\alpha,\tau}: \mathbb{R} \to \mathbb{R}$ mit

$$
F_{\vartheta,\alpha,\tau}(t) = \begin{cases} 0, & \text{falls } t < \tau, \\[2mm] 1 - \exp\left(\frac{-(t-\tau)^\alpha}{\vartheta^\alpha}\right), & \text{falls } t \geq \tau, \end{cases} \tag{159}
$$

mit den Parametern $\alpha, \vartheta > 0$, $\tau \in \mathbb{R}$. $F_{\vartheta,\alpha,\tau}$ ist eine Ausfallfunktion bzw. eine Sättigungsfunktion mit der auf $S = 1$ normierten Bestandsgröße bzw. Sättigungsschranke. Man bezeichnet ϑ als den *Skalenparameter*, τ als den *Lageparameter* oder *Schwellenparameter*, α als den *Formparameter*. Für Zeitpunkte $t < \tau$ findet kein Ausfall statt. Auf dem Zeitintervall $[\tau; +\infty)$ wächst der Prozentfaktor $F_{\vartheta,\alpha,\tau}(t)$ an ausgefallenen Entitäten streng monoton. Abbildung 33 zeigt den Verlauf einer solchen Ausfallfunktion. Ausfallfunktionen des Typs $F_{\vartheta,\alpha,\tau}$ wurden von dem schwedischen Physiker Waloddi Weibull (1939a, 1939b) vorgeschlagen, der sie zur Modellierung der Bruchfestigkeit von Stahl einsetzte. Man bezeichnet sie daher auch als *Ausfallfunktionen vom Weibull-Typ*.

Wir berechnen gemäß Formel (146) die Momentanausfallrate für eine Funktion $F_{\vartheta,\alpha,\tau}(t)$ des Typs (159). Es ergibt sich

$$
\lambda(t) = \frac{\alpha t^{\alpha-1}}{\vartheta^\alpha} \quad \text{für } t > \tau. \tag{160}
$$

Daraus ergibt sich folgende Klassifikation:

- $\alpha < 1$: Streng monoton fallende Ausfallrate längs der Zeitachse ab Zeitpunkt τ.

- $\alpha = 1$: Konstante Ausfallrate.

- $\alpha > 1$: Streng monoton wachsende Ausfallrate längs der Zeitachse ab Zeitpunkt τ.

Zur Illustration siehe Abbildung 34.

Abbildung 33: Sättigungsfunktion (Ausfallfunktion) $f(t) = 1 - \exp(-4.07 \cdot 10^{-5} \cdot t)$.

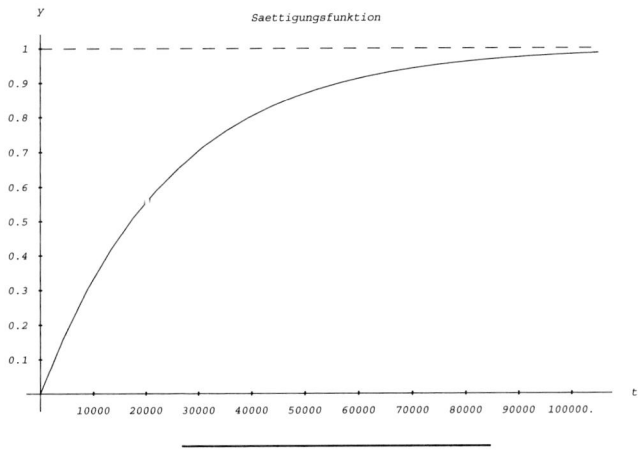

Abbildung 34: Ausfallraten bei Weibull-Ausfallfunktion $WEI(2000, \alpha, 0)$ mit $\alpha = 0.5$, $\alpha = 1.0$, $\alpha = 1.5$.

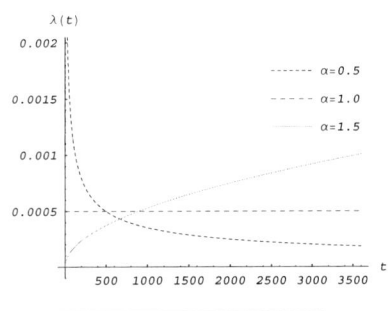

4.17.1 Aufgabe (Ausfallfunktion vom Weibull-Typ). Man betrachte die Ausfallfunktion $F_{\vartheta,\alpha,\tau}$ vom Weibull-Typ mit den Parametern $\alpha = 1.5$, $\vartheta = 10$, $\tau = 0$. Man berechne die Überlebensfunktion sowie die Momentanausfallrate. Wie groß ist der Prozentsatz der pro Zeiteinheit im Zeitpunkt 40 ausfallenden Entitäten? •

4.18 Die Logarithmusfunktion.

Die Logarithmusfunktion $\ln: (0; +\infty) \to \mathbb{R}$ kann als Umkehrfunktion der Exponentialfunktion eingeführt werden, siehe (157). Zur Illustration siehe die Abbildung 31.

ln ist differenzierbar auf $(0; +\infty)$ mit

$$\ln'(x) = \frac{1}{x} \qquad \text{für } x \in (0; +\infty). \tag{161}$$

ln ist streng monoton wachsend auf $(0; +\infty)$ mit

$$\lim_{x \to 0} \ln(x) = -\infty, \quad \ln(1) = 0, \quad \ln(e) = 1, \quad \lim_{x \to +\infty} \ln(x) = +\infty. \tag{162}$$

Der Wertebereich von ln ist somit

$$\Big\{ \ln(x) \,|\, x \in (0; +\infty) \Big\} = \mathbb{R}. \tag{163}$$

Für $x, y \in (0; +\infty)$ gilt

$$\ln(x \cdot y) = \ln(x) + \ln(y), \quad \ln\left(\frac{x}{y}\right) = \ln(x) - \ln(y), \quad \ln\left(x^y\right) = y\ln(x), \tag{164}$$

siehe 4.19 zur Definition von Potenzen mit beliebigen Exponenten.

4.18.1 Aufgabe. Der Definitionsbereich von ln im Ausschnitt von Abbildung 31 ist das Intervall $[0.1; 5.5]$. Man bestimme daraus den entsprechenden Definitionsbereich der Umkehrfunktion exp, d. h. den Wertebereich $\{\ln(x)|0.1 \leq x \leq 5.5\}$ und trage ihn in die Abbildung ein. Durch welche Operation der Elementargeometrie kann in Abbildung 31 der Graph von exp in den Graphen von ln abgebildet werden? •

4.18.2 Aufgabe. Eine Unterführung wird mit Neonröhren ausgerüstet. Man erwartet, daß nach t Betriebsstunden $\left(1 - \exp(-4.07 \cdot 10^{-5} \cdot t)\right) \cdot 100\%$ der Neonröhren ausgefallen sein werden, daß also eine Ausfallfunktion des Typs (159) vorliegt. Man vergleiche Abbildung 33. Man bestimme $t_0 \in (0; +\infty)$ so, daß nach t_0 Betriebsstunden gerade 30% der Neonröhren ausgefallen sein werden. •

4.19 Die Potenzfunktion.

Um Potenzen mit beliebigen reellen Exponenten zu erklären, setzt man

$$x^y \; := \; \exp\Big(y \cdot \ln(x)\Big) \qquad \text{für } y \in \mathbb{R}, \; x \in (0; +\infty). \tag{165}$$

x heißt *Basis*, y *Exponent*. Es läßt sich zeigen, daß Definition (165) eine Fortsetzung der Potenzen x^q mit rationalem Exponenten q liefert.

Mit (165) erhält man eine Rechtfertigung für die Darstellung der Exponentialfunktion als Potenz mit Basis e:

$$e^x \; =_{(165)} \; \exp\Big(x \cdot \ln(e)\Big) \; =_{(162)} \; \exp(x).$$

Mit den Rechenregeln (155) für die Exponentialfunktion und (164) für die Logarithmusfunktion überzeugt man sich, daß die geläufigen Regeln des Potenzrechnens auch für die durch (165) definierte allgemeine Potenz gelten. Für $x \in (0; +\infty)$, $y, z \in \mathbb{R}$ gilt also:

$$x^{y+z} \; = \; x^y \cdot x^z, \qquad \Big(x^y\Big)^z \; = \; x^{y \cdot z}, \qquad x^{-y} \; = \; \frac{1}{x^y}, \qquad x_1^y x_2^y \; = \; (x_1 x_2)^y. \tag{166}$$

Die durch (165) definierte Potenzfunktion ist in beiden Variablen differenzierbar. Es gilt

$$\frac{\mathrm{d}}{\mathrm{d}\,x} x^y \; = \; y \cdot x^{y-1} \qquad \text{für alle } x \in (0; +\infty) \text{ bei festem } y \in \mathbb{R}, \tag{167}$$

$$\frac{\mathrm{d}}{\mathrm{d}\,y} x^y \; = \; \ln(x) \cdot x^y \qquad \text{für alle } y \in \mathbb{R} \text{ bei festem } x \in (0; +\infty). \tag{168}$$

4.19.1 Aufgabe. Man löse die Potenzgleichungen

$$3^{x-2} \; \overset{!}{=} \; e^{0.2x}; \qquad 0.9^y \; \overset{!}{=} \; 0,01; \qquad 4^x \; \overset{!}{=} \; 7^{3-x}. \qquad \bullet$$

4.20 Logarithmen zu einer gegebenen Basis.

Für $a > 0$ ist der *Logarithmus* $\log_a \colon (0; +\infty) \to \mathbb{R}$ *zur Basis* a die Umkehrfunktion der Potenz zur Basis a, d. h. es gilt

$$\log_a(a^y) \; = \; y, \qquad a^{\log_a(x)} \; = \; x. \tag{169}$$

Insbesondere läßt sich die Logarithmusfunktion ln als Logarithmus zur Basis e auffassen, der auch als *natürlicher Logarithmus* bezeichnet wird. Es gilt also $\ln = \log_e$.

Es gilt

$$\log_a(x) \; = \; \frac{\ln(x)}{\ln(a)} \qquad \text{für } x \in (0; +\infty). \tag{170}$$

Mit (170) können weitere Eigenschaften des Logarithmus zur Basis a aus den entsprechenden Formeln für die Logarithmusfunktion ln gefolgert werden.

Abbildung 35: Trigonometrische Funktionen am Einheitskreis.

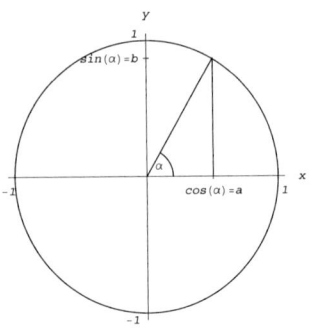

4.21 Sinus und Cosinus.

Die trigonometrischen Funktionen Sinus, Cosinus, Tangens und Cotangens können als Verhältnisse von Seitenlängen in rechtwinkligen Dreiecken dargestellt werden. Man betrachte die Abbildung 35. Im Einheitskreis (Kreis des Radius 1 um den Koordinatenursprung) wird ein Radius eingezeichnet. Es sei α der vom Radius mit der x-Achse gebildete Winkel im Bogenmaß, wobei der Winkel von der rechten Halbachse aus gegen den Uhrzeigersinn zum Radius hin geschlagen wird. Der Schnittpunkt des Radius mit der Kreisperipherie sei (a, b). Dann gilt:

$$\sin(\alpha) = b, \quad \cos(\alpha) = a, \quad \tan(\alpha) = \frac{\sin(\alpha)}{\cos(\alpha)} = \frac{b}{a}, \quad \cot(\alpha) = \frac{\cos(\alpha)}{\sin(\alpha)} = \frac{a}{b}. \quad (171)$$

In wirtschaftswissenschaftlichen Anwendungen sind sin und cos vor allem zur Modellierung von Schwingungsvorgängen (saisonale Schwankungen, periodische Konjunkturschwankungen etc.) erforderlich. Die wichtigsten Eigenschaften sind im folgenden zusammengestellt.

sin und cos sind periodische Funktionen der Periode 2π, d. h.

$$\sin(x + 2\pi) = \sin(x), \quad \cos(x + 2\pi) = \cos(x) \qquad \text{für alle } x \in \mathbb{R}. \qquad (172)$$

sin und cos nehmen auf $\mathbb{R}$ ihr Maximum und ihr Minimum an, es gilt

$$\max_{x\in\mathbb{R}} \sin(x) = 1 = \max_{x\in\mathbb{R}} \cos(x), \quad \min_{x\in\mathbb{R}} \sin(x) = -1 = \min_{x\in\mathbb{R}} \cos(x). \qquad (173)$$

Für die Wertebereiche von sin und cos gilt somit

$$\Big\{ \sin(x) \,|\, x \in \mathbb{R} \Big\} = \Big\{ \cos(x) \,|\, x \in \mathbb{R} \Big\} = [-1; 1]. \qquad (174)$$

4.21.1 Aufgabe. Die Markierungen auf der x-Achse in Abbildung 36 haben den Abstand $\pi/2$. Die kleinste positive Nullstelle von cos ist $\pi/2$. Von diesen Informationen ausgehend vervollständige man zunächst die Beschriftung der x-Achse und identifiziere

Abbildung 36: Graphen der Sinusfunktion sin und der Cosinusfunktion cos.

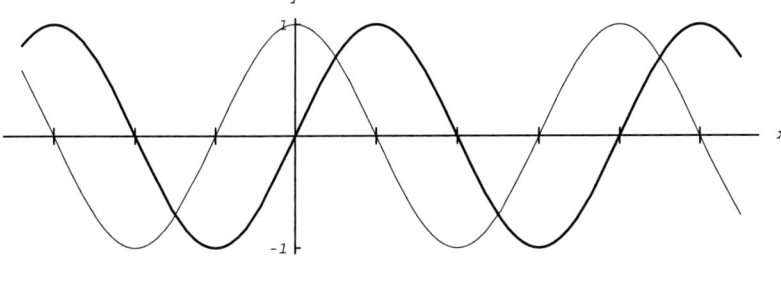

die Graphen von sin und cos. Sodann notiere man anhand der Graphik und (172) die Nullstellen von sin und cos sowie die Punkte, in denen die Funktionen ihr Maximum und ihr Minimum annehmen. Man vergleiche die Abbildungen 91 und 92.   •

sin und cos sind differenzierbar auf $\mathbb{R}$ mit
$$\sin'(x) \;=\; \cos(x), \quad \cos'(x) \;=\; -\sin(x) \qquad \text{für } x \in \mathbb{R}. \tag{175}$$

Es gelten die folgenden Beziehungen:
$$\sin^2(x) + \cos^2(x) \;=\; 1, \tag{176}$$

$$\sin(x \,{+/-}\, y) \;=\; \sin(x)\cos(y) \,{+/-}\, \cos(x)\sin(y), \tag{177}$$

$$\cos(x \,{+/-}\, y) \;=\; \cos(x)\cos(y) \,{-/+}\, \sin(x)\sin(y), \tag{178}$$

$$\sin(x) + \sin(y) \;=\; 2\sin\left(\frac{x+y}{2}\right)\cos\left(\frac{x-y}{2}\right), \tag{179}$$

$$\sin(x) - \sin(y) \;=\; 2\cos\left(\frac{x+y}{2}\right)\sin\left(\frac{x-y}{2}\right), \tag{180}$$

$$\cos(x) + \cos(y) \;=\; 2\cos\left(\frac{x+y}{2}\right)\cos\left(\frac{x-y}{2}\right), \tag{181}$$

$$\cos(x) - \cos(y) \;=\; -2\sin\left(\frac{x+y}{2}\right)\sin\left(\frac{x-y}{2}\right). \tag{182}$$

5 Folgen reeller Zahlen.

Bei den in Kapitel 4 untersuchten Funktionen war der größtmögliche Definitionsbereich entweder ein Intervall oder eine endliche Vereinigung von Intervallen. Zieht man sich auf einen geeigneten Teilbereich des größtmöglichen Definitionsbereichs zurück, so kann stets ein Intervall reeller Zahlen als Definitionsbereich gewählt werden. In diesem Sinne liegt ein *kontinuierlicher* Definitionsbereich vor. Die Betrachtung von Funktionen auf Intervallen ist nützlich, da somit Methoden der Differentialrechnung zur Montonieuntersuchung und Extremwertbestimmung herangezogen werden können.

In wirtschaftlichen Zusammenhängen ist man jedoch oft gezwungen, Funktionen mit *diskreten* Definitionsbereichen zu betrachten.

(i) Das Ergebnis von Datenerhebungen in der Wirtschaftspraxis ist stets eine endliche Menge von Werten. Meist werden die Daten an diskret liegenden Zeitpunkten $1, ..., N$ beobachtet. Einige Beispiele: Länge einer Warteschlange in aufeinanderfolgenden Minuten $1, ..., N$, Kassakurse von Wertpapieren an aufeinanderfolgenden Tagen $1, ..., N$, Kontostände zum Monatsersten in aufeinanderfolgenden Monaten $1, ..., N$, Restbuchwerte einer abzuschreibenden Anlage in aufeinanderfolgenden Jahren $1, ..., N$. Solche Daten können als die Werte $a(1), ..., a(N)$ einer Funktion $a: \{1, ..., N\} \to \mathbb{R}$ mit dem *diskreten* und sogar endlichen Definitionsbereich $\{1, ..., N\}$ beschrieben werden.

(ii) In vielen Fällen werden Daten fortlaufend an diskret liegenden Zeitpunkten $1, 2, 3, ...$ ohne vorgebbare Obergrenze beobachtet, z. B. Wertpapierkurse, Preise, Absatzumfänge etc. Es ist dann zweckmäßig, die Daten als Werte $a(1), a(2), a(3), ...$ einer Funktion $a: \mathbb{N} \to \mathbb{R}$ mit dem *diskreten* aber unendlichen Definitionsbereich $\mathbb{N}$ zu beschreiben.

Solche Überlegungen führen zur Definition des Begriffs der *Folge*. Ist der Definitionsbereich D einer Funktion $a: D \to \mathbb{R}$ eine Teilmenge der Menge der ganzen Zahlen Z, z. B. $D = \mathbb{N}$ oder $D = \mathbb{N}_0$, so heißt a *Folge*. Man schreibt „a_n" für „$a(n)$" und notiert die Funktion unter Angabe des Definitionsbereiches mit „$(a_n)_{n \in D}$" oder kurz „$(a_n)_D$". Der Definitionsbereich D wird als *Indexmenge* bezeichnet, die Funktionswerte heißen auch „Glieder der Folge". Im folgenden wird in der Regel bei unendlichen Folgen als Indexbereich die Menge der natürlichen Zahlen, also $D = \mathbb{N}$ gewählt.

5.1 Standardinterpretation von Folgen.

Folgen sind spezielle reellwertige Funktionen eines reellen Arguments. Insbesondere können Folgen im Sinne der Standardinterpretation 4.1.1 interpretiert werden. Wir bezeichnen diese Interpretation als *Zeitpunktmodell*.

5.1.1 Zeitpunktmodell für Folgen.   Es sei $(a_n)_D$ eine Folge. Das *Zeitpunktmodell* betrachtet die Indizes $n \in D$ als *Zeitpunkte* und die Folgenglieder a_n als *Werte einer Größe* oder *Bestände* zu den Zeitpunkten n. Unter dieser Interpretation ist im Regelfall $D = \mathbb{N}_0$, d. h. der erste Zeitpunkt ist $n = 0$ mit dem zugehörigen Startbestand a_0.   •

Im Hinblick auf den diskreten Wertebereich von Folgen hat aber noch eine zweite Interpretation Standardcharakter.

5.1.2 Zeitraummodell für Folgen.   Es sei $(a_n)_D$ eine Folge. Das *Zeitraummodell* betrachtet die Indizes $n \in D$ als Nummern von *Zeiträumen*. Das Folgenglied a_n wird als *Werte einer Größe* oder *Bestand* zu *Beginn* des Zeitpunktes n interpretiert. Unter dieser Interpretation ist im Regelfall $D = \mathbb{N}$, d. h. der erste Zeitraum trägt die Nummer ist $n = 1$ mit dem zugehörigen Startbestand a_1.   •

Die beiden Ansätze 5.1.1 und 5.1.2 verwenden nur eine unterschiedliche Terminologie, führen aber inhaltlich nicht zu verschiedenen Ergebnissen. Je nach Intention der Modellbildung ist entweder die Auffassung 5.1.1 oder die Auffassung 5.1.2 zweckmäßig. Vor allem im Hinblick auf die Erfordernisse der Finanzmathematik legen wir die folgende Beziehung zwischen Zeitpunkten und Zeiträumen fest.

5.1.3 Regel (Zuordnung von Zeitpunkten und Zeiträumen).   Der $(n{+}1)$-te Zeitraum beginnt mit dem Zeitpunkt n, d. h. der 1. Zeitraum beginnt mit dem Zeitpunkt 0, der 2. Zeitraum beginnt mit dem Zeitpunkt 1 und so weiter. Die Kalkulation des Bestandes zu Beginn des Zeitraumes $n + 1$ (Zeitpunkt n) berücksichtigt alle Operationen und Geschehnisse bis einschließlich des Endes des Zeitraumes $n - 1$.   •

Aus der Regel 5.1.3 ergibt sich die folgende Zuordnung von Beständen:

- Ist $(a_n)_\mathbb{N}$ eine Bestandsfolge im Zeitraummodell, so gibt die Folge $(b_n)_{\mathbb{N}_0}$ mit $b_n = a_{n+1}$ dieselben Bestände im Zeitpunktmodell an.

- Ist $(a_n)_{\mathbb{N}_0}$ eine Bestandsfolge im Zeitpunktmodell, so gibt die Folge $(b_n)_\mathbb{N}$ mit $b_n = a_{n-1}$ dieselben Bestände im Zeitraummodell an.

5.2   Darstellung von Folgen.

Die Festlegung der Folge durch Aufzählung der Folgenglieder ist im strengen Sinne nur bei endlicher Indexmenge möglich. Bei unendlichem Indexbereich, z. B. Indexbereich $\mathbb{N}$, kann die Folge auf zwei Weisen festgelegt werden:

- *Explizit* durch eine Formel, mit der für gegebenen Index n der Wert $a(n) = a_n$ bestimmt werden kann. Siehe hierzu die Beispiele 5.2.1 und 5.2.2.

- Durch *rekursive* (*induktive*) Definition. Dieses Thema wird unten ausführlich betrachtet.

5.2.1 Beispiel (Explizit definierte Folgen).

Durch die folgenden Formeln werden Folgen $(a_n)_{\mathbb{N}}$ explizit definiert:

$$a_n = 3n, \qquad a_n = \sqrt{n}, \qquad a_n = 3^n, \qquad a_n = \frac{2n}{3n+1}, \tag{183}$$

$$a_n = \begin{cases} 2n+1, & \text{falls } n \text{ gerade,} \\ n-1, & \text{falls } n \text{ ungerade.} \end{cases} \tag{184}$$

Als Aufgabe bestimme man jeweils die ersten 5 Folgenglieder. •

Unterliegt die Folge einem hinlänglich einfachen Bildungsgesetz, welches aus der Aufzählung eines endlichen Folgenabschnitts erraten werden kann, so versucht man häufig auch bei unendlicher Indexmenge, die Folge durch Aufzählung eines solchen endlichen Abschnitts anzugeben. Dies wird als *Pseudoaufzählung* bezeichnet. Man beachte jedoch, daß eine unendliche Folge durch Pseudoaufzählung nicht im strengen Sinne eindeutig festgelegt werden kann.

5.2.2 Beispiel.

Eine endliche Folge:

n	1	2	3	4
a_n	$\frac{1}{2}$	$\frac{7}{8}$	2	$\frac{8}{9}$

$$\tag{185}$$

Folge der natürlichen Zahlen: $\quad a_n = n$ für $n \in \mathbb{N}$, $\tag{186}$

Pseudoaufzählung:

n	1	2	3	...
a_n	1	2	3	...

.

Folge der geraden natürlichen Zahlen: $\quad a_n = 2n$ für $n \in \mathbb{N}$, $\tag{187}$

Pseudoaufzählung:

n	1	2	3	...
a_n	2	4	6	...

.

Folge der Inversen der natürlichen Zahlen: $\quad a_n = \frac{1}{n}$ für $n \in \mathbb{N}$, $\tag{188}$

Pseudoaufzählung:

n	1	2	3	...
a_n	1	$\frac{1}{2}$	$\frac{1}{3}$	...

.

•

Endliche Folgen können auch als Tupel im Sinne von Paragraph 1.2 aufgefaßt werden. Man betrachte die in (185) eingeführte Folge. Ist der Indexbereich $\{1, 2, 3, 4\}$ bekannt, und die Reihenfolge $1, 2, 3, 4$ der Indizes fixiert, so kann die Folge durch das Tupel $(\frac{1}{2}, \frac{7}{8}, 2, \frac{8}{9})$ notiert werden. Entsprechend darf man sich in einer nicht ganz exakten, aber suggestiven

Betrachtungsweise eine unendliche Folgen mit fixiertem Indexbereich, z. B. $\mathbb{N}$, als ein „Unendlichtupel" $(a_1, a_2, a_3, ...)$ vorstellen.

Bei einer *induktiven* (*rekursiven*) Definition wird eine Folge durch zwei Komponenten:

- Ein Startwert $a_0 = a$ im Zeitpunktmodell bzw. $a_1 = a$ im Zeitraummodell mit vorgegebenem $a \in \mathbb{R}$.

- Eine Vorschrift (*Rekursionsgleichung, Autorekursionsgleichung, Autoregressionsgleichung*), mittels derer für jedes n der Wert a_{n+1} aus a_n berechnet werden kann. Bei der Bestimmung des Folgengliedes a_{n+1} wird also auf den Vorgänger a_n „rekurriert".

Es ist weithin üblich, den Startwert mit demselben Buchstaben zu notieren wie die Folgenglieder, oben der Buchstabe „a". Bei strenger Betrachtung wird hier das Symbol „a" in doppelter Bedeutung verwendet: Gemäß der einleitenden Beschreibung von Folgen als Funktionen bezeichnet „a" eine *Funktion* $a\colon \mathbb{N} \to \mathbb{R}$, im vorliegenden Rekursionsschema bezeichnet „a" eine vorgegebene *Zahl* $a \in \mathbb{R}$. Diese Doppeldeutigkeit bereitet jedoch keine Probleme. Wie einleitend bemerkt, wird die Folge als Funktion im allgemeinen nicht durch „a", sondern durch „$(a_n)_{\mathbb{N}}$" bezeichnet. Im folgenden bezeichnet a ohne Index stets eine reelle Zahl.

5.2.3 Beispiel (Rekursiv definierte Folgen).

$$a_1 = 1, \quad a_{n+1} = a_n + 1 \text{ für alle } n \in \mathbb{N}. \tag{189}$$

$$a_1 = 1, \quad a_{n+1} = a_n \cdot \frac{n}{n+1} \text{ für alle } n \in \mathbb{N}. \tag{190}$$

$$a_1 = 2, \quad a_{n+1} = \frac{1}{a_n} \text{ für alle } n \in \mathbb{N}. \tag{191}$$

5.2.4 Aufgabe (Bestimmung einer expliziten Darstellung). Für die durch die Rekursionsschemata (189), (190), (191) festgelegten Folgen gebe man eine explizite Darstellung an. •

5.2.5 Aufgabe (Bestimmung einer rekursiven Darstellung). Für die durch (187) und (188) festgelegten Folgen gebe man Rekursionsschemata an. •

5.2.6 Aufgabe (Bestimmung expliziter und rekursiver Darstellung). Man fasse die folgenden Zahlenketten als Anfangsabschnitte von Folgen $(a_n)_{\mathbb{N}}$ auf und bestimme jeweils eine passende explizite Darstellung der Folge sowie ein passendes Rekursionsschema.

(i) $2, 4, 6, 8, \ldots$; (ii) $1, \frac{1}{2}, \frac{1}{3}, \frac{1}{4}, \ldots$; (iii) $3, \frac{9}{2}, \frac{19}{3}, \frac{33}{4}, \ldots$; (iv) $\frac{1}{4}, \frac{2}{7}, \frac{3}{10}, \frac{4}{13}, \ldots$. •

5.2.7 Aufgabe (Bestimmung einer expliziten Darstellung). Für die durch das

folgende Rekursionsschema festgelegte Folge gebe man eine explizite Darstellung an.

$$a_1 = \frac{1}{2}, \qquad a_{n+1} = a_n \cdot \frac{(n+1)^3}{n^3 + n^2} \quad \text{für} \quad n \in \mathbb{N}.$$ •

5.3 Kenngrößen von Folgen.

Folgen sind spezielle auf Teilmengen von $\mathbb{R}$ definierte reellwertige Funktionen. Die Kenngrößen von Folgen können also als Spezialfälle der in Paragraph 4.5 eingeführten Kenngrößen bestimmt werden. Ist der Indexbereich I der Folge $(a_n)_I$ ein Teilstück der ganzen Zahlen, z. B. $I = \{1, ..., N\}$ oder $I = \mathbb{N}$, so ist $\Delta = 1$ die natürliche Wahl der Schrittweite. Man erhält somit die folgenden wichtigen Kenngrößen einer Folge $(a_n)_I$:

(i) Der *absolute Zuwachs*

$$a_{n+1} - a_n. \tag{192}$$

Ersichtlich stimmt bei Folgen wegen der Wahl $\Delta = 1$ für die Länge des Intervalls der absolute Zuwachs mit dem *Zuwachsquotient (Differenzenquotient, mittlerer Zuwachs)* überein.

(ii) Der *relative Zuwachs (prozentualer Zuwachs, Rendite)*

$$\frac{a_{n+1} - a_n}{a_n} = \frac{a_{n+1}}{a_n} - 1, \qquad \text{wobei} \quad a_n \neq 0. \tag{193}$$

Ersichtlich stimmt bei Folgen wegen der Wahl $\Delta = 1$ für die Länge des Intervalls der relative Zuwachs mit dem *mittleren relativen Zuwachs* überein.

Die Interpretationen dieser Kenngrößen entnimmt man Paragraph 4.5.

Auch die Definition der Monotonie ist ein Spezialfall der entsprechenden Definition für reellwertige Funktionen eines reellen Arguments. Der Übersichtlichkeit und Nachhaltigkeit halber geben wir die Definition im speziellen Fall nochmals an.

Eine Folge $(a_n)_\mathbb{N}$ heißt genau dann auf einem Indexbereich $I \subset \mathbb{N}$

(*streng) monoton wachsend, wenn* $a_n \leq (<) \, a_{n+1}$ für $n \in I$, $\qquad$ (194)

(*streng) monoton fallend, wenn* $a_n \geq (>) \, a_{n+1}$ für $n \in I$. $\qquad$ (195)

Bei der Monotonieuntersuchung ist es in den meisten Fällen zweckmäßig, entweder den absoluten Zuwachs $a_{n+1} - a_n$ mit 0, oder, falls alle in Frage kommenden Folgenglieder dasselbe Vorzeichen besitzen, den Quotienten $\frac{a_n}{a_{n+1}}$ mit 1 zu vergleichen.

5.3.1 Aufgabe. Man untersuche das Monotonieverhalten der in Beispiel 5.2.2 angegebenen Folgen. •

5.3.2 Aufgabe. Man bestimme die Kenngrößen der in Beispiel 5.2.2 angegebenen Folgen. •

5.4 Folgen als Einschränkungen von auf Intervallen definierten Funktionen.

Ist eine Folge $(a_n)_I$ durch eine explizite Gleichung gegeben, z. B. $a_n = \frac{2n}{3n+1}$, so kann in dem Ausdruck auf der rechten Seite rein formal die „diskrete" Variable n durch die „kontinuierliche" Variable x ersetzt werden. Wird für x ein Bereich $B \supset I$ festgelegt derart, daß der Ausdruck für alle $x \in B$ sinnvoll ist, so entsteht eine Funktion $f\colon B \to \mathbb{R}$ mit $f(n) = a_n$ für alle $n \in I$. In der Terminologie von Paragraph 3.3 ist dann die Folge $(a_n)_I$ die *Einschränkung* von f auf den Bereich $I \subset B$, und f ist die *Fortsetzung* von $(a_n)_I$ auf den Bereich $B \supset I$. Häufig kann B als Intervall gewählt werden, im obigen Beispiel etwa $B = [0; +\infty)$. Die so entstehenden Funktionen sind meist differenzierbar und können mit Mitteln der Differentialrechnung untersucht werden. Auf diese Weise kann häufig die Montonieuntersuchung der Folge erheblich vereinfacht werden. Im Sinne von Paragraph 4.12 kann man die Fortsetzung auch als eine Interpolationsfunktion auffassen.

5.4.1 Aufgabe. Zu der Folge $(a_n)_{\mathbb{N}}$ mit $a_n = \frac{3n+7}{2n^2+3n+1}$ gebe man ein Intervall $B \subset [0; +\infty)$ und eine Fortsetzung der Folge zu einer differenzierbaren Funktion $f\colon B \to \mathbb{R}$ an. Sodann untersuche man das Monotonieverhalten der Folge $(a_n)_{\mathbb{N}}$ vermittels der Untersuchung des Monotonieverhaltens der Funktion f. •

Die durch das Verfahren „Ersetzung der diskreten durch eine kontinuierliche Variable in der Formel der Folge " gewonnene Fortsetzung ist im allgemeinen für Monotonieuntersuchungen besonders geeignet. Diese Fortsetzung soll als *Standardfortsetzung* bezeichnet werden. Insgesamt gibt es aber für eine Folge $(a_n)_{\mathbb{N}}$ viele verschiedene Fortsetzungen. Zum Beispiel kann die Folge $(a_n)_{\mathbb{N}}$ mit $a_n = \frac{2n}{3n+1}$ durch die folgenden Funktionen $f, g\colon (0; +\infty) \to \mathbb{R}$ mit

$$f(x) = \frac{2x}{3x+1}, \qquad g(x) = \frac{2n}{3n+1} \quad \text{für } x \in [n; n+1),\ n \in \mathbb{N}$$

fortgesetzt werden. Die Unterschiede zwischen diesen Funktionen werden bei der Bearbeitung von Aufgabe 5.4.2 ersichtlich.

5.4.2 Aufgabe. Für $n \in \{1, ..., 5\}$ bzw. für $x \in [1; 5]$ zeichne man die Folge $(a_n)_{\mathbb{N}}$ mit $a_n = \frac{2n}{3n+1}$ und die Funktionen $f, g\colon (0; +\infty) \to \mathbb{R}$ mit

$$f(x) = \frac{2x}{3x+1}, \qquad g(x) = \frac{2n}{3n+1} \quad \text{für } x \in [n; n+1),\ n \in \mathbb{N}$$

in ein cartesisches Koordinatensystem.   •

Da zumindest die Standardfortsetzung im Hinblick auf Monotonieuntersuchung angeneh-
me Eigenschaften hat, stellt sich die Frage, warum nicht prinzipiell anstelle von Folgen Funktionen auf Intervallen betrachtet werden. Hierfür gibt es im wesentlichen zwei
Gründe.

(i)   Auf Intervallen definierte Funktionen enthalten wesentlich mehr Informationen als
      die entsprechenden Einschränkungen. Aufgrund der Datenlage können oft Folgen,
      nicht aber die entsprechenden Fortsetzungen bestimmt werden. Beispiel: Bei einem
      Konto mit einem Startguthaben von 5000 Euro zum 31.12. des Vorjahres werden am
      Ende der Monate $n = 1, 2, 3, ...$ des laufenden Jahres die Kontostände $a_n = 5000 -
      100n$ beobachtet. Es ist nicht bekannt, in welcher Weise die 100 Euro pro Monat
      entnommen werden. Die Untersuchung der Standardfortsetzung $f(x) = 5000 - 100x$
      mag technisch nützlich sein. Es ist aber eher unwahrscheinlich, daß die Fortsetzung
      die Geldentnahme realistisch beschreibt, da dies einen kontinuierlichen Abfluß vom
      Konto bedeutete.

(ii) Mit der Betrachtung von Folgen verbindet sich eine andere Intention als mit der Be-
      trachtung von Funktionen auf Intervallen. Auf Intervallen definierte Funktionen be-
      schreiben den Zusammenhang zwischen unabhängiger und abhängiger Variable lokal
      exakt. Demgemäß betrachtet man Funktionen auf Intervallen vorwiegend, um Mono-
      tonie und Extremwerte des Zusammenhangs auf beschränkten Bereichen zu untersu-
      chen. Folgen beschreiben den Zusammenhang zwischen unabhängiger (Zeit im Sinne
      der Standardinterpretation) und abhängiger Variable lokal nicht vollständig. Man
      betrachtet daher Folgen, wenn nicht die lokalen Eigenschaften, sondern die Entwick-
      lung des Zusammenhangs für große Werte der unabhängigen Variablen untersucht
      werden sollen. Folgen sind daher das typische Instrument in *dynamischen* Modellen,
      wo die Entwicklung der abhängigen Variablen (z. B. Wertpapierkurs, Volkseinkom-
      men, Bevölkerungsumfang) längs der Zeitachse auf lange Sicht beschrieben werden
      soll.

5.5   Arithmetische Folge.

Eine *arithmetische Folge* $(a_n)_{\mathbb{N}_0}$ bzw. $(a_n)_{\mathbb{N}}$ mit *Startwert* a und *Zuwachs* d ist festgelegt
durch das Rekursionsschema aus Tabelle 7. Eine arithmetische Folge ist also ein Modell
für eine zu diskreten Zeitpunkten 0,1,2,3 ... beobachtete Größe (Produktionsmenge, Kontostand, Restbuchwert bei Abschreibung), die von einem Zeitpunkt zum nächsten um den
Betrag $|d|$ wächst ($d > 0$) bzw. um den Betrag $|d|$ ($d < 0$) fällt. Im Falle $d = 0$ handelt
es sich offenbar um die konstante Folge $a_n = a$. In der Terminologie von Paragraph 5.3
läßt sich die Rekursionsgleichung von Tabelle 7 so ausdrücken: Eine arithmetische Folge
ist charakterisiert durch die Forderung, daß der absolute Zuwachs stets konstant gleich d
ist. Aus dem Rekursionsschema ergeben sich die expliziten Darstellungen in der zweiten
Zeile von Tabelle 7.

Tabelle 7: Rekursionsschema und explizite Darstellung einer arithmetischen Folge im Zeitpunkt- und Zeitraummodell.

Zeitpunktmodell	Zeitraummodell
$a_0 = a$, $a_{n+1} = a_n + d$ für $n \in \mathbb{N}_0$	$a_1 = a$, $a_{n+1} = a_n + d$ für $n \in \mathbb{N}$
$a_n = a + nd$ für $n \in \mathbb{N}_0$	$a_n = a + (n-1)d$ für $n \in \mathbb{N}$

Abbildung 37: Werte $a_1, ..., a_8$ der arithmetischen Folge mit Startwert $a = 1$ und Zuwachs $d = 0.25$.

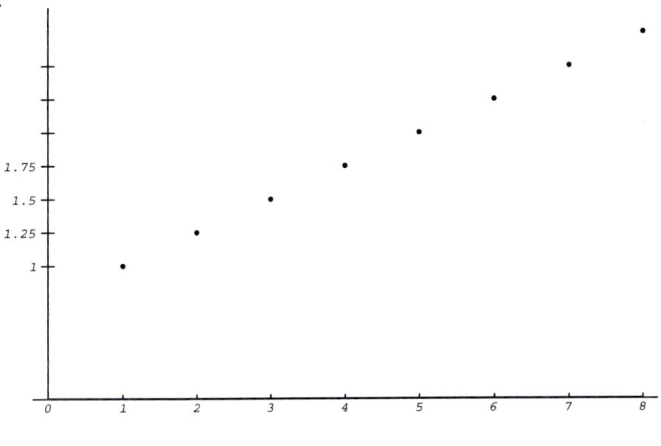

5.5.1 Beispiel. Die Abbildung 37 zeigt die Werte $a_1, ..., a_8$ der arithmetischen Folge mit Startwert $a = 1$ und Zuwachs $d = 0.25$. Man vervollständige die Beschriftung auf der y-Achse. •

5.5.2 Aufgabe. Für eine arithmetische Folge bestimme man den absoluten und den relativen Zuwachs. •

5.5.3 Aufgabe. Man bestimme die Standardfortsetzung einer arithmetischen Folge. •

5.6 Geometrische Folge.

Eine *geometrische Folge* $(a_n)_{\mathbb{N}_0}$ bzw. $(a_n)_{\mathbb{N}}$ mit *Startwert* a und *Zuwachskoeffizient* q ist festgelegt durch das Rekursionsschema aus Tabelle 8. Eine geometrische Folge ist also ein

Tabelle 8: Rekursionsschema und explizite Darstellung einer geometrischen Folge im Zeitpunkt- und Zeitraummodell.

Zeitpunktmodell	Zeitraummodell
$a_0 = a,\ a_{n+1} = q \cdot a_n$ für $n \in \mathbb{N}_0$	$a_1 = a,\ a_{n+1} = q \cdot a_n$ für $n \in \mathbb{N}$
$a_n = q^n \cdot a$ für $n \in \mathbb{N}_0$	$a_n = q^{n-1} \cdot a$ für $n \in \mathbb{N}$

Abbildung 38: Werte $a_1, ..., a_8$ der geometrischen Folge mit Startwert $a = 1$ und Zuwachskoeffizient $q = 1.5$.

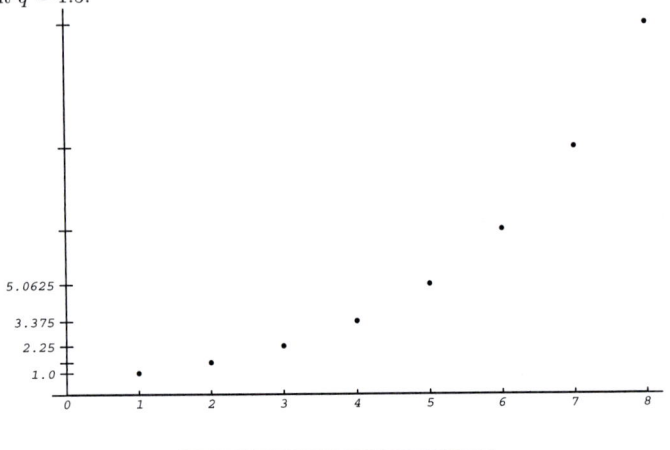

Modell für eine zu diskreten Zeitpunkten 0,1,2,3 ... beobachtete Größe (Produktionsmenge, Kontostand, Restbuchwert bei Abschreibung), bei der die Realisation zum Zeitpunkt $n + 1$ stets $q \cdot 100\%$ der Realisation zum Vorgängerzeitpunkt n beträgt. Aus dem Rekursionsschema ergibt sich die explizite Darstellung in der zweiten Zeile von Tabelle 8.

5.6.1 Beispiel. Die Abbildung 38 zeigt die Werte $a_1, ..., a_8$ der geometrischen Folge mit Startwert $a = 1$ und Zuwachskoeffizient $q = 1.5$. Man vervollständige die Beschriftung auf der y-Achse. •

5.6.2 Aufgabe. Man untersuche die Standardfortsetzung einer geometrischen Folge. Insbesondere bestimme man die Kenngrößen der Standardfortsetzung . •

5.6.3 Aufgabe. Es sei $(a_n)_\mathbb{N}$ eine geometrische Folge mit Startwert $a > 0$ und Zuwachskoeffizient $q > 0$. Man zeige, daß dann für alle $n \in \mathbb{N}$ $a_n > 0$ gilt. Unter welchen Bedingungen ist $(a_n)_\mathbb{N}$ (i) streng monoton wachsend, (ii) konstant, (iii) streng monoton

Tabelle 9: Funktionen mit konstanter Rendite ρ pro Zeiteinheit.

Modell	Funktion mit konstanter Rendite ρ pro Zeiteinheit
Kontinuierlich, siehe Paragraph 4.16	$f(x) = a\exp(\rho x)$ *(158)*
Diskret, siehe Paragraph 5.7	$a_n = a(1+\rho)^n = a\exp\left(\ln(1+\rho)n\right)$

fallend?

5.6.4 Aufgabe. Der Müllausstoß einer Stadt war im Jahr 2000 doppelt so groß wie im Jahr 1990. Um wieviel % ist er dann jährlich angewachsen, wenn man annimmt, daß er von Jahr zu Jahr um denselben Prozentsatz gewachsen ist?

5.7 Folgen mit konstanter Rendite.

Wir bestimmen den relativen Zuwachs einer geometrischen Folge $(a_n)_D$ mit Zuwachskoeffizient $q \neq 0$ und Startwert $a \neq 0$. Es ergibt sich

$$\frac{a_{n+1} - a_n}{a_n} \underset{\text{Tabelle 8}}{=} \frac{qa_n - a_n}{a_n} = q - 1. \; = \rho \quad (\text{Rendite}) \tag{196}$$

Der relative Zuwachs ist also konstant. Formel (196) läßt sich auch so ausdrücken: Der absolute Zuwachs $a_{n+1} - a_n$ ist direkt proportional zum Bestand a_n mit Proportionalitätskonstante $1 - q$. Es ist leicht einzusehen, daß aus (196) wiederum die Rekursionsgleichung von Tabelle 8 folgt. Geometrische Folgen sind also durch (196) charakterisiert. Sie sind demnach Modelle für solche Entwicklungen, bei denen der Zuwachs direkt proportional zum Bestand ist. In diesem Sinne sind geometrische Folgen das diskrete Analogon zu den kontinuierlichen Modellen mit konstanter Momentanrendite pro Zeiteinheit aus Paragraph 4.16.

5.7.1 Aufgabe. Man löse die Aufgabe 4.16.2 in diskreter Betrachtungsweise unter dem Zeitpunktmodell.

5.8 Konstante Rendite im diskreten und im kontinuierlichen Modell.

Phänomene mit konstanter Rendite wurden in zwei Modellen dargestellt: 1) Im kontinuierlichen Modell mittels der durch Formel (158) definierten Funktionen $f_{a,\rho}$, siehe Paragraph

4.16. 2) Im diskreten Modell durch geometrische Folgen $(a_n)_{\mathbb{N}_0}$, siehe die Paragraphen 5.6 und 5.7. Tafel 9 kontrastiert die beiden Modelle.

Es ist intuitiv plausibel, daß für kleine Renditen ρ die kontinuierliche und die diskrete Beschreibung zu nur wenig verschiedenen Resultaten führen. Diese Vermutung bestätigt sich. Mit Methoden der Differentialrechnung ergibt sich die Approximation

$$\ln(1 + \rho) \; \approx \; \rho \quad \text{für kleines } |\rho|. \tag{197}$$

Aus (197) folgt

$$a(1 + \rho)^n \; \approx \; a\exp(\rho x) \quad \text{für kleines } |\rho|. \tag{198}$$

Mit (198) ersieht man aus Tafel 9, daß die Beschreibungen eines Phänomens mit konstanter Rendite ρ pro Zeiteinheit im diskreten Modell (geometrische Folge) und im kontinuierlichen Modell (Exponentialfunktion) für im Betrag kleine Renditen ρ zu näherungsweise gleichen Resultaten führen.

5.8.1 Aufgabe. Man prüfe die Güte der Näherung (197), indem man für ρ aus 0.100, 0.050, 0.025, 0.010, 0.005 die Werte $\ln(1 + \rho)$ und ρ vergleiche. •

5.9 Kontoentwicklung bei Guthaben- oder Sollzinsen ohne Ein- und Auszahlungen.

Die Kontoentwicklung bei Guthaben- oder Sollzinsen ohne Ein- und Auszahlungen ist die einfachste Situation der Finanzmathematik. Sie kann mit den Kenntnissen über geometrische Folgen aus Paragraph 5.6 untersucht werden. Kompliziertere Fälle werden in Kapitel 6 untersucht. Wie stets in der Finanzmathematik verwenden wir das Zeitraummodell 5.1.2.

Für $n = 1, 2, \ldots$ sei K_n der Stand eines Kontos in Geldeinheiten (GE), z. B. in €, zu Beginn des n-ten Zeitraumes. Als Zeiträume (Perioden) kommen z. B. Tage, Wochen, Monate, Quartale, Halbjahre oder Jahre in Betracht. Üblicherweise rechnet man einen Monat zu 30 Tagen, ein Jahr zu 360 Tagen. Im Falle $K_n > 0$ (positiver Kontostand) handelt es sich um ein *Haben*, im Falle $K_n < 0$ (negativer Kontostand) um ein *Soll*. Bei positivem Kontostand $K_n > 0$ werden dem Konto zu Beginn der $(n + 1)$-ten Periode $p_H \cdot 100\%$ Habenszinsen auf den Kontostand K_n gutgeschrieben. Der Kontostand genügt im Falle $K_n > 0$ also der Rekursionsgleichung

$$K_{n+1} \; = \; K_n + p_H K_n \; = \; (1 + p_H)K_n. \tag{199}$$

Bei negativem Kontostand $K_n < 0$ wird das Konto zu Beginn der $(n + 1)$-ten Periode mit $p_S \cdot 100\%$ Sollzinsen auf den Kontostand K_n belastet. Der Kontostand genügt im Falle $K_n < 0$ also der Rekursionsgleichung

$$K_{n+1} \; = \; K_n - p_S|K_n| \; = \; (1 + p_S)K_n. \tag{200}$$

Beide Fälle können also durch Betrachtung der Rekursionsgleichung $K_{n+1}(1 + p)K_n$

112

untersucht werden. Im Falle $K_n > 0$ ist der *Habenszinsfaktor* $p = p_H$ zu wählen. Der zugehörige *Habenszinssatz (Habenszinsfuß)* ist $p_H \cdot 100\%$. Im Falle $K_n < 0$ ist der *Sollzinsfaktor* $p = p_S$ zu wählen. Der zugehörige *Sollszinssatz (Sollzinsfuß)* ist $p_S \cdot 100\%$. Es sei $K_1 = K$ der Kontostand zu Beginn der ersten Periode. Sowohl aufgrund der Rekursionsgleichungen (199) und (200), als auch vom Standpunkt der Anschauung – es finden keine Auszahlungen oder Einzahlungen statt – ist klar, daß das Vorzeichen aller folgenden Kontostände $K_2, K_3, \ldots$ alleine vom Vorzeichen von $K_1 = K$ bestimmt wird. Zu untersuchen ist also das Rekursionsschema

$$K_1 = K, \quad K_{n+1} = (1+p)K_n \quad \text{für } n \in \mathbb{N}, \tag{201}$$

wobei im Falle $K > 0$ der Habenszinsfaktor $p = p_H$, im Falle $K < 0$ der Sollzinsfaktor $p = p_S$ zu wählen ist. Das Rekursionsschema (201) entspricht dem Rekursionsschema von Tabelle 8 einer geometrischen Folge mit $q = 1 + p$. Aus der expliziten Darstellung von Tabelle 8 ergibt sich für die Kontostände

$$K_n = (1+p)^{n-1}K \quad \text{für } n \in \mathbb{N}. \tag{202}$$

5.9.1 Aufgabe. Ein Konto steht am 01.01.2002 mit 5300.00 € im Soll. Der Kontostand am 01.01.2003 beträgt -5972.17 €. Welcher monatliche Sollzins wurde berechnet? •

5.10 Endliche Summen und Produkte.

Es sei $a_1, \ldots, a_n \in \mathbb{R}$. Man setzt

$$\sum_{i=1}^{n} a_i := a_1 + \ldots + a_n \tag{203}$$

für die Summe der Zahlen $a_1, \ldots, a_n$ und

$$\prod_{i=1}^{n} a_i := a_1 \cdot \ldots \cdot a_n, \tag{204}$$

für das Produkt der Zahlen $a_1, \ldots, a_n$. Diese Notationen sind nützlich, wenn die endliche Folge $a_1, \ldots, a_n$ eine explizite Darstellung besitzt.

Ersichtlich gelten die folgenden Regeln:

$$\sum_{i=1}^{n} c \cdot a_i = c \cdot a_1 + \ldots + c \cdot a_n = c \cdot (a_1 + \ldots + a_n) = c \cdot \sum_{i=1}^{n} a_i, \tag{205}$$

$$\sum_{i=1}^{n}(a_i + b_i) = (a_1 + b_1) + \ldots + (a_n + b_n) =$$
$$(a_1 + \ldots + a_n) + (b_1 + \ldots + b_n) = \sum_{i=1}^{n} a_i + \sum_{i=1}^{n} b_i, \tag{206}$$

$$\sum_{i=1}^{n} a_i = n \cdot a, \quad \text{falls} \quad a_i = a \text{ für } i = 1, \ldots n, \tag{207}$$

$$\prod_{i=1}^{n} (c \cdot a_i) = (c \cdot a_1) \cdot \ldots \cdot (c \cdot a_n) = c^n \cdot (a_1 \cdot \ldots \cdot a_n) = c^n \cdot \prod_{i=1}^{n} a_i, \tag{208}$$

$$\prod_{i=1}^{n} (a_i \cdot b_i) = (a_1 \cdot b_1) \cdot \ldots \cdot (a_n \cdot b_n) = (a_1 \cdot \ldots \cdot a_n) \cdot (b_1 \cdot \ldots \cdot b_n) = \prod_{i=1}^{n} a_i \cdot \prod_{i=1}^{n} b_i, \tag{209}$$

$$\prod_{i=1}^{n} a_i = a^n, \quad \text{falls} \quad a_i = a \text{ für } i = 1, \ldots, n. \tag{210}$$

5.10.1 Beispiel. $a_1, \ldots, a_n$ seien die geraden Zahlen zwischen 2 und 3914, also die Zahlen $2, 4, 6, \ldots, 3914$. Gemäß (187) ist also

$$2 = a_1 = 2 \cdot 1, \quad 4 = a_2 = 2 \cdot 2, \quad 6 = a_3 = 2 \cdot 3, \quad 3914 = a_n = 2 \cdot n,$$

somit $n = 1957$. Die Summe der geraden Zahlen zwischen 2 und 3914 läßt sich also schreiben als

$$2 + 4 + 6 + \ldots + 3914 = \sum_{i=1}^{1957} 2i =_{(205)} 2 \sum_{i=1}^{1957} i. \qquad \bullet$$

5.10.2 Aufgabe. Beispiel 5.10.1 folgend notiere man die folgenden Summen bzw. Produkte mithilfe des Summenzeichens „$\sum$" bzw. des Produktzeichens „$\prod$":

(i) $2 + 4 + 8 + \ldots + 134217728$;   (ii) $\frac{1}{2} + \frac{1}{3} + \frac{1}{4} + \ldots + \frac{1}{2127}$;   (iii) $14 + 28 + 42 + \ldots + 1638$;

(iv) $a + a^3 + a^5 + \ldots + a^{1313}$ mit $a \in \mathbb{R}$;

(v) $a^{1/3} + a^{1/9} + a^{1/27} + \ldots + a^{1/1162261467}$ mit $a \in [0; +\infty)$;

(vi) $1 + a + a^2 + \ldots + a^{118}$ mit $a \in \mathbb{R}$;   (vii) $\frac{1}{2} \cdot \frac{2}{3} \cdot \frac{3}{4} \cdot \ldots \cdot \frac{117}{118}$;

(viii) $1.5 \cdot 2.25 \cdot 3.375 \cdot \ldots \cdot 17.0859375$;

(ix) $5 \cdot 7 \cdot 11 \cdot \ldots \cdot 35$;   (x) $a \cdot a^{\frac{1}{3}} \cdot a^{\frac{1}{5}} \cdot \ldots \cdot a^{\frac{1}{17}}$ mit $a \in [0; +\infty)$. $\bullet$

5.11   Kontoentwicklung bei variablen Guthaben- oder Sollzinsen ohne Ein- und Auszahlungen.

Wie in Paragraph 5.9 betrachten wir die Kontoentwicklung bei Guthaben- oder Sollzinsen ohne Ein- und Auszahlungen, lassen aber zu, daß sich die Zinssätze für die einzelnen Perioden unterscheiden. Der Zinssatz für die n-te Periode betrage $p_n \cdot 100\%$. Dann lautet das Rekursionsschema der Kontoentwicklung

$$K_1 = K, \quad K_{n+1} = (1 + p_n)K_n \quad \text{für } n \in \mathbb{N}, \tag{211}$$

man vergleiche das Schema (201) für feste Zinssätze. Man erhält die explizite Darstellung

$$K_n = (1 + p_1) \cdot \ldots \cdot (1 + p_{n-1}) \cdot K = K \cdot \prod_{i=1}^{n-1}(1 + p_i) \quad \text{für } n \in \mathbb{N}. \tag{212}$$

5.11.1 Aufgabe (Bundesschatzbrief). Beim Bundeschatzbrief Typ B startet der *Zinslauf* am 01.09.2002. Der Anlagezeitraum beträgt 7 Jahre. Es werden also die folgenden Anlagejahre veranschlagt: Jahr 1 vom 01.09.2002 bis 31.08.2003, Jahr 2 vom 01.09.2003 bis 31.08.2004, usw. bis zum Jahr 7 vom 01.09.2008 bis 31.08.2009. Während dieser Jahre werden sukzessive die folgenden Zinssätze gezahlt:

Jahr	1	2	3	4	5	6	7
Zinssatz	2.50%	2.75%	3.25%	3.75%	4.25%	4.75%	5.25%

Die Anlage ist *thesaurierend*, d. h. die anfallenden Zinsen werden wieder angelegt. Man berechne den Rückzahlungswert nach Ablauf der Jahre 1,2,...,7 einer Investitition von 5000.00 €. •

5.11.2 Aufgabe (Steuersparmodell). Ein Vermittler von Steuersparmodellen bietet einem vermögenden Privatmann eine Geldanlage in Mobilien an. Es sollen $K = 3.5 \cdot 10^6$ € auf 10 Jahre angelegt werden. Zum *Ende* jedes der Jahre $i = 1, 2, ..., 10$ ergibt sich das Ertragssaldo S_i (in €) des Anlegers gemäß der Gleichung $S_i = E_i - C_i + T_i$ aus den eingehenden Einnahmen $E_i > 0$, den Betriebskosten $C_i > 0$, und dem Steuersaldo T_i, wobei $T_i < 0$ eine zu entrichtende Steuerschuld von $|T_i|$ €, und $T_i > 0$ eine Steuerersparnis von T_i € bedeutet.

(a) Man bestimme die nicht berechneten Salden in der Ertragstabelle 10.

(b) Man bestimme den Gesamtertrag S, der dem Anleger aus dem Geschäft nach 10 Jahren (am Ende des 10. Jahres) erwächst.

Der Vermittler wirbt für sein Angebot mit einer jährlichen Rendite von $q_V \cdot 100\%$, wobei der Renditefaktor nach der Formel

$$q_V = \frac{S}{10\,K} \tag{213}$$

berechnet wird.

(c) Man berechne q_V nach der Formel (213).

(d) Man widerlege die Angaben des Vermittlers, indem man den Gesamtertrag S' berechnet, der sich bei Anlage eines Kapitals von $K = 3.5 \cdot 10^6$ € auf 10 Jahre zu einem jährlichen Zinssatz von $q_V \cdot 100\%$ ergibt.

(e) Man bestimme den effektiven Renditefaktor q_A, indem man das nach 10 Anlagejahren (zu Beginn des 11. Jahres) erzielte Kapital $K + S$ als Ergebnis der Anlage

Tabelle 10: Tabelle der Einkünfte, Kosten, Steuen und Salden aus Aufgabe 5.11.2.

Jahr i	E_i	C_i	T_i	S_i
1	300 000	80 000	40 000	260 000
2	300 000	80 000	30 000	250 000
3	300 000	85 000	20 000	235 000
4	300 000	85 000	10 000	225 000
5	350 000	90 000	-40 000	220 000
6	350 000	90 000	-50 000	210 000
7	350 000	95 000	-75 000	180 000
8	350 000	95 000	-100 000	155 000
9	400 000	100 000	-100 000	200 000
10	400 000	100 000	-100 000	200 000
$\sum$	3.401.000	900.000	-365.000	S

$$S = 2.135.000$$

von $K = 3.5 \cdot 10^6$ € auf 10 Jahre zu einem jährlichen Zinssatz von $q_A \cdot 100\%$ auffaßt und daraus q_A ermittelt.

Der Vermittler schlägt vor, die in jedem Jahr i am *Ende* des Jahres erzielten Salden S_i nicht auszuzahlen, sondern sie *zum Beginn* des Folgejahres $i+1$ in eine jährlich zu 4% verzinste Rentenversicherung einzuzahlen. Dieser Vorschlag soll in den folgenden Teilaufgaben (f) und (g) untersucht werden.

(f)   Man bestimme das gesamte Kapital S', das bei Anlage der Salden S_i in die Rentenversicherung nach 10 Jahren (zu Beginn des 11. Jahres) angespart wurde.

(g)   Man bestimme den effektiven Renditefaktor q'_A der Anlage bei Investition der Salden in die Rentenversicherung, indem man das auf diese Weise nach 10 Anlagejahren (zu Beginn des 11. Jahres) erzielte Kapital $K + S'$ als Ergebnis der Anlage von $K = 3.5 \cdot 10^6$ € auf 10 Jahre zu einem jährlichen Zinssatz von $q'_A \cdot 100\%$ auffaßt und daraus q'_A ermittelt.   •

5.12   Durchschnittszinsen bei variablen Guthaben- oder Sollzinsen ohne Ein- und Auszahlungen.

Bei der Definition eines *Durchschnittszinses* bzw. einer *Durchschnittsrendite* sind zwei Fälle zu unterscheiden: *synchroner* und *diachroner* Fall.

Im *synchronen* Fall betrachtet man Zinsen bzw. Renditen $p_1, ..., p_n$ zu einem festen Zeitpunkt t, zum Beispiel die von Banken $1, ..., n$ zu einem festen Zeitpunkt t angebotenen Zinsen für Sparguthaben, oder die Renditen von Wertpapieren $1, ..., n$ an einem gewissen Handelstag t. Der Durchschnittszins bzw. die Durchschnittsrendite ist dann das arithmetische Mittel $q_D = \frac{1}{n}\sum_{i=1}^{n} p_i$ der Werte $p_1, ..., p_n$, siehe Tafel 11.

Im *diachronen* Fall betrachtet man Zinsen bzw. Renditen $p_1, ..., p_n$ zu aufeinanderfolgenden Zeitpunkten $t = 1, ..., n$, zum Beispiel die variablen Guthaben- oder Sollzinsen in der Situation von Paragraph 5.11, oder die Renditen eines Wertpapiers an aufeinanderfolgenden Tagen $t = 1, ..., n$ Nach n Perioden, d. h. zu Beginn der Periode $n+1$ liegt der gemäß Formel (212) berechnete Kontostand K_{n+1} vor. Der durchschnittliche Zins- bzw. Renditefaktor q_D ist derjenige über die Perioden $1, ..., n$ konstante Zins- bzw. Renditefaktor, bei dem sich unter Wertentwicklung gemäß Formel (201) nach n Perioden dasselbe Kapital wie unter Formel (211) ergeben hätte. Man bestimmt also q durch Vergleich von Formel (202) und (212) aus der Gleichung

$$K \cdot \prod_{i=1}^{n}(1+p_i) \overset{!}{=} K(1+q_D)^n. \tag{214}$$

Folglich ist

$$q_D = \sqrt[n]{\prod_{i=1}^{n}(1+p_i)} - 1, \tag{215}$$

Tabelle 11: Synchroner und diachroner Durchschnittszins.

	synchroner Durchschnittszins
Gegenstand	Zinsen $p_1, ..., p_n$ zu festem Zeitpunkt t
Beispiel	Zinsen für Sparguthaben bei verschiedenen Banken zu einem Zeitpunkt t
Durchschnitt	$q_D = \dfrac{1}{n} \sum\limits_{i=1}^{n} p_i$ *arith. Mittel*

	diachroner Durchschnittszins
Gegenstand	Zinsen $p_1, ..., p_n$ in aufeinanderfolgenden Zeiträumen $t = 1, ..., n$
Beispiel	Zinsen einer Anlage mit variablem Zinssatz über Jahre $1, ..., n$
Durchschnitt	$q_D = \sqrt[n]{\prod\limits_{i=1}^{n}(1 + p_i)} - 1$

siehe Tafel 11.

5.12.1 Aufgabe (Bundesschatzbrief).   In der Situation von Aufgabe 5.11.1 berechne man den während der 7 Perioden gezahlten durchschnittlichen Zinssatz unter Verwendung von Formel (214). •

5.13   Einige endliche Summen.

Die folgenden Summenformeln werden häufig verwendet.

Summe der natürlichen Zahlen $1, ..., n$:

$$\sum_{i=1}^{n} i = 1 + ... + n = \frac{n(n+1)}{2}. \tag{216}$$

Arithmetische Summe:

$$\sum_{i=1}^{n} (a + id) = d\frac{n(n+1)}{2} + na. \tag{217}$$

Geometrische Summe:

$$\sum_{i=0}^{n} q^i = q^0 + q^1 + \ldots + q^n = \begin{cases} \frac{1-q^{n+1}}{1-q}, & \text{falls } q \neq 1, \\[2mm] n+1, & \text{falls } q = 1. \end{cases} \tag{218}$$

Aus (218) folgt sofort:

$$\sum_{i=1}^{n} q^i = q^1 + \ldots + q^n = \begin{cases} q \cdot \frac{1-q^{n}}{1-q}, & \text{falls } q \neq 1, \\[2mm] n, & \text{falls } q = 1. \end{cases} \tag{219}$$

5.13.1 Aufgabe.   Mittels der Formeln (216), (218) und (219) berechne man die folgenden Summen:

(i)   Summe der natürlichen Zahlen zwischen 1 (einschließlich) und 100 (einschließlich)

(ii)   Summe der geraden Zahlen zwischen 19 und 1931.

(iii) $2 + 4 + 8 + \ldots + 134217728$, vergleiche Aufgabe 5.10.2.

(iv) $14 + 28 + 42 + \ldots + 1638$, vergleiche Aufgabe 5.10.2.

(v) $3 + 8 + 13 + \ldots + (5n - 2)$, $1 + 2 + 4 + \ldots + 2^n$, $\sqrt{3} + 3 + 3 \cdot \sqrt{3} + \ldots + 729$.

(vi) $a + a^3 + a^5 + \ldots + a^{1313}$, $1 + a^1 + a^2 + \ldots + a^{118}$ mit $a \in \mathbb{R}$, vergleiche Aufgabe 5.10.2.

5.14   Diskontierung.

Wir gehen aus von der Situation von Paragraph 5.11 und betrachten positive Kontostände $K_n > 0$, die dem Rekursionsschema (211) mit Zinssatz $p_n \cdot 100\%$ in der n-ten Periode folgen. Formel (212) gibt eine explizite Darstellung des Kontostandes K_n bei gegebenem Anfangswert $K_1 = K$. Wir betrachten nun die umgekehrte Problemstellung. Für ein gewisses $n \in \mathbb{N}$ sei der Kontostand $G = K_{n+1}$ zu Beginn der $(n+1)$-ten Periode (nach n Perioden) gegeben. Es soll der Kontostand $K = K_1$ zu Beginn der ersten Periode bestimmt werden. Aus Formel (212) ergibt sich:

$$K = K_1 = \frac{G}{(1+p_1)\ldots(1+p_n)} \, . \tag{220}$$

Es muß also zu Beginn der ersten Periode der Betrag $K = \frac{G}{(1+p_1)\ldots(1+p_n)}$ angelegt werden, damit der Kontostand im Verlauf von n Perioden (bis zum Beginn der $(n+1)$-ten Periode) sich auf G erhöht. Stimmen die Zinssätze während der Perioden 1 bis n überein, d. h. ist $p_1 = \ldots = p_n = p$, so ergibt sich

$$K = K_1 = \frac{G}{(1+p)^n} \, . \tag{221}$$

Man bezeichnet den Wert $K = \frac{G}{(1+p_1)\ldots(1+p_n)}$ als den zu G bezüglich der Zinsfaktoren $p_1, \ldots, p_n$ über n Perioden *abgezinsten* oder *diskontierten* Wert. Umgekehrt bezeichnet man den gemäß der Formel (212) berechneten Wert auch als *aufgezinsten* Wert.

Will man in der Zukunft erwartete Einkünfte oder fällige Beträge zum gegenwärtigen Zeitpunkt korrekt veranschlagen, so muß man sie in geeigneter Weise diskontieren. Als Zinsfaktoren sind dabei realistische Werte p_i anzunehmen, mit denen z. B. am Kapitalmarkt gerechnet werden kann. Die veranschlagten Zinssätze werden dann als *interne Zinssätze* bezeichnet. Wir nehmen an, daß in jeder Periode i am Ende der Periode eingehende Einkünfte G_i erwartet werden. Die gesamten diskontierten Einkünfte während der Perioden 1 bis einschließlich n sind dann

$$W_n = \sum_{i=1}^{n} \frac{G_i}{(1+p_1)\ldots(1+p_i)} \cdot \qquad (222)$$

Bei konstanten Zinsfaktoren $p_1 = \ldots = p_n = p$ und konstanten Einkünften $G_1 = \ldots = G_n = G$ ergibt sich mit (221) und mit der Summenformel (219)

$$W_n = G \cdot \frac{1}{p} \cdot \left(1 - \frac{1}{(1+p)^n}\right) \cdot \qquad (223)$$

5.14.1 Aufgabe. Die Anschaffung einer Maschine bewirkt während der Nutzungsdauer von n Jahren jährlich einen jeweils am Ende des Jahres anfallenden Gewinn G. Es werden die jährlichen internen Zinsfaktoren $p_1, \ldots, p_n$ veranschlagt. Man bestimme eine obere Schranke A_0 für den Anschaffungspreis A in Abhängigkeit von G, n und $p_1, \ldots, p_n$. **Hinweis:** Man überlege sich, daß A_0 mit der Summe der diskontierten Gewinne aus den Jahren $1, \ldots, n$ übereinstimmt. •

5.14.2 Aufgabe. Ein Unternehmen plant die Anschaffung einer Maschine zum Preis von 130000.00 DM. Die Maschine soll 6 Jahre genutzt werden, der Restwert am Ende des sechsten Jahres ist 0. Durch die Anschaffung wird für jedes der Jahre 1,...,6 ein jeweils am Ende des Jahres anfallender Gewinn von 27957.50 DM erwartet. Es sollen die jährlichen internen Zinssätze $p_1 = p_3 = p_5 = 0.055$, $p_2 = p_4 = p_6 = 0.060$ veranschlagt werden. Man prüfe, ob sich die Anschaffung lohnt. •

5.14.3 Aufgabe. Ein Unternehmen plant die Anschaffung von 10 Hochleistungsrechnern zum Stückpreis von 16728.10 DM. Aufgrund des technischen Fortschritts in der Rechnerentwicklung ist ein jährlicher Wertverfall von 50% zu erwarten, d. h. die Rechner werden nach Ablauf von n Jahren nur noch den Wert $\frac{167281}{2^n}$ DM haben. Die Rechner sollen nach Ablauf von zwei Jahren zu dem dann gültigen Wert von $\frac{167281}{2^2}$ DM veräußert werden. Durch den Einsatz der Rechner fällt jährlich ein Gewinn von 66995.74 DM an. Unter der Annahme, daß der interne Zinssatz in den beiden Nutzungsjahren übereinstimmt, daß also gilt $p_1 = p_2 = p$, bestimme man eine obere Schranke p_0 für p unter der Forderung, daß sich die Anschaffung der Rechner lohnen soll; d. h. man bestimme p_0 so, daß der gesamte diskontierte Gewinn aus den Jahren 1 und 2 zuzüglich des diskontierten Restwertes gerade dem Kaufpreis gleich ist. Man gebe p_0 auf fünf Stellen nach dem Komma genau an.   •

5.14.4 Aufgabe.   Ein Unternehmen plant die Anschaffung einer Maschine zum Preis von 180000.00 DM. Die Maschine soll 6 Jahre genutzt werden, der Restwert am Ende des sechsten Jahres ist 0. Durch die Anschaffung wird für jedes der Jahre 1,...,6 ein jeweils am Ende des Jahres anfallender Gewinn von 35000.00 DM erwartet. Es werden die jährlichen internen Zinsfaktoren $p_1 = p_2 = 0.050$, $p_3 = p_4 = 0.055$, $p_5 = p_6 = 0.060$ veranschlagt. Man prüfe, ob sich die Anschaffung lohnt.   •

5.15   Die Rekursionsgleichung erster Ordnung.

Man betrachte die folgende einfache Situation der Finanzmathematik im Zeitraummodell 5.1.2. . $a_1, a_2, a_3, \ldots$ sei das auf einem Konto befindliche Guthaben (in DM) jeweils zu Beginn der Zeiträume $1, 2, 3, \ldots$. Der Kontostand zu Beginn des ersten Zeitraumes beträgt $a_1 = a$. Am Ende jedes Zeitraumes werden dem Kontostand $p \cdot 100\%$ Zinsen auf den Kontostand zu Beginn des Zeitraumes gutgeschrieben. Zudem geht zum Ende jedes Zeitraumes eine Zahlung von d DM auf dem Konto ein. Der Kontostand a_{n+1} zu Beginn des $(n+1)$-ten Zeitraumes errechnet sich also aus dem Kontostand a_n zu Beginn des n-ten Zeitraumes nach der Formel

$$a_{n+1} \quad = \quad a_n + p \cdot a_n + d \quad = \quad (1+p)a_n + d \,.$$

Mit $q = 1 + p$ ist das durch diese Vorschriften festgelegte Rekursionsschema offenbar ein Spezialfall des allgemeinen *Rekursionsschemas erster Ordnung*

$$a_1 = a, \qquad a_{n+1} = q \cdot a_n + d \ \text{ für alle } n \in \mathbb{N}. \tag{224}$$

Bei geeigneter Wahl der Parameter $(c = -q)$ ist (224) ersichtlich dem folgenden Schema einer *Differenzengleichung erster Ordnung* äquivalent:

$$a_1 = a, \qquad a_{n+1} + c \cdot a_n = d \ \text{ für alle } n \in \mathbb{N}. \tag{225}$$

Im Falle $d = 0$ nennt man die Differenzengleichung *homogen*, im Falle $d \neq 0$ nennt man sie *inhomogen*. Im Zeitpunktmodell werden das Rekursionsschema erster Ordnung und die Differenzengleichung erster Ordnung analog formuliert.

Tafel 12 zeigt das Rekursionsschema erster Ordnung und die zugehörige explizite Darstellung der Folge für Zeitpunktmodell und Zeitraummodell im Überblick. Die Grundlage der expliziten Lösung ist die Formel (218) für die Summe über einen Anfangsabschnitt einer geometrischen Folge. Im Falle $d = 0$ handelt es sich offenbar, wie der Vergleich mit Tabelle 8 zeigt, um eine geometrische Folge. Weitere Spezialfälle werden in Aufgabe 5.15.5 betrachtet.

5.15.1 Beispiel.   Die Abbildung 39 zeigt die Werte $a_1, \ldots, a_8$ der durch das Schema der Differenzengleichung erster Ordnung mit Startwert $a = 1$, $d = 0.25$, $q = 1.5$ festgelegten Folge. Man vervollständige die Beschriftung auf der y-Achse.   •

Tabelle 12: Rekursionsschema erster Ordnung und explizite Darstellung einer dem Rekursionsschema erster Ordnung genügenden Folge im Zeitpunkt- und Zeitraummodell.

Zeitpunktmodell	Zeitraummodell
$a_0 = a,\ a_{n+1} = q \cdot a_n + d$ für $n \in \mathbb{N}_0$	$a_1 = a,\ a_{n+1} = q \cdot a_n + d$ für $n \in \mathbb{N}$
$q \neq 1$: $$a_n = \left(a - \frac{d}{1-q}\right) q^n + \frac{d}{1-q} \quad \text{für } n \in \mathbb{N}_0$$ $q = 1$: $$a_n = a + nd \quad \text{für } n \in \mathbb{N}_0$$	$q \neq 1$: $$a_n = \left(a - \frac{d}{1-q}\right) q^{n-1} + \frac{d}{1-q} \quad \text{für } n \in \mathbb{N}$$ $q = 1$: $$a_n = a + (n-1)d \quad \text{für } n \in \mathbb{N}$$

(handschriftlich: separat reduce)

Abbildung 39: Werte $a_1, ..., a_8$ einer durch eine Differenzengleichung erster Ordnung mit Startwert $a = 1$, $c = -1.5$, $d = 0.25$ festgelegten Folge.

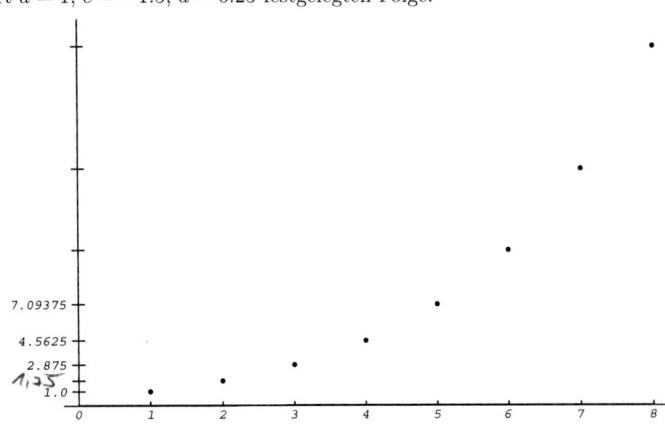

(handschriftliche Notizen:)

$a_1 = a = 1$

$a_2 = 1 \cdot 1{,}5 + 0{,}25 = 1{,}75$

$a_3 = 1{,}75 \cdot 1{,}5 + 0{,}25 = 2{,}875$ [122]

$a_5 = \left(1 - \dfrac{0{,}25}{1 - 1{,}5}\right) 1{,}5^a + \dfrac{0{,}25}{1 - 1{,}5} = 7{,}05375$

5.15.2 Aufgabe. Für eine durch eine Rekursionsgleichung erster Ordnung festgelegte Folge bestimme man den absoluten und den relativen (prozentualen) Zuwachs. •

5.15.3 Aufgabe. Für eine durch eine Rekursionsgleichung erster Ordnung festgelegte Folge bestimme man die Standardfortsetzung. •

5.15.4 Aufgabe. Für die durch die folgenden Rekursions- bzw. Differenzengleichungen festgelegten Folgen $(a_n)_{\mathbb{N}}$ bzw. $(a_n)_{\mathbb{N}_0}$ bestimme man eine explizite Darstellung.

(i) $a_1 = 2$, $\quad a_{n+1} = \frac{1}{4} \cdot a_n + 2$ für alle $n \in \mathbb{N}$. $\quad => Tabelle\ 12\ !$

(ii) $a_1 = 7$, $\quad 2a_{n+1} - a_n = 6$ für alle $n \in \mathbb{N}$.

(iii) $a_1 = 4$, $\quad a_{n+1} + 3a_n = 4$ für alle $n \in \mathbb{N}$. •

5.15.5 Aufgabe. Im Falle $q \neq 1$ ergibt sich aus Tafel 12, daß die Folge $(\tilde{a}_n)_{\mathbb{N}}$ mit

$$\tilde{a}_n = a_n - \frac{d}{1-q} \quad \text{für } n \in \mathbb{N}$$

gerade eine geometrische Folge mit Startwert

$$\tilde{a} = a - \frac{d}{1-q}$$

und Zuwachs q ist. Man begründe diesen Sachverhalt auf andere Weise durch Angabe eines Rekursionsschemas für die Folge $(\tilde{a}_n)_{\mathbb{N}}$.

Im Falle $q = 1$ ergibt sich aus Tafel 12, daß die Folge $(a_n)_{\mathbb{N}}$ gerade eine arithmetische Folge mit Startwert a und Zuwachs q ist. Man begründe diesen Sachverhalt auf andere Weise durch Untersuchung des Rekursionsschemas (224). •

5.16 Cobweb-Modelle.

Cobweb-Modelle sind einfache Angebots-Nachfrage-Modelle, deren mathematischer Gehalt im wesentlichen in einer Anwendung der Theorie der Differenzengleichung erster Ordnung besteht.

Für Zeiträume $n = 1, 2, 3\ldots$ sei, bezüglich eines bestimmten Gutes, d_n die Nachfrage, s_n das Angebot und p_n der Preis im n-ten Zeitraum. Im einfachsten Modell wird angenommen, daß das Angebot an dem Gut auf den Preis des Gutes mit einer Zeiteinheit Verzögerung reagiert, da die Produktion gerade eine Zeiteinheit dauert, und da die Produzenten sich zum Zeitpunkt ihrer Dispositionen auf den zu diesem Zeitpunkt gültigen Preis einstellen. Die Nachfrage hängt klarerweise vom aktuellen Preis ab. Beide Abhängigkeiten sind linear. Es ergeben sich die folgenden Gleichungen:

Abbildung 40: Cobwebfolge zu den Parametern $p_1 = 0.3$, $a_d = 2$, $b_d = -4, a_s = 1$, $b_s = 3$.

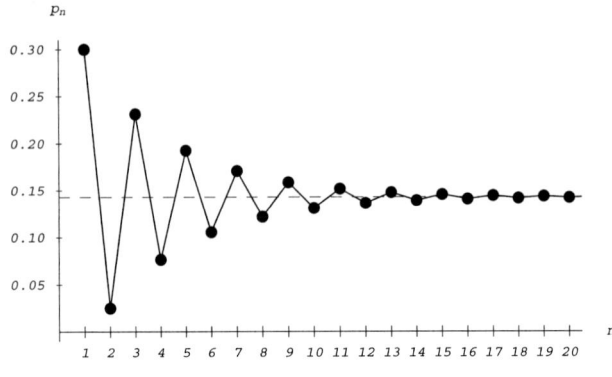

$$d_n = a_d + b_d p_n \qquad \text{für } n \in \mathbb{N}, \qquad (226)$$

$$s_n = a_s + b_s p_{n-1} \qquad \text{für } n \in \mathbb{N}, \ n \geq 2, \qquad (227)$$

mit geeigneten Koeffizienten $a_d, b_d, a_s, a_s \in \mathbb{R}$. Im allgemeinen kann $b_d < 0 < b_s$ angenommen werden.

Zusätzlich wird angenommen, daß der Markt stets völlig geräumt wird, d. h. daß

$$s_n = d_n \qquad \text{für } n \in \mathbb{N}. \qquad (228)$$

Aus den Gleichungen (226), (227), (228) folgt

$$p_n = \frac{a_s - a_d}{b_d} + \frac{b_s}{b_d} p_{n-1} \qquad \text{für } n \in \mathbb{N}, \qquad (229)$$

d. h. eine Rekursionsgleichung erster Ordnung. Ausgehend von einem Startpreis p_1 ergibt sich aus Tafel 12 die explizite Darstellung

$$p_n = \begin{cases} \left(p_1 - \frac{a_s - a_d}{b_d - b_s} \right) \left(\frac{b_s}{b_d} \right)^{n-1} + \frac{a_s - a_d}{b_d - b_s}, & \text{falls } b_s \neq b_d, \\ p_1 + (n-1) \cdot \frac{a_s - a_d}{b_d - b_s}, & \text{falls } b_s = b_d. \end{cases} \qquad (230)$$

Für die Parameter $p_1 = 0.3$, $a_d = 2$, $b_d = -4, a_s = 1$, $b_s = 3$ sind die Werte $p_1, ..., p_{20}$ der Preisfolge in Abbildung 40 angegeben. Die Abbildung illustriert die Bezeichnung *Cobweb-Modell*.

5.16.1 Aufgabe (Cobweb-Modelle). Man diskutiere den Verlauf der Preisfolge (230) für $n \to \infty$. •

In einer verallgemeinerten Version des Modells wird angenommen, daß das Angebot s_n

auf einen im n-ten Zeitraum erwarteten Preis p'_n reagiert, d. h. daß

$$s_n \;=\; a_s + b_s p'_n \qquad \text{für} \;\; n \in \mathbb{N}. \tag{231}$$

Ein einfaches und anschaulich leicht zu interpretierendes Modell für die Folge $(p'_n)_\mathbb{N}$ der erwarteten Preise ist

$$p'_n \;=\; p_{n-1} + c(p_N - p_{n-1}) \qquad \text{für} \;\; n \in \mathbb{N}, \; n \geq 2, \tag{232}$$

wobei $0 < c < 1$ ein Anpassungskoeffizient und p_N der normale Preis ist, auf den nach Erwartung der Marktteilnehmer sich der Preis einschwingen wird.

5.16.2 Aufgabe (Cobweb-Modelle). Aus den Gleichungen (226), (228), (231), (232), bestimme man ein Rekursionsschema erster Ordnung oder eine Differenzengleichung erster Ordnung für die Folge $(p_n)_\mathbb{N}$. Man gebe $(p_n)_\mathbb{N}$ explizit an. •

Weiteres über Cobweb-Modelle findet man in der Monographie von Allen (1959).

5.17 Fakultäten.

Eine wichtige Funktion der natürlichen Zahlen ist die *Fakultät*. Für $n \in \mathbb{N}_0$ ist

$$n! \;:=\; \begin{cases} 1, & \text{falls} \;\; n = 0, \\[2mm] \displaystyle\prod_{i=1}^{n} i \;=\; 1 \cdot \ldots \cdot n, & \text{falls} \;\; n > 0. \end{cases} \tag{233}$$

5.17.1 Aufgabe. Man berechne $n!$ für $n = 1, 2, 3, 4, 5$. •

5.17.2 Aufgabe. Man gebe ein die Folge $(n!)_{\mathbb{N}_0}$ festlegendes Rekursionsschema an. •

Die inhaltliche Bedeutung der Fakultäten liegt in dem folgenden kombinatorischen Sachverhalt: $n!$ gibt die Anzahl der Permutationen (Umordnungen) von n verschiedenen Objekten $1, \ldots, n$ an, d. h. es gilt

$$n! \;=\; \left| \left\{ (i_1, \ldots, i_n) \mid \{i_1, \ldots, i_n\} = \{1, \ldots, n\} \right\} \right| \qquad \text{für} \;\; n \in \mathbb{N}. \tag{234}$$

5.18 Binomialkoeffizienten.

Für $x \in \mathbb{R}$, $k \in \mathbb{Z}$ ist der *Binomialkoeffizient* $\binom{x}{k}$ definiert durch

$$\binom{x}{k} := \begin{cases} 0, & \text{falls } k < 0, \\ 1, & \text{falls } k = 0, \\ \prod_{i=1}^{n} \frac{x-i+1}{i} = \frac{\prod_{i=1}^{n}(x-i+1)}{k!}, & \text{falls } k > 0. \end{cases} \qquad (235)$$

Für $n, k \in \mathbb{N}_0$ lassen sich die Binomialkoeffizienten mithilfe der Fakultäten ausdrücken:

$$\binom{n}{k} = \begin{cases} \frac{n!}{k!(n-k)!} = \binom{n}{n-k}, & \text{falls } k \leq n, \\ 0, & \text{falls } k > n. \end{cases} \qquad (236)$$

5.18.1 Aufgabe. Für $n \in \mathbb{N}$ zeige man $\quad \binom{n}{1} = n = \binom{n}{n-1}$. •

5.18.2 Aufgabe. Man berechne die Binomialkoeffizienten des folgenden Schemas:

$$\binom{0}{0}$$
$$\binom{1}{0} \quad \binom{1}{1}$$
$$\binom{2}{0} \quad \binom{2}{1} \quad \binom{2}{2}$$
$$\binom{3}{0} \quad \binom{3}{1} \quad \binom{3}{2} \quad \binom{3}{3}$$
$$\binom{4}{0} \quad \binom{4}{1} \quad \binom{4}{2} \quad \binom{4}{3} \quad \binom{4}{4}$$
$$\binom{5}{0} \quad \binom{5}{1} \quad \binom{5}{2} \quad \binom{5}{3} \quad \binom{5}{4} \quad \binom{5}{5}$$

•

Für die Binomialkoeffizienten gilt der folgende Additionssatz:

$$\binom{x}{k} + \binom{x}{k+1} = \binom{x+1}{k+1} \qquad \text{für } x \in \mathbb{R}, k \in \mathbb{Z}. \qquad (237)$$

5.18.3 Aufgabe. Man beweise die Formel (237). Wie kommt die Formel (237) im Schema von Aufgabe 5.18.2 zum Ausdruck? •

Wie die Fakultäten sind auch die Binomialkoeffizienten von großer Bedeutung für die elementare Kombinatorik. Für $n \in \mathbb{N}$, $k \in \mathbb{N}_0$ gibt nämlich der Binomialkoeffizient $\binom{n}{k}$ die Anzahl der k-elementigen Teilmengen einer n-elementigen Menge $\{1, \ldots, n\}$ an, d. h. es gilt

$$\binom{n}{k} = \left| \left\{ E \mid E \subset \{1, \ldots, n\}, |E| = k \right\} \right| \qquad \text{für } n \in \mathbb{N}, k \in \mathbb{N}_0. \qquad (238)$$

5.18.4 Aufgabe. Für das bekannte Zahlenlotto *6 aus 49* bestimme man:

(i) Die Gesamtanzahl der möglichen ankreuzbaren Tippreihen.

(ii) Die Gesamtanzahl der Tippreihen, die bei einer gegebenen Ausspielung einen „Dreier" (3 der 6 gezogenen Zahlen in der Tippreihe) ergeben.

(iii)   Die Gesamtanzahl der Tippreihen, die bei einer gegebenen Ausspielung einen „Vierer" (4 der 6 gezogenen Zahlen in der Tippreihe) ergeben.

(iv)   Die Gesamtanzahl der Tippreihen, die bei einer gegebenen Ausspielung einen „Fünfer" (5 der 6 gezogenen Zahlen in der Tippreihe) ergeben.   •

Eine weitere Anwendung der Binomialkoeffizienten findet sich im *binomischen Lehrsatz*:

$$(a+b)^n \;=\; \sum_{i=0}^{n} \binom{n}{i} a^i b^{n-i} \;=\; \tag{239}$$

$$\binom{n}{0} a^0 b^n + \binom{n}{1} a^1 b^{n-1} + \ldots + \binom{n}{n-1} a^{n-1} b^1 + \binom{n}{n} a^n b^0 \qquad \text{für } a, b \in \mathbb{R}, \; n \in \mathbb{N}_0.$$

(239) erklärt auch die Herkunft der Benennung als „Binomialkoeffizienten": Die Binomialkoeffizienten sind die Koeffizienten in der Summenentwicklung des „Binoms" $(a+b)^n$.

5.18.5 Aufgabe.   Man entwickle die folgenden Ausdrücke durch Anwendung des binomischen Lehrsatzes (239):

$$(a+b)^3, \qquad (a+b)^4, \qquad (a+b)^5, \qquad (x+1)^n, \qquad (x-1)^n.$$ •

5.18.6 Aufgabe.   Man entwickle $2^n = (1+1)^n$ mittels des binomischen Lehrsatzes (239). In welchem Zusammenhang steht das Ergebnis zu dem kombinatorischen Sachverhalt (238)?   •

6 Finanzmathematik.

Mit den Resultaten von Kapitel 5 können einige wichtige Situationen der Finanzmathematik geklärt werden: Abschreibung, Kontostandsentwicklung unter Guthabenzins bei fortlaufender Einzahlung, Kontostandsentwicklung unter Sollzins bei fortlaufender Auszahlung, Effektivzinsberechnung. Wir verwenden in diesem Kapitel ausschließlich das Zeitraummodell 5.1.2.

6.1 Abschreibung.

Die Verfahren der *kalkulatorischen Abschreibung* beschreiben mit mathematischen Formeln die Wertminderung (z. B. durch Abnutzung, Alterung, technologischen Fortschritt) mehrperiodig genutzter Wirtschaftsgüter. Wir betrachten im folgenden *deterministische zeitabhängige* Verfahren. Mittels dieser Verfahren können bei vorgegebenem Anschaffungswert, vorgegebener Nutzungsdauer (Anzahl der Nutzungsperioden) und vorgegebenem Restbuchwert am Ende der Nutzungsdauer die pro Nutzungsperiode vom Buchwert zu subtrahierenden ("abzuschreibenden") Beträge ermittelt werden.

Wir betrachten die folgenden Größen:

- Den *Ausgangswert* $A > 0$ zu Beginn der Nutzungsdauer (Anschaffungs- oder Herstellungsausgaben).

- Die *Nutzungsdauer* N, d. h. die angestrebte Anzahl N der Nutzungsperioden, $N \in \mathbb{N}$.

- Den angestrebten *Endbuchwert* $R \geq 0$ am Ende der Nutzungsdauer, d. h. nach N Nutzungsperioden.

- Den *Restbuchwert* A_k, $k = 1, \dots N+1$, zu *Beginn* der k-ten Nutzungsperiode, d. h. nach Ablauf von $k-1$ Nutzungsperioden.

- Den *Abschreibungsbetrag* a_j, $j = 1, \dots, N$, welcher am Ende der j-ten Nutzungsperiode abgeschrieben wird.

Ersichtlich gilt

$$A_1 = A, \qquad A_{k+1} = A_k - a_k \quad \text{für } k = 1, \dots, N, \qquad A_{N+1} = R. \qquad (240)$$

Aus (240) folgt sofort

$$A_k = A - \sum_{j=1}^{k-1} a_j \quad \text{für } k = 1, \dots N+1. \qquad (241)$$

Die wichtigsten deterministischen Abschreibungsverfahren sind die *geometrisch-degressive*, die *arithmetisch-degressive* und die *lineare* Abschreibung.

Abbildung 41: Restbuchwerte $A_1, \ldots, A_{11}$ bei geometrisch-degressiver, arithmetisch-degressiver und linearer Abschreibung, Ausgangswert $A = 100000$, Nutzungsdauer $N = 10$ Perioden, Restbuchwert $R = 1$.

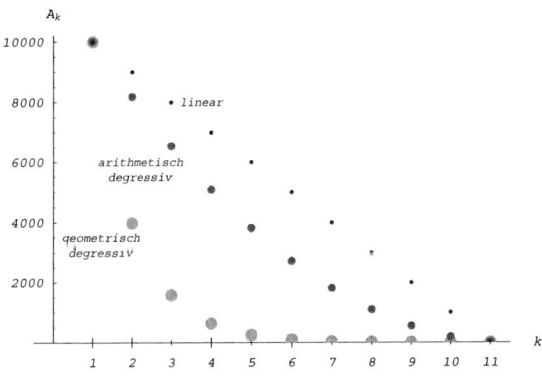

6.1.1 Verfahren (Geometrisch-degressive Abschreibung).
Die geometrisch-degressive Abschreibung wird charakterisiert durch die Gleichung

$$A_{k+1} = A_k \cdot q \quad \text{für } k = 1, \ldots, N \tag{242}$$

mit einer Zahl $q \in (0; 1)$. Aus Formel (242) ergibt sich

$$A_k = A \cdot q^{k-1} \quad \text{für } k = 1, \ldots, N+1. \tag{243}$$

Liegt ein Endbuchwert $R > 0$, vor so folgt aus den Formeln (240) und (241):

$$a_k = A q^{k-1}(1-q) \quad \text{für } k = 1, \ldots, N \quad \text{und} \quad q = \left(\frac{R}{A}\right)^{1/N}. \tag{244}$$

Sowohl die Restbuchwerte als auch die Abschreibungbeträge bilden also eine geometrische Folge, siehe Paragraph 5.6. Die Folge der Abschreibungbeträge ist streng monoton fallend, daher die Bezeichung *geometrisch-degressiv*. Bei der geometrisch-degressiven Abschreibung mindert sich der Wert in jeder Periode um $p \cdot 100\%$ mit $p = 1 - q$. Der Prozentsatz $p \cdot 100$ wird daher auch als *Abschreibungssatz* und der Wert p als *Abschreibungsfaktor* bezeichnet. $\bullet$

6.1.2 Verfahren (Arithmetisch-degressive Abschreibung).
Die arithmetisch-degressive Abschreibung wird charakterisiert durch die Rekursionsgleichung

$$a_{j+1} = a_j - \frac{a_1}{n} \quad \text{für } j = 1, \ldots, N-1 \tag{245}$$

für die Abschreibungsbeträge, wobei $a_1 > 0$. Die Abschreibungsbeträge bilden also eine streng monoton fallende arithmetische Folge, siehe Paragraph 5.5, daher die Bezeichnung *arithmetisch-degressiv*. Aus der Rekursionsgleichung (245) und aus den Formeln (240),

(241) ergeben sich die expliziten Darstellungen

$$a_j = \frac{N-j+1}{N}a_1 = 2\frac{N-j+1}{N}\frac{A-R}{N+1} \qquad \text{für } j = 1,\dots,N, \qquad (246)$$

$$A_k = A - (A-R)\frac{2(k-1)}{N}\left(1 - \frac{k}{2(N+1)}\right) \qquad \text{für } k = 1,\dots,N+1. \qquad (247)$$

6.1.3 Verfahren (Lineare Abschreibung).   Die lineare Abschreibung wird charakterisiert durch konstante Abschreibungsbeträge

$$a_j = c \qquad \text{für } j = 1,\dots,N \qquad (248)$$

mit einer geeigneten reellen Zahl c. Aus den Formeln (240), (241) ergibt sich

$$A_k = A - (A-R)\frac{(k-1)}{N} \qquad \text{für } k = 1,\dots,N+1, \qquad (249)$$

$$a_j = \frac{A-R}{N} \qquad \text{für } k = j,\dots,N. \qquad (250)$$

Die Standardfortsetzung – zu diesem Begriff siehe Paragraph 5.4 – der Folge der Abschreibungsbeträge ist also eine streng monoton fallende lineare Funktion, daher die Bezeichnung *lineare Abschreibung*. Die lineare Abschreibung ist in öffentlichen Verwaltungseinrichtungen üblich, wobei als Startwert entweder die Anschaffungskosten bzw. Herstellungskosten oder der Wiederbeschaffungswert verwendet wird.

Abbildung 41 zeigt die Folgen der Restbuchwerte unter geometrisch-degressiver, arithmetisch-degressiver und linearer Abschreibung bei dem Ausgangswert $A = 100000$, der Nutzungsdauer von $N = 10$ Perioden, und dem Restbuchwert $R = 1$. Definitionsgemäß stimmen die Startwerte und die Endwerte überein. Die im Verlauf erkennbaren Größenverhältnisse liegen nicht nur in diesem Einzelfall vor. Bei übereinstimmendem Start- und Endwert gilt stets

$$A_k^{(\text{geometrisch degressiv})} < A_k^{(\text{arithmetisch degressiv})} < A_k^{(\text{linear})} \qquad \text{für } k = 2,\dots,N. \qquad (251)$$

Nach Paragraph 7, Absatz 3 des EStG ist für ein Wirtschaftsgut das zu Beginn der Nutzungsphase gewählte Abschreibungsverfahren beizubehalten. Zulässig ist nur der Übergang von der geometrisch-degressiven zur linearen Abschreibung. Der Übergang erfolgt zum Zeitpunkt k genau dann, wenn die Abschreibungsbeträge $a_j' = (A_k - R)/(N-k)$ der linearen Abschreibung beginnend mit Startwert A_k größer sind als die noch folgenden Abschreibungsbeträge $a_k, a_{k+1}, \dots$ bei fortgesetzter geometrisch degressiver Abschreibung, d. h. genau dann, wenn

$$\frac{Aq^{k-1}-R}{N-k} > Aq^{k-1}(1-q). \qquad (252)$$

Durch diesen Übergang kann ein Endbuchwert $R = 0$ erreicht werden, der bei fortgesetzter geometrisch degressiver Abschreibung nie erreicht wird.

6.1.4 Aufgabe (Geometrisch-degressive und lineare Abschreibung). Eine Firma erwirbt eine Maschine zum Preis von $A = 250000$ €. Die Maschine soll $N = 12$ Jahre genutzt werden. Der Endwert nach Ablauf der Nutzungsdauer wird auf $R = 0$ € (Schrottwert) veranschlagt. Die Abschreibung erfolgt zunächst geometrisch-degressiv zum Abschreibungssatz von 25%. Der Übergang zur linearen Abschreibung erfolgt wie oben geschildert. Man berechne die Folge der Restbuchwerte. •

6.1.5 Aufgabe (Arithmetisch-degressive Abschreibung). Es liege die im Verfahren 6.1.2 eingeführte *arithmetisch-degressive* Abschreibung vor.

(a) Es sei $A = 60000$, $N = 50$. Man berechne den durch die folgende Vorschrift eindeutig bestimmten Endwert R: Der Restbuchwert nach 25 Abschreibungszeiträumen ist 22000, d. h. es gilt $A_{26} = 22000$.

(b) Es sei $A = 184000$, $R = 1000$. Man berechne die durch die folgende Vorschrift eindeutig bestimmte Gesamtanzahl von Abschreibungszeiträumen N: Der Restbuchwert nach 23 Abschreibungszeiträumen beträgt 38.75% des Ausgangswertes, d. h. es gilt $A_{24} = 0.3875 \cdot A$. •

6.1.6 Aufgabe (Geometrisch-degressive und lineare Abschreibung). Man bearbeite Aufgabe 6.1.5 für den Fall der geometrisch-degressiven und der linearen Abschreibung. •

6.2 Kontoentwicklung bei Guthabenzinsen und Ein- oder Auszahlungen.

Für $n \in \mathbb{N}$ sei K_n der Stand eines Kontos in Geldeinheiten (GE) jeweils zum Beginn der n-ten Periode. Der Kontostand zu Beginn der ersten Periode ist $K_1 = K$ mit $K \geq 0$. Dem Konto werden am Ende jeder Periode $(p \cdot 100)\%$ Zinsen $(p \geq 0)$ gutgeschrieben. Für $n \in \mathbb{N}$ werden in der n-ten Periode E_n Geldeinheiten (GE) eingezahlt $(E_n \geq 0)$ oder ausgezahlt $(E_n \leq 0)$ Die Bewegung erfolgt entweder stets *am Anfang* einer Periode (*vorschüssig*) oder stets *am Ende* einer Periode (*nachschüssig*). Die Folge $(K_n)_{\mathbb{N}}$ genügt also dem folgenden Rekursionsschema:

$$K_1 = K, \qquad K_{n+1} = \begin{cases} (1+p)(K_n + E_n) & \text{im vorschüssigen Fall,} \\ \\ (1+p)K_n + E_n & \text{im nachschüssigen Fall.} \end{cases} \tag{253}$$

Aus (253) erhält man die folgenden expliziten Formeln.

$$K_n = K(1+p)^{n-1} + \begin{cases} \sum_{i=1}^{n-1} E_{n-i}(1+p)^i & \text{im vorschüssigen Fall,} \\ \\ \sum_{i=1}^{n-1} E_{n-i}(1+p)^{i-1} & \text{im nachschüssigen Fall.} \end{cases} \tag{254}$$

Abbildung 42: Kontostände $K_1, \dots, K_{15}$ bei Ausgangsbetrag $K_1 = 10000$, vorschüssiger Einzahlung $E = 2000$, Zinsfaktor $p = 0.07$.

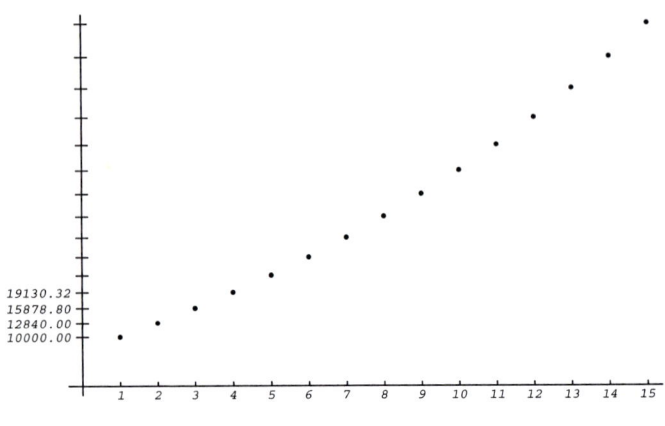

Insbesondere ergibt sich zwischen der Kontostandsfolge $(K_n^{(V)})_{\mathbb{N}}$ im vorschüssigen und der Kontostandsfolge $(K_n^{(\mathrm{n})})_{\mathbb{N}}$ im nachschüssigen Fall die folgende Beziehung, die gerade den durch nachschüssige Einzahlung verlorengehenden Zins ausdrückt:

$$K_n^{(V)} - K_n^{(\mathrm{n})} \quad = \quad p \sum_{i=1}^{n-1} E_{n-i}(1+p)^{i-1} \qquad \text{für } n \in \mathbb{N}. \tag{255}$$

6.2.1 Beispiel. Die Abbildung 42 zeigt die Kontostände $K_1, \dots, K_{15}$, berechnet auf zwei Stellen nach dem Komma genau, bei Ausgangsbetrag $K = K_1 = 10000$, fester laufender vorschüssiger Einzahlung $E_n = E = 2000$, Zinsfaktor $p = 0.07$. Durch Anwendung der Rekursionsgleichungen (253) vervollständige man die Beschriftung auf der y-Achse. •

Wir bestimmen die Folge $(K_n)_{\mathbb{N}}$ der Kontostände im vorschüssigen und im nachschüssigen Fall für einige wichtige Spezialfälle. Verwendet wird das Einzahlungsparadigma. Auszahlungen können analog behandelt werden.

6.2.2 Beispiel (Konstante Einzahlung). Alle Einzahlungen stimmen überein, d. h. $E_n = E$ für alle $n \in \mathbb{N}$. In diesem Fall kann $(K_n)_{\mathbb{N}}$ durch Einsetzen in (254) oder durch Anwendung der Ergebnisse von Paragraph 5.15 gelöst werden. Es ergibt sich

$$K_n^{(V)} \quad = \quad K(1+p)^{n-1} + E \cdot (1+p)\frac{(1+p)^{n-1} - 1}{p}, \tag{256}$$

vorschüssig)

Verzinsung 132
auf Anfangswert

← bei Tilgung $p = \dfrac{P_{nom}}{K(0auc)}$

$$K_n^{(\mathrm{n})} = K(1+p)^{n-1} + E\frac{(1+p)^{n-1} - 1}{p}. \tag{257}$$

nachschüssig

6.2.3 Beispiel (Alternierende Einzahlung). Alternierender Umfang der Einzahlungen, d. h.

$$E_n = \begin{cases} E, & \text{falls } n \text{ gerade,} \\[2mm] D, & \text{falls } n \text{ ungerade.} \end{cases}$$

Im vorschüssigen Fall ergibt sich:

$$K_n^{(\mathrm{V})} = K(1+p)^{n-1} +$$
$$\begin{cases} E(1+p)\frac{(1+p)^{n-1}-1}{(1+p)^2-1} + D(1+p)^2\frac{(1+p)^{n-1}-1}{(1+p)^2-1}, & n \text{ ungerade,} \\[3mm] E(1+p)^2\frac{(1+p)^{n-2}-1}{(1+p)^2-1} + D(1+p)\frac{(1+p)^{n-1}-1}{(1+p)^2-1}, & n \text{ gerade.} \end{cases} \tag{258}$$

Im nachschüssigen Fall:

$$K_n^{(\mathrm{n})} = K(1+p)^{n-1} +$$
$$\begin{cases} E\frac{(1+p)^{n-1}-1}{(1+p)^2-1} + D(1+p)\frac{(1+p)^{n-1}-1}{(1+p)^2-1}, & \text{falls } n \text{ ungerade,} \\[3mm] E(1+p)\frac{(1+p)^{n-2}-1}{(1+p)^2-1} + D\frac{(1+p)^{n-1}-1}{(1+p)^2-1}, & \text{falls } n \text{ gerade.} \end{cases} \tag{259}$$

6.2.4 Beispiel (Einzahlung in geometrischer Folge). Die Einzahlungen bilden eine geometrische Folge, d. h. $E_1 = E$, $E_{n+1} = r \cdot E_n$ für alle $n \in \mathbb{N}$, wobei $r \geq 0$. Im Falle $r \neq 1+q$ ergibt sich:

$$K_n^{(\mathrm{V})} = K(1+p)^{n-1} + E(1+p)\frac{r^{n-1} - (1+p)^{n-1}}{r - p - 1}, \tag{260}$$

$$K_n^{(\mathrm{n})} = K(1+p)^{n-1} + E\frac{r^{n-1} - (1+p)^{n-1}}{r - p - 1}. \tag{261}$$

Im Falle $r = 1+p$ ergibt sich:

$$K_n^{(\mathrm{V})} = \Big(K + (n-1)E\Big)(1+p)^{n-1}, \qquad K_n^{(\mathrm{n})} = \Big(K + (n-1)\frac{E}{1+p}\Big)(1+p)^{n-1}. \tag{262}$$

In den folgenden Aufgaben 6.2.5 und 6.2.6 wird ausschließlich der Spezialfall von Beispiel 6.2.2 betrachtet, d. h. konstante Einzahlungen $E_i = E$.

6.2.5 Aufgabe. Es sei $K_1 = K = 0$. Man bestimme im nachschüssigen Fall p so, daß zu Beginn der sechsten Periode der Kontostand $5.41632256 \cdot E$ beträgt, d. h. $K_6(E) =$

5.41632256 · E beträgt. **Hinweis:** Das Polynom $Q(x) = x^4 + 5x^3 + 10x^2 + 10x - 0.41632256$ besitzt die Nullstelle 0.04. •

6.2.6 Aufgabe. Es sei $A > 0$. Man bestimme im vorschüssigen und im nachschüssigen Fall, in Abhängigkeit vom Wert A, von der Einzahlung E und vom Zinsfuß q, die kleinste Zahl $n_0 \in \mathbb{N}$, für welche der Kontostand zu Beginn der n_0-ten Periode erstmals den Betrag A erreicht oder überschreitet. •

6.2.7 Aufgabe (Alternierende Einzahlungen). $K_1, ..., K_5$ seien die Kontostände (in Euro) zu Beginn der Jahre $1, ..., 5$. Dem Konto werden am Ende jeden Jahres $q \cdot 100\%$ Zinsen auf den Kontostand zu Beginn des Jahres gutgeschrieben. Zusätzlich geht am Ende jeden Jahres eine Zahlung auf das Konto ein, und zwar D Euro am Ende der Jahre $1, 3$, E Euro am Ende der Jahre $2, 4$. Es gelten also die folgenden Rekursionsbeziehungen:

$$K_2 = K_1(1 + q) + D, \quad K_3 = K_2(1 + q) + E, \quad K_4 = K_3(1 + q) + D,$$

$$K_5 = K_4(1 + q) + E.$$

(a) Es sei $K_1 = 10000$, $q = 0.09$, $D = 1100$, $E = 1920$. Man berechne K_2, K_3, K_4, K_5.

(b) Es sei $K_2 = 65000$, $K_3 = 70000$, $K_4 = 75700$, $K_5 = 81449$. Man berechne q, D, E und K_1. •

6.2.8 Aufgabe (Geometrisch wachsende Einzahlungen). $K_1, ..., K_5$ seien die Kontostände (in Euro) zu Beginn der Jahre $1, ..., 5$. Dem Konto werden am Ende jeden Jahres $q \cdot 100\%$ Zinsen auf den Kontostand zu Beginn des Jahres gutgeschrieben. Zusätzlich geht am Ende jeden Jahres n eine Zahlung E_n auf das Konto ein, die sich, z. B. aufgrund von Lohnerhöhungen, Inflationsausgleich etc., jedes Jahr um den Faktor r ($r \neq 1 + q$) erhöht. Im ersten Jahr werden also $E_1 = E$ Euro einbezahlt, im zweiten Jahr $E_2 = r \cdot E$ Euro, im n-ten Jahr $E_n = r^{n-1} \cdot E$ Euro. Die Kontostände genügen also der folgenden Rekursionsgleichung: $K_{n+1} = K_n \cdot (1 + q) + r^{n-1} \cdot E$.

(a) Es sei $K_1 = 50000$, $q = 0.10$, $r = 1.04$. Man bestimme E so, daß der Kontostand zu Beginn des fünften Jahres 97725.12 Euro beträgt, d. h. daß gilt $K_5 = 97725.12$.

(b) Es sei $r = 1.05$, $E = 26000.00$, $K_3 = 284100.00$, $K_5 = 386035.89$. Man berechne q und K_1. •

6.2.9 Aufgabe (Ein Ansparvorgang). Ein Anleger zahlt unmittelbar nach Beginn jeder Periode E Euro auf ein Konto ein. Am Ende jeder Periode werden dem Konto $(q \cdot 100)$ % Zinsen auf den während der Periode gültigen Kontostand (Kontostand zu Beginn der Periode zuzüglich Einzahlung E) gutgeschrieben. Es sei K_k der Kontostand zu Beginn der k-ten Periode, einschließlich der Zinsgutschrift und ausschließlich der Einzahlung E. Die Folge $(K_k)_{\mathbb{N}}$ genügt also dem Rekursionsschema

$$K_1 = 0, \qquad K_{k+1} = (K_k + E)(1 + q) \quad \text{für} \ k \in \mathbb{N}.$$

Der Anleger plant, mit dem angesparten Geld eine Immobilie zu erwerben, die sich in jeder Periode um $(q \cdot 100)$ % verteuert. Die Folge $(P_k)_{\mathbb{N}}$ der Preise der Immobilie, jeweils zu Beginn der Periode, genügt also dem Rekursionsschema

$$P_1 = P, \qquad P_{k+1} = P_k(1 + q) \quad \text{für} \ k \in \mathbb{N}.$$

(a) Für die Werte $E = 100000$, $P = 600000$, $q = 0.07$ bestimme man $K_1, ..., K_5$ und $P_1, ..., P_5$ auf zwei Stellen nach dem Komma genau.

(b) Es sei $E = 41000$, $P = 850000$, $q = 0.05$. Wann kann der Anleger frühestens die Immobilie erwerben, d. h. für welches k gilt

$$K_1 < P_1, \ \ldots K_{k-1} < P_{k-1}, \ K_k \geq P_k \ ? \qquad\qquad \bullet$$

6.2.10 Aufgabe (Bausparvertrag). Die Bausparkasse Schwäbisch Hall AG bietet den sogenannten *Vierpromilletarif* an, bei dem sich sowohl die anfänglichen Sparraten als auch die späteren kombinierten Zins- und Tilgungsraten auf 0.40% des Nennwertes der Bausparsumme belaufen. Der jährliche Habenzins beträgt nur 1.00%. Die Darlehen werden nominal mit 3.75% Schuldzins per annum belegt. Eine Familie plant im Februar 2006 den Bau eines Eigenheimes mit Baubeginn in 10 Jahren zum 01.03.2016. Es wird bei der Schwäbisch Hall AG ein Bausparvertrag zum Vierpromilletarif mit den folgenden Konditionen abgeschlossen:

1) Vertragsbeginn 01.03.2006.

2) Bausparsumme $10^5 = 100000.00$ Euro.

3) Monatliche Vierpromillerate von 400.00 Euro ab März 2006 mit Wertstellung unmittelbar nach Beginn des Monats (*vorschüssiges Modell*). Das angesparte Kapital wird monatlich zu 1/12% mit Zinseszins verzinst. Es sei S_n das Sparguthaben zu Beginn der Monate $n = 1, 2, \ldots$ ($n = 1$ ist März 2006, $n = 121$ ist März 2016) ohne Verrechnung der zu Beginn des Monats n eingezahlten Rate von 400.00 Euro. Die Folge $(S_n)_{\mathbb{N}}$ genügt dem Rekursionsschema $S_1 = 0.00$, $S_{n+1} = (S_n + 400.00)(1 + 0.01/12)$.

4) Abruf des Bauspardarlehens zum 01.03.2016. Die Höhe D des Darlehens beträgt $10^5 = 100000.00$ Euro abzüglich des zum Ende Februar 2016 angesparten Guthabens S_{121}, d. h. es ist $D = 10^5 - S_{121}$.

5) Ratentilgung des Darlehens D. Es werden ab 01.03.2016 weiterhin monatliche Raten von 400 Euro (vier Promill der Bausparsumme) mit Wertstellung zum Monatsbeginn (*vorschssiges Modell*) gezahlt.

6) Der jeweils aktuelle Schuldbetrag des Darlehens wird monatlich zu $3.75/12\%$ verzinst. Es sei D_t der Restwert des Darlehens zu Beginn der Monats t, $t = 1$ ist März 2016. Aufgrund der vorschssigen Einzahlung genügt die Folge $(D_t)_{\mathbb{N}}$ dem Rekursionsschema $D_1 = D = 10^5 - S_{121}$, $D_{t+1} = (D_t - 400)(1 + 0.035/12)$ für $t = 1, 2, \ldots$

7) Die Laufzeit des Darlehens bestimmt sich wie folgt: Sobald t_0 mit $D_{t_0} \leq 400$ erreicht wird, wird zu Beginn des Monats t_0 der gesamte Restwert D_{t_0} zurückbezahlt. Die Schuld ist damit getilgt. Die Laufzeit des Darlehens beträgt also t_0 Monate.

(a) Für $n = 1, 2, \ldots$ gebe man das Sparguthaben S_n explizit als Funktion von n an.

(b) Man gebe den Umfang $D = 10^5 - S_{121}$ des Bauspardarlehens an.

(c) Für $t = 1, 2, \ldots$ gebe man den Restwert D_t des Darlehens explizit als Funktion von t an.

(d) Man bestimme die durch die Vereinbarung 7) festgelegte Laufzeit t_0 des Darlehens, d. h. man bestimme die kleinste Zahl $t_0 \in \mathbb{N}$ mit $D_{t_0} \leq 400$.

(e) Man bestimme die zu Beginn des Monats t_0 zu leistende Schlußzahlung D_{t_0}. •

6.3 Kontoentwicklung bei laufender Auszahlung und bei Sollzinsen.

Für $n \in \mathbb{N}$ sollen sich zu Beginn der n-ten Periode K_n Geldeinheiten (GE) auf einem Konto befinden. Bei positivem Kontostand werden dem Konto am Ende einer Periode $(q_1 \cdot 100)\%$ $(q_1 \geq 0)$ Zinsen auf den Kontostand zu Beginn der Periode gutgeschrieben, bei negativem Kontostand wird das Konto mit $(q_2 \cdot 100)\%$ $(q_2 \geq 0)$ Zinsen auf den Fehlbestand zu Beginn der Periode belastet. In jeder Periode werden E GE $(E > 0)$ vom Konto abgehoben. Die Auszahlung erfolgt entweder am Anfang einer Periode (vorschüssig) oder am Ende einer Periode (nachschüssig). Es sei $K_1 = K > 0$. Es ergeben sich also die folgenden Rekursionsgleichungen.

Vorschüssiger Fall:

$$K_{n+1} = (1 + q_1)(K_n - E), \qquad \text{falls } K_n - E \geq 0, \tag{263}$$

$$K_{n+1} = (1 + q_2)(K_n - E), \qquad \text{falls } K_n - E \leq 0. \tag{264}$$

Nachschüssiger Fall:

$$K_{n+1} = (1 + q_1)K_n - E, \qquad \text{falls } K_n \geq 0, \tag{265}$$

$$K_{n+1} = (1 + q_2)K_n - E, \qquad \text{falls } K_n \leq 0. \tag{266}$$

Abbildung 43: Kontostände $K_1, ..., K_{20}$ bei Ausgangsbetrag $K = K_1 = 10000$, laufender vorschüssiger Auszahlung $E = 1000$, Habenzinssatz $q_1 = 0.05$, Sollzinssatz $q_2 = 0.18$.

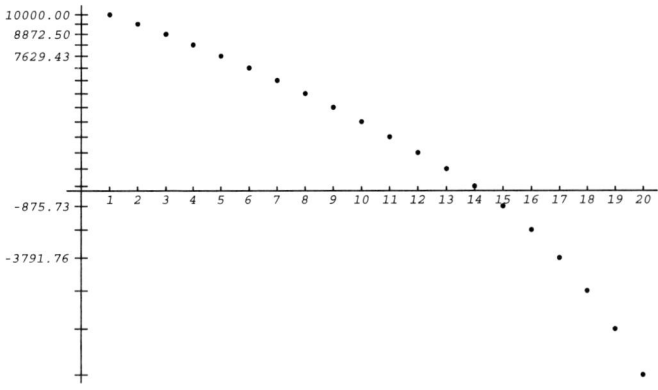

6.3.1 Beispiel. Die Abbildung 43 zeigt die Kontostände $K_1, ..., K_{20}$, berechnet auf zwei Stellen nach dem Komma genau, bei Ausgangsbetrag $K = K_1 = 10000$, laufender vorschüssiger Auszahlung $E = 1000$, Habenzinssatz $q_1 = 0.05$, Sollzinssatz $q_2 = 0.18$. Durch Anwendung der Rekursionsgleichungen (263) und (264) vervollständige man die Beschriftung auf der y-Achse.

$\bullet$

6.3.2 Aufgabe. Ohne Beachtung der Bedingungen bezüglich des Verhältnisses von $K_n - E$ bzw. K_n zu 0 bestimme man zunächst die durch die Rekursionsgleichungen (263) bzw. (265) bestimmte Folge $(K'_n)_\mathbb{N}$. Ersichtlich gilt

$$K'_n = K_n \quad \text{für alle } n \in \mathbb{N} \quad \text{mit } K'_n \geq 0.$$

Dann beweise man die folgenden Sachverhalte (267) für den vorschüssigen und (268) für den nachschüssigen Fall.

Vorschüssiger Fall:

$$K'_n > 0 \quad \text{für alle } n \in \mathbb{N} \quad \Longleftrightarrow \quad q_1 K \geq (1 + q_1)E. \qquad (267)$$

Nachschüssiger Fall:

$$K'_n > 0 \quad \text{für alle } n \in \mathbb{N} \quad \Longleftrightarrow \quad q_1 K \geq E. \qquad (268)$$

Man gebe eine anschauliche Deutung dieser Sachverhalte.

Sofern existent, siehe hierzu (267) und (268), bestimme man nun die größte Zahl $n_0 \in \mathbb{N}$ mit $K'_{n_0} \geq 0$. Sodann bestimme man die Restfolge $(K_n)_{n \geq n_0 + 1}$. $\bullet$

137

6.4 Nominaler und effektiver Jahreszins bei Kontostandsentwicklung ohne Ein- und Auszahlung.

Es liege ein Kapitalwert von K Geldeinheiten (GE) vor. Im Falle $K > 0$ handelt es sich um ein Guthaben, im Falle $K < 0$ um eine Schuld. Es wird ein *nominaler* Jahreszinssatz von $p_{nom} \cdot 100\%$ veranschlagt. Die Verzinsung erfolgt unterjährig nach jeweils $\frac{1}{k}$ Jahren ($k \in \mathbb{N}$) mit $\frac{p_{nom} \cdot 100}{k}\%$ mit Zinseszins. Sinnvolle Werte von k sind $k = 2$ (Halbjahre), $k = 4$ (Quartale), $k = 12$ (Monate), $k = 52$ (Wochen), $k = 360$ (Tage). Es sei K_j der Kontostand zu Beginn des j-ten Teilzeitraumes der Länge $1/k$ Jahre, $K_k(t)$ der Kontostand zu Beginn des t-ten Jahres. Aus der elementaren Zinsformel (202) ergibt sich

$$\begin{aligned} K_j &= K\left(1 + \frac{p_{nom}}{k}\right)^{j-1} \quad \text{für } j = 1, 2, .., \\ K_k(t) &= K_{k(t-1)+1} = K\left(1 + \frac{p_{nom}}{k}\right)^{k(t-1)} \quad \text{für } t = 1, 2, ... \end{aligned} \tag{269}$$

Der *effektive Jahreszinsfaktor* p_{eff} dieser Kontostandsentwicklung ist begrifflich folgendermaßen definiert: Bei *jährlicher* Verzinsung zu $p_{eff} 100\%$ stimmt der Kontostand zu Beginn der Jahre $t = 1, 2, ...$ mit dem Kontostand $K_k(t)$ überein. Mit der elementaren Zinsformel (202) ergibt sich also als Bestimmungsgleichung für p_{eff}

$$K(1 + p_{eff})^{t-1} \overset{!}{=} K_k(t) = K\left(1 + \frac{p_{nom}}{k}\right)^{k(t-1)} \quad \text{für } t = 1, 2, ... \tag{270}$$

Aus der Gleichung (270) ergeben sich die folgenden Beziehungen zwischen dem nominalen Jahreszinsfaktor p_{nom} und dem effektiven Jahreszinsfaktor p_{eff}:

$$p_{eff} = \left(1 + \frac{p_{nom}}{k}\right)^k - 1, \qquad p_{nom} = k\left((1 + p_{eff})^{1/k} - 1\right). \tag{271}$$

Die Kontostandsfolge K_j, $j = 1, 2, ...$ (Kontostand zu Beginn des Zeitraums j) kann mit dem effektiven Jahreszinsfaktor p_{eff} ausgedrückt werden in der Form

$$K_j = K(1 + p_{eff})^{\frac{j-1}{k}} \quad \text{für } j = 1, 2, ... \tag{272}$$

mit dem zugehörigen Rekursionsschema

$$K_1 = K, \quad K_{j+1} = K_j(1 + p_{eff})^{\frac{1}{k}} \quad \text{für } j = 1, 2, ... \tag{273}$$

6.5 Nominaler und effektiver Jahreszins bei einem Darlehen mit Ratentilgung.

Es sei K der Auszahlungswert eines Darlehens in Geldeinheiten (GE). Wie in Paragraph 6.4 wird das Jahr in k Zeiträume der Länge $1/k$ eingeteilt. Die Laufzeit des Darlehens betrage n Zeiträume. Zur Tilgung des Darlehens besteht folgender Plan: In jedem der Zeiträume $j = 1, ..., n$ wird eine Rate von R_j GE gezahlt. Die Zahlung erfolgt entweder stets am Ende jedes Zeitraumes $j = 1, ..., n$ (*nachschüssiges Modell*) oder stets am Anfang jedes Zeitraumes $j = 1, ..., n$ (*vorschüssiges Modell*). Zu Beginn des $(n+1)$-ten

Zeitraumes wird vorschüssig die Schlußzahlung R_{n+1} geleistet. Sodann gilt das Darlehen als getilgt. Dies bedeutet: Die gesamten, geeignet verzinsten Zahlungen $R_1, ..., R_n$ und die unverzinste Schlußzahlung R_{n+1} müssen den Auszahlungswert des Darlehens egalisieren. Diese Forderung definiert den für die Verzinsung zu unterstellenden *Effektivzins des Darlehens*. Die Zahlungen $R_1, ..., R_n$ und R_{n+1} werden durch den Darlehensvertrag festgelegt. In der Praxis treten verschiedene Festlegungsmodalitäten auf. Eine übliche Methode wird durch Beispiel 6.5.1 erläutert. Für die Berechnung des Effektivzinses spielt die Art der Festlegung der $R_1, ..., R_{n+1}$ keine Rolle. Wesentlich ist die Berechnung des effektiven Auszahlungswertes unter Berücksichtigung aller Kosten des Darlehens.

Die Berechnung der Kosten und des Effektivzinses des Darlehensgeschäfts wird geregelt durch §6 der Preisangabenverordnung, im folgenden wiedergegeben in der Fassung vom 28. Juli 2000, gültig seit dem 01. Januar 2002:

1) Bei Krediten sind als Preis die Gesamtkosten als jährlicher Vomhundertsatz des Kredits anzugeben und als „effektiver Jahreszins" oder, wenn eine Änderung des Zinssatzes oder anderer preisbestimmender Faktoren vorbehalten ist (§1 Abs. 4), als „anfänglicher effektiver Jahreszins" zu bezeichnen. Zusammen mit dem anfänglichen effektiven Jahreszins ist auch anzugeben, wann preisbestimmende Faktoren geändert werden können und auf welchen Zeitraum Belastungen, die sich aus einer nicht vollständigen Auszahlung des Kreditbetrages oder aus einem Zuschlag zum Kreditbetrag ergeben, zum Zwecke der Preisangabe verrechnet worden sind.

2) Der anzugebende Vomhundertsatz gemäß Absatz 1 ist mit der im Anhang angegebenen mathematischen Formel und nach den im Anhang zugrunde gelegten Vorgehensweisen zu berechnen. Er beziffert den Zinssatz, mit dem sich der Kredit bei regelmäßigem Kreditverlauf, ausgehend von den tatsächlichen Zahlungen des Kreditgebers und des Kreditnehmers, auf der Grundlage taggenauer Verrechnung aller Leistungen abrechnen lässt. Es gilt die exponentielle Verzinsung auch im unterjährigen Bereich. Bei der Berechnung des anfänglichen effektiven Jahreszinses sind die zum Zeitpunkt des Angebots oder der Werbung geltenden preisbestimmenden Faktoren zugrunde zu legen. Der anzugebende Vomhundertsatz ist mit der im Kreditgewerbe üblichen Genauigkeit zu berechnen.

Die Absätze 3) bis 9) des §6 regeln für die vorliegenden Zwecke irrelevante Details. Wesentlich ist die Forderung der „exponentiellen Verzinsung auch im unterjährigen Bereich" in Absatz 2). Dies bedeutet: Verzinsung mit Zinseszins in den unterjährigen Perioden der Länge $1/k$ auf Grundlage des effektiven Jahreszinsfaktors p_{eff}. Bei der Verzinsung sind die Rückzahlungen $R_1, ..., R_n$ zu berücksichtigen, die vorschüssig (zu Beginn einer Periode) oder nachschüssig (am Ende einer Periode) erfolgen können. Es sei K_j der *effektive Restwert* des Darlehens zu Beginn des Zeitraumes $j = 1, 2, ...$ bei Verzinsung nach Effektivmethode. Unter Berücksichtigung der Rückzahlungen ergeben sich aus dem Effektivrekursionsschema (273) die in Tafel 13 angegebenen Rekursionsschemata für den Fall der vorschüssigen und der nachschüssigen Rückzahlung. Die expliziten Darstellungen der Folge der K_j ergeben sich mit Formel (254).

Der in den Rekursionsschemata und expliziten Darstellungen in Tafel 13 unterstellte effektive Jahreszinsfaktor p_{eff} ist eine implizite Größe. Er wird bestimmt aus der Vorgabe,

Tabelle 13: Folge $(K_j)_\mathbb{N}$ der Restwerte K_j zu Beginn der Periode j bei einem Darlehen mit effektivem Jahreszinsfaktor p_{eff}, unterjährigen Perioden der Länge $1/k$ Jahre, Rückzahlung R_j in der Periode j.

Vorschüssiges Rekursionsschema	$K_1 = K,$ $K_{j+1} = (K_j - R_j)(1 + p_{eff})^{\frac{1}{k}}$ für $j = 1, 2, \ldots$
Nachschüssiges Rekursionsschema	$K_1 = K,$ $K_{j+1} = K_j(1 + p_{eff})^{\frac{1}{k}} - R_j$ für $j = 1, 2, \ldots$
Explizite Formel im vorschüssigen Fall	$K_j = K(1 + p_{eff})^{\frac{j-1}{k}} - \sum_{l=1}^{j-1} R_{j-l}(1 + p_{eff})^{\frac{l}{k}}$ für $j = 1, 2, \ldots$
Explizite Formel im nachschüssigen Fall	$K_j = K(1 + p_{eff})^{\frac{j-1}{k}} - \sum_{l=1}^{j-1} R_{j-l}(1 + p_{eff})^{\frac{l-1}{k}}$ für $j = 1, 2, \ldots$
Äquivalente Gleichungen für p_{eff} bei Laufzeit von n Perioden im vorschüssigen Fall	$0 \overset{!}{=} K_{n+1} - R_{n+1} = K(1 + p_{eff})^{\frac{n}{k}} - \sum_{l=0}^{n} R_{n+1-l}(1 + p_{eff})^{\frac{l}{k}}$ $K \overset{!}{=} \sum_{l=1}^{n+1} \frac{R_l}{(1 + p_{eff})^{\frac{l-1}{k}}}$
Äquivalente Gleichungen für p_{eff} bei Laufzeit von n Perioden im nachschüssigen Fall	$0 \overset{!}{=} K_{n+1} - R_{n+1} =$ $K(1 + p_{eff})^{\frac{n}{k}} - \sum_{l=1}^{n} R_{n+1-l}(1 + p_{eff})^{\frac{l-1}{k}} - R_{n+1}$ $K \overset{!}{=} \sum_{l=1}^{n} \frac{R_l}{(1 + p_{eff})^{\frac{l}{k}}} + \frac{R_{n+1}}{(1 + p_{eff})^{\frac{n}{k}}}$

daß mit der letzten, grundsätzlich vorschüssig zu Beginn des $(n+1)$-ten Zeitraumes geleisteten und daher nicht mehr verzinsten Zahlung R_{n+1} (Schlußzahlung) der Restwert des Darlehens getilgt ist, daß also $K_{n+1} - R_{n+1} = 0$ gilt. Aus dieser Vorgabe ergeben sich die in Tafel 13 angegebenen Bestimmungsgleichungen für den effektiven Jahreszinsfaktor p_{eff}. Die jeweils zweite der angegebenen äquivalenten Gleichungen kann auch so interpretiert werden: Die Summe der mit dem Wert $(1 + p_{eff})^{\frac{1}{k}}$ diskontierten Zahlungen $R_1, \ldots, R_{n+1}$ egalisiert den Auszahlungswert K des Darlehens. Siehe Paragraph 5.14 zum Begriff der Diskontierung.

Der Anhang der Preisangabenverordnung definiert den effektiven Jahreszinsfaktor p_{eff} durch die jeweils zweite der in Tafel 13 angegebenen Gleichungen. Die Gleichungen können nicht explizit gelöst werden. Die numerische Lösung ist mit einem einfachen Computerprogramm möglich. Zur Festlegung des Auszahlungswertes und der Zahlungen $R_1, \ldots, R_n$ betrachte man das folgende Beispiel 6.5.1.

6.5.1 Beispiel (Effektivzinsberechnung). Ein Bauherr nimmt bei einer Bank ein Darlehen vom Nennwert 300000.-€ zu den folgenden Konditionen auf: Nominaler Jahreszinssatz 7.00%, Disagio 2%, Tilgung 2.60% per annum in 12 Monatsraten zuzüglich ersparter Zinsen. Rückzahlung nach 3 Jahren. Weitere Kosten treten nicht auf. Aus diesen Konditionen ergeben sich die monatlichen Raten auf Grundlage des gesamten nominalen monatlichen Zinssatzes von $(7.00 + 2.60)/12 = 0.8\%$ zu $0.008 \cdot 300000.00 = 2400.00$€. Die Raten werden nachschüssig verrechnet, werden aber bezüglich der Zinsberechnung sofort wirksam. Die Laufzeit beträgt $n = 36$ Monate, zu Beginn des Monats $n + 1 = 37$ erfolgt die Schlußzahlung. Aus Formel (257) ergibt sich unter Berücksichtigung des monatlichen Zinsfaktors von $0.07/12 \approx 0.005833$ die Restschuld nach 36 Monaten, d. h. zu Beginn des 37. Monats zu

$$300000 \cdot 1.005833^{36} - 2400 \cdot \frac{1.005833^{36} - 1}{0.005833} = 274041.60.$$

Der letzte Wert wird als Schlußzahlung $R_{37} = 274041.60$ angenommen. Vom Schuldner werden also geleistet die Zahlungen $R_1 = ... = R_{36} = 2400.00$ und $R_{37} = 274041.60$.

Aufgrund des Disagio beträgt der Auszahlungswert des Darlehens $K = 0.98 \cdot 300000.00 = 294000.00$€. Mit Tafel 13 ergibt sich als Gleichung zur Bestimmung von p_{eff}:

$$294000.00 \stackrel{!}{=} 2400.00 \sum_{l=1}^{36} \frac{1}{(1 + p_{eff})^{\frac{l}{12}}} + \frac{274041.60}{(1 + p_{eff})^{\frac{36}{12}}} =$$

$$2400.00 \frac{1 - \frac{1}{(1+p_{eff})^{\frac{36}{12}}}}{(1 + p_{eff})^{1/12} - 1} + \frac{274041.60}{(1 + p_{eff})^{\frac{36}{12}}}.$$

Die Gleichung soll numerisch gelöst werden mit der mathematischen Standardsoftware *Mathematica* von Wolfram Research Inc., im Internet unter http://www.wolfram.com/. Zur numerischen Lösung ist die Umformung in eine Polynomgleichung vorteilhaft. Man setzt $x = (1 + p_{eff})^{1/12}$ und erhält die äquivalente Gleichung

$$f(x) = 294000.00(x - 1)x^{36} - 2400(x^{36} - 1) - 274041.60(x - 1) \stackrel{!}{=} 0.$$

Es kann die Routine NSolve verwendet werden. Durch NSolve[f[x]==0, x] werden alle Lösungen der Nullstellengleichung $f(x) =^! 0$ für das Polynom $f(x)$ in der Variablen x bestimmt. Im vorliegenden Fall wird nur eine Nullstelle $x_0 > 1.00$ ermittelt mit $x_0 = 1.00648$. Folglich ist $p_{eff} = 1.00648^{12} - 1 \approx 0.08059$. Der Effektivzins des Darlehens beläuft sich also auf 8.059%. ●

6.6 Stetige Verzinsung.

In der Situation von Paragraph 6.4 betrachten wir die Entwicklung des durch Formel (269) definierten Kontostandes $K_k(t)$ bei festem t und wachsendem k, d. h. bei einer Verfeinerung der Einteilung der Jahre in Zinsperioden. Klarerweise *wächst* $K_k(t)$ bei wachsendem

k. Tatsächlich nähert sich $K_k(t)$ bei sukzessiver Verfeinerung (wachsendes k) einem Grenzwert an. Mithilfe der Grenzwertdarstellung (150) der Exponentialfunktion ergibt sich

$$\widetilde{K}(t) \; := \; \lim_{k\to\infty} K_k(t) \; = \; K \exp\Big((t-1)p\Big). \tag{274}$$

Die Berechnung des Kapitals zu Beginn des t-ten Jahres durch Formel (274) wird als *Methode der stetigen Verzinsung* bezeichnet. Schon bei kleinem k ist die Approximation $K_k(t) \approx \widetilde{K}(t)$ recht gut. Abbildung 44 zeigt die Kapitalwerte $K_n(4) = K\left(1 + \frac{p}{n}\right)^{3n}$ zu Beginn des 4. Jahres (nach 3 Zinsjahren) bei Verzinsung mit Zinseszins über n Teilzeiträume pro Jahr und die Näherung $\widetilde{K}(4) = K\exp(3p)$ für ein Startkapital $K = 1000$ und Zinssätze $p = 0.025$, $p = 0.05$, $p = 0.075$, $p = 0.1$. Zur Beurteilung der Güte der Approximation löse man auch die folgende Aufgabe 6.6.1.

6.6.1 Aufgabe. Für die Werte $p \in \{0.025, 0.05, 0.10\}$, $t = 2, ..., 10$, $k = 1, 2, 4, 12$ berechne man das Kapital $K_k(t)$. Man vergleiche die Ergebnisse mit der Näherung $\widetilde{K}(t)$.

•

Geht man zur stetigen Zinsformel (274) über, so ist dementsprechend auch zu diskontieren. Siehe Paragraph 5.14 zur Klärung des Begriffs der Diskontierung. Für ein gewisses $t \in \mathbb{N}$ sei der Kontostand $G = \widetilde{K}(t + 1)$ zu Beginn der $(t + 1)$-ten Periode (nach t Perioden) gegeben. Es soll der Kontostand $K = \widetilde{K}(1)$ zu Beginn der ersten Periode bestimmt werden. Aus Formel (274) ergibt sich:

$$K \; = \; \widetilde{K}(1) \; = \; G\exp(-pt) \; . \tag{275}$$

Man bezeichnet den letzten Wert als den zu G bezüglich des konstanten Zinsfaktors p über t Perioden *stetig abgezinsten* oder *stetig diskontierten* Wert. Werden während der Jahre $1, 2, ..., n$ Einkünfte $G_1, G_2, ..., G_n$ erwartet, so ergeben sich analog zur Formel (221) die gesamten stetig diskontierten Einkünfte zu

$$\widetilde{W}_n \; = \; \sum_{t=1}^{n} G_t \exp(-pt). \tag{276}$$

Sind die Einkünfte konstant mit $G = G_1 = ... = G_n$, so betragen die gesamten stetig diskontierten Einkünfte

$$\widetilde{W}_n \; = \; G \cdot \exp(-p) \cdot \frac{1 - \exp(-pn)}{1 - \exp(-p)} \; . \tag{277}$$

Abbildung 44: 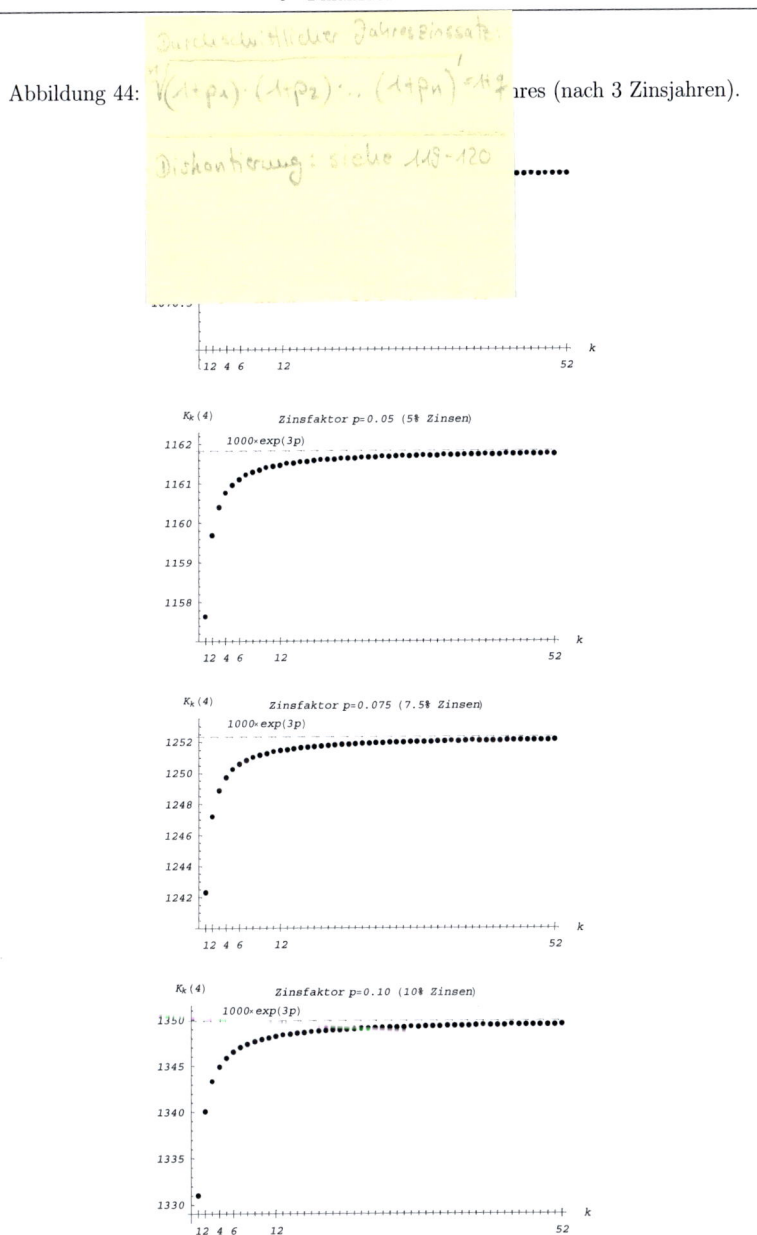 res (nach 3 Zinsjahren).

7 Grenzwerte.

7.1 Der Sinn von Grenzwertbetrachtungen.

Die Begriffe *Grenzwert* und *Konvergenz* sind die theoretischen Kernbegriffe der Differentialrechnung. Alle Methoden der Differentialrechnung beruhen direkt oder indirekt auf Grenzwertuntersuchungen. Für die Anwendung dieser Methoden in theoretischen (Mikroökonomie, Makroökonomie) oder anwendungsorientierten (Ökonometrie, Statistik) wirtschaftswissenschaftlichen Disziplinen sind Kenntnisse über Grenzwerte und Konvergenz nicht unbedingt erforderlich. Ein gewisser Einblick in den Grenzwertkalkül ist jedoch auch für Wirtschaftswissenschaftler nützlich. Man betrachte die beiden folgenden Beispiele 7.1.1 und 7.1.2.

7.1.1 Beispiel (Grenzwerte von Folgen). In der diskreten Analyse der Mikro- und Makroökonomie werden Grenzwerte von Folgen explizit diskutiert. Es sei $a(n) = a_n$ eine zu den diskreten Zeitpunkten $n = 1, 2, 3, \ldots$ beobachtete Größe (Bestand) wie Preis, Angebot, Nachfrage, Absatz, Konsum, Volkseinkommen, siehe etwa Aufgabe 5.16.2 oder Beispiel 8.2.5. Man interessiert sich für die Entwicklung des Bestandes *auf lange Sicht*, d. h. man betrachtet a_n für beliebig große Zeitpunkte $n \in \mathbb{N}$. Es stellt sich die Frage, ob der Bestand auf lange Sicht unablässig erhebliche Schwankungen aufweist, oder ob er sich in eine gewisse Richtung entwickelt. Im letzten Falle gibt es wiederum zwei Möglichkeiten:

(i) Die Größe nähert sich immer dichter einer festen Zahl a an. Mathematisch wird eine solche Entwicklung als Grenzwertaussage $\lim\limits_{n\to\infty} a_n = a$ notiert. Inhaltlich spricht man von einer Annäherung an einen *stationären Zustand*.

(ii) Die Größe überschreitet auf lange Sicht dem Betrage nach jede vorgegebene Schranke. Mathematisch wird eine solche Entwicklung als *bestimmte Divergenz* $\lim\limits_{n\to\infty} a_n = +\infty$ oder $\lim\limits_{n\to\infty} a_n = -\infty$ notiert.

Um solche Modelle verstehen und selbständig untersuchen zu können, sind Kenntnisse des Grenzwertkalküls unerläßlich. ●

7.1.2 Beispiel (Grenzwerte von Kenngrößen). In Paragraph 4.5 wurden für reellwertige Funktionen f eines reellen Arguments die elementaren Kenngrößen Differenzenquotient (mittlerer Zuwachs pro Zeiteinheit) $\frac{f(x+\Delta)-f(x)}{\Delta}$, mittlerer relativer Zuwachs (prozentualer Zuwachs pro Zeiteinheit) $\frac{f(x+\Delta)-f(x)}{\Delta f(x)}$, mittlere Elastizität $\varepsilon_f(x, \Delta) = \frac{f(x+\Delta)-f(x)}{f(x)} / \left(\frac{\Delta}{x}\right)$ eingeführt. Es zeigte sich, daß diese Kenngrößen selbst bei einfachen Funktionen von komplizierter Gestalt sind. Meist betrachtet man die Kenngrößen für kleinen Zuwachs Δ auf der x-Achse (Zeitachse). Es liegt daher nahe zu untersuchen, ob sich die elementaren Kenngrößen für abnehmendes Δ (notiert durch „$\Delta \to 0$") einem festen Wert (Grenzwert) annähern. Existiert dieser Grenzwert, so wird er als die entsprechende differentielle Kenngröße bezeichnet. In den in Kapitel 4 betrachteten Fällen zeigte sich, daß die differentiellen Kenngrößen von erheblich einfacherer Gestalt sind als die elementaren Kenngrößen. Da die differentielle Kenngröße für kleines Δ eine Näherung der elementaren Kenngröße darstellt, trägt der Grenzwertkalkül zu einer wesentlichen Vereinfachung bei. Kenntnisse des Grenzwertkalküls sind also nützlich: Sie erleichtern das Verständnis der differerentiellen als Näherung der elementaren Kenngrößen und sie ermöglichen Untersuchungen über die Güte der Näherung.   •

7.2 Grenzprozesse von Variablen.

Wir betrachten im folgenden reellwertige Funktionen $f\colon D \to \mathbb{R}$ eines reellen Arguments und Folgen $(a_n)_I$ reeller Zahlen. Folgen sind spezielle Funktionen, siehe die Einleitung zu Kapitel 5. Insofern können Konvergenz und bestimmte Divergenz von Folgen als Spezialfälle der Konvergenz und bestimmten Divergenz von Funktionen aufgefaßt werden Aus Gründen der Übersichtlichkeit werden Folgen und Funktionen jedoch im folgenden getrennt betrachtet.

Konvergenz und bestimmte Divergenz drücken *Grenzprozesse* von Variablen aus. Fünf Arten von Grenzprozessen einer reellen Variablen z sind zu unterscheiden:

(G1) Die Variable nähert sich beliebig dicht an eine reelle Zahl d an (strebt gegen eine reelle Zahl d). Dies ist der Grenzprozeß der Konvergenz. Er wird mit $z \to d$ notiert.

(G2) Die Variable z strebt von links gegen eine reelle Zahl d, d. h. z strebt gegen d, ist aber stets kleiner als d. Dies ist der Grenzprozeß der linksseitigen Konvergenz. Er wird mit $z \uparrow d$ notiert.

(G3) Die Variable z strebt von rechts gegen eine reelle Zahl d, d. h. z strebt gegen d, ist aber stets größer als d. Dies ist der Grenzprozeß der rechtsseitigen Konvergenz. Er wird mit $z \downarrow d$ notiert.

(G4) Die Variable wächst über alle Grenzen (strebt gegen $+\infty$). Dies ist der Grenzprozeß der bestimmten Divergenz gegen $+\infty$. Er wird mit $z \to +\infty$ notiert.

(G5) Die Variable fällt unter alle Grenzen (strebt gegen $-\infty$). Dies ist der Grenzprozeß der bestimmten Divergenz gegen $-\infty$. Er wird mit $z \to -\infty$ notiert.

Die Struktur der Konvergenz bzw. bestimmten Divergenz entspricht der Unterscheidung von unabhängiger und abhängiger Variabler im Funktionszusammenhang $y = f(x)$: Gegeben ist ein Grenzprozeß der unabhängigen Variablen x, der einen Grenzprozeß der abhängigen Variablen y nach sich zieht. Der Definitonsbereich der Funktion bzw. der Indexbereich der Folge muß dabei so beschaffen sein, daß der Grenzprozeß der unabhängigen Variablen durchführbar ist. Diese Forderung hat für die Grenzprozesse (G1),...,(G5) der unabhängigen Variablen die folgenden Konsequenzen:

(i) Die Grenzprozesse (G1), (G2), (G3) der unabhängigen Variablen sind ersichtlich nur für auf Intervallen definierte Funktionen $f: I \to \mathbb{R}$ interessant. Damit die Grenzprozesse $x \to a$, $x \uparrow a$, $x \downarrow a$ des Arguments durchführbar sind, muß der Punkt a im Inneren des Intervalls I liegen oder ein Randpunkt von I sein. Siehe Paragraph 2.7 für die Begriffe des *Inneren* und des *Randpunktes* eines Intervalls.

(ii) Der Grenzprozeß (G4) der unabhängigen Variablen ist von Belang sowohl bei Funktionen $f: D \to \mathbb{R}$, die auf Intervallen oder Vereinigungen von Intervallen definiert sind, als auch für Folgen $(a_n)_I$ reeller Zahlen. Damit der Grenzprozeß $x \to +\infty$ des Arguments bzw. der Grenzprozeß $n \to +\infty$ des Index durchführbar ist, muß der Definitionsbereich D bzw. der Indexbereich I nach oben unbeschränkt sein. Im allgemeinen ist D ein nach oben unbeschränktes Intervall bzw. $I = \mathbb{N}$ oder $I = \mathbb{N}_0$.

(iii) Der Fall des Grenzprozesses (G5) der unabhängigen Variablen steht in Analogie zum Fall des Grenzprozesses (G4) der unabhängigen Variablen. Es muß also der Definitionsbereich D bzw. der Indexbereich I nach unten unbeschränkt sein.

7.3 Mathematische Definition von Konvergenz und bestimmter Divergenz.

Die Ausführungen der vorigen Paragraphen operieren mit in der Anschauung gründenden Begriffen von Konvergenz und bestimmter Divergenz. Damit diese Begriffe mathematisch nutzbar werden, müssen sie in mathematischer Terminologie präzisiert werden. Die Tabellen 25, 26, 27, des Anhangs C geben für alle Grenzprozesse des Arguments bzw. Index die exakten Definitionen der Konvergenz und bestimmten Divergenz von Funktionen und Zahlenfolgen an. Dabei ist der Definitionsbereich D der Funktion $f: D \to \mathbb{R}$ stets ein Intervall oder eine Vereinigung von Intervallen, der Indexbereich I der Folge $(a_n)_I$ eine Teilmenge der Menge der ganzen Zahlen. Der Definitions- bzw. Indexbereich soll jeweils die für den Grenzprozeß der unabhängigen Variablen notwendige Beschaffenheit haben, siehe oben die Punkte (i), (ii), (iii).

Man erinnere sich noch einmal daran, daß die Definitionen der Tabelle 27 für Folgen als Spezialfälle der Definitionen der Tabellen 25 und 26 für Funktionen aufgefaßt werden können, da Folgen spezielle Funktionen sind. Für wirtschaftswissenschaftliche Anwendungen, insbesondere im Hinblick auf die Standardinterpretation der unabhängigen Variablen als Zeit, ist der Grenzprozeß $x \to +\infty$ bzw. $n \to +\infty$ von vorrangigem Interesse. Die Übersicht von Tabelle 27 über die Konvergenz und bestimmte Divergenz von Folgen beschränkt sich daher auf diesen Fall. Unter dieser Beschränkung schreibt man $n \to \infty$ für $n \to +\infty$.

Mit der Definition (32) der Betragsfunktion erkennt man sofort, daß die Bedingung für die Konvergenz $a_n \to a$ einer Folge $(a_n)_I$ aus Tabelle 27 des Anhangs C äquivalent ist zu der folgenden Bedingung:

Abbildung 45: Illustration der Konvergenz gegen eine Zahl a und der bestimmten Divergenz gegen $+\infty$.

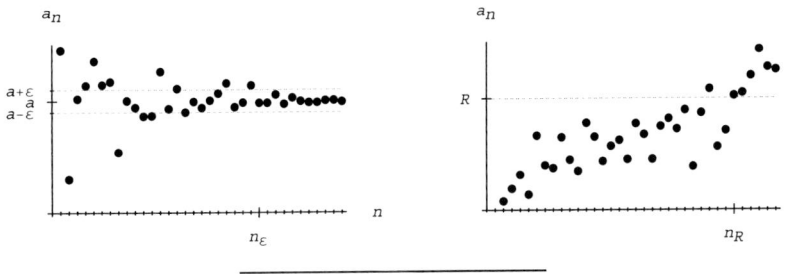

Zu jedem $\varepsilon > 0$ gibt es $n_\varepsilon \in \mathbb{N}$ mit $\quad a - \varepsilon < a_n < a + \varepsilon$

für alle $n \in I$, $n \geq n_\varepsilon$. $\hfill (278)$

Mit dem in Paragraph 2.7 eingeführten Begriff der offenen ε-Umgebung kann ein weiteres zur Definition von Tabelle 27 des Anhangs C und zu (278) gleichwertiges Konvergenzkriterium angegeben werden:

Zu jedem $\varepsilon > 0$ gibt es $n_\varepsilon \in \mathbb{N}$ mit $\quad a_n \in U_\varepsilon(a) \quad$ für alle $n \in I$, $n \geq n_\varepsilon$. $\hfill (279)$

In anschaulicher Terminologie läßt sich Konvergenz einer Folge folgendermaßen charakterisieren:

- $(a_n)_I$ konvergiert genau dann gegen a, wenn sich in jeder noch so kleinen offenen ε-Umgebung $U_\varepsilon(a)$ von a fast alle (alle bis auf endlich viele) Folgenglieder a_n befinden.

Eine gleichwertige Formulierung bezieht sich auf sogenannte *Endstücke* $(a_n)_{n \geq n_0}$ der Folge möglich:

- $(a_n)_I$ konvergiert genau dann gegen a, wenn sich in jeder noch so kleinen ε-Umgebung von a ein gewisses Endstück $(a_n)_{n \geq n_\varepsilon}$ der Folge befindet.

In ähnlicher Weise kann bestimmte Divergenz charakterisiert werden:

- $(a_n)_I$ ist genau dann bestimmt divergent gegen $+\infty$ (bzw. gegen $-\infty$), wenn sich oberhalb (bzw. unterhalb) jeder Schranke R ein gewisses Endstück $(a_n)_{n > n_R}$ der Folge befindet.

Abbildung 45 illustriert die Konvergenz gegen eine Zahl a und die bestimmte Divergenz gegen $+\infty$. Man beachte aber, daß eine solche Graphik nur Illustrations-, aber keinen Beweischarakter+ hat, da stets nur endliche Abschnitte der Folge dargestellt werden können.

Der Anwender muß bei der Untersuchung von Folgen oder Funktionen kaum je auf die Kriterien für Konvergenz und bestimmte Divergenz aus den Tabellen 25, 26, 27 im Anhang

C zurückgreifen. Die für die Anwendungen relevanten Konvergenzuntersuchungen können fast immer mit den Angaben von Paragraph 7.5 und mit den Rechenregeln von Paragraph 7.6 erledigt werden.

7.4 Konvergenz und Divergenz.

Ist eine Funktion bzw. Folge unter einem gegebenen Grenzprozeß des Arguments bzw. des Index nicht konvergent gegen irgendeine reelle Zahl, so bezeichnet man die Funktion bzw. die Folge als *divergent* (bezüglich des Grenzprozesses des Arguments bzw. des Index). Die in den Tabellen 26 und 27 des Anhangs C definierte *bestimmte Divergenz* ist offensichtlich ein Spezialfall von Divergenz.

Divergenz impliziert im allgemeinen nicht bestimmte Divergenz. Zur Illustration betrachte man die Folgen $((-1)^n)_{\mathbb{N}}$ und $(2^n)_{\mathbb{N}}$. Beide Folgen sind ersichtlich nicht konvergent: Die alternierende Folge $((-1)^n)_{\mathbb{N}}$ durchläuft die Werte $-1, 1, -1, 1, \ldots$ und genügt somit nicht der Konvergenzbedingung von Tabelle 27 in Anhang C. Die streng monoton wachsende Folge $(2^n)_{\mathbb{N}}$ durchläuft die Potenzen $2, 4, 8, 16, \ldots$ von 2 und kann somit ebenfalls nicht die Konvergenzbedingung von Tabelle 27 des Anhangs C erfüllen. Vom Standpunkte der Anschauung besteht jedoch zwischen den divergenten Folgen $((-1)^n)_{\mathbb{N}}$ und $(2^n)_{\mathbb{N}}$ ein erheblicher Unterschied. Die Divergenz von $(2^n)_{\mathbb{N}}$ hat eine Richtung, die Folgenglieder werden immer größer. Die Divergenz von $((-1)^n)_{\mathbb{N}}$ hingegen ist richtungslos. Zur Kenntlichmachung „orientiert" divergierender Folgen wie $(2^n)_{\mathbb{N}}$ wurde der Begriff der *bestimmten Divergenz* gegen $+\infty$ bzw. gegen $-\infty$ eingeführt, siehe die Tabellen 26 und 27 im Anhang C. In diesem Sinne ist $(2^n)_{\mathbb{N}}$ bestimmt divergent gegen $+\infty$. Hingegen ist $((-1)^n)_{\mathbb{N}}$ weder konvergent noch bestimmt divergent.

7.4.1 Aufgabe. Durch Rückgriff auf die Definitionen von Tabelle 27 im Anhang C beweise man exakt die Divergenz bzw. bestimmte Divergenz der Folgen $((-1)^n)_{\mathbb{N}}$ und $(2^n)_{\mathbb{N}}$. •

Wenn eine Funktion f bzw. eine Folge $(a_n)_I$ gegen eine reelle Zahl b konvergiert, so nennt man b einen *Grenzwert* von f bzw. $(a_n)_{\mathbb{N}}$. In den Tabellen 25 und 27 des Anhangs C wurden Ausdrücke wie „$\lim_{n\to\infty} a_n = b$"oder „$\lim_{x\to a} f(x) = b$"verwendet, um den Sachverhalt der Konvergenz gegen eine reelle Zahl b auszudrücken. Daraus folgt noch nicht, daß durch $\lim_{n\to\infty} a_n$ oder $\lim_{x\to a} f(x)$ eindeutig bestimmte Werte denotiert werden. Aufgrund des anschaulichen Gehalts der Konvergenzdefinitionen ist aber zu erwarten, daß der Grenzwert bei Konvergenz eindeutig bestimmt ist. Dieses Ergebnis wird durch den folgenden Satz bestätigt.

7.4.2 Satz (Eindeutigkeit des Grenzwerts). Es sei $f\colon D \to \mathbb{R}$, $(a_n)_I$ eine Folge aus $\mathbb{R}$.

(a) Ist $f \xrightarrow[x\to a]{} b$, $f \xrightarrow[x\to a]{} b'$, so ist $b = b'$. Der eindeutig bestimmte Grenzwert wird mit $\lim_{x\to a} f(x)$ bezeichnet.

Entsprechendes gilt, wenn f unter einem der Grenzprozesse $x \downarrow a$, $x \uparrow a$, $x \to +\infty$, $x \to -\infty$ gegen eine reelle Zahl konvergiert.

(b)   Ist $a_n \xrightarrow[n \to \infty]{} b$, $a_n \xrightarrow[n \to \infty]{} b'$, so ist $b = b'$. Der eindeutig bestimmte Grenzwert wird mit $\lim\limits_{n \to \infty} a_n$ bezeichnet.   •

Konvergiert $(a_n)_I$ gegen eine reelle Zahl, so sind aufgrund von Satz 7.4.2 die Aussagen „$\lim_{n\to\infty} a_n = b$" und „$\lim_{x \to a} f(x) = b$" Identitäten im strengen Sinne: Links steht der eindeutig bestimmte Grenzwert, rechts eine Zahl, behauptet wird die Übereinstimmung von Grenzwert und Zahl. Hingegen sind die durch die Tabellen 26 und 27 des Anhangs eingeführten Formeln wie „$\lim_{n\to\infty} a_n = +\infty$", „$\lim_{x \to +\infty} f(x) = +\infty$" zunächst nur symbolische Notationen. Um sie als echte Identitäten aufzufassen, betrachtet man die durch die *Fernpunkte* $+\infty$ und $-\infty$ kompaktifizierte Zahlengerade $\overline{\mathbb{R}} = \{-\infty\} \cup \mathbb{R} \cup \{+\infty\}$. Mit den Elementen dieser kompaktifizierten Zahlengeraden kann man weitgehend rechnen wie mit reellen Zahlen. Die Rechenregeln, samt den im Vergleich zu den Rechenregeln für reelle Zahlen zu beachtenden Ausnahmen, entnimmt man dem Paragraphen B des Anhangs. Auf der kompaktifizierten Zahlengeraden kann die bestimmte Divergenz als Konvergenz gegen die Werte $-\infty$ oder $+\infty$ aufgefaßt werden.

7.5   Konvergenz und bestimmte Divergenz spezieller Funktionen und Folgen.

Eine Vielzahl von Konvergenzuntersuchungen läßt sich mithilfe der Rechenregeln von Paragraph 7.6 auf die folgenden Konvergenzaussagen zurückführen.

Die einfachsten konvergenten Folgen sind die *konstanten* Folgen, bei denen alle Folgenglieder übereinstimmen:

$$\lim_{n \to \infty} a_n \;=\; a, \qquad \text{falls } a_n = a \;\; \text{für alle } n \in \mathbb{N}. \tag{280}$$

Tabelle 28 im Anhang C gibt eine Übersicht über die Grenzprozesse der für $x \in (0; +\infty)$ definierten Potenzen $x^p = \exp\Big(p \ln(x)\Big)$ mit fixiertem Exponenten $p \in \mathbb{R}$. Die Tabelle 29 im Anhang C enthält die entsprechenden Grenzprozesse der für $x \in \mathbb{R}$ definierten Potenzen $q^x = \exp\Big(x \ln(q)\Big)$ mit fixierter Basis $q > 0$. Für natürliche Zahlen $n \in \mathbb{N}_0$ ist

$$q^n \;=\; \underbrace{q \cdot ... \cdot q}_{n\text{mal}}$$

für jedes $q \in \mathbb{R}$. Die Grenzprozesse für Folgen $(q^n)_{\mathbb{N}}$ sind Tabelle 30 im Anhang C angegeben.

Für $x \to +\infty$, $x \to -\infty$ werden die Grenzprozesse von Polynomen $f(x) = b_k x^k + b_{k-1} x^{k-1} + ... + b_1 x^1 + b_0$ vom Grade k mit $b_k \neq 0$ stets vom Summanden $b_k x^k$ bestimmt.

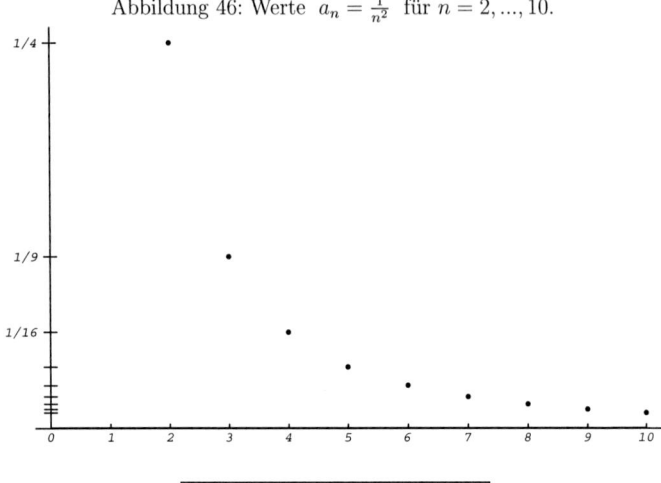

Abbildung 46: Werte $a_n = \frac{1}{n^2}$ für $n = 2, ..., 10$.

Eine Übersicht über die Grenzprozesse von Polynomen findet sich in Tabelle 31 im Anhang C.

Gelegentlich treten Funktionen

$$x^r \cdot q^x = \exp\left(r\ln(x)\right) \cdot \exp\left(x\ln(q)\right) \quad \text{für } x \in (0; +\infty) \text{ mit } r \in \mathbb{R},\, q > 0 \quad (281)$$

bzw. die Folgen mit Gliedern

$$n^r \cdot q^n = \exp\left(r\ln(n)\right) \cdot \underbrace{q \cdot ... \cdot q}_{n\text{mal}} \quad \text{für } n \in \mathbb{N} \text{ mit } r, q \in \mathbb{R} \quad (282)$$

auf. Bei diesen Produkten werden die Grenzprozesse $x \to +\infty$, $x \to -\infty$ bzw. $n \to \infty$ im Falle $q \neq 1$ stets von dem Potenzfaktor q^x bzw. q^n bestimmt. Einzelheiten entnimmt man den Tabellen 32 und 33 im Anhang C. Im Falle $r \leq 0$ lassen sich die Tabellen 32 und 33 auf die Tabellen 28, 29 und 30 zurückführen. Im Falle $r > 0$ besagen die Tabellen 32 und 33, daß die Konvergenz von $(q^n)_{\mathbb{N}}$ gegen 0 offenbar so stark ist, daß die beliebig wachsenden Glieder der Folge $(n^r)_{\mathbb{N}}$ keinen Einfluß haben.

Für $x \to +\infty$, $x \to -\infty$ werden die Grenzprozesse von Produkten $f(x) \cdot q^x$ mit einem Polynom $f(x) = b_k x^k + b_{k-1}x^{k-1} + ... + b_1 x^1 + b_0$ vom Grade k mit $b_k \neq 0$ ebenfalls bestimmt durch den Grenzprozeß des Produktes $b_k x^k \cdot q^x$.

7.5.1 Beispiel. Die Abbildung 46 zeigt die Werte $a_n = \frac{1}{n^2}$ für $n = 2, ..., 10$. Man vervollständige die Beschriftung auf der y-Achse. Ist die Folge $(a_n)_{\mathbb{N}}$ konvergent? •

7.5.2 Beispiel. Die Abbildung 47 zeigt die Werte $a_n = 0.8^n$ für $n = 1, ..., 15$. Man

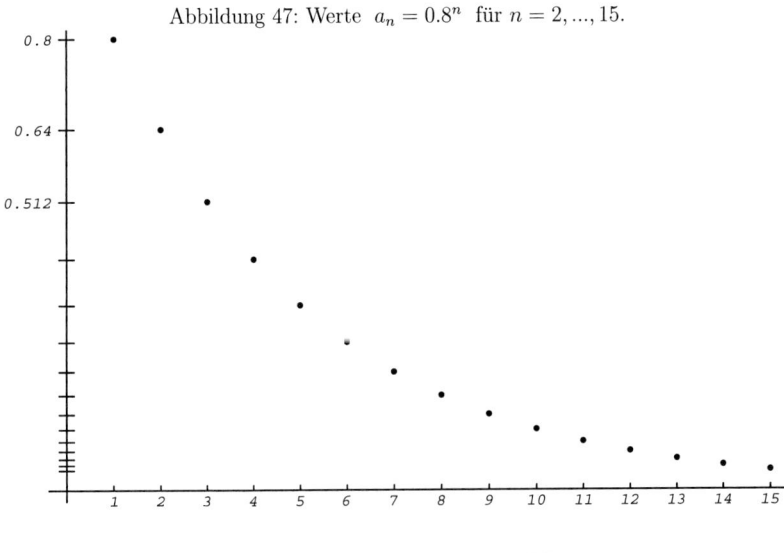

Abbildung 47: Werte $a_n = 0.8^n$ für $n = 2, ..., 15$.

vervollständige die Beschriftung auf der y-Achse. Ist die Folge $(a_n)_{\mathbb{N}}$ konvergent? •

7.5.3 Beispiel. Die Abbildung 48 zeigt die Glieder $a_1, ..., a_{15}$ der alternierenden Folge $(a_n)_{\mathbb{N}} = ((-0.8)^n)_{\mathbb{N}}$. Man vervollständige die Beschriftung auf der y-Achse. Ist die Folge $(a_n)_{\mathbb{N}}$ konvergent? •

7.6 Rechenregeln für konvergente Funktionen und Folgen.

Durch Anwendung der elementaren algebraischen Operationen entstehen aus gegebenen konvergenten Funktionen bzw. Folgen weitere konvergente Funktionen bzw. Folgen. Wir geben zunächst die wichtigsten Regeln für Folgen an. Es seien $(a_n)_{\mathbb{N}}$ und $(b_n)_{\mathbb{N}}$ konvergente Folgen mit Grenzwerten $\lim_{n\to\infty} a_n = a$, $\lim_{n\to\infty} b_n = b$. Dann gilt:

$$\lim_{n\to\infty} (a_n + b_n) = \lim_{n\to\infty} a_n + \lim_{n\to\infty} b_n = a + b, \tag{283}$$

$$\lim_{n\to\infty} (a_n - b_n) = \lim_{n\to\infty} a_n - \lim_{n\to\infty} b_n = a - b, \tag{284}$$

$$\lim_{n\to\infty} (d \cdot a_n) = d \cdot \lim_{n\to\infty} a_n = d \cdot a, \tag{285}$$

$$\lim_{n\to\infty} (a_n \cdot b_n) = \lim_{n\to\infty} a_n \cdot \lim_{n\to\infty} b_n = a \cdot b, \tag{286}$$

Abbildung 48: Werte $a_n = (-0.8)^n$ für $n = 2, ..., 15$.

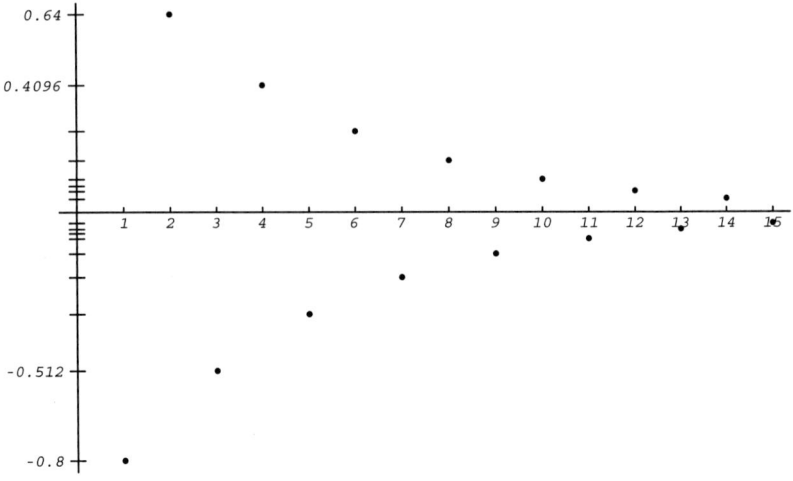

$$\lim_{n \to \infty} \frac{a_n}{b_n} = \frac{\lim\limits_{n \to \infty} a_n}{\lim\limits_{n \to \infty} b_n} = \frac{a}{b}, \qquad \text{falls } \lim_{n \to \infty} b_n = b \neq 0. \qquad (287)$$

$$\lim_{n \to \infty} a_n^k = \left(\lim_{n \to \infty} a_n \right)^k = a^k \quad \text{für } k \in \mathbb{N}. \qquad (288)$$

$$\lim_{n \to \infty} \sqrt[k]{a_n} = \sqrt[k]{\lim_{n \to \infty} a_n} = \sqrt[k]{a} \quad \text{für } k \in \mathbb{N}, \quad \text{falls } a_n \geq 0 \text{ für } n \in \mathbb{N}. \qquad (289)$$

$$\lim_{n \to \infty} a_n^{\,p} = \left(\lim_{n \to \infty} a_n \right)^p = a^p \quad \text{für } p \in \mathbb{R}, \quad \text{falls } a_n > 0 \text{ für } n \in \mathbb{N}. \qquad (290)$$

Entsprechende Regeln gelten für reellwertige Funktionen $f, g \colon D \to \mathbb{R}$ eines reellen Arguments. Man ersetze in (283),...,(290) jeweils Folgengliedersymbole „a_n", „b_n"durch die Funktionswertsymbole „$f(x)$", „$g(x)$" und den Grenzprozeß $n \to \infty$ des Index durch einen der Grenzprozesse $x \to +\infty$, $x \to -\infty$, $x \to c$, $x \uparrow c$, $x \downarrow c$ des Arguments.

Die Regeln gelten uneingeschränkt bei Konvergenz gegen reelle Zahlen. Mit den durch die Formeln (515) bis (523) definierten Rechenoperationen auf der kompaktifizierten Zahlengeraden $\overline{\mathbb{R}} = \{-\infty\} \cup \mathbb{R} \cup \{+\infty\}$ gelten die Regeln auch bei bei bestimmter Divergenz gegen die Fernpunkte $-\infty$ oder $+\infty$. Man beachte aber die Einschränkungen durch die in den Formelzeilen (524) und (525) angegebenen undefinierten Operationen. Undefiniert ist insbesondere die Division durch 0. Im Grenzwert kann die Division durch 0 gemäß der folgenden Regel Regel behandelt werden. Es seien $(a_n)_\mathbb{N}$, $(b_n)_\mathbb{N}$ Folgen. Für $n \geq n_0$

seien die Folgenglieder verschieden von 0 und von konstantem Vorzeichen, und es sei $\lim_{n \to \infty} a_n = a \neq 0$, $\lim_{n \to \infty} b_n = 0$. Dann ist

$$\lim_{n \to \infty} \frac{a_n}{b_n} \; = \; \begin{cases} -\infty, & \text{falls } -\infty \leq a < 0, \; b_n > 0 \text{ für } n \geq n_0 \\ & \text{oder falls } 0 < a \leq +\infty \leq a, \quad b_n < 0 \text{ für } n \geq n_0, \\ +\infty, & \text{falls } -\infty \leq a < 0, \quad b_n < 0 \text{ für } n \geq n_0 \\ & \text{oder falls } 0 < a \leq +\infty \leq a, \; b_n > 0 \text{ für } n \geq n_0. \end{cases} \tag{291}$$

Man beachte: Die Regel (291) enthält keine Maßgabe zur Berechnung des Grenzwerts von Quotienten a_n/b_n mit $\lim_{n \to \infty} a_n = 0 = \lim_{n \to \infty} b_n$. Diese Grenzsituation $0/0$, sowie die Grenzsituationen $+\infty/+\infty$, $+\infty/-\infty$, $-\infty/+\infty$, $-\infty/-\infty$ können nicht durch eine einfache Rechenregel behandelt werden, siehe hierzu das Beispiel 7.6.4. Eine Hilfestellung leistet häufig die Regel von de L'Hospital, siehe Satz 7.6.6.

Mittels der Regeln (283) bis (290) und der Konvergenzaussagen der Tabellen 28 bis 33 des Anhangs C kann die Konvergenz vieler Folgen und Funktionen auf einfache Weise untersucht werden. Zur Illustration betrachte man die folgenden Beispiele 7.6.1 und 7.6.2.

7.6.1 Beispiel.   Es sei

$$a_n \; = \; \frac{18n^3 + \frac{17n^2}{4^n} - 9\sqrt{n}}{\frac{3n}{5^{2n}} + 27n^3 - 8} \; .$$

Es gilt

$$a_n \; = \; \frac{18 + \frac{17}{n\,4^n} - \frac{9}{n^3}\sqrt{n}}{\frac{3}{n^2\,5^{2n}} + 27 - \frac{8}{n^3}} \; .$$

Man untersucht zunächst die Konvergenz der Komponenten des Nenners:

$$\lim_{n \to \infty} \frac{3}{n^2 5^{2n}} \; =_{(285),(286)} \; 3 \lim_{n \to \infty} \frac{1}{n^2} \cdot \lim_{n \to \infty} \frac{1}{5^{2n}} \; =_{\text{Tabellen 28, 30}} \; 0,$$

$$\lim_{n \to \infty} \frac{8}{n^3} \; =_{(285)} \; 8 \lim_{n \to \infty} \frac{1}{n^3} \; =_{\text{Tabelle 28}} \; 0.$$

Somit ergibt sich der Grenzwert des Nenners zu

$$\lim_{n \to \infty} \left(\frac{3}{n^2\,5^{2n}} + 27 - \frac{8}{n^3} \right) \; =_{(283),(284)}$$

$$\lim_{n \to \infty} \frac{3}{n^2\,5^{2n}} + \lim_{n \to \infty} 27 - \lim_{n \to \infty} \frac{8}{n^3} \; =_{\text{Tabellen 28, 30 , (280),(286)}} \; 27.$$

Analog berechnet man den Grenzwert des Zählers:

$$\lim_{n \to \infty} \left(18 + \frac{17}{n\,4^n} - \frac{9}{n^3}\sqrt{n} \right) \; =_{(283),(284)}$$

$$\lim_{n\to\infty} 18 + \lim_{n\to\infty} \frac{17}{n\,4^n} - \lim_{n\to\infty} \frac{9}{n^3}\sqrt{n} \quad =_{(285),\,(286),\,\text{Tabellen 28, 30}} \quad 18.$$

Insgesamt ergibt sich also

$$\lim_{n\to\infty} a_n \;=\; \lim_{n\to\infty} \frac{18 + \frac{17}{n\,4^n} - \frac{9}{n^3}\sqrt{n}}{\frac{3}{n^2\,5^{2n}} + 27 - \frac{8}{n^3}} \quad =_{(287)}$$

$$\frac{\lim\limits_{n\to\infty}\left(18 + \frac{17}{n\,4^n} - \frac{9}{n^3}\sqrt{n}\right)}{\lim\limits_{n\to\infty}\left(\frac{3}{n^2\,5^{2n}} + 27 - \frac{8}{n^3}\right)} \;=\; \frac{18}{27} \;=\; \frac{2}{3}. \qquad\bullet$$

7.6.2 Beispiel. Es sei $f\colon \mathbb{R} \setminus \{-\sqrt{2}, \sqrt{2}\} \to \mathbb{R}$ mit

$$f(x) \;=\; \frac{x^2 + 7x - 2}{x^2 - 2} \qquad \text{für } x \in \mathbb{R},\ x \neq -\sqrt{2},\ x \neq \sqrt{2}.$$

Mit Tabelle 31 ergibt sich

$$\lim_{x\to 2}(x^2 + 7x - 2) = 2^2 + 7\cdot 2 - 2 = 16, \qquad \lim_{x\to 2}(x^2 - 2) = 2^2 - 2 = 2,$$

also mit dem Analogon zu (287)

$$\lim_{x\to 2} f(x) \;=\; \lim_{x\to 2} \frac{x^2 + 7x - 2}{x^2 - 2} \;=\; \frac{\lim\limits_{x\to 2}(x^2 + 7x - 2)}{\lim\limits_{x\to 2}(x^2 - 2)} \;=\; \frac{16}{2} \;=\; 8. \qquad\bullet$$

7.6.3 Beispiel. Es sei $a_n = (3n^2 + 2n + 7)/(2n + 5)$. Dann ist

$$a_n \;=\; \frac{3n + 2 + \frac{7}{n}}{2 + \frac{5}{n}} \;=\; \frac{3 + \frac{2}{n} + \frac{7}{n^2}}{\frac{2}{n} + \frac{5}{n^2}}.$$

Wir bestimmen den Grenzwert zunächst mittels der ersten Darstellung. Ersichtlich strebt der Zähler gegen $+\infty$, der Nenner gegen 2. Mit der Quotientenregel (287) und $+\infty/2 = +\infty$ gemäß den Rechenregeln (519) und (522) für die kompaktifizierte Zahlengerade im Anhang B ergibt sich $\lim_n a_n = +\infty$.

Wir bestimmen den Grenzwert nunmehr mittels der zweiten Darstellung. Ersichtlich sind Zähler und Nenner durchgängig positiv. Der Zähler strebt gegen 3, der Nenner gegen 0. Mit der Quotientenregel (291) ergibt sich $\lim_n a_n = +\infty$. $\qquad\bullet$

7.6.4 Beispiel. Die folgenden Beispiele zeigen, daß die Quotienten $0/0$, $+\infty/+\infty$, $+\infty/-\infty$, $-\infty/+\infty$, $-\infty/-\infty$ in der Grenze nicht durch eine einfache Regel behandelt werden können. Es ist

$$\lim_{n\to\infty} \frac{2n + 1}{n} = 2, \qquad \lim_{n\to\infty} \frac{2n^2 + 1}{n} = +\infty, \qquad \lim_{n\to\infty} \frac{2n + 1}{n^2} = 0,$$

wobei Zähler und Nenner jeweils bestimmt gegen $+\infty$ divergieren. Es ist

$$\lim_{n\to\infty} \frac{5/n^2}{2/n} = 0, \quad \lim_{n\to\infty} \frac{5/n}{2/n} = 2.5, \quad \lim_{n\to\infty} \frac{5/n}{2/n^2} = +\infty,$$

wobei Zähler und Nenner jeweils gegen 0 konvergieren. •

7.6.5 Aufgabe. Man untersuche, ob die nachfolgend definierten Folgen $(a_n)_\mathbb{N}$ konvergieren und bestimme gegebenenfalls den Grenzwert:

$$a_n = \frac{7n\left(2 - \frac{1}{2^n}\right)}{1 - 3n}, \qquad a_n = \frac{4n + 0.99^{2n-7}}{5n^2 - 2}, \qquad a_n = \frac{13n^4 - \frac{4}{n} + 6\sqrt{n}}{17n^2 + 8n^4 - 1},$$

$$a_n = \frac{\sqrt{n^2 - n}}{n + 1}, \qquad a_n = \sqrt{n+1} - \sqrt{n}, \qquad a_n = \frac{n^2 - 1}{2n + n\sqrt{n}} - \sqrt{n} \qquad .$$ •

Zur Grenzwertberechnung bei Grenzsituationen wie $0/0$, Grenzsituationen $+\infty/ + \infty$, $+\infty/ - \infty$, $-\infty/ + \infty$, $-\infty/ - \infty$ ist häufig die *Regel von de L'Hospital*[9] nützlich. Die Regel erfordert die Berechnung von Ableitungen. Informationen zum Begriff der Differenzierbarkeit und zur Berechnung von Ableitungen entnimmt man dem Anhang E.

7.6.6 Satz (Regel von de L'Hospital). Es sei $D \subset \mathbb{R}$ ein Intervall, $f, g\colon D \to \mathbb{R}$ differenzierbar mit $g(x) \neq 0$, $g'(x) \neq 0$ für $x \in D$. Es sei a ein Randpunkt von D in der kompaktifizierten Zahlengeraden $\overline{\mathbb{R}}$, d. h. die Werte $a = -\infty$ und $a = +\infty$ sind zulässig. Es liege eine der beiden folgenden Situationen vor:

(i) $\lim_{x\to a} f(x) = 0 = \lim_{x\to a} g(x)$.

(ii) $\lim_{x\to a} g(x) \in \{-\infty, +\infty\}$.

Dann ist

$$\lim_{x\to a} \frac{f(x)}{g(x)} = \lim_{x\to a} \frac{f'(x)}{g'(x)},$$

falls der letzte Grenzwerte existiert. •

---

[9]Guillaume François Antoine de L'Hospital, auch de L'Hôpital, Marquis de Sainte-Mesme und Comte d'Entremont, geboren 1661 in Paris, als Sohn eines Generallieutenants der Kavallerie, gestorben am 02. Februar 1704 in Paris. De L'Hospital war bereits als Jugendlicher mathematisch interessiert. Im Alter von 15 Jahren löste er einige von Blaise Pascal gestellte Probleme. In der Tradition seiner Familie beschritt de L'Hospital zunächst die Laufbahn eines Kavallerieoffiziers, betrieb aber selbst im Feldlager weiter mathematische Studien. Aufgrund starker Kurzsichtigkeit resignierte de L'Hospital als Offizier, und widmete sich in der Folge ganz dem Studium mathematischer Probleme. 1692 verbrachte Johann Bernoulli vier Monate auf de L'Hospitals Landgut Oucques in der Vendôme und unterwies den Marquis in den neuen, von Leibniz und Newton begründeten Methoden der Differentialrechnung. 1693 wurde de L'Hospital als Ehrenmitglied in die Académie des Sciences gewählt. 1696 erschien de L'Hospitals Werk *Analyse des infiniment petits pour l'intelligence des lignes courbes*, das erste Lehrbuch zur Differentialrechnung überhaupt. Unter anderem enthält das Buch auch die nach de L'Hospital benannte Regel zur Grenzwertberechnung.

Durch Verwendung der Standardfortsetzungen kann die Regel 7.6.6 von de L'Hospital in vielen Fällen auch zur Berechnung der Grenzwerte von Quotienten a_n/b_n von Folgen herangezogen werden.

7.6.7 Aufgabe. Man berechne die Grenzwerte der Folgen aus den Beispielen bzw. Aufgaben 7.6.1 bis 7.6.5 durch Anwendung der Regel von de L'Hospital. •

7.6.8 Aufgabe. Man berechne die folgenden Grenzwerte:

(a) $\lim_{x \to 1} \frac{x^3 - x^2 + x - 1}{x + 1}$, $\quad \lim_{x \to 1} \frac{x^3 + x^2 - x - 1}{x - 1}$, $\quad \lim_{x \to 1} \frac{x^3 + x^2 - x - 1}{x^2 - 1}$, $\quad \lim_{x \to 1} \frac{1 - \sqrt{1 - x^2}}{x^2}$,

$\lim_{x \to 0} \frac{1 - \sqrt{1 - x^2}}{x^2}$, $\quad \lim_{x \to -\infty} \frac{8x^3 + 2x^2 + 1}{2x^3 + 7x}$.

(b) $\lim_{x \to +\infty} \left(\sqrt{4x^2 + 2x - 1} - 2x \right)$.

Hinweis: Man zeige zunächst, daß $\sqrt{4x^2 + 2x - 1} - 2x < \frac{1}{2}$ für alle $x \geq 1$. Zu vorgegebenem $1 > \varepsilon > 0$ bestimme man sodann $x_\varepsilon \geq 1$ derart, daß für $x > x_\varepsilon$ gilt: $\frac{1}{2} - \left(\sqrt{4x^2 + 2x - 1} - 2x \right) < \varepsilon$, d. h. $\frac{1}{2} + 2x - \varepsilon < \sqrt{4x^2 + 2x - 1}$.

(c) $\lim_{x \to +\infty} \sqrt{x} \left(\sqrt{x + 1} - \sqrt{x} \right)$.

Hinweis: Man zeige zunächst, daß $\sqrt{x} \left(\sqrt{x + 1} - \sqrt{x} \right) < \frac{1}{2}$ für alle $x \geq 0$. Zu vorgegebenem $1 > \varepsilon > 0$ bestimme man sodann $x_\varepsilon \geq 0$ derart, daß für $x > x_\varepsilon$ gilt: $\frac{1}{2} - \sqrt{x} \left(\sqrt{x + 1} - \sqrt{x} \right) < \varepsilon$, d. h. $\frac{1}{2} + x - \varepsilon < \sqrt{x^2 + x}$. •

7.7 Diskontierte ewige Einkünfte.

Diskontierte ewige Einkünfte sind ein wichtiges ökonomisches Beispiel zur Grenzwertberechnung.

Wir betrachten die Situation von Paragraph 5.14. In den Jahren $1, 2, \ldots$ gehen Einkünfte von G Geldeinheiten (GE) ein, die zu einem konstanten Zinsfaktor p diskontiert werden. Für die gesamten diskontierten Einkünfte W_n aus den Jahren $1, \ldots, n$ ergab sich die Formel (223). Gehen die Einkünfte G auf ewig ein, d. h. werden auf ewig jedes Jahr G GE erwartet, so sind die gesamten diskontierten Einkünfte W als Grenzwert

$$W = \lim_{n \to \infty} W_n = \lim_{n \to \infty} G \cdot \frac{1}{p} \cdot \left(1 - \frac{1}{(1 + p)^n} \right) = \frac{G}{p} \qquad (292)$$

zu bestimmen. Der Begriff von Einkünften „auf ewig" beruht auf einer Idealisierung. In der Praxis verwendet man die Formel (292), wenn die konstanten Einkünfte von G GE auf sehr lange Zeit ohne festgelegte obere Zeitschranke zu erwarten sind. Das Paradigma der diskontierten ewigen Einkünfte wird vor allem zur Wertkalkulation langlebiger Güter wie Gebäude, landwirtschaftlich oder forstwirtschaftlich genutzter Flächen verwendet.

7.7.1 Aufgabe (Diskontierte ewige Einkünfte). Man erwägt den Kauf eines vom momentanen Eigentümer an einen Winzer verpachteten Weinbergs. Der Winzer leistet auf Grundlage eines langfristigen Pachtvertrags eine Jahrespacht von 500 €. Mit dem Weinberg muß auch der Pachtvertrag übernommen werden. Als Alternative zum Erwerb des Weinbergs wird eine langfristige Geldanlage mit einer jährlichen Rendite von 4.75 % in Betracht gezogen. Auf Grundlage dieser Alternative kalkuliere man den maximalen Kaufpreis unter den folgenden Annahmen:

• Der Käufer bemißt die Nutzungsdauer mit der von ihm veranschlagten Restlebenszeit von 30 Jahren. Er rechnet während dieser Zeit mit den jährlichen Pachteinkünften und veranschlagt den Wiederverkaufswert auf 0 €.

• Der Käufer bemißt die Nutzungsdauer auf ewige Zeit, zum Beispiel im Hinblick auf seine Nachkommen, und rechnet auf immer mit den jährlichen Pachteinkünften. •

7.8 Drei Konvergenzuntersuchungen.

Mithilfe der Ergebnisse des Paragraphen 7.5 und der Rechenregeln von Paragraph 7.6 können wir jetzt die in den Paragraphen 5.5, 5.6, 5.15 eingeführten Folgen auf Konvergenz untersuchen.

7.8.1 Satz (Arithmetische Folge und Konvergenz). Es sei $(a_n)_\mathbb{N}$ die arithmetische Folge mit Startwert a und Zuwachs d, d. h.

$$a_n = a + (n - 1)d \qquad \text{für } n \in \mathbb{N}.$$

Es gilt:

$$\lim_{n \to \infty} a_n = \begin{cases} a, & \text{falls } d = 0, \\ +\infty, & \text{falls } d > 0, \\ -\infty, & \text{falls } d < 0. \end{cases}$$

7.8.2 Satz (Geometrische Folge und Konvergenz). Es sei $(a_n)_\mathbb{N}$ die geometrische Folge mit Startwert a und Zuwachs q, d. h.

$$a_n = aq^{n-1} \qquad \text{für } n \in \mathbb{N}.$$

Im Falle $a \neq 0$, $q \leq -1$ ist $(a_n)_\mathbb{N}$ divergent. In den anderen Fällen gilt:

$$\lim_{n \to \infty} a_n = \begin{cases} a, & \text{falls } q = 1, \\ +\infty, & \text{falls } a > 0,\ q > 1, \\ -\infty, & \text{falls } a < 0,\ q > 1, \\ 0, & \text{falls } a = 0 \text{ oder } -1 < q < 1. \end{cases}$$

●

Wir betrachten nun eine durch das Rekursionsschema (224) erster Ordnung festgelegte Folge $(a_n)_\mathbb{N}$, d. h.

$$a_1 = a, \qquad a_{n+1} = q \cdot a_n + d \quad \text{für alle } n \in \mathbb{N}.$$

Der im Falle der Konvergenz einzig mögliche Grenzwert kann aus der Rekursionsgleichung bestimmt werden. Ist $(a_n)_\mathbb{N}$ konvergent mit $A = \lim_{n \to \infty} a_n$, so ist auch die Folge $(a_{n+1})_\mathbb{N}$ konvergent mit $\lim_{n \to \infty} a_{n+1} = A$. Also ist

$$A = \lim_{n \to \infty} a_{n+1} = \lim_{n \to \infty} (q \cdot a_n + d) = qA + d.$$

Im Falle $q \neq 1$ ist also

$$A = \frac{d}{1-q} \tag{293}$$

der einzig mögliche Grenzwert.

Der folgende Satz 7.8.3 gibt an, in welchen Fällen Konvergenz vorliegt.

7.8.3 Satz (Rekursionsschema erster Ordnung und Konvergenz). Es sei $(a_n)_\mathbb{N}$ eine durch ein Rekursionsschema erster Ordnung festgelegte Folge und zwar sei

$$a_1 = a, \qquad a_{n+1} = q \cdot a_n + d \quad \text{für alle } n \in \mathbb{N}.$$

Im Falle $q \leq -1$ gilt:

$(a_n)_\mathbb{N}$ ist $\begin{cases} \text{divergent,} & \text{falls } a \neq \frac{d}{1-q}, \\ \text{konvergent mit } \lim_{n \to \infty} a_n = \frac{d}{1-q}, & \text{falls } a = \frac{d}{1-q}. \end{cases}$

Im Falle $q > -1$ gilt:

$$\lim_{n \to \infty} a_n = \begin{cases} +\infty, & \text{falls } q > 1,\ a > \frac{d}{1-q}, \\ -\infty, & \text{falls } q > 1,\ a < \frac{d}{1-q}, \\ a, & \text{falls } q = 1, \\ \frac{d}{1-q}, & \text{falls } -1 < q < 1 \text{ oder } a = \frac{d}{1-q}. \end{cases}$$

●

7.8.4 Aufgabe. Man untersuche die Folgen aus Aufgabe 5.15.4 auf Konvergenz. ●

7.8.5 Aufgabe. Man untersuche die Preisfolgen der Cobweb-Modelle von Aufgabe 5.16.2 auf Konvergenz. Welche anschauliche Bedeutung besitzt Konvergenz in diesem Falle? ●

7.9 Kriterien für die Konvergenz von Folgen.

Die mathematische Theorie der unendlichen Folgen stellt eine Reihe von hinreichenden Bedingungen für die Konvergenz von Folgen bereit. Zur Formulierung eines wichtigen, vom Standpunkte der Anschauung unmittelbar einzusehenden Kriteriums benötigt man den Begriff der *beschränkten Folge*.

7.9.1 Definition (Beschränkte Folge). Es sei $(a_n)_{\mathbb{N}}$ eine Folge aus $\mathbb{R}$.

$(a_n)_{\mathbb{N}}$ heißt genau dann *nach oben beschränkt*, wenn es eine Zahl $U \in \mathbb{R}$ gibt mit $\quad a_n \leq U$ für alle $n \in \mathbb{N}$.

$(a_n)_{\mathbb{N}}$ heißt genau dann *nach unten beschränkt*, wenn es eine Zahl $L \in \mathbb{R}$ gibt mit $a_n \geq L$ für alle $n \in \mathbb{N}$. ●

Das Kriterium lautet nun:

7.9.2 Satz (Konvergenzkriterium).

(a) Eine monoton wachsende, nach oben beschränkte Folge ist konvergent.

(b) Eine monoton fallende, nach unten beschränkte Folge ist konvergent. ●

Man beachte, daß Satz 7.9.2 eine Existenzaussage beinhaltet. Für den Beweis dieser Existenzaussage fehlen im vorliegenden Rahmen die Hilfsmittel, man müßte sich zu diesem Zweck tieferen Einblick in den Aufbau der reellen Zahlen verschaffen. Auf eine Darstellung weiterer Kriterien kann im Rahmen einer Einführung in die elementaren Methoden der Analysis verzichtet werden. Zur Betrachtung einfacher Wirtschaftsmodelle ist die in Paragraph 7.6 geschilderte Methode der Untersuchung von Folgen durch Rückführung auf bekanntermaßen konvergente oder divergente Folgen mittels der Regeln (283),...,(289) vollkommen ausreichend. Für anspruchsvollere Anwendungen findet man eine kurze Darstellung von Konvergenzkriterien bei *Vogt* (1988).

Allerdings kann mittels des Kriteriums von Satz 7.9.2 jetzt die Frage nach der Existenz von Wurzeln beantwortet werden. Es sei $k \in \mathbb{N}$, $x \in (0; +\infty)$. Es seien $a, b \in (0; +\infty)$ mit $a^k < x < b^k$. Die Folgen $(a_n)_{\mathbb{N}}$, $(b_n)_{\mathbb{N}}$ seien rekursiv folgendermaßen definiert:

(i) $a_1 = a, \quad b_1 = b.$

(ii) Für $n \in \mathbb{N}$ sei

$$a_{n+1} := \begin{cases} a_n, & \text{falls } \left(\frac{a_n + b_n}{2}\right)^k > x, \\[2mm] \frac{a_n + b_n}{2}, & \text{falls } \left(\frac{a_n + b_n}{2}\right)^k \leq x, \end{cases}$$

$$b_{n+1} := \begin{cases} b_n, & \text{falls } \left(\frac{a_n + b_n}{2}\right)^k < x, \\[2mm] \frac{a_n + b_n}{2}, & \text{falls } \left(\frac{a_n + b_n}{2}\right)^k \geq x. \end{cases}$$

Man wählt also stets entweder eine neue (kleinere) obere Schranke $b_{n+1} = 0.5(a_n + b_n)$ bei unveränderter unterer Schranke $a_{n+1} = a_n$ oder eine neue (größere) untere Schranke $a_{n+1} = 0.5(a_n + b_n)$ bei unveränderter oberer Schranke $b_{n+1} = b_n$. Auf diese Weise erhält man, wie leicht zu beweisen und anschaulich klar, Folgen $(a_n)_\mathbb{N}$, $(b_n)_\mathbb{N}$ mit folgenden Eigenschaften:

$$0 < a_n < b_n, \quad a_n^k \leq x \leq b_n^k \qquad \text{für } n \in \mathbb{N},$$

$(a_n)_\mathbb{N}$ ist monoton wachsend, $\quad (b_n)_\mathbb{N}$ ist monoton fallend,

$$b_n - a_n = \frac{b - a}{2^{n-1}} \qquad \text{für } n \in \mathbb{N}.$$

Nach Satz 7.9.2 existieren $\lim_{n\to\infty} a_n = a$ und $\lim_{n\to\infty} b_n = b$. Nach Formel (284) ist $\lim_{n\to\infty}(b_n - a_n) = 0$, somit also $a = \lim_{n\to\infty} a_n = \lim_{n\to\infty} b_n = b$. Mit den Folgengliedern gilt auch für die Grenzwerte $a^k \leq x \leq b^k$, somit sogar $a^k = x = b^k$. Der Wert $y = a = b$ ist also eine Lösung der Gleichung $y^k = x$, also eine k-te Wurzel von x.

7.9.3 Aufgabe.   Man bestimme $\sqrt{5}$ auf 2 Stellen nach dem Komma genau, d. h. man gebe ein Intervall $[u; o]$ an mit $\sqrt{5} \in [u; o]$, $o - u < 5 \cdot 10^{-3}$. Hierzu setze man in der obigen Konstruktion $x = 5$, $k = 2$, wähle die Startwerte $a = 2$, $b = 3$, und berechne die Glieder $a_1, a_2, ..., b_1, b_2, ...,$ bis $b_n - a_n < 5 \cdot 10^{-3}$.   •

In der obigen Konstruktion gilt für die Intervalle $[a_n; b_n]$, $n = 1, 2, 3, ...$:

$$[a_1; b_1] \supset [a_2; b_2] \supset \ldots,$$

wobei die Intervallänge sich sukzessive halbiert. Eine solche Folge sich umfassender Intervalle, deren Längen gegen 0 streben, heißt *Intervallschachtelung*. Nach dem Muster von Aufgabe 7.9.3 können Intervallschachtelungen zur Bestimmung von Näherungswerten nicht nur für Wurzeln, sondern auch in vielen anderen Fällen eingesetzt werden. In speziellen Situationen gibt es häufig Verfahren, die wesentlich schneller konvergieren als eine Intervallschachtelung. Der Vorteil des Intervallschachtelungsverfahrens liegt darin, daß es unter sehr schwachen Voraussetzungen zum Erfolg führt.

7.10 Konvergenz im $\mathbb{R}^2$.

Ersetzt man den durch den Betrag $|x - a|$ gemessenen Abstand reeller Zahlen durch den in Paragraph 2.12 eingeführten euklidischen Abstand $\sqrt{(x-a)^2 + (y-b)^2}$ von Punkten (x,y), (a,b), so kann Konvergenz von Folgen $\left((a_n, b_n)\right)_I$ aus dem $\mathbb{R}^2$ analog zu der Definition der Konvergenz von Folgen aus $\mathbb{R}$ in Tafel 27 im Anhang C eingeführt werden. Siehe hierzu Tafel 34 im Anhang D. Zu beachten ist, daß die erste Komponente a_n und die zweite Komponente b_n unterschiedliche Grenzprozesse durchlaufen können. Die zweite Hälfte von Tafel 34 zeigt stellvertretend die Situation $a_n \longrightarrow a$, $b_n \longrightarrow +\infty$. Weitere Situationen können durch Analogisierung aus Tafel 34 erschlossen werden.

Mithilfe der in Paragraph 2.12 eingeführten Umgebungbegriffe (offene Kreisumgebung oder offene Quadratumgebung) kann Konvergenz von Folgen $\left((a_n, b_n)\right)_I$ aus dem $\mathbb{R}^2$ gegen einen Punkt (a,b) analog zu der Formulierung (279) der Konvergenz von Folgen reeller Zahlen aus Paragraph 7.3 charakterisiert werden:

$$\text{Zu jedem } \varepsilon > 0 \text{ gibt es } n_\varepsilon \in \mathbb{N} \text{ mit } (a_n, b_n) \in U_\varepsilon\left((a,b)\right) \quad \text{für alle } n \geq n_\varepsilon \,. \quad (294)$$

Formel (294) verwendet die in Paragraph 2.12 eingeführten offenen Kreisumgebungen $U_\varepsilon(a,b)$. Aus der graphischen Repräsentation des $\mathbb{R}^2$ in der cartesischen Koordinatenebene ist aber klar, daß die Ersetzung der offenen Kreisumgebungen in der Bedingung (294) durch offene Quadratumgebungen zu einer gleichwertigen Konvergenzbedingung führt. In der graphischen Repräsentation des $\mathbb{R}^2$ in der cartesischen Koordinatenebene bedeutet die Eigenschaft (294), daß die Folge von Punkten (a_n, b_n) sich beliebig dicht dem Punkt (a,b) annähert. Dann muß sich aber die Folge $(a_n)_\mathbb{N}$ der ersten Koordinaten der ersten Koordinate a annähern, und ebenso muß sich die Folge $(b_n)_\mathbb{N}$ der zweiten Koordinaten beliebig dicht der zweiten Koordinate b annähern. Tatsächlich ist die Konvergenz im $\mathbb{R}^2$ der Konvergenz der Komponentenfolgen gleichwertig.

7.10.1 Satz (Komponentenweise Konvergenz). Es sei $\left((a_n, b_n)\right)_\mathbb{N}$ eine Folge aus dem $\mathbb{R}^2$ und es sei $(a,b) \in \mathbb{R}^2$. Die beiden folgenden Aussagen sind gleichwertig:

(i) Die Folge $\left((a_n, b_n)\right)_\mathbb{N}$ konvergiert gegen den Punkt (a,b).

(ii) Die Folge $(a_n)_\mathbb{N}$ konvergiert gegen a und die Folge $(b_n)_\mathbb{N}$ konvergiert gegen b. •

Über die Charakterisierung der Konvergenz im $\mathbb{R}^2$ durch die komponentenweise Konvergenz ergibt sich leicht das folgende Analogon zu Satz 7.4.2:

7.10.2 Satz. Eine konvergente Zahlenfolge des $\mathbb{R}^2$ besitzt genau einen Grenzwert. •

Auf der Grundlage von Satz 7.10.2 kann für den eindeutig bestimmten Grenzwert (a,b) einer konvergenten Folge $\left((a_n, b_n)\right)_\mathbb{N}$ die Bezeichnung „$\lim_{n\to\infty}(a_n, b_n)$" eingeführt werden.

„$\lim_{n \to \infty}(a_n, b_n) = (a, b)$" bedeutet also „Die Folge $\Big((a_n, b_n)\Big)_{\mathbb{N}}$ konvergiert gegen den Punkt (a, b)". Satz 7.10.2 kann nun auch so ausgedrückt werden:

$$\lim_{n \to \infty}(a_n, b_n) = (\lim_{n \to \infty} a_n, \lim_{n \to \infty} b_n). \tag{295}$$

Die Definitionen der Konvergenz und bestimmten Divergenz von Funktionen $f: D \to \mathbb{R}$, $D \subset \mathbb{R}^2$, von zwei reellen Argumenten sind in Tabelle 35 im Anhang C angegeben.

7.11 Konvergenz in $\mathbb{C}$.

Jeder komplexen Zahl z ist eindeutig das Paar $(Re(z), Im(z)) \in \mathbb{R}^2$ bestehend aus dem Realteil $Re(z)$ und dem Imaginärteil $Im(z)$ zugeordnet, siehe Paragraph 2.17. Aufgrund dieser Zuordnung wird die Menge $\mathbb{C}$ der komplexen Zahlen wie der $\mathbb{R}^2$ durch die cartesische Koordinatenebene repräsentiert, die dann als komplexe Ebene bezeichnet wird. Auch der Umgebungs- und der Konvergenzbegriff können vom $\mathbb{R}^2$ übernommen werden. Im folgenden benötigen wir zur Untersuchung autoregressiver Folgen, siehe Kapitel 8, ausschließlich Kenntnisse über die Konvergenz von Folgen $(q^n)_{\mathbb{N}_0}$ mit $q \in \mathbb{C}$. Die Situation ist dem aus $\mathbb{R}$ bekannten Sachverhalt, siehe Tabelle 30 im Anhang C, weitgehend analog. Die Ergebnisse sind in Tabelle 36 angegeben. Im Unterschied zur Tabelle 30 für reellwertige Basis $q \in \mathbb{R}$ kann bei komplexer Basis im Falle $|q| > 1$ nicht die Richtung der Divergenz festgehalten werden.

7.12 Begriff der unendlichen Reihe.

Es sei $(a_k)_{k \in \mathbb{N}_0}$ eine Folge aus $\mathbb{R}$. Die endlichen Summen

$$s_n = \sum_{k=0}^{n} a_k \qquad \text{für } n \in \mathbb{N}_0$$

können ihrerseits als Folge $(s_n)_{n \in \mathbb{N}_0}$ mit Indexbereich $\mathbb{N}_0$ aufgefaßt werden. Man bezeichnet die Folge $(s_n)_{n \in \mathbb{N}_0}$ als *zu* $(a_k)_{k \in \mathbb{N}_0}$ *gehörige Reihe* und die Folgenglieder $a_0, a_1, \ldots$ als *Glieder der Reihe*. Die Summe $s_n = \sum_{k=0}^{n} a_k$ wird auch als *n-te Teilsumme* oder *n-te Partialsumme* der Reihe bezeichnet.

Konvergiert $(s_n)_{n \in \mathbb{N}_0}$ gegen eine relle Zahl s, gilt also $\lim_{n \to \infty} s_n = s$, so bezeichnet man s als *Summe* der Reihe $(s_n)_{n \in \mathbb{N}_0}$ und schreibt

$$s = \sum_{k=0}^{\infty} a_k .$$

Bei bestimmter Divergenz der Folge der Partialsummen verwendet man die in Paragraph 7.3 eingeführten Schreibweisen. Bei Reihen mit nichtnegativen Gliedern $a_k \geq 0$ bedeutet

Divergenz klarerweise stets bestimmte Divergenz gegen $+\infty$. Im Falle $a_k \geq 0$ schreibt man daher häufig „$\sum_{k=0}^{\infty} a_k < +\infty$" für „Die Reihe $(\sum_{k=0}^{n} a_k)_{n \in \mathbb{N}_0}$ ist konvergent" und „$\sum_{k=0}^{\infty} a_k = +\infty$" für „Die Reihe $(\sum_{k=0}^{n} a_k)_{n \in \mathbb{N}_0}$ ist divergent".

Eine Reihe $(\sum_{k=0}^{n} a_k)_{n \in \mathbb{N}_0}$ heißt genau dann *absolut konvergent*, wenn die aus den Beträgen $|a_k|$ der Glieder gebildete Reihe $(\sum_{k=0}^{n} |a_k|)_{n \in \mathbb{N}_0}$ konvergiert.

Analoge Bezeichnungen verwendet man für Summen mit anderen Indexbereichen, z. B. bei

$$s_n = \sum_{k=1}^{n} a_k, \qquad n \in \mathbb{N}.$$

Wie für Zahlenfolgen entwickelt die Analysis auch für unendliche Reihen mehrere Kriterien zur Untersuchung auf Konvergenz und absolute Konvergenz. Auf die Darstellung dieser Kriterien soll wiederum verzichtet werden. Wie bei der Untersuchung von Folgen werden im folgenden die wichtigsten Reihen (geometrische Reihe, harmonische Reihe) explizit behandelt. Die in einfachen Wirtschaftsmodellen auftretenden Reihen können im allgemeinen mittels der Regeln (283),...,(289) auf diese Reihen zurückgeführt werden. Einen Überblick über Konvergenzkriterien für unendliche Reihen findet man in mathematischen Lehrbüchern, z. B. bei *Barner& Flohr* (1974).

Die vollständige Klärung des Konvergenzbegriffs von Folgen und Reihen ist im wesentlichen den Mathematikern *Bernhard Bolzano* (1781-1848), *Augustin-Louis Cauchy* (1789-1857) und *Karl Weierstraß* (1815-1897) zuzuschreiben.

7.13   Die geometrische Reihe.

Eine zu einer geometrischen Folge $(a \cdot q^{n-1})_{n \in \mathbb{N}}$ bzw. $(a \cdot q^n)_{n \in \mathbb{N}_0}$, siehe Paragraph 5.6, gehörige Reihe bezeichnet man als *geometrische Reihe*. Mit der Summenformel (218) bzw. (219) kann eine geometrische Reihe in eine einfache Gestalt übertragen werden. Der Einfachheit halber wählen wir den Indexbereich $\mathbb{N}_0$. Es gilt:

$$s_n = \sum_{k=0}^{n} a \cdot q^k =_{(219)} \begin{cases} a \frac{1-q^{n+1}}{1-q}, & \text{falls } q \neq 1, \\[2mm] a(n+1), & \text{falls } q = 1. \end{cases} \qquad (296)$$

Mit Tabelle 30 und den Regeln von Paragraph 7.6 ist das Grenzverhalten dieser Reihen für $q > -1$ leicht zu überblicken. Ersichtlich gilt:

$$\lim_{n \to \infty} s_n = \sum_{k=0}^{\infty} a \cdot q^k = \begin{cases} \frac{a}{1-q}, & \text{falls } -1 < q < 1, \\[2mm] +\infty, & \text{falls } q \geq 1,\ a > 0, \\[2mm] -\infty, & \text{falls } q \geq 1,\ a < 0. \end{cases} \qquad (297)$$

Im Falle $q \leq -1$ sind die Reihen ersichtlich weder konvergent noch bestimmt divergent.

7.13.1 Aufgabe. Man bestimme die folgenden Reihensummen, sofern sie existieren.

$$\sum_{k=0}^{\infty} (-1)^k \frac{2^{k+1}}{3^k}, \qquad \sum_{k=1}^{\infty} \frac{5^{k-1} + 7}{6^k}, \qquad \sum_{k=1}^{\infty} \frac{7^{k-1} + 3^{k+2}}{6^k} \; . \qquad \bullet$$

7.13.2 Aufgabe. Die derzeit bekannten Vorräte der Erde an einem gewissen Rohstoff reichen bei gleichbleibendem Verbrauch noch für 50 Jahre (laufendes Jahr eingeschlossen). Um welchen Prozentsatz müßte der Verbrauch beginnend mit dem nächsten Jahr jährlich reduziert werden, damit die Vorräte für immer reichen? $\qquad \bullet$

7.14 Die harmonische Reihe.

Die zu einer Folge $\left(\frac{1}{k^\alpha} \right)_{k \in \mathbb{N}}$ mit $\alpha \in \mathbb{R}$ gehörige Reihe $\left(\sum_{k=1}^{n} \frac{1}{k^\alpha} \right)_{n \in \mathbb{N}}$ bezeichnet man als *harmonische Reihe (mit Parameter α)*. Im Falle $\alpha \leq 1$ ist die harmonische Reihe divergent, im Falle $\alpha > 1$ konvergent, d. h. es gilt

$$\sum_{k=1}^{\infty} \frac{1}{k^\alpha} \begin{cases} = +\infty, & \text{falls } \alpha \leq 1, \\ < +\infty, & \text{falls } \alpha > 1. \end{cases} \qquad (298)$$

Im Falle der Konvergenz existiert allerdings keine einfache explizite Formel für die Reihensumme.

Im Falle $\alpha = 1$ ist die harmonische Reihe divergent. Mithilfe der Formel von *Euler* und *Mascheroni* läßt sich das Verhalten von $\sum_{k=1}^{n} \frac{1}{k}$ für große n gut überblicken. Die Folge $\left(\sum_{k=1}^{n} \frac{1}{k} - \ln(n) \right)_{n \in \mathbb{N}}$ konvergiert gegen eine Zahl C, die sogenannte *Euler-Mascheronische Konstante*. Auf 5 Stellen nach dem Komma genau ist $C = 0.57721$. Für große n kann also die Näherung

$$\sum_{k=1}^{n} \frac{1}{k} \approx \ln(n) + C \approx \ln(n) + 0.57721 \qquad (299)$$

verwendet werden.

7.14.1 Aufgabe. Für $n = 1, \dots, 10$ bestimme man $\sum_{k=1}^{n} \frac{1}{k}$ zunächst exakt und vergleiche dann das Ergebnis mit dem sich aus der Näherungsformel (299) ergebenden Resultat. $\qquad \bullet$

7.15 Potenzreihen.

Es sei $(a_k)_{k \in \mathbb{N}_0}$ eine Folge reeller Zahlen, $x_0 \in \mathbb{R}$. Die Reihe

$$\left(\sum_{k=0}^{n} a_k (x - x_0)^k \right)_{n \in \mathbb{N}} \tag{300}$$

heißt *Potenzreihe mit Koeffizientenfolge* $(a_k)_{k \in \mathbb{N}_0}$ *und Entwicklungspunkt* x_0.

7.15.1 Beispiel. Gemäß (297) – man setze $a = 1$ und ersetze die Variable q durch die Variable x – gilt

$$\frac{1}{1-x} = \sum_{k=0}^{\infty} x^k \qquad \text{für } x \in (-1; 1).$$

Die Potenzreihe $\left(\sum_{k=0}^{n} x^k \right)_{n \in \mathbb{N}}$ mit Entwicklungspunkt $x_0 = 0$ und Koeffizienten $a_k = 1$ konvergiert also für $x \in (-1; 1)$ und stellt in diesem Bereich die Funktion $\frac{1}{1-x}$ dar. •

Wie in Beispiel 7.15.1 ist bezüglich einer solchen Potenzreihe zu klären, für welche Werte der Variablen x Konvergenz bzw. absolute Konvergenz vorliegt. Auf Konvergenzkriterien für Potenzreihen kann im vorliegenden Rahmen allerdings nicht im einzelnen eingegangen werden. Einen Überblick findet man wiederum bei *Barner& Flohr* (1974). Im folgenden werden die Konvergenzbereiche einiger wichtiger Potenzreihen ohne Beweis angegeben. Unser Interesse ist dabei, Potenzreihen zur Darstellung von Funktionen zu benützen. Ist nämlich $D \subset \mathbb{R}$ ein Bereich mit der Eigenschaft, daß der Grenzwert $\sum_{k=0}^{\infty} a_k (x - x_0)^k$ für alle $x \in D$ existiert, so kann durch

$$f(x) = \sum_{k=0}^{\infty} a_k (x - x_0)^k \qquad \text{für } x \in D$$

eine Funktion $f : D \to \mathbb{R}$ ausgedrückt (siehe Beispiel 7.15.1) oder definiert werden. Bereits in Paragraph 3.1 wurde darauf hingewiesen, daß nicht alle in der Analysis betrachteten Funktionen durch mithilfe der Rechenoperationen der elementaren Algebra gebildete Ausdrücke notiert werden können. Läßt man zur Bildung von Ausdrücken unendliche Summen zu, so kann die Klasse der explizit notierbaren Funktionen erheblich erweitert werden. Insbesondere können auf diese Weise wichtige Funktionen wie die Exponentialfunktion und trigonometrische Funktionen ausgedrückt werden. Zugleich eröffnet sich eine Möglichkeit, die Werte solcher Funktionen mindestens näherungsweise anzugeben: Man approximiert die unendliche Summe durch eine endliche Partialsumme, siehe Aufgabe 7.16.1.

7.16 Exponentialreihe.

Die Reihe $\left(\sum_{k=0}^{n} \frac{x^k}{k!} \right)_{n \in \mathbb{N}_0}$ mit Entwicklungspunkt $x_0 = 0$ und Koeffizientenfolge $\left(\frac{1}{k!} \right)_{k \in \mathbb{N}}$ konvergiert für alle $x \in \mathbb{R}$. Durch

$$\exp(x) \;=\; \sum_{k=0}^{\infty} \frac{x^k}{k!} \;=\; 1 + x + \frac{x^2}{2!} + \frac{x^3}{3!} + \dots \tag{301}$$

wird also eine Funktion $\exp\colon \mathbb{R} \to \mathbb{R}$ festgelegt, die sogenannte *e-Funktion* oder *Exponentialfunktion*. Eigenschaften dieser Funktion sind im Paragraphen 4.15 zusammengestellt.

7.16.1 Aufgabe. Für $x = -2, -1, 0, 1, 2$ bestimme man einen Näherungswert für $\exp(x)$, indem man die Summation in (301) bei $k = 5$ abbricht, d. h. indem man

$$\exp(x) \;\approx\; 1 + x + \frac{x^2}{2!} + \frac{x^3}{3!} + \frac{x^4}{4!} + \frac{x^5}{5!}$$

setzt. Man vergleiche das Ergebnis jeweils mit dem durch einen Taschenrechner ausgegebenen Wert. •

7.17 Logarithmusreihe.

Die Reihe $\left(\sum_{k=1}^{n} (-1)^{k+1} \frac{(x-1)^k}{k} \right)_{n \in \mathbb{N}}$ mit Entwicklungspunkt $x_0 = 1$ und Koeffizientenfolge

$$a_k \;=\; \begin{cases} 0, & \text{falls } k = 0, \\[2mm] \frac{1}{k}, & \text{falls } k \geq 1,\ k \text{ ungerade,} \\[2mm] \frac{-1}{k}, & \text{falls } k \geq 1,\ k \text{ gerade,} \end{cases}$$

konvergiert für $x \in [1; 2]$. In diesem Bereich stellt diese Reihe die *Logarithmusfunktion* dar, d. h. es gilt für $x \in [1; 2]$

$$\ln(x) \;=\; \sum_{k=1}^{\infty} (-1)^{k+1} \frac{(x-1)^k}{k} \;=\; (x-1) - \frac{(x-1)^2}{2} + \frac{(x-1)^3}{3} - \frac{(x-1)^4}{4} + - \dots \ . \tag{302}$$

Tatsächlich ist die Logarithmusfunktion auf der ganzen Halbachse $(0; +\infty)$ als Umkehrfunktion der Exponentialfunktion erklärt, siehe den Paragraphen 4.18, kann aber nicht auf ihrem ganzen Definitionsbereich durch eine Potenzreihe dargestellt werden.

7.18 Reihendarstellung der Sinus- und Cosinusfunktion.

Die Reihen $\left(\sum_{k=0}^{n} (-1)^k \frac{x^{2k+1}}{(2k+1)!} \right)_{n \in \mathbb{N}_0}$ und $\left(\sum_{k=0}^{n} (-1)^k \frac{x^{2k}}{(2k)!} \right)_{n \in \mathbb{N}_0}$ mit Entwicklungspunkt $x_0 = 0$ konvergieren für alle $x \in \mathbb{R}$. Diese Reihen stellen die *Sinusfunktion* sin bzw. die *Cosinusfunktion* cos dar, und zwar gilt für $x \in \mathbb{R}$

$$\sin(x) \;=\; \sum_{k=0}^{\infty} (-1)^k \frac{x^{2k+1}}{(2k+1)!} \;=\; x - \frac{x^3}{3!} + \frac{x^5}{5!} - \frac{x^7}{7!} + - \dots \;, \qquad (303)$$

$$\cos(x) \;=\; \sum_{k=0}^{\infty} (-1)^k \frac{x^{2k}}{(2k)!} \;=\; 1 - \frac{x^2}{2!} + \frac{x^4}{4!} - \frac{x^6}{6!} + - \dots \;. \qquad (304)$$

Eigenschaften dieser Funktionen sind im Paragraphen 4.21 zusammengestellt.

7.19 Zifferndarstellung reeller Zahlen.

Reelle Zahlen werden durch Ziffernfolgen denotiert. Im vertrauten Dezimalsystem sind die Ziffern die Koeffizienten von Potenzen der Zahl 10. Einfach zu verstehen sind Zahlendarstellungen durch endliche Ziffernfolgen wie z. B.

$$25.4736 \;=\; 2 \cdot 10^1 + 5 \cdot 10^0 + 4 \cdot 10^{-1} + 7 \cdot 10^{-2} + 3 \cdot 10^{-3} + 6 \cdot 10^{-4}.$$

Schon im Bereich der rationalen Zahlen treten aber nicht abbrechende Dezimalbrüche auf, d. h. die Folge der Ziffern nach dem Dezimalpunkt ist von unendlicher Länge, siehe Paragraph 2.4. Solche Zifferndarstellungen sind formal als Koeffizientenfolgen unendlicher Reihen aufzufassen, z. B.

$$\frac{100}{3} \;=\; 3 \cdot 10^1 + 3 \cdot 10^0 + 3 \cdot 10^{-1} + 3 \cdot 10^{-2} + \dots \;=\; 10 \sum_{l=1}^{\infty} 3 \cdot 10^{l-1}.$$

Im folgenden werden Zifferndarstellungen auf Grundlage unendlicher Reihen genauer beschrieben und untersucht. Die wesentlichen Begriffe und Sachverhalte sind in Tafel 15 zusammengestellt.

Die *Basis* einer Zifferndarstellung reeller Zahlen ist eine natürliche Zahl $b \geq 2$. Bezüglich der Basis b stehen b Ziffern $z_0, z_1, ..., z_{b-1}$ zur Verfügung. Ohne Beschränkung der Allgemeinheit kann man diese Ziffern durch den Anfangsabschnitt der natürlichen Zahlen codieren, also durch $z_0 = 0$, $z_1 = 1$, usw. bis $z_{b-1} = b - 1$. Aus dem alltäglichen Umgang vertraut ist das *Dezimalsystem* mit $b = 10$ und den Ziffern $0, 1, 2, ..., 9$. Einige andere Basen b und Ziffernsysteme mit zugehörigen Anwendungsbereichen sind aufgelistet in Tafel 14. Zifferndarstellungen zu einer Basis b werden als *b-adische Darstellungen* oder *Darstellungen im b-adischen System* bezeichnet.

Gegeben sei eine Basis $b \geq 2$. Zu jeder reellen Zahl $x \neq 0$ gibt es eine eindeutig bestimmte *Mantisse* $1 \leq M_b(x) < b$ und einen eindeutig bestimmten *Basisexponenten* $\kappa = \kappa_b(x)$ mit $x = \text{sign}(x) M_b(x) b^{\kappa}$ (*Mantissengleichung*). Beispiele im Dezimalsystem: Die Zahlen 547.36, 54.736, 5.4736, 0.54736 besitzen alle die Mantisse $M(x) = 5.4736$. Die Basisexponenten κ sind nacheinander 2, 1, 0, −1. Die Mantissengleichungen lauten

$$547.36 = 5.4736 \times 10^2, \quad 54.736 = 5.4736 \times 10^1, \quad 5.4736 = 5.4736 \times 10^0,$$

$$0.54736 = 5.4736 \times 10^{-1}.$$

Die Mantisse $1 \leq M_b(x) < b$ besitzt eine Darstellung $M_b(x) = \sum_{l=1}^{\infty} D_{l,b}(x)/b^{l-1}$ mit von der Zahl x eindeutig bestimmten Koeffizienten $D_{l,b}(x)$, $l = 1, 2, \ldots$ Diese Koeffizienten werden als die *signifikanten Ziffern* $D_{1,b}(x)$, $D_{2,b}(x)$ usw. der Zahl $x \neq 0$ im b-adischen System bezeichnet. Die oben betrachtete Mantisse $M_{10}(x) = 5.4736$ führt im Dezimalsystem mit $b = 10$ zu den signifikanten Ziffern

$$D_1(x) = 5, \ D_2(x) = 4, \ D_3(x) = 7, \ D_4(x) = 3, \ D_5(x) = 6, \ D_6(x) = 0, \ D_7(x) = 0, \ \ldots$$

Vom formalen Standpunkt sind die Ziffern die eindeutig bestimmten Koeffizienten der Entwicklung der Mantisse nach Zehnerpotenzen, hier

$$M_{10}(x) \ = \ \frac{5}{10^0} + \frac{4}{10^1} + \frac{7}{10^3} + \frac{3}{10^4} + \frac{6}{10^5} + \frac{0}{10^6} + \frac{0}{10^7} + \ldots$$

Eine Zahl $x \neq 0$ besitzt im b-adischen System die Darstellung $x = \text{sign}(x)\kappa_b(x)M_b(x) = \text{sign}(x)\kappa_b(x)\sum_{l=1}^{\infty} D_{l,b}(x)/b^{l-1}$. Notiert wird die Zahl $x \neq 0$ durch die Folge ihrer signifikanten Ziffern in aufsteigender Reihenfolge von links nach rechts, mit einem Dezimalpunkt nach der Ziffer der Nummer $\kappa_b(x) + 1$. Die Notation hat also die Gestalt

$$D_{1,b}(x)...D_{\kappa+1,b} \bullet D_{\kappa+2,b} D_{\kappa+2,b}... \tag{305}$$

Durch Erziehung und Gewöhnung ist unsere Vorstellung von Zahlen eng mit der Zifferndarstellungen im Dezimalsystem mit Basis $b = 10$ verknüpft. Zifferndarstellungen zu anderen Basen können mit den in Tafel 15 angegebenen Rekursionsgleichungen erstellt werden.

7.19.1 Beispiel (Zifferndarstellung im Hexagesimalsystem). Es sollen die ersten 5 signifikanten Ziffern der Zahl $x = 547.36$ im Hexagesimalsystem zur Basis $b = 16$ bestimmt werden. Es ist $547.36 = 16^2 \times 2.138125$. Somit ist $\kappa_{16}(547.36) = 2$, die Mantisse ist $M_{16}(547.36) = 2.138125$. Mit dem Rekursionsschema aus Tafel 15 ergibt sich

$$D_{1,16}(x) = 2, \quad D_{2,16}(x) = \lfloor 16 \cdot 0.138125 \rfloor = 2, \quad D_{3,16}(x) = \lfloor 16^2 \cdot 0.013125 \rfloor = 3,$$

$$D_{4,16}(x) = \lfloor 16^3 \cdot 0.00140625 \rfloor = 5, \quad D_{5,16}(x) = \lfloor 16^4 \cdot 0.000185546875 \rfloor = C. \qquad \bullet$$

7.19.2 Aufgabe (Zifferndarstellung im Hexagesimalsystem). Man bestimme die ersten 5 signifikanten Ziffern der Zahl $x = 69.899$ im Hexagesimalsystem zur Basis $b = 16$.

$\bullet$

Tabelle 14: Ziffernsysteme.

Name	Basis	Ziffern	Geschichte und Anwendung
Dualsystem, Binärsystem	$b = 2$	0, 1	Formal definiert durch Leibniz (1703). Verwendet in der elektronischen Datenverarbeitung.
Oktalsystem	$b = 8$	$0, 1, 2, ..., 7$	Entstehung und Anwendung in der elektronischen Datenverarbeitung.
Hexadezimalsystem, Sedezimalsystem, Hexagesimalsystem	$b = 16$	$0, 1, 2, ..., 9,$ A, B, C, D, E, F	Entstehung und Anwendung in der elektronischen Datenverarbeitung.
Duodezimalsystem	$b = 12$	$0, 1, 2, ..., 9,$ $\#, E$	Verwendet in Mesopotamien, Griechenland, Rom. Grundlage historischer Meß- und Geldsysteme in Europa.
Sexagesimalsystem	$b = 60$	Keine moderne Konvention.	Verwendet in Babylon um 1750 vor Christus mit Keilschriftnotation. Später sexagesimale Brüche bei Ptolemäus, in der arabischen Mathematik, bei Fibonacci.

Tabelle 15: Zifferndarstellung von reellen Zahlen.

Notationen und Begriffe	Erklärung und Interpretation
b	Basis b, $b \geq 2$ natürliche Zahl
$M_b(x)$	eindeutig bestimmte *Mantisse* $1 \leq M_b(x) < b$ der reellen Zahl $x \neq 0$ zur Basis b
$\kappa = \kappa_b(x)$	eindeutig bestimmter ganzzahliger *Basisexponent* der reellen Zahl $x \neq 0$ zur Basis b
Signumfunktion sign(x)	$\text{sign}(x) = \begin{cases} 1, & \text{falls } x > 0, \\ 0, & \text{falls } x = 0, \\ -1, & \text{falls } x < 0. \end{cases}$
Mantissengleichung für reelle Zahlen x	$x = \text{sign}(x) M_b(x) b^\kappa$
$D_{i,b}(x)$	i-te signifikante Ziffer von $x \neq 0$ zur Basis b, $i = 1, 2, 3, \ldots$ $D_{1,b}(x) \in \{1, \ldots, b-1\}$ $D_{i,b}(x) \in \{0, \ldots, b-1\}$ für $i = 2, 3, \ldots$
Zifferndarstellung der Mantisse von $x \neq 0$ zur Basis b	$M_b(x) = \sum_{i=1}^{\infty} \frac{1}{b^{i-1}} D_{i,b}(x)$
Zifferndarstellung von $x \neq 0$ zur Basis b	Es gibt genau eine ganze Zahl $\kappa = \kappa(x)$ mit $x = \text{sign}(x) b^\kappa \sum_{i=1}^{\infty} \frac{1}{b^{i-1}} D_{i,b}(x)$
Rekursionsschema der signifikanten Ziffern	$D_{1,b}(x) = \lfloor M_b(x) \rfloor$ $D_{n+1,b}(x) = \left\lfloor 10^n \left(M_b(x) - \sum_{l=1}^{n} \frac{D_{l,b}(x)}{b^{l-1}} \right) \right\rfloor$
Zusammenhang von Mantisse und Ziffern zur Basis b	Die Folge $D_{1,b}(x), D_{2,b}(x), \ldots$ der Ziffern bestimmt eindeutig die Mantisse $M_b(x)$. Die Mantisse $M_b(x)$ bestimmt eindeutig die Folge $D_{1,b}(x), D_{2,b}(x), \ldots$ der Ziffern.

Tabelle 16: Logarithmische Verteilung der m-ten signifikanten Ziffer D_m für $m = 1, 2, 3, 4$.

d	$P(D_1 = d)$	$P(D_2 = d)$	$P(D_3 = d)$	$P(D_4 = d)$
0	0.0000	0.1197	0.1018	0.1002
1	0.3010	0.1139	0.1014	0.1001
2	0.1761	0.1088	0.1010	0.1001
3	0.1249	0.1043	0.1006	0.1001
4	0.0969	0.1003	0.1002	0.1000
5	0.0792	0.0967	0.0998	0.1000
6	0.0669	0.0934	0.0994	0.0999
7	0.0580	0.0904	0.0990	0.0999
8	0.0512	0.0876	0.0986	0.0999
9	0.0458	0.0850	0.0983	0.0999

7.20 Das Benfordsche Gesetz.

Es liege eine kontinuierliche kardinale Charakteristik wie Preis, Umsatz, Immobilienwert, Rechnungsbetrag, Einkommen, Verlust, Volumen, Frachtgewicht etc. vor. Die bezüglich einer solchen Charakteristika erhobenen Daten (Meßwerte) sind reelle Zahlen. Reelle Zahlen werden als Ziffernfolgen dargestellt, üblicherweise im vertrauten Dezimalsystem, siehe den vorigen Paragraphen 7.19 Die Vermutung liegt nahe, daß in großen Datenbeständen alle Ziffern mit der gleichen Häufigkeit auftreten. Diese Vermutung trifft im allgemeinen nicht zu.

Der Astronom Simon Newcomb (1881), und etwa 50 Jahre später der bei General Electric tätige Physiker Frank Benford (1938) bemerkten, daß in den damals für numerische Berechnungen gebräuchlichen Logarithmentafeln stets die vorderen Seiten wesentlich stärker abgenutzt waren als die hinteren. Benford (1938) untersuchte daraufhin die Häufigkeitsverteilung insbesondere der ersten signifikanten Ziffer unter insgesamt 20229 Zahlen in 20 großen Datensätzen aus unterschiedlichen Bereichen, darunter Bevölkerungszahlen, Oberfläche von Flüssen, Kostendaten, Zahlen aus Reader's Digest, Zahlen in Zeitungen. Der Verlauf der Häufigkeitsverteilung in allen Bereichen erwies sich als ähnlich. Auf Grundlage seiner Beobachtungen formulierte Benford (1938) das bereits von Newcomb (1881) vorgeschlagene Gesetz von der *logarithmischen Ziffernverteilung*: Die Wahrscheinlichkeit, daß die erste signifikante Ziffer D_1 der Dezimaldarstellung einer zufälligen Zahl den Wert $d \in \{1, ..., 9\}$ hat, beträgt $\pi_d = P(D_1 = d) = \log_{10}(1 + 1/d)$. Entsprechende Gesetze werden auch für signifikante Ziffern höherer Ordnung formuliert. Die logarithmische Ziffernverteilung wird häufig als *Benfordsches Gesetz* bezeichnet.

Tafel 16 und Abbildung 49 zeigen die logarithmische Ziffernverteilung für die ersten 4 signifikanten Ziffern. Eine formale Darstellung zufälliger Ziffern und des logarithmischen Gesetzes findet sich in den Tafeln 17 und 18. Zum Verständnis der aus der Stochastik stammenden Begriffe wie *Zufallsvariable, Wahrscheinlichkeit, Verteilung* konsultiere man ein Lehrbuch der Stochastik, z. B. Basler (1994).

In den 1990er Jahren begann man sich für das Benfordsche Gesetz als Instrument zur Plausibilitätsprüfung von numerischen Daten zu interessieren. Man geht davon aus, daß bei

Abbildung 49: Logarithmische Verteilung der m-ten signifikanten Ziffer D_m zur Basis 10, $m = 1, 2, 3, 4$.

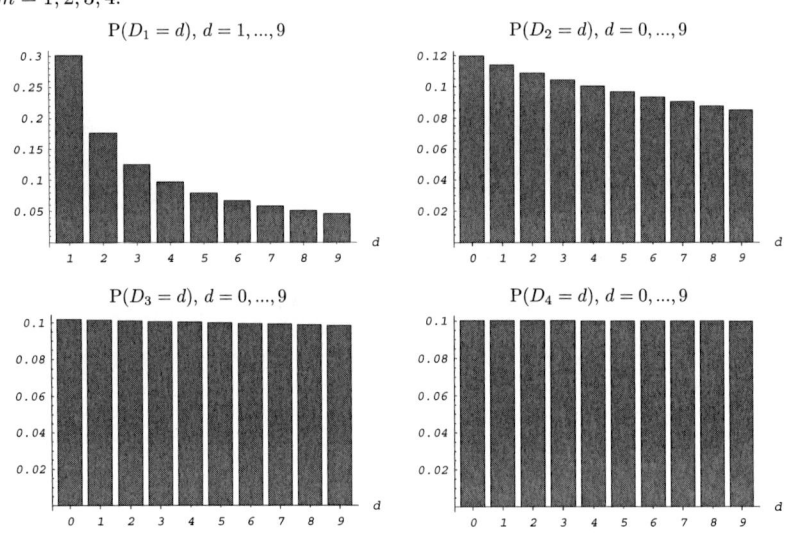

Tabelle 17: Zufällige Ziffern.

Notationen und Sachverhalte	Erklärung und Interpretation
X	reellwertige Zufallsvariable
$D_{i,b} = D_{i,b}(X)$	zufällige i-te signifikante Ziffer zur Basis b
$P(D_{i,b} = d)$	Verteilung der i-ten signifikanten Ziffer
$P(D_{1,b} = d_1, ..., D_k^{(b)} = d_k)$ für $d_1 \in \{1, ..., b-1\}$, $d_2, ..., d_k \in \{0, ..., b-1\}$	gemeinsame Verteilung der ersten k signifikanten Ziffern, $k = 1, 2, 3, ...$

Tabelle 18: Die logarithmische Verteilung zufälliger Mantissen und Ziffern.

Notationen und Sachverhalte	Erklärung und Interpretation
Logarithmische gemeinsame Verteilung der ersten k signifikanten Ziffern	$P(D_{1,b} = d_1, ..., D_k^{(b)} = d_k) = \log_b\left(1 + \dfrac{1}{\sum_{i=1}^{k} d_i b^{k-i}}\right)$ für $d_1 \in \{1, ..., b-1\}$, $d_2, ..., d_k \in \{0, ..., b-1\}$
Logarithmische Verteilung der ersten signifikanten Ziffer	$P(D_{1,b} = d_1) = \log_b\left(1 + \dfrac{1}{d_1}\right)$ $P(D_{1,b} \leq d_1) = \log_b(1 + d_1)$
Logarithmische Verteilung der n-ten signifikanten Ziffer	$P(D_n^{(b)} = d_n) = \displaystyle\sum_{l=b^{n-2}}^{b^{n-1}-1} \log_b\left(1 + \dfrac{1}{lb + d_n}\right)$

gewissen Phänomenen im regulären Fall Zahlen auftreten, die der Benfordschen Ziffernverteilung folgen. Sofern bei einem solchen Phänomen im Einzelfall die Ziffernverteilung gravierend von der Benfordschen Verteilung abweicht, ist die Datenstruktur irregulär. Die Daten sollten dann einer Prüfung unterzogen werden. Dieser Ansatz wird in den letzten Jahren zunehmend in der Unternehmens- und Steuerprüfung verfolgt, siehe etwa Nigrini (1996), Hill (1999), Durtschi et al. (2004), Geyer & Williamson (2004).

Das Benfordsche Gesetz ist nicht allgemeingültig. Schon Benford (1938) weist daraufhin, daß das logarithmische Gesetz keine analytische Eigenschaft von Zahlen, sondern eine kontingente Charakteristik der die Zahlen hervorbringenden Phänomene darstellt. Immerhin belegen empirische Studien die näherungsweise Gültigkeit des Gesetzes für sehr unterschiedliche Phänomene, unter anderem für physikalische Konstanten durch Knuth (1969), Burke & Kincanon (1991), Halbwertzeiten bei radioaktivem Zerfall durch Buck et al. (1993), Ausfallraten durch Becker (1982), Bevölkerungsumfänge durch Hill (1999), Zahlen aus ehrlichen Steuererklärungen durch Nigrini (1996), Landverbrauchsdaten durch Varian (1972), Börsenkurse durch Ley (1996), De Ceuster et al. (1998), Pietronero et al. (2001), Preise bei Ebay-Auktionen durch Giles (2005). Abbildung 50 zeigt ein Beispiel aus der Unternehmenspraxis: Verkaufspreise pro Mengeneinheit und Verkaufspreise pro Transaktion (Umsatz) unter 252563 Transaktionsdaten (Verkauf) eines mittelständischen Handelsunternehmens. Die relativen Häufigkeiten der Werte 1, ..., 9 der ersten signifikanten Ziffer liegen dicht bei den Benfordwahrscheinlichkeiten.

Ebensowohl gibt es Phänomene, bei denen die Ziffernverteilung erheblich vom logarithmischen Gesetz abweicht. Auszuscheiden sind zunächst ersichtlich planmäßig aufgebaute Zifferngebilde, die nicht als Kardinalzahlen, sondern nominal oder kategorial als Nummern zu interpretieren sind, wie Telephonnummern, Rechnungsnummern, Postleitzahlen, Kreditkartennummern. Aber auch viele auf kardinale Messungen zurückgehende Zahlengesamtheiten weichen erheblich von der logarithmischen Ziffernverteilung ab. Für 9 der 20

Abbildung 50: Empirische relative Häufigkeiten $r_d = r(D_1 = d)$ (links) und Benfordwahrscheinlichkeiten $\pi_d = P(D_1 = d)$ (rechts) der Werte $d = 1, ..., 9$ der ersten signifikanten Ziffer D_1. Relative Häufigkeiten unter 252563 Transaktionsdaten (Verkauf) eines mittelständischen Handelsunternehmens.

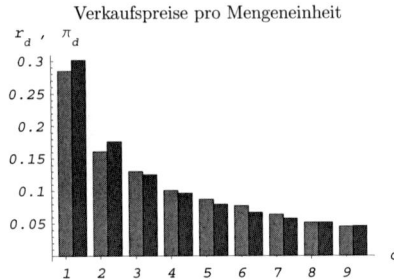

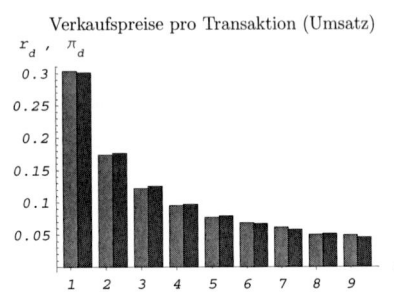

von Benford (1938) untersuchten Datensätze widerlegen Scott & Fasli (2001) die exakte Gültigkeit der logarithmischen Ziffernverteilung. Das folgende Beispiel 7.20.1 beschreibt Situationen, in denen die logarithmische Ziffernverteilung nicht vorliegt. Ein Überblick über Phänomene, bei denen die Benfordsche Ziffernverteilung nicht vorliegt, findet sich in Tafel 19.

7.20.1 Beispiel (Ziffernverteilung abweichend vom Benforschen Gesetz).

1) Das von der NIST-SEMATECH unterhaltene elektronische Handbuch statistischer Methoden, siehe http://www.itl.nist.gov/div898/handbook/, schildert einen Lithographieprozeß in der Halbleiterfertigung. Die kritische Größe ist die Breite gewisser auf einem Siliziumwafer optisch aufgebrachter Linien. Abbildung 51 zeigt die empirische Verteilung der ersten Ziffer bei 450 Messdaten. Die Linienbreite ist von geringer Dispersion mit starker Konzentration im Bereich 1.3 bis 3.8. Demgemäß unterscheidet sich die Ziffernverteilung beträchtlich vom logarithmischen Gesetz.

2) Die Plasmacholesterolkonzentration in der menschlichen Blutbahn übersteigt so gut wie nie den Wert von 400 mg/dl und liegt im Mittel bei etwa 240 mg/dl mit einer Standardabweichung von etwa 45 mg/dl. Als erste Ziffern treten daher nur 1, 2, 3, 4 auf mit deutlicher Häufung bei 2 und 3. Der Datensatz 277 bei Hand et al. (1994) enthält die Messungen der Plasmacholesterolkonzentration (in mg/dl) im Blut von 320 Patienten mit Arterienverengung. Der Plot der empirischen Verteilung der ersten Ziffer in Abbildung 51 bestätigt die Vorinformationen über die Verteilung der Plasmacholesterolkonzentration. •

Die Verwendung des Benfordschen Gesetzes zur Konsistenzprüfung von Daten erfordert zweierlei: 1) Eine empirisch implementierbare Charakterisierung derjenigen Phänomene, bei denen im regulären Fall die logarithmische Ziffernverteilung mindestens näherungsweise zu erwarten ist. 2) Eine Präzisierung des Begriffs der „näherungsweisen Gültigkeit" des logarithmischen Gesetzes. Zu beiden Problemen wurden in den letzten Jahren Beiträge

Abbildung 51: Empirische Verteilung der ersten signifikanten Ziffer $D_1 = D_1(X)$ zur Basis $b = 10$ bei Messungen von Plasmcholesterol und bei Messungen eines Lithographieprozesses in der Halbleiterfertigung.

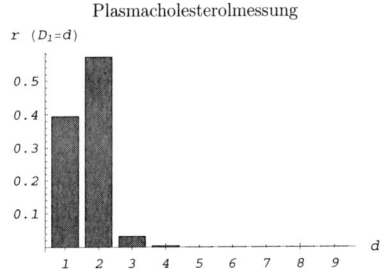

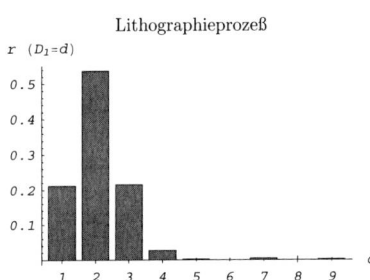

Tabelle 19: Nicht zum Benfordbereich gehörige Phänomene (keine Gültigkeit des Gesetzes der logarithmischen Ziffernverteilung).

Charakterisierung	Beispiel
Nominalzahlen	Kreditkartennummern, Rechnungsnummern, Postleitzahlen, Telephonnummern, PIN-Codes
Phänomene von geringer Dispersion	Messungen bezüglich eines bestimmten technischen Parameters in der Produktionskontrolle
	momentane Stückpreise eines marktbreiten Artikels bei verschiedenen Discountern
	menschliche Lebensdauer
Aufgrund von Gewohnheiten, Vorgaben oder spezifischen Interessen festgelegte Werte	Abhebebeträge an Geldautomaten
	Folge der Umsätze eines Kunden an einem bestimmten Wochentag
	Tipps bei Glücksspielen
	Gleichverteilte Zufallszahlen
An Schwellen orientierte Werte	Gepäckgewicht bei Fluggästen

geleistet. Ein kurzer Überblick findet sich bei Durtschi et al. (2004). Für die praktische Handhabung befriedigende Lösungen liegen jedoch noch nicht vor.

8 Diskrete dynamische Modelle.

8.1 Einführung in die diskrete dynamische Modellierung.

Dynamische Modelle thematisieren die Entwicklung ökonomischer Größen längs der Zeitachse. Die unabhängige Variable ist die Zeit, meist bezeichnet durch t. Die abhängige Variable $a(t)$ ist der *Wert* einer Größe oder der *Bestand* zur Zeit t. In diesem Zusammenhang interessante Größen sind Kontostand, Wertpapierkurs, Volkseinkommen, Konsum, Preis, Investitionsvolumen etc. Die obige Betrachtungsweise wurde bereits vielfach in den Kapiteln 4, 5 und 6 als Standardinterpretation (SI) des Funktionszusammenhanges von unabhängiger und abhängiger Variable herangezogen.

Wir betrachten im folgenden *diskrete eindimensionale (univariate) lineare dynamische* Modelle. Dies bedeutet:

- *Diskret*: Aus der kontinuierlichen Zeitachse werden diskrete äquidistante Zeitpunkte ausgesondert. Als Definitionsbereich I der Bestandsfunktion a kann also eine Teilmenge der Menge $\mathbb{Z}$ der ganzen Zahlen gewählt werden, im allgemeinen $I = \mathbb{N}_0$ oder $I = \mathbb{N}$. Die Funktion a ist somit eine Folge und wird wie gewohnt notiert in der Form $(a_t)_I$.

- *Eindimensional (univariat)*: Die Folgenglieder a_t der Bestandsfolge sind reelle Zahlen und geben die Werte *einer* ökonomischen Größe in Abhängigkeit von der Zeit t an.

- *Linear*: Die Rekursionsgleichungen zwischen den Folgengliedern sind linear.

Die Bestandsfolge $(a_t)_I$ bildet eine Reihung von der Zeit abhängiger Werte und wird daher auch als *Zeitreihe* bezeichnet. Da die Folgen als Lösungen von Rekursionschemata bestimmt werden, schreiben wir im folgenden meist X_t statt a_t.

In den Kapiteln 5 und 6, vor allem in der Finanzmathematik wurde das Zeitraummodell 5.1.2 bevorzugt. Bei der Untersuchung dynamischer Modelle verwenden wir im folgenden das Zeitpunktmodell 5.1.1. Siehe Paragraph 5.1 bezüglich der Zuordnung dieser beiden Modelle.

8.2 Einführende Beispiele von Autoregressionsgleichungen.

Die diskrete dynamische Modellierung muß die Gesetze der Entwicklung einer ökonomischen Größe von gegebenen Zeitpunkten (Zeiträumen) zu nachfolgenden Zeitpunkten (Zeiträumen) darstellen. Das bereits aus der Untersuchung einfacher diskreter dynamischer Modelle in den Kapiteln 5 und 6 vertraute Instrumentarium der *Rekursionsgleichungen (Autorekursionsgleichungen, Autoregressionsgleichungen)* bildet daher die Grundlage der diskreten dynamischen Modellierung. Wir betrachten nochmals einige Beispiele.

8.2.1 Beispiel (Autoregressionsgleichungen). Es sei X_t der in den Jahren $t = 1, 2, 3, \ldots$ von einer Volkswirtschaft verursachte Verbrauch einer Energieressource. Gemäß einer energiepolitischen Entscheidung soll der Verbrauch in jedem Jahr t auf 98% des Vorjahresverbrauchs reduziert werden. Aufgrund verschiedener Randbedingungen wie Klimaschwankungen und Konjunkturentwicklung weicht der tatsächliche Verbrauch im Jahr t zufällig um den Wert W_t von der Vorgabe ab. Die Zeitreihe der Energieverbrauchswerte genügt also der Autoregressionsgleichung in Rekursionsform

$$X_t = 0.98 X_{t-1} + W_t \tag{306}$$

bzw. in Differenzengleichungsform

$$X_t - 0.98 X_{t-1} = W_t. \tag{307}$$

$\bullet$

8.2.2 Beispiel (Autoregressionsgleichungen). Für eine gewisse Aktie sei D_t die zum Abschluß der Periode t (Jahr, Halbjahr, Vierteljahr je nach Usancen) gezahlte Dividende. Es sei P_t der Kurs einer Aktie zu Beginn der Periode t. Die Rendite eines die Aktie haltenden Investors aus der Periode t beträgt

$$r_t = \frac{P_{t+1} - P_t}{P_t} + \frac{D_t}{P_t}.$$

Es wird angenommen, daß die Renditen $r_0, r_1, \ldots$ konstant sind mit $r_t = r$. Man setzt $W_{t+1} = -D_t$. Die Zeitreihe der Aktienkurse genügt dann der Autoregressionsgleichung in Rekursionsform

$$P_t = (1 + r) P_{t-1} + W_t \tag{308}$$

bzw. in Differenzengleichungsform

$$P_t - (1 + r) P_{t-1} = W_t. \tag{309}$$

$\bullet$

8.2.3 Beispiel (Autoregressionsgleichungen). Es sei Y_t der Kurs einer Aktie am Börsentag t. Die Tagesrendite $\frac{Y_t - Y_{t-1}}{Y_{t-1}}$ der Kursentwicklung sei im Mittel konstant gleich einem Wert r, die zufällige Abweichung von diesem Mittel sei δ_t. Es gilt also

$$\frac{Y_t}{Y_{t-1}} = 1 + r + \delta_t = 1 + W_t$$

mit $W_t = r + \delta_t$. Für die Logarithmen $X_t = \ln(Y_t)$ der Kurse gilt also

$$X_t = X_{t-1} + \ln(1 + r + \delta_t).$$

Für kleine $|x|$ gilt bekanntlich $\ln(1 + x) \approx x$. Näherungsweise genügen also die Logarithmen $X_t = \ln(Y_t)$ der Kurse der Autoregressionsgleichung in Rekursionsform

$$X_t = X_{t-1} + W_t \tag{310}$$

bzw. in Differenzengleichungsform

$$X_t - X_{t-1} = W_t. \tag{311}$$

•

8.2.4 Beispiel (Autoregressionsgleichungen). Für $t = 1, 2, 3, \dots$ sei K_t der Stand eines Kontos (in Euro) zu Beginn des Monats t. Das Konto entwickle sich unter den folgenden Bedingungen:

(i)   Am *Anfang* jeden Monats geht auf dem Konto eine Zahlung von d Euro ein (*vorschüssige Einzahlung*).

(ii) Nach dem Beginn jedes Monats t, d. h. *nach* der Feststellung von K_t, werden dem Konto 65% Prozent seines Bestandes K_t zum Konsum entnommen

(iii) Am Ende jedes Monats t wird auf dem Konto der momentane Ertrag α_{t+1} aus Spekulationsgeschäften des Kontoinhabers verrechnet .

(iv) Auf den während des Monats t auf dem Konto befindlichen Geldbetrag werden dem Konto am Ende des Monats $\frac{3}{12}\%$ Zinsen gezahlt, die in den Kontostand K_{t+1} eingehen.

Die Zeitreihe der Kontostände genügt also der Autoregressionsgleichung in Rekursionsform

$$K_t = 0.350875 K_{t-1} + W_t \quad \text{mit } W_t = \alpha_t + 1.0025d \tag{312}$$

bzw. in Differenzenform

$$K_t - 0.350875 K_{t-1} = W_t. \tag{313}$$

•

8.2.5 Beispiel (Autoregressionsgleichungen). Das folgende von Samuelson (1939) eingeführte Wirtschaftsmodell ist der Prototyp der sogenannten *Multiplikator-Akzelerator-Modelle* in diskreter Zeit.

Bezüglich des Beobachtungszeitraumes t seien in einer Volkswirtschaft C_t der Konsum, X_t das Volkseinkommen, W_t die *autonomen Investitionen* (im wesentlichen feste Ausgaben der öffentlichen Hand), I_t die *induzierten Investitionen* (von der Wirtschaftslage abhängige Investitionen) im t-ten Beobachtungszeitraum. Zwischen diesen Größen bestehen die folgenden Beziehungen:

$$C_t = \gamma X_{t-1} \quad \text{mit } 0 < \gamma < 1, \tag{314}$$

$$I_t = \alpha(C_t - C_{t-1}) \quad \text{mit } \alpha > 0. \tag{315}$$

Der *Multiplikator* γ bewertet die Konsumbereitschaft. α ist der sogenannte *Akzelerationskoeffizient*, er bewertet die Neigung zu Investitionen in Abhängigkeit vom Konsumzuwachs. Mit (314) ergibt sich aus (315)

$$I_t = \alpha\gamma(X_{t-1} - X_{t-2}), \tag{316}$$

d. h. die induzierten Investitionen reagieren auf den Zuwachs im Volkseinkommen mit einer Verzögerung von einer Zeiteinheit.

Das Volkseinkommen, der Konsum und die Investitionen genügen der naheliegenden Gleichgewichtsbedingung

$$X_t = C_t + I_t + W_t. \tag{317}$$

Folglich ist

$$X_{t+1} =_{(314),(317)} \gamma X_t + I_{t+1} + W_{t+1} =_{(316)} \gamma X_t + \gamma\alpha(X_t - X_{t-1}) + W_{t+1} =$$

$$\gamma(1+\alpha)X_t - \alpha\gamma X_{t-1} + W_{t+1},$$

somit

$$X_{t+1} = \gamma(1+\alpha)X_t - \alpha\gamma X_{t-1} + W_{t+1}, \tag{318}$$

bzw. in Differenzengleichungsform

$$X_{t+1} - \gamma(1+\alpha)X_t - \alpha\gamma X_{t-1} = W_{t+1}. \tag{319}$$

•

8.3   Autoregressionsschemata und autoregressive Zeitreihen.

In den Beispielen 8.2.1 bis 8.2.4 des vorigen Paragraphen 8.2 greift die Autoregressionsgleichung jeweils nur auf das nächstzurückliegende Folgenglied zurück. In Beispiel 8.2.5 greift die Autoregressionsgleichung auf zwei nächstzurückliegende Folgenglieder zurück. In allen Beispielen ist ersichtlich: Bei gegebenen W_t wird die Zeitreihe auf der linken Seite der Autoregressionsgleichungen (312), (306), (308) und (318) vermittels der Rekursionsbeziehung im wesentlichen von den W_t bestimmt. Dieser Zusammenhang wird durch die in der folgenden Definition 8.3.1 eingeführte Begrifflichkeit verdeutlicht.

8.3.1 Definition (AR-Zeitreihe).   Im folgenden Zusammenhang bezeichnet man gegebene $\phi_1, ..., \phi_p \in \mathbb{R}$, $\phi_p \neq 0$, als *Autoregressionskoeffizienten*, die gegebene Zeitreihe $(W_t)_{t \geq p}$ als *Input*, gegebene $x_0^\star, ..., x_{p-1}^\star \in \mathbb{R}$ als *Startvariablen* oder *Initialisierungen*. In Abhängigkeit von diesen Größen wird definiert:

•   Eine Zeitreihe $(X_t)_{\mathbb{N}_0}$ aus $\mathbb{R}$, die der Rekursionsgleichung

$$X_t = \phi_1 X_{t-1} + ... + \phi_p X_{t-p} + W_t \quad \text{für } t \geq p \tag{320}$$

bzw. der Differenzengleichung

$$X_t - \phi_1 X_{t-1} - \ldots - \phi_p X_{t-p} = W_t \quad \text{für } t \geq p \tag{321}$$

genügt, heißt *Lösung der Rekursionsgleichung* (320) *der Ordnung p* bzw. *der Differenzengleichung* (321) oder *autoregressive Zeitreihe der Ordnung p* (*AR(p)-Zeitreihe*).

- Eine Zeitreihe $(X_t)_{\mathbb{N}_0}$, die der Autoregressionsgleichung (320) bzw. (321) und den *Startbedingungen*

$$X_0 = x_0^\star, \ldots, X_{p-1} = x_{p-1}^\star \tag{322}$$

genügt, heißt *initialisierte Lösung der Autoregressionsgleichung* (320) bzw. *der Differenzengleichung* (321) oder *initialisierte autoregressive Zeitreihe der Ordnung p* (*initialisierte AR(p)-Zeitreihe*).

- Die beiden Gleichungen (320) und (322) bzw. (321) und (322) bilden das *initialisierte Autoregressionsschema* mit Autoregressionsgleichung (320) bzw. (321) und Startbedingungen (Initialsierungen) (322).

- Die Autoregressionsgleichung (320) bzw. Differenzengleichung (321) heißt *homogen* im Falle des Input $W_t = 0$ für alle $t \geq p$. Andernfalls heißt die Autoregressionsgleichung *inhomogen*. Eine homogene oder inhomogene Autoregressionsgleichung bzw. Differenzengleichung heißt *allgemein*.   ~~homogen wenn d ≠ 0~~

- Das auf der komplexen Ebene definierte Polynom $L: \mathbb{C} \to \mathbb{C}$ mit

$$L(z) = 1 - \phi_1 z^1 - \ldots - \phi_p z^p \tag{323}$$

heißt *Autoregressionspolynom* oder *charakteristisches Polynom* der Autoregressionsgleichung (320) bzw. der Differenzengleichung (321). •

Definition 8.3.1 betrachtet Folgen $(X_t)_{\mathbb{N}_0}$, ist also vor allem auf das Zeitpunktmodell zugeschnitten. Soll z. B. das Zeitraumbeginnmodell mit einer Folge $(Y_t)_{\mathbb{N}}$ verwendet werden, so setzt man $X_t = Y_{t+1}$ für $t \in \mathbb{N}_0$, untersucht $(X_t)_{\mathbb{N}_0}$, und gewinnt schließlich wieder Y_t durch $Y_t = X_{t-1}$ für $t \in \mathbb{N}$.

8.3.2 Aufgabe. Man notiere die Definition 8.3.1 in den Fällen $p = 1$ und $p = 2$. Man zeige, daß die in Paragraph 5.15 eingeführte Differenzengleichung erster Ordnung ein Spezialfall von Definition 8.3.1 mit $p = 1$ und konstantem Input ist. •

8.3.3 Aufgabe. Für die Autoregressionsgleichungen aus den Beispielen 8.2.1 bis 8.2.5 des vorigen Paragraphen 8.2 gebe man die Ordung p, die Autoregressionskoeffizienten und das Autoregressionspolynom an. •

Abbildung 52: Werte $X_1, ..., X_{12}$ der durch das Autoregressionsschema zweiter Ordnung mit Startwerten $x_1^\star = 1$, $x_2^\star = 2$, Autoregressionskoeffizienten $\phi = 1$, $\phi_2 = -2$, konstantem Input $W_t = 3$ festgelegten Folge.

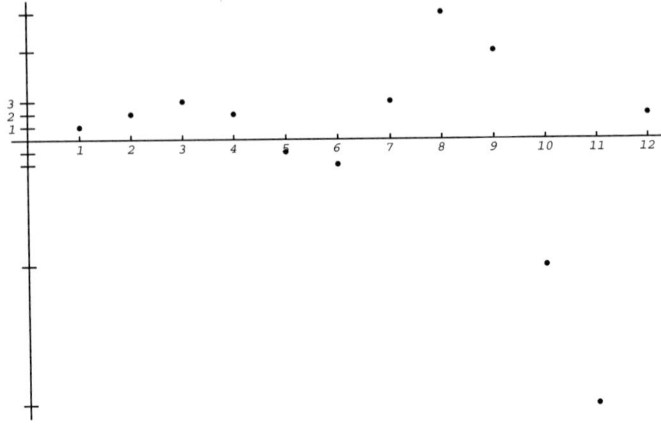

Der Zusammenhang zwischen der autoregressiven Zeitreihe $(X_t)_{\mathbb{N}_0}$ und dem Input $(W_t)_{t \geq p}$ wird auch ausgedrückt durch die Sprechweise, $(X_t)_{\mathbb{N}_0}$ werde von $(W_t)_{t \geq p}$ *angetrieben.* Vom intuitiven Standpunkt ist klar, daß ein initialisiertes Autoregressionsschema mit Autoregressionsschema (320) bzw. (321) und Startbedingungen (Initialsierungen) (322) genau eine Lösung $(X_t)_{\mathbb{N}_0}$ festlegt: Bei gegebenem Index t startet man mit den Initialisierungen $X_0 = x_0^\star, ..., X_{p-1} = x_{p-1}^\star$, und berechnet dann vermöge der Rekursionsgleichung (320) sukzessive die Werte $X_p, X_{p+1}, ...$ bis man bei X_t angelangt ist.

8.3.4 Beispiel. Die Abbildung 52 zeigt die Werte $X_1, ..., X_{12}$ der durch das Autoregressionsschema zweiter Ordnung mit Startwerten $x_1^\star = 1$, $x_2^\star = 2$, Autoregressionskoeffizienten $\phi = 1$, $\phi_2 = -2$, konstantem Input $W_t = 3$ festgelegten Folge $(X_t)_{\mathbb{N}}$. Man vervollständige die Beschriftung auf der y-Achse. •

8.3.5 Aufgabe. Man bestimme die Werte $X_1, ..., X_6$ für die folgenden initialisierten Autoregressionsschemata. Man bestimme jeweils die Autoregressionskoeffizienten und man notiere das Autoregressionspolynom (charakteristische Polynom) $L(z)$.

(i) $\quad X_{n+1} + \frac{1}{2}X_n - \frac{1}{2}X_{n-1} = 3$, $\quad X_0 = 2$, $\quad X_1 = 1$.

(ii) $\quad X_{n+1} = 2X_n - 3X_{n-1} + 10$, $\quad X_0 = \frac{1}{3}$, $\quad X_1 = \frac{1}{2}$.

(iii) $\quad X_t - \frac{1}{2}X_{t-1} + 4X_{t-2} - X_{t-3} = 4$, $\quad X_0 = \frac{7}{4}$, $\quad X_1 = \frac{5}{2}$, $\quad X_2 = 2$.

(iv) $\quad X_t = X_{t-1} - \frac{1}{2}X_{t-2} + \frac{3}{4}X_{t-3} - 5$, $\quad X_0 = 4$, $\quad X_1 = 7$, $\quad X_2 = 9$. •

Die oben geäußerte Vermutung der eindeutigen Bestimmtheit einer Lösung eines initialisierten Autoregrssionsschemas läßt sich durch einen Induktionsbeweis bestätigen. Für den Anwender ist jedoch zuvörderst eine explizite Darstellung der Lösung $(X_t)_{\mathbb{N}_0}$ in Abhängigkeit von den Startwerten $x_0^\star, ..., x_{p-1}^\star$ und vom Input $(W_t)_{t \geq p}$ interessant. Diese Aufgabe wurde von uns bislang nur für den Fall $p = 1$ mit konstantem Input gelöst, siehe Paragraph 5.15. Zur Lösung bei beliebigem p werden die Nullstellen des Autoregressionspolynoms $L(z)$ benötigt, siehe hierzu den folgenden Paragraphen 8.4.

8.3.6 Aufgabe. Für $n = 1, 2, ...$ sei K_n der Stand eines Kontos (in €) zu Beginn des Monats n. Das Konto entwickle sich unter den folgenden Bedingungen:

(A1) Der Kontostand zu Beginn des Monats 1 ist $K_1 = 10^5$.

(A2) Am *Ende* jeden Monats geht auf dem Konto eine Zahlung von 10000,00 € ein (*nachschüssige Einzahlung*).

(A3) Nach dem Beginn jedes Monats n, d. h. *nach* der Feststellung von K_n, werden dem Konto 30% Prozent seines Bestandes K_n zum Konsum entnommen.

(A4) Nach dem Beginn jedes Monats n, d. h. nach der Feststellung von K_n, werden dem Konto weitere 30% Prozent seines Bestandes K_n entnommen. Dieses Geld wird für zwei Monate, d. h. für die Monate n und $n + 1$, als Termingeld angelegt. Am *Ende* des zweiten Monats, d. h. des Monats $n + 1$, wird das Geld einschließlich eines Zinses von 1% (für den gesamten Zeitraum von zwei Monaten) wieder auf das Konto eingezahlt.

(A5) Auf den während des Monats n auf dem Konto befindlichen Geldbetrag werden dem Konto am Ende des Monats $\frac{3}{12}\%$ Zinsen gutgeschrieben.

(a) Man bestimme ein Rekursionsschema zweiter Ordnung oder ein Schema einer Differenzengleichung zweiter Ordnung für die Folge $(K_n)_\mathbb{N}$. **Hinweis:** Zur Bestimmung des zweiten Startwerts K_2 beachte man, daß die erste Rückzahlung gemäß (A4) erst zum Ende des Monats 2 erfolgt. In K_2 geht also keine solche Rückzahlung ein.

(b) Man bestimme die Kontostände K_3, K_4, K_5 auf zwei Stellen nach dem Komma genau. •

8.4 Die Nullstellen des Autoregressionspolynoms.

Allgemeines über die Nullstellen von Polynomen über $\mathbb{C}$ mit reellen Koeffizienten findet sich in Paragraph 4.11. Wir betrachten das Autoregressionspolynom

$$L(z) = 1 - \phi_1 z^1 - ... - \phi_p z^p$$

einer Autoregressionsgleichung der Ordnung p. Es ist also $\phi_p \neq 0$ und L ist ein Polynom vom Grade p, besitzt also paarweise verschiedene Nullstellen $\lambda_1, ..., \lambda_r \in \mathbb{C}$ mit den Vielfachheiten $v_1, ..., v_r$, $v_1 + ... + v_r = p$. Für diese Nullstellen gilt

$$\lambda_i \neq 0, \quad \lambda_1^{v_1} \cdot \ldots \cdot \lambda_r^{v_r} = \frac{-1}{\phi_p(-1)^p}, \quad v_1\lambda_1 + \ldots + v_r\lambda_r = \frac{-\phi_{p-1}}{\phi_p}. \tag{324}$$

8.4.1 Beispiel (Autoregressionspolynom im Falle $p = 2$).

Im Falle $p = 2$ ist das Autoregressionspolynom

$$L(z) = 1 - \phi_1 z - \phi_2 z^2. \tag{325}$$

Die Nullstellen des Autoregressionspolynoms können also mit den Formeln aus Paragraph 2.17 bestimmt werden. Die Diskriminante ergibt sich zu

$$D = \phi_1^2 + 4\phi_2. \tag{326}$$

Es gilt:

- Im Falle $D > 0$ besitzt das Autoregressionspolynom (325) genau zwei Nullstellen λ_1, λ_2 ($r = 2$, Vielfachheiten $v_1 = v_2 = 1$), diese sind beide reell mit

$$\lambda_1 = \frac{-\phi_1 - \sqrt{\phi_1^2 + 4\phi_2}}{2\phi_2}, \quad \lambda_2 = \frac{-\phi_1 + \sqrt{\phi_1^2 + 4\phi_2}}{2\phi_2}. \tag{327}$$

- Im Falle $D = 0$ besitzt das Autoregressionspolynom (325) genau eine Nullstelle $\lambda = \lambda_1$ ($r = 1$, Vielfachheit $v_1 = 2$), diese ist reell, und zwar

$$\lambda = \lambda_1 = \frac{-\phi_1}{2\phi_2}. \tag{328}$$

- Im Falle $D < 0$ besitzt das Autoregressionspolynom (325) genau zwei Nullstellen λ_1, λ_2 ($r = 2$, Vielfachheiten $v_1 = v_2 = 1$), diese sind beide komplex und zueinander konjungiert komplex mit

$$\lambda_1 = \frac{-\phi_1 - \imath\sqrt{-\phi_1^2 - 4\phi_2}}{2\phi_2}, \quad \lambda_2 = \frac{-\phi_1 + \imath\sqrt{-\phi_1^2 - 4\phi_2}}{2\phi_2}. \tag{329}$$

•

8.4.2 Aufgabe.

Für die folgenden Autoregressionsgleichungen bestimme man jeweils die Autoregressionskoeffizienten, das Autoregressionspolynom (charakteristische Polynom) $L(z)$, und die Nullstellen des Autoregressionspolynoms.

(i) $\quad X_t = X_{t-1} + X_{t-2} + W_t.$

(ii) $\quad X_t = 2X_{t-1} - 3X_{t-2} + W_t.$

(iii) $\quad X_t = 0.80X_{t-1} - 0.16X_{t-2} + W_t.$

(iv) $\quad X_t \;=\; X_{t-1} - 2.5 X_{t-2} + W_t.$

(v) $\quad X_t \;=\; 0.350 X_{t-1} + 0.175 X_{t-2} - 0.050 X_{t-3} + W_t.$

(vi) $\quad 7 X_t \;=\; 30 X_{t-1} + 25 X_{t-2} + W_t.$

(vi) $\quad X_t \;=\; 1.2 X_{t-1} - X_{t-2} + W_t.$ •

8.5   Lösungen der homogenen Autoregressionsgleichung.

In diesem Paragraphen werden Lösungen $(C_t)_{\mathbb{N}0}$ der homogenen Autoregressionsgleichung (Input konstant $W_t \cdot 0$)

$$C_t = \phi_1 C_{t-1} + ... + \phi_p C_{t-p} \quad \text{bzw.} \quad C_t - \phi_1 C_{t-1} - ... - \phi_p C_{t-p} = 0 \quad \text{für } t \geq p \;(330)$$

ohne Berücksichtigung von Startbedingungen bestimmt. In diesem Falle ist die Lösung nicht eindeutig bestimmt. Es ergibt sich eine parameterabhängige Lösungsgesamtheit. Durch geeignete Wahl der Parameter kann die Lösung an vorzugebende Startbedingungen angepaßt werden. Die Gesamtheit aller Lösungen wird durch den folgenden Satz 8.5.1 charakterisiert. Der Satz legt C_t nicht nur für $t \geq p$, sondern sogar für $t \in \mathbb{N}_0$ fest. Da an die Werte $C_0, ..., C_{p-1}$ in der Gleichung (330) keine Forderungen gestellt werden, können diese Werte stets gefahrlos festgelegt werden.

8.5.1   Satz (Homogene Autoregressionsgleichung ohne Initialisierungen). Es seien $\lambda_1, ..., \lambda_r \in \mathbb{C}$ die paarweise verschiedenen Nullstellen des Autoregressionspolynoms $L(z) = 1 - \phi_1 z^1 - ... - \phi_p z^p$ mit den Vielfachheiten $v_1, ..., v_r$, $v_1 + ... + v_r = p$. Für $j = 1, ..., r$ seien die Polynome $P_j(t)$ vom Grade $v_j - 1$ definiert durch

$$P_j(t) \;=\; \alpha_1^{(j)} + \alpha_2^{(j)} t^1 + \alpha_3^{(j)} t^2 + ... + \alpha_{v_j}^{(j)} t^{v_j - 1}$$

mit beliebigen Konstanten $\alpha_1^{(j)}, ..., \alpha_{v_j}^{(j)} \in \mathbb{C}$.

Dann ist die Folge $(C_t)_{\mathbb{N}0}$ mit

$$C_t \;=\; \frac{P_1(t)}{\lambda_1^t} + ... + \frac{P_r(t)}{\lambda_r^t} \tag{331}$$

eine Lösung der homogenen Autoregressionsgleichung (330). Treten alle Nullstellen mit der Vielfachheit $v_1 = ... = v_r = 1$ auf, d. h. liegen $r = p$ paarweise verschiedene Nullstellen $\lambda_1, ..., \lambda_p$ vor, so ist

$$C_t \;=\; \frac{\alpha_1}{\lambda_1^t} + ... + \frac{\alpha_p}{\lambda_p^t} \tag{332}$$

mit beliebigen Konstanten $\alpha_1, ..., \alpha_p \in \mathbb{C}$ eine Lösung der homogenen Autoregressionsgleichung (330). •

Satzes 8.5.1 charakterisiert die Gesamtheit aller Lösungen $(C_t)_{\mathbb{N}0}$ aus $\mathbb{C}$. Durch die Anpassung an reellwertige Initialisierungen erhält man später nur Lösungen aus $\mathbb{R}$. Der Beweis des Satzes 8.5.1 ist für den Anwender nicht von Interesse. Verhältnismäßig einfach ist der Beweis im Fall $p = 2$. Für diesen wichtigen Fall sind die Resultate noch einmal im folgenden Satz 8.5.2 zusammengefaßt.

8.5.2 Satz (Homogene Gleichung der Ordnung 2 ohne Initialisierungen). Es sei $L(z) = 1 - \phi_1 z - \phi_2 z^2$ mit $\phi_2 \neq 0$ das Autoregressionspolynom, dessen Nullstellen in Beispiel 8.4.1 berechnet sind.

(a) Das Autoregressionspolynom besitze zwei Nullstellen $\lambda_1 \neq \lambda_2$. Dann ist für beliebige $\alpha_1, \alpha_2 \in \mathbb{C}$ die Folge $(C_t)_{\mathbb{N}_0}$ mit

$$C_t = \frac{\alpha_1}{\lambda_1^t} + \frac{\alpha_2}{\lambda_2^t} \tag{333}$$

eine Lösung der homogenen Autoregressionsgleichung (330). Sind $\lambda_1, \lambda_2 \in \mathbb{C}$, so ist $(C_t)_{\mathbb{N}_0}$ genau dann aus $\mathbb{R}$, wenn α_1, α_2 konjungiert komplex sind.

(b) Das Autoregressionspolynom besitze genau eine Nullstelle $\lambda_1 = \lambda$. Dann ist für beliebige $\alpha_1, \alpha_2 \in \mathbb{R}$ die Folge $(C_t)_{\mathbb{N}_0}$ mit

$$C_t = \frac{\alpha_1 + \alpha_2 t}{\lambda^t} \tag{334}$$

eine Lösung der homogenen Autoregressionsgleichung (330). •

8.5.3 Aufgabe. Man fasse die Autoregressionsgleichungen aus Aufgabe 8.3.5 als homogen auf, d. h. man betrachte den konstanten Input $W_t = 0$. Durch Anwendung der Sätze 8.5.1 und 8.5.2 bestimme man parameterabhängige Lösungen dieser homogenen Autoregressionsgleichungen. •

8.6 Eine spezielle Lösung der allgemeinen Autoregressionsgleichung.

In diesem Paragraphen suchen wir ohne Berücksichtigung von Startbedingungen eine spezielle Lösung $(B_t)_{\mathbb{N}_0}$ der allgemeinen Autoregressionsgleichung bzw. Differenzengleichung

$$B_t = \phi_1 B_{t-1} + ... + \phi_p B_{t-p} + W_t \quad \text{bzw.} \quad B_t - \phi_1 B_{t-1} - ... - \phi_p B_{t-p} = W_t \quad \text{für} \quad t \geq p \tag{335}$$

mit beliebigem Input $(W_t)_{t \geq p}$. Da keine Startbedingungen berücksichtigt werden, gibt es natürlich viele Lösungen, unter denen hier besonders einfache ausgewählt werden sollen. Wie in Paragraph 8.5 geben wir im Satz 8.6.1 zunächst eine Lösung für beliebige Ordnung $p \in \mathbb{N}$ an. Im darauf folgenden Beispiel 8.6.2 wird der wichtige Spezialfall $p = 2$ noch einmal gesondert betrachtet. Der Satz legt B_t nicht nur für $t \geq p$, sondern sogar für

$t \in \mathbb{N}_0$ fest. Da an die Werte $B_0, ..., B_{p-1}$ in den Gleichungen (335) keine Forderungen gestellt werden, können diese Werte stets gefahrlos festgelegt werden.

8.6.1 Satz (Allgemeine Autoregressionsgleichung ohne Initialisierungen). Es sei $L(z) = 1 - \phi_1 z^1 - ... - \phi_p z^p$ mit $\phi_p \neq 0$ das Autoregressionspolynom, $(W_t)_{t \geq p}$ der vorgegebene Input. Die Folge $(\vartheta_k)_{\mathbb{N}_0}$ sei bestimmt durch das Rekursionsschema

$$
\begin{aligned}
\vartheta_0 &= 1, \\
\vartheta_k &= \sum_{j=1}^{k} \phi_j \vartheta_{k-j} \quad \text{für } k = 1, ..., p, \\
\vartheta_k &= \sum_{j=1}^{p} \phi_j \vartheta_{k-j} \quad \text{für } k = p+1, p+2, ...
\end{aligned}
\tag{336}
$$

(a) Die Folge $(B_t)_{\mathbb{N}_0}$ mit

$$
B_t = \sum_{k=0}^{t-p} \vartheta_k W_{t-k} \quad \text{für } t \in \mathbb{N}_0,
\tag{337}
$$

d. h. $B_t = 0$ für $0 \leq t \leq p-1$, ist eine Lösung der allgemeinen Autoregressionsgleichung (335).

(b) Es seien die Inputvariablen $W_0, ..., W_{p-1}$ beliebig gewählt, z. B. $W_0 = ... = W_{p-1} = W_p$ oder $W_0 = ... = W_{p-1} = 0$. Dann ist die Folge $(B_t)_{\mathbb{N}_0}$ mit

$$
B_t = \sum_{k=0}^{t} \vartheta_k W_{t-k} \quad \text{für } t \in \mathbb{N}_0
\tag{338}
$$

eine Lösung der allgemeinen Autoregressionsgleichung (335).

(c) Es existiere der Grenzwert $\sum_{j=0}^{\infty} |\vartheta_j|$, die Inputvariablen $W_0, W_{-1}, W_{-2}, ...$ seien definiert, und es gebe eine Schranke $A > 0$ mit $|W_k| \leq A$. Dann ist die Folge $(B_t)_{\mathbb{N}_0}$ mit

$$
B_t = \sum_{k=0}^{\infty} \vartheta_k W_{t-k} \quad \text{für } t \in \mathbb{N}_0
\tag{339}
$$

eine Lösung der allgemeinen Autoregressionsgleichung (335).

(d) Der Input sei konstant mit $W_t = W$ für alle t, und es sei $L(1) = 1 - \phi_1 - ... - \phi_p \neq 0$, d. h. 1 ist keine Nullstelle des Autoregressionspolynoms L. Dann ist die konstante Folge $(B_t)_{\mathbb{N}_0}$ mit

$$
B_t = \frac{W}{1 - \phi_1 - ... - \phi_p} \quad \text{für } t \in \mathbb{N}_0
\tag{340}
$$

eine Lösung der allgemeinen Autoregressionsgleichung (335).

(e) Der Input sei konstant mit $W_t = W$ für alle t, und es sei $\lambda_1 = 1$ eine Nullstelle des Autoregressionspolynoms L von der Vielfachheit $v_1 \leq p$. Dann ist

$$L(z) = (1 - z)^{v_1} \cdot K(z)$$

mit einem Polynom

$$K(z) = 1 - \psi_1 z^1 - \ldots - \psi_{p-v_1} z^{p-v_1}$$

vom Grade $p - v_1$ und die Folge $(B_t)_{\mathbb{N}_0}$ mit

$$B_t = \frac{W}{1 - \psi_1 - \ldots - \psi_{p-v_1}} \binom{v_1 + t}{t} \quad \text{für } t \in \mathbb{N}_0 \tag{341}$$

ist eine Lösung der allgemeinen Autoregressionsgleichung (335). $\quad\bullet$

Das Problem bei der Anwendung von Satz 8.6.1 liegt in der Berechnung der Koeffizienten ϑ_k aus dem Rekursionsschema (336). Im Fall $p = 2$ kann man diese Koeffizienten verhältnismäßig leicht aus den Nullstellen λ_1, λ_2 des Autoregressionspolynoms bestimmen. Wir betrachten diesen wichtigen Spezialfall im folgenden Beispiel 8.6.2.

8.6.2 Beispiel (Spezielle Lösung im Falle $p = 2$). Es sei $L(z) = 1 - \phi_1 z - \phi_2 z^2$ mit $\phi_2 \neq 0$ das Autoregressionspolynom mit Nullstellen λ_1, λ_2. Zur Berechnung der Nullstellen siehe Beispiel 8.4.1. Die durch das Rekursionsschema (336) definierten Koeffizienten ϑ_k ergeben sich zu

$$\vartheta_k = \begin{cases} \frac{1}{\phi_2\,(\lambda_2 - \lambda_1)} \left(\frac{1}{\lambda_2^{k+1}} - \frac{1}{\lambda_1^{k+1}} \right), & \text{falls } \lambda_1 \neq \lambda_2, \\[2ex] \frac{-(k+1)}{\phi_2\,\lambda^{k+2}}, & \text{falls } \lambda_1 = \lambda = \lambda_2. \end{cases} \tag{342}$$

Eine Lösung der allgemeinen Autoregressionsgleichung (335) kann nun durch Einsetzen in die Formeln (337) bis (341) von Satz 8.6.1 bestimmt werden. Im Falle des konstanten Inputs $W_t = W$ ergibt sich insbesondere die Lösungsfolge $(B_t)_{\mathbb{N}_0}$ mit

$$B_t = \begin{cases} \frac{W}{1 - \phi_1 - \phi_2}, & \text{falls } 1 - \phi_1 - \phi_2 \neq 0, \\[2ex] \frac{(t+1)W}{2 - \phi_1}, & \text{falls } 1 - \phi_1 = \phi_2 \text{ und } \phi_1 \neq 2, \\[2ex] \frac{(t+1)(t+2)W}{2}, & \text{falls } \phi_1 = 2 \text{ und } \phi_2 = 1 - \phi_1 = -1. \end{cases} \tag{343}$$

$\quad\bullet$

8.6.3 Aufgabe. In Aufgabe 8.4.2 wurden für die folgenden allgemeinen Autoregressionsgleichungen mit konstantem Input die Autoregressionskoeffizienten, das Autoregressionspolynom (charakteristische Polynom) $L(z)$, und die Nullstellen des Autoregressionspolynoms bestimmt. Mithilfe von Satz 8.6.1 bzw. von Beispiel 8.6.2 bestimme man jetzt spezielle Lösungsfolgen ohne Berücksichtigung von Initialisierungen.

(i) $X_t = X_{t-1} + X_{t-2} + 1.$

(ii) $X_t = X_{t-1} + X_{t-2}.$

(iii) $X_t = 2X_{t-1} - 3X_{t-2} - 1.$

(iv) $X_t = 0.80X_{t-1} - 0.16X_{t-2} + 3.$

(v) $X_t = X_{t-1} - 2.5X_{t-2} + 4.$

(vi) $X_t = 0.350X_{t-1} + 0.175X_{t-2} - 0.050X_{t-3} + 5.$

(vi) $7X_t = -30X_{t-1} + 25X_{t-2} + 10.$

(vii) $X_t = 1.2X_{t-1} - X_{t-2} + 10.$ •

8.7 Lösungen der Autoregressionsgleichung mit Initialisierungen.

Nach den Vorarbeiten der Paragraphen 8.5 und 8.6 kann jetzt das initialisierte Autoregressionsschema bestehend aus Rekursionsgleichung (320) und Startbedingungen (322) bzw. aus Differenzengleichung (321) und Startbedingungen (322) gelöst werden. Die Grundlage des Lösungsverfahrens bildet der folgende Satz.

8.7.1 Satz (Lösungen der allgemeinen Autoregressionsgleichung). Es sei $(B_t)_{\mathbb{N}_0}$ eine beliebige spezielle Lösung der allgemeinen Autoregressionsgleichung

$$B_t = \phi_1 B_{t-1} + ... + \phi_p B_{t-p} + W_t \quad \text{bzw.} \quad B_t - \phi_1 B_{t-1} - ... - \phi_p B_{t-p} = W_t \quad \text{für } t \geq p \quad (344)$$

ohne Startbedingungen. Alle Lösungen $(X_t)_{\mathbb{N}_0}$ der allgemeinen Autoregressionsgleichung (320) ohne Startbedingungen sind gegeben durch die Folgen der Gestalt

$$X_t = B_t + C_t, \tag{345}$$

wobei $(C_t)_{\mathbb{N}_0}$ irgendeine Lösung der homogenen Gleichung

$$C_t = \phi_1 C_{t-1} + ... + \phi_p C_{t-p} \quad \text{bzw.} \quad C_t - \phi_1 C_{t-1} - ... - \phi_p C_{t-p} = 0 \quad \text{für } t \geq p \quad (346)$$

ohne Berücksichtigung von Startbedingungen ist.   •

Die allgemeine Lösungen der homogenen Gleichung hängt nach Satz 8.5.1 von p zu wählenden Parametern $\alpha_1, ..., \alpha_p$ ab. Durch geeignete Wahl dieser Parameter muß die Lösung (345) so arrangiert werden, daß sie den Startbedingungen

$$X_0 = x_0^\star, \ ... \ , X_{p-1} = x_{p-1}^\star \tag{347}$$

genügt. Hierfür ist ein lineares Gleichungssystem mit p Gleichungen in den Unbekannten $\alpha_1, ..., \alpha_p$ zu lösen. Die Existenz und Eindeutigkeit einer Lösung folgt aus der Tatsache, daß eine eindeutig bestimmte Lösung des Autoregressionsschemas existiert. Die zur Lösung des initialisierten Autoregressionsschemas erforderlichen Schritte sind im folgenden Verfahren 8.7.2 zusammengefaßt.

8.7.2 Verfahren (Lösung des initialisierten Autoregressionsschemas).   Gegeben sei das initialsierte Autoregressionsschema der Ordnung p bestehend aus Rekursionsgleichung

$$X_t = \phi_1 X_{t-1} + ... + \phi_p X_{t-p} + W_t \quad \text{für } t \geq p \tag{348}$$

bzw. Differenzengleichung

$$X_t - \phi_1 X_{t-1} - ... - \phi_p X_{t-p} = W_t \quad \text{für } t \geq p \tag{349}$$

mit $\phi_p \neq 0$ und Startbedingungen

$$X_0 = x_0^\star, \ ..., X_{p-1} = x_{p-1}^\star. \tag{350}$$

(S1)   Man bestimmt sämtliche Nullstellen $\lambda_1, ..., \lambda_r \in \mathbb{C}$ des Autoregressionspolynoms $L(z) = 1 - \phi_1 z^1 - ... - \phi_p z^p$ mit ihren Vielfachheiten $v_1, ..., v_r$, $v_1 + ... + v_r = p$. Für den Fall $p = 2$ verwende man die Resultate von Beispiel 8.4.1.

(S2)   Mit Satz 8.5.1 (p beliebig) bzw. Satz 8.5.2 ($p = 2$) bestimmt man ohne Berücksichtigung der Initialisierungen (350) die von Parametern $\alpha_1, ..., \alpha_p$ abhängende allgemeine Lösung $(C_t)_{\mathbb{N}_0}$ der homogenen Gleichung $C_t - \phi_1 C_{t-1} - ... - \phi_p C_{t-p} = 0$ für $t \geq p$.

(S3)   Mit Satz 8.6.1 (p beliebig) bzw. Beispiel 8.6.2 ($p = 2$) bestimmt man ohne Berücksichtigung der Initialisierungen eine spezielle Lösung $(B_t)_{\mathbb{N}_0}$ der Gleichung (348) bzw. (349) zum gegebenen Input $(W_t)_{t \geq p}$.

(S4)   Unter Beachtung der Startbedingungen (350) bestimmt man die Parameter $\alpha_1 = \alpha_1^\star, ..., \alpha_p = \alpha_p^\star$ aus den p linearen Gleichungen

$$\begin{aligned} C_0 + B_0 &\overset{!}{=} x_0^\star \\ \vdots \quad & \vdots \\ C_{p-1} + B_{p-1} &\overset{!}{=} x_{p-1}^\star \end{aligned} \tag{351}$$

(S5)   Man setzt die im Schritt (S4) gefundenen Parameter $\alpha_1^\star, ..., \alpha_p^\star$ in die allgemeine homogene Lösung $(C_t)_{\mathbb{N}_0}$ ein und erhält eine bestimmte Lösung $(C_t^\star)_{\mathbb{N}_0}$ der homogenen Gleichung. Die Lösung des Autoregressionsschemas ist dann die Folge $(X_t)_{\mathbb{N}_0}$ mit

$$X_t = C_t^\star + B_t \quad \text{für } t \in \mathbb{N}_0. \tag{352}$$

8.7.3 Beispiel (Schritt (S4) im Falle $p = 2$). Im Falle $p = 2$ kann die Lösung des Gleichungssystems (351) leicht angegeben werden. Es gilt:

- Liegen zwei Nullstellen $\lambda_1 \neq \lambda_2$ vor, so lautet das Gleichungssystem (351)

$$\alpha_1 + \alpha_2 \overset{!}{=} x_0^\star - B_0$$
$$\frac{\alpha_1}{\lambda_1} + \frac{\alpha_2}{\lambda_2} \overset{!}{=} x_1^\star - B_1$$

und hat die Lösungen

$$\alpha_1 = \frac{\lambda_1\lambda_2(x_1^\star - B_1) - \lambda_1(x_0^\star - B_0)}{\lambda_2 - \lambda_1},$$
$$\alpha_2 = \frac{-\lambda_1\lambda_2(x_1^* - B_1) + \lambda_2(x_0^+ - B_0)}{\lambda_2 - \lambda_1}. \tag{353}$$

- Liegt nur eine Nullstelle λ vor, so lautet das Gleichungssystem (351)

$$\alpha_1 \overset{!}{=} x_0^\star - B_0$$
$$\frac{\alpha_1 + \alpha_2}{\lambda} \overset{!}{=} x_1^\star - B_1$$

und hat die Lösungen

$$\alpha_1 = x_0^\star - B_0, \qquad \alpha_2 = \lambda(x_1^\star - B_1) - (x_0^\star - B_0). \tag{354}$$

●

8.7.4 Aufgabe. Man löse die folgenden initialisierten Autoregressionsschemata mit konstantem Input. Man verwende dabei die Lösungen der Aufgaben 8.3.5, 8.5.3, 8.6.3. Man untersuche die autoregressiven Zeitreihen auf Konvergenz.

(i) $\quad X_t = X_{t-1} + X_{t-2} + 1, \quad X_0 = 1, X_1 = 1.$

(ii) $\quad X_t = X_{t-1} + X_{t-2}, \quad X_0 = 1, X_1 = 1.$

(iii) $\quad X_t = 2X_{t-1} - 3X_{t-2} - 1, \quad X_0 = 3, X_1 = 2.$

(iv) $\quad X_t = 0.80X_{t-1} - 0.16X_{t-2} + 3, \quad X_0 = 1, X_1 = 0.$

(v) $\quad X_t = X_{t-1} - 2.5X_{t-2} + 4, \quad X_0 = 1, X_1 = 1.$

(vi) $\quad X_t = 0.350X_{t-1} + 0.175X_{t-2} - 0.050X_{t-3} + 5, \quad X_0 = 1, X_1 = 1, X_2 = 3.$

(vii) $\quad 7X_t = -30X_{t-1} + 25X_{t-2} + 10, \quad X_1 = 1, X_2 = 5.$

(viii) $\quad X_t = 1.2X_{t-1} - X_{t-2} + 5, \quad X_1 = 1, X_2 = 3.$ ●

Abbildung 53: Werte $X_0, ..., X_{12}$ der autoregressiven Folge aus Aufgabe 8.7.4, (iii).

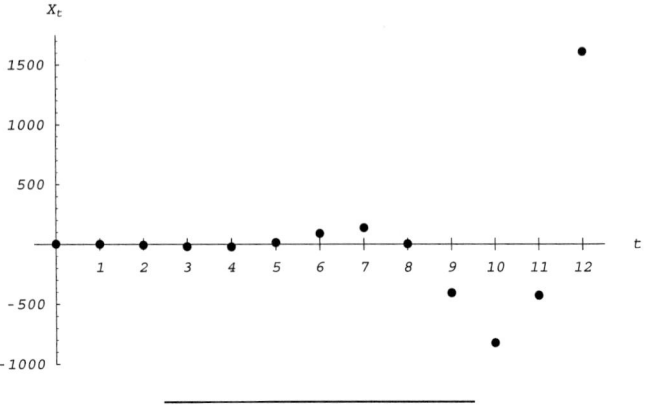

Abbildung 54: Werte $X_0, ..., X_{20}$ der autoregressiven Folge aus Aufgabe 8.7.4, (iv).

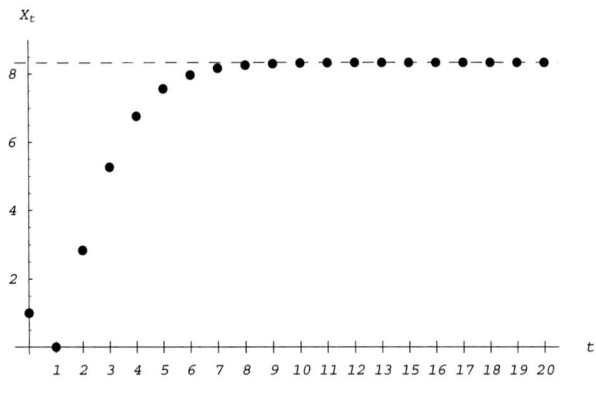

Abbildung 55: Werte $X_0, ..., X_{23}$ der autoregressiven Folge aus Aufgabe 8.7.4, (v).

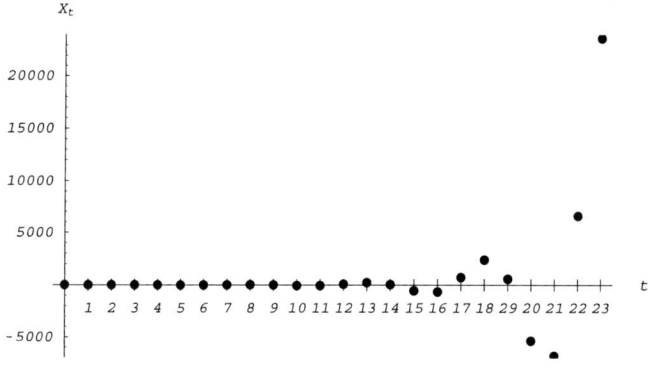

Abbildung 56: Werte $X_0, ..., X_{23}$ der autoregressiven Folge aus Aufgabe 8.7.4, (viii).

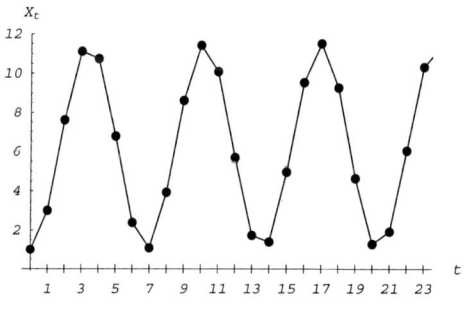

Abbildung 57: Werte $X_0, ..., X_{23}$ der autoregressiven Folge aus Aufgabe 8.7.5, (ii).

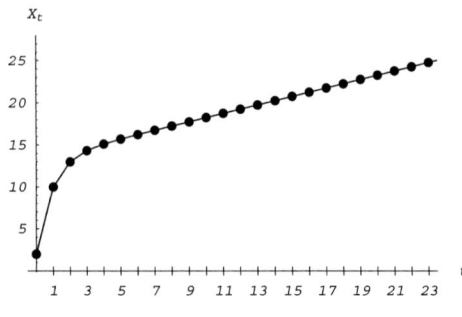

8.7.5 Aufgabe. Man gebe die Lösungsfolgen der initialisierten Autoregressionsschemata an. Man untersuche die autoregressiven Zeitreihen auf Konvergenz.

(i) $X_{t+1} + \frac{1}{2}X_t - \frac{1}{2}X_{t-1} = 3$, $X_0 = 2$, $X_1 = 1$.

(ii) $3X_{t+1} = 4X_t - X_{t-1} + 1$, $X_0 = 2$, $X_1 = 10$.

(iii) $X_{t+1} - \frac{1}{2}X_t + 4X_{t-1} = 4$, $X_0 = \frac{7}{4}$, $X_1 = \frac{5}{2}$.

(iv) $X_{t+1} = X_t - \frac{1}{2}X_{t-1} - 5$, $X_0 = 4$, $X_1 = 7$. •

8.7.6 Aufgabe (Multiplikator-Akzelerator-Modell). Man untersuche das in Beispiel 8.2.5 des Paragraphen 8.2 hergeleitete Autoregressionsschema des Multiplikator-Akzelerator-Modells für die Werte $X_0 = 800$, $X_1 = 1600$, $W_t = 150$, $\alpha = \frac{1}{2}$, $\gamma = \frac{1}{8}$. Man bestimme $X_0, ..., X_4$ auf zwei Stellen nach dem Komma genau. Man gebe die Folge $(X_t)_{\mathbb{N}_0}$ explizit an. Schließlich untersuche man die Folge $(X_t)_{\mathbb{N}_0}$ auf Konvergenz. •

8.7.7 Aufgabe (Differenzengleichung zweiter Ordnung). Es seien $t = 0, 1, 2, ...$ die Anfangszeitpunkte gewisser Zeiträume identischer Länge (Perioden) und es sei G ein während dieser Perioden in Mengeneinheiten (ME) gehandeltes Gut. Für $t = 0, 1, 2...$ sei D_t die Nachfrage nach G in ME, S_t das Angebot an G in ME, P_t der Preis einer ME G in der Periode mit Anfangszeitpunkt t. Die Nachfrage D_t hänge linear vom aktuellen Preis ab, d. h. es sei

$$D_t = a + bP_t \quad \text{für } t = 0, 1, 2, ...$$

mit Koeffizienten $a, b \in \mathbb{R}$. Die Anbieter müssen das Angebot S_t bereits in der Vorperiode anhand der zurückliegenden Preise $P_{t-1}, P_{t-2}, ...$ disponieren, da zur Beschaffung eine Periode benötigt wird. Sie stützen sich bei ihrer Disposition auf ein gewichtetes Mittel

Abbildung 58: Werte $X_0, ..., X_{23}$ der autoregressiven Folge aus Aufgabe 8.7.5, (i).

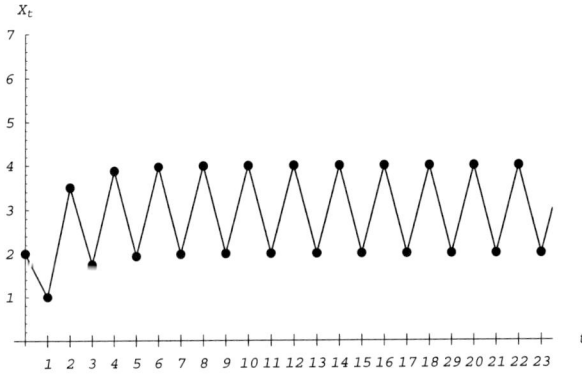

$qP_{t-1} + (1 - q)P_{t-2}$ der beiden letzten bekannten Preise. Das Angebot wird kalkuliert gemäß der Formel

$$S_t = d\Big(qP_{t-1} + (1 - q)P_{t-2}\Big) \qquad \text{für } t = 0, 1, 2, ...$$

mit einem Koeffizienten $d \in \mathbb{R}$. Zusätzlich wird angenommen, daß der Markt stets völlig geräumt wird, d. h. daß

$$S_t = D_t \qquad \text{für } t = 0, 1, 2, ...$$

(a) Die Parameter seien in folgender Weise festgelegt:

a	b	d	q
104.0	−8.0	8.0	0.6

Man bestimme eine Autoregressionsgleichung 2. Ordnung für die Preisfolge $(P_t)_{\mathbb{N}_0}$. Man notiere die Autoregressionsgleichung sowohl in der rekursiven Form $P_t = \phi_1 P_{t-1} + \phi_2 P_{t-2} + W$ als auch in Differenzenform $P_t - \phi_1 P_{t-1} - \phi_2 P_{t-2} = W$.

(b) Die Parameter a, b, d, q, und die in den beiden ersten Perioden gültigen Preise P_0, P_1 seien in folgender Weise festgelegt:

a	b	d	q	P_0	P_1
720.0	−8.0	7.0	$\frac{6}{7}$	48.0	50.0

In dieser Situation ergibt sich die Autoregressionsgleichung

$$P_t + 0.750 P_{t-1} + 0.125 P_{t-2} = 90 \qquad \text{für } t = 2, 3, 4, ...$$

(b.i)   Zu der oben angegebenen Autoregressionsgleichung bestimme man das Autoregressionspolynom $L(z)$.

(b.ii)   Man bestimme die Nullstellen λ_1, λ_2 des Autoregressionspolynoms. **Hinweis zur Rechenkontrolle:** Die Nullstellen λ_1, λ_2 sind ganzzahlig.

(b.iii)   Man bestimme die von 2 Parametern abhängige Gesamtheit der Lösungen $(C_t)_{\mathbb{N}_0}$ der homogenen Autoregressionsgleichung

$$P_t + 0.750 P_{t-1} + 0.125 P_{t-2} \;=\; 0 \quad \text{für} \quad t = 2,3,4,...$$

(b.iv)   Ohne Berücksichtigung von Initialisierungen bestimme man eine konstante Lösung (konstante Folge $B_t = B$) der inhomogenen Gleichung

$$B_t + 0.750 B_{t-1} + 0.125 B_{t-2} \;=\; 90 \quad \text{für} \quad t = 2,3,4,...$$

Hinweis: Es gibt eine ganzzahlige konstante Lösung.

(b.v)   Man bestimme die Lösung $(P_t)_{\mathbb{N}_0}$ der Ausgangsgleichung

$$P_t + 0.750 P_{t-1} + 0.125 P_{t-2} \;=\; 90 \quad \text{für} \quad t = 2,3,4,...$$

Hinweis zur Rechenkontrolle: Die Lösung kann in der Form $\frac{\alpha_1}{x^t} + \frac{\alpha_2}{y^t} + \beta$ mit ganzzahligen α_1, α_2, β, x, y angegeben werden.

(b.vi)   Man prüfe, ob die Folge $(P_t)_{\mathbb{N}_0}$ der Preise konvergiert. Gegebenenfalls gebe man den Grenzwert an.   •

Der Verlauf der in Teilaufgabe (b) von Aufgabe 8.7.7 untersuchten Preisfolge ist in Abbildung 59 dargestellt.

8.8   Die Fibonacci-Zahlen.

In seinem Werk *Liber Abacci*[10] von 1202 löst *Leonardo Pisano*[11], bekannt unter dem Namen *Fibonacci*, die Aufgabe, den Umfang einer Kaninchenpopulation in aufeinanderfolgenden Monaten 1,2,3... gemäß den folgenden Annahmen zu bestimmen:

---

[10]Siehe *Scritti di Leonardo Pisano*, Vol. 1, herausgegeben von B. Boncompagni, Rom 1857, Seite 283.

[11]Leonardo Pisano Fibonacci, geboren 1170 vermutlich in Pisa, gestorben 1250 vermutlich in Pisa. Pisano entstammte einer Kaufmannsfamilie des Namens Bonacci. Der Beiname *Fibonacci* geht vermutlich zurück auf *De filiis Bonacci*, von den Söhnen des Bonacci, siehe Boncompagni (1852). Leonardo führte darüberhinaus den Beinamenn *Bigollo*. Guilielmo, der Vater Leonardos, war Handelsrepräsentant der Republik Pisa in Bougie, heute Algerien. Leonardo erfuhr dort seine Ausbildung, vor allem in Mathematik. Auf ausgedehnten Reisen mit seinem Vater durch Nordafrika und den Nahen Osten sammelte er mathematische Kenntnisse. 1200 kehrte Leonardo nach Pisa zurück und veröffentlichte seine Kenntnisse in mehreren Büchern. Erhalten sind der *Liber abaci* (1202), *Practica geometriae* (1220), *Flos* (1225), und *Liber quadratorum*. Leonardos Werk erregte die Aufmerksamkeit des Staufer-Kaisers Friedrich II., der Leonardo 1225 bei einem Besuch in Pisa traf. Der Hofgelehrte Johannes von Palermo stellte Leonardo eine Reihe von Aufgaben. Leonardo löste drei dieser Aufgaben, darunter das zur Fibonacci-Folge führende Problem, und veröffentlichte die Lösung in seinem Werk *Flos* von 1225.

Abbildung 59: Werte $P_0, ..., P_{17}$ der Preisfolge aus Aufgabe 8.7.7.

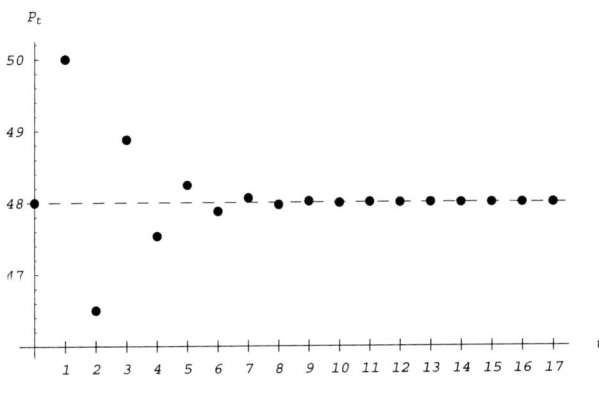

Jemand brachte ein Kaninchenpaar in einen gewissen allseits von Wänden umgebenen Ort, um herauszufinden, wieviel [Paare] aus diesem Paar in einem Jahr entstehen würden. Es sei die Natur der Kaninchen, pro Monat ein neues Paar hervorzubringen, und im zweiten Monat nach der Geburt [erstmals] zu gebären. [Todesfälle mögen jedoch nicht eintreten].

In der uns zur Verfügung stehenden Terminologie kann Pisanos Aufgabe als Beschreibung eines Rekursionsschemas für die Folge $(X_t)_{\mathbb{N}_0}$ der Kaninchenbestände zu Zeitpunkten $t = 0, 1, 2, ...$ gedeutet werden, wobei der Zeitpunkt t der Beginn des Monats $t + 1$ ist. Wir präzisieren den obigen Text in folgender Weise:

(i)   Zu Beginn des ersten Monats wird ein neugeborenes gemischtgeschlechtliches Kaninchenpaar eingesetzt.

(ii) Ein gemischtgeschlechtliches Kaninchenpaar bringt jeweils ein gemischtgeschlecht- liches Kaninchenpaar hervor, das zu Beginn eines Monats geboren wird.

Es ergibt sich das homogene Autoregressionsschema

$$X_t = X_{t-1} + X_{t-2}, \quad X_0 - 1, X_1 - 1 \tag{355}$$

zweiter Ordnung, das bereits in Aufgabe 8.7.4 untersucht werden sollte. Das Autoregres- sionspolynom besitzt die reellen Nullstellen $\lambda_1 = -0.5(1 + \sqrt{5})$, $\lambda_2 = 0.5(-1 + \sqrt{5})$ mit $\lambda_1 < -1 < 0 < \lambda_1 < 1$. Die Lösung hat die explizite Gestalt

$$X_t = \frac{(1 + \sqrt{5})^{t+1} - (1 - \sqrt{5})^{t+1}}{\sqrt{5}\, 2^{t+1}} = \frac{1}{2^t} \sum_{\substack{0 \le j \le t \\ j \text{ gerade}}} \binom{t+1}{j} 5^{j/2}. \tag{356}$$

Man bezeichnet die Glieder $X_0, X_1, ...$ der durch Formel (355) bzw. Formel (356) festge- legten Zahlenfolge als *Fibonacci-Zahlen*. Ersichtlich ist die Folge $(X_t)_{t \ge 1}$ streng monoton

Abbildung 60: Fibonacci-Zahlen $X_0, ..., X_{12}$.

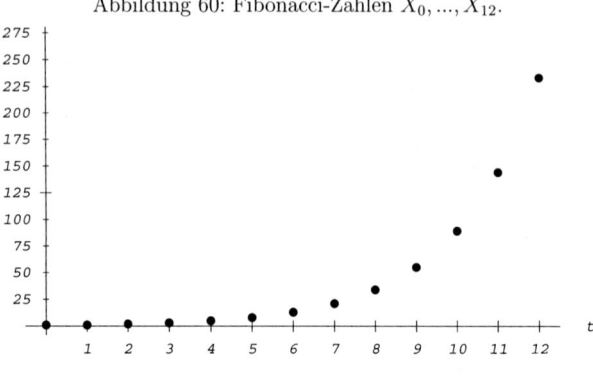

wachsend, wobei der Zuwachs schon ab $t = 6$ sehr groß ist, siehe die Abbildung 60. Die Folge der Fibonacci-Zahlen findet sich in einer Vielzahl von mathematischen Modellen. Dies ist nicht überraschend, da die Folge dem elementaren Rekursionsschema zweiter Ordnung

$$\text{Jetzt-Bestand} \quad = \quad \text{Vor-Bestand} \; + \; \text{Vor-Vor-Bestand}$$

genügt. Den Fibonacci-Zahlen begegnet man z. B. bei der Beschreibung der Anordnung von Pflanzenblättern, siehe Batschelet (1980), in der Virusforschung, siehe Eigen (1988), und bei der Beschreibung von Netzwerkstrukturen. In den Wirtschaftswissenschaften wurden die Fibonacci-Zahlen z. B. bei der Untersuchung von Börsenkursentwicklungen eingesetzt. Seit 1963 widmet sich eine eigene Zeitschrift, *The Fibonacci Quarterly*, den Anwendungsmöglichkeiten der Fibonacci-Zahlen.

8.8.1 Aufgabe. Man löse die von Fibonacci betrachtete Aufgabe unter der zusätzlichen Annahme, daß jeden Monat $q \cdot 100\%$ der Kaninchen sterben, wobei sich die Todesfälle gleichmäßig auf die beiden Geschlechter verteilen. •

8.8.2 Aufgabe. Unter welchen Bedingungen genügt die Folge $(X_t)_{\mathbb{N}_0}$ der Volkseinkommen im Multiplikator-Akzelerator-Modell von Beispiel 8.2.5 der Rekursionsgleichung von Formel (355)? •

8.9 Der Verlauf autoregressiver Folgen.

Wir diskutieren den Verlauf der expliziten Lösung homogener und inhomogener initialisierter Autoregressionsschemata in Abhängigkeit von den Nullstellen des Autoregressionspolynoms. Gemäß Satz 8.7.1 sind die Lösungen $X_t = B_t + C_t$ zusammengesetzt aus einer von den Initialisierungen unabhängigen speziellen Lösung $(B_t)_{\mathbb{N}_0}$ des inhomogenen

Schemas und einer an die Initialisierungen angepassten Lösung $(C_t)_{\mathbb{N}_0}$ der homogenen Gleichung. Die Werte C_t werden gemäß Satz 8.5.1 von den Nullstellen des Autoregressionspolynoms $L(z) = 1 - \phi_1 z^1 - \dots - \phi_p z^p$ bestimmt. Es seien $\lambda_1, \dots, \lambda_r \in \mathbb{C}$ die paarweise verschiedenen Nullstellen mit den Vielfachheiten $v_1, \dots, v_r$, $v_1 + \dots + v_r = p$. Dann ist $C_t = P_1(t)/\lambda_1^t + \dots + P_r(t)/\lambda_r^t$ mit passenden Polynomen $P_i(t)$ wie in Satz 8.5.1, insbesondere Formel (331), dargestellt. Das Verhalten der C_t und damit das Verhalten der Glieder $X_t = C_t + B_t$ der Lösungsfolge der inhomogenen Gleichung hängt ab von den Summanden $P_i(t)/\lambda_i^t$, bei denen $P_i(t)$ nicht gerade das Nullpolynom ist. Für diese Summanden gilt:

(i)   Jede Nullstelle des Betrages $|\lambda_i| < 1$ liefert den *divergenten* Beitrag $P_i(t)/\lambda_i^t$.

(ii) Jede einfache Nullstelle $\lambda_i = 1$ der Vielfachheit $v_i = 1$ liefert den *konstanten* Beitrag $P_i(t)/\lambda_i^t = \alpha_i$.

Jede einfache Nullstelle $\lambda_i = -1$ der Vielfachheit $v_i = 1$ liefert den *alternierenden* und *im Betrage konstanten* Beitrag $P_i(t)/\lambda_i^t = (-1)^t \alpha_i$.

(iii) Jede Nullstelle des Betrages $|\lambda_i| > 1$ liefert den *gegen 0 konvergenten* Beitrag $P_i(t)/\lambda_i^t$.

(iv) Komplexe Nullstellen treten stets in konjugiert komplexen Paaren auf. Der Beitrag dieser Paare zum Verlauf der Lösung ist eine *Schwingung* mit *wachsender* Amplitude, falls $|\lambda_i| < 1$, mit *konstanter* Amplitude, falls $|\lambda_i| = 1$, und mit *gegen 0 strebender* Amplitude, falls $|\lambda_i| > 1$.

Bei der Untersuchung auf Konvergenz und Divergenz muß die Summe C_t der Terme $P_i(t)/\lambda_i^t$ und der Glieder B_t der speziellen inhomogenen Lösung betrachtet werden. Ein wirklich einfacher Algorithmus für diese Betrachtung kann nicht formuliert werden. Man ist hier, wie in den Aufgaben zu Paragraph 8.7, auf die Einzelfallbetrachtung angewiesen. Das folgende Beispiel diskutiert einige illustrative Fälle.

8.9.1 Aufgabe (Verlauf autoregressiver Folgen).   Beim Fibonacci-Schema $X_{t+1} = X_t + X_{t-1}$, $X_0 = 1$, $X_1 = 1$ aus Formel 355 hat das Autoregressionspolynom die Nullstellen $\lambda_1 = -0.5(1 + \sqrt{5})$, $\lambda_2 = 0.5(-1 + \sqrt{5})$ mit $\lambda_1 < -1 < 0 < \lambda_1 < 1$. Es liegt Divergenz vor, siehe Abbildung 60. Der Einfluß der Nullstelle λ_1 ist in der Lösung kaum spürbar.

Beim inhomogenen Schema $X_t = 2X_{t-1} - 3X_{t-2} - 1$, $X_0 = 3$, $X_1 = 2$ aus Aufgabe 8.7.4 hat das Autoregressionspolynom die konjugiert komplexen Nullstellen $\lambda_1 = (1 - \imath)/3$, $\lambda_2 = (1 - \imath)/3$ mit $|\lambda_i| < 1$. Die Lösung ist divergent in Form einer Schwingung mit wachsender Amplitude, siehe Abbildung 53.

Beim inhomogenen Schema $X_t = 0.80 X_{t-1} - 0.16 X_{t-2} + 3$, $X_0 = 1$, $X_1 = 0$ aus Aufgabe 8.7.4 hat das Autoregressionspolynom die doppelte Nullstelle $\lambda = 2.5 > 1$. Die Lösung konvergiert, siehe Abbildung 54.

Beim inhomogenen Schema $3X_{t+1} = 4X_t - X_{t-1} + 1$, $X_0 = 2$, $X_1 = 10$ aus Aufgabe 8.7.5 hat das Autoregressionspolynom die Nullstellen $\lambda_1 = 1$, $\lambda_2 = 3$. Es liegt aber Divergenz vor, siehe Abbildung 57.

Beim inhomogenen Schema $X_t = 1.2X_{t-1} - X_{t-2} + 5$, $X_0 = 1$, $X_1 = 3$ aus Aufgabe 8.7.4 hat das Autoregressionspolynom die konjungiert komplexen Nullstellen $\lambda_1 = 0.6 - 0.8i$, $\lambda_2 = 0.6 + 0.8i$ mit $|\lambda_i| = 1$. Die Lösung ist divergent in Form einer Schwingung mit konstanter Amplitude, siehe Abbildung 56.   •

Ein einfaches Verfahren zur Identifikation konvergenter Lösungen findet sich in Paragraph 8.11.

8.9.2 Beispiel (Verlauf autoregressiver Folgen).   Man betrachte Autoregressionsschemata zweiter Ordnung. Es seien λ_1, λ_2 die Nullstellen des zugehörigen Autoregressionspolynoms $L(z) = 1 - \phi_1 z - \phi_2 z^2$. Es sollen die folgenden sich gegenseitig ausschließenden Fälle betrachtet werden:

(ARP1) $\lambda_1, \lambda_2 \in \mathbb{R}$, $\lambda_1 < -1 < 1 < \lambda_2$.

(ARP2) $\lambda_1, \lambda_2 \in \mathbb{R}$, $\lambda_1 < -1 < 0 < \lambda_2 < 1$.

(ARP3) $\lambda_1, \lambda_2 \in \mathbb{R}$, $-1 < \lambda_1 < 0 < 1 < \lambda_2$.

(ARP4) $\lambda_1, \lambda_2 \in \mathbb{R}$, $1 < \lambda_1, \lambda_2$.

(ARP5) $\lambda_1, \lambda_2 \in \mathbb{R}$, $\lambda_1 = -1 < 0 < 1 < \lambda_2$.

(ARP6) $\lambda_1, \lambda_2 \in \mathbb{C}$, $|\lambda_1| = |\lambda_2| < 1$.

(ARP7) $\lambda_1, \lambda_2 \in \mathbb{C}$, $|\lambda_1| = |\lambda_2| = 1$.

(ARP8) $\lambda_1, \lambda_2 \in \mathbb{C}$, $|\lambda_1| = |\lambda_2| > 1$.

Man betrachte die in der Abbildung 61 auf Seite 201 dargestellten Abschnitte $X_0, X_1, ..., X_k$ von 7 autoregressiven Folgen $(X_t)_{\mathbb{N}_0}$ zweiter Ordnung. Bezüglich der Nullstellen λ_1, λ_2 des zugehörigen Autoregressionspolynoms entscheide man, welcher der Fälle (ARP1) bis (ARP8) bei der autoregressiven Folge Nummer i, $i = 1, ..., 7$, vorliegt.   **Hinweis:** Genau 7 der 8 Fälle (ARP1) bis (ARP8) sind bei den autoregressiven Folgen Nummer 1 bis 7 vertreten.
                                                                                             •

8.10   Stabilität und asymptotische Stabilität.

Bei dynamischen Modellen interessiert vorrangig das Verhalten des Bestandes X_t auf lange Sicht, in mathematischer Terminologie also das Verhalten für $t \to \infty$. Wesentlich sind dabei die Begriffe der *Stabilität* und der *asymptotischen Stabilität* eines Modells bzw. einer Modellgleichung.

8.10.1 Definition (Stabilität, asymptotische Stabilität).   Eine Autoregressionsgleichung (320) bzw. Differenzengleichung (321) heißt

Abbildung 61: Abschnitte $X_0, X_1, ..., X_k$ von autoregressiven Folgen $(X_t)_{\mathbb{N}_0}$ zweiter Ordnung.

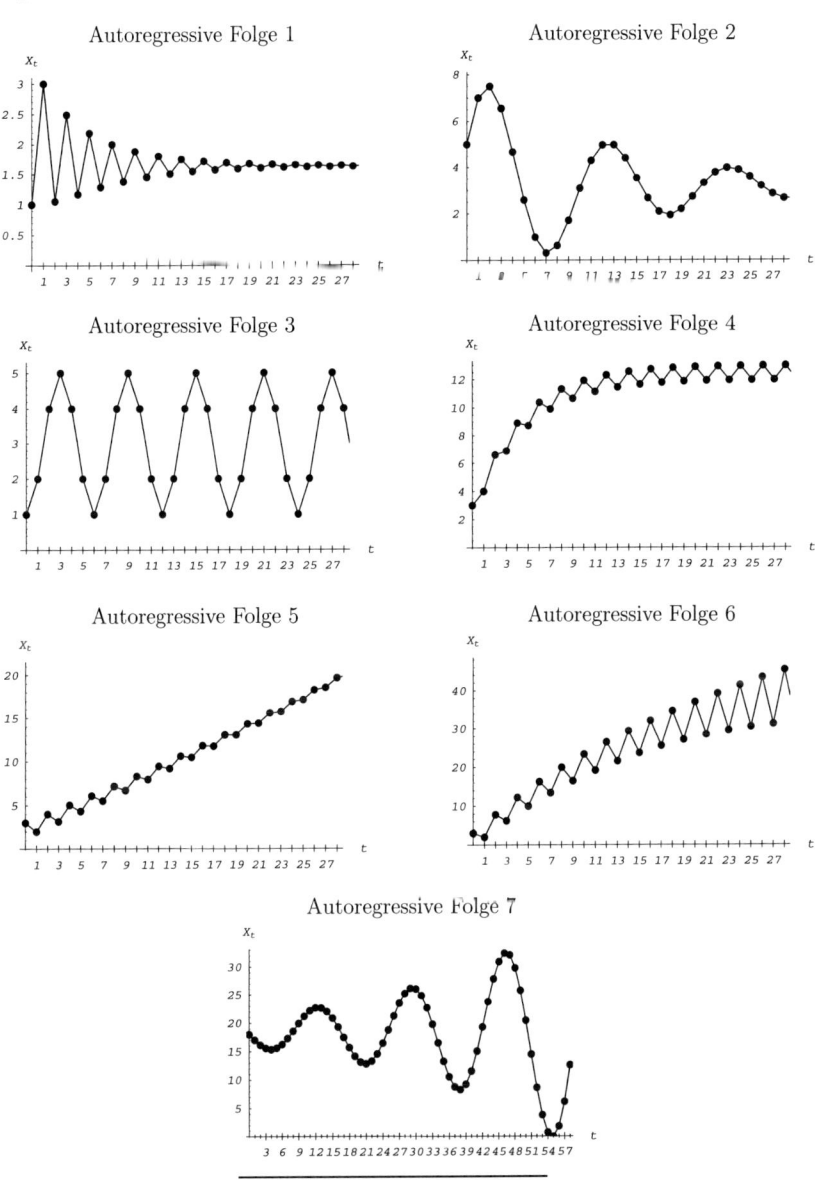

(i) *stabil* genau dann, wenn für je zwei Lösungsfolgen $(X_t)_{\mathbb{N}_0}$, $(X_t')_{\mathbb{N}_0}$ die Folge der Differenzen $X_t - X_t'$ beschränkt ist, d. h. genau dann, wenn es eine reelle Zahl R gibt mit $|X_t - X_t'| \le R$ für alle $t \in \mathbb{N}_0$,

(ii) *asymptotisch stabil* genau dann, wenn für je zwei Lösungsfolgen $(X_t)_{\mathbb{N}_0}$, $(X_t')_{\mathbb{N}_0}$ gilt $\lim_{t \to \infty}(X_t - X_t') = 0$. •

Aus asymptotischer Stabilität folgt Stabiltät. Die Umkehrung trifft im allgemeinen nicht zu, siehe hierzu Beispiel 8.10.2. Der anschauliche Gehalt der Begriffe kann folgendermaßen skizziert werden. Bei einer stabilen Autoregressionsgleichung weichen je zwei Lösungen nicht beliebig weit voneinander ab. Bei einer asymptotisch stabilen Autoregressionsgleichung nähern sich je zwei Lösungen auf lange Sicht immer näher aneinander an. Man beachte aber: Die Eigenschaften der Stabilität bzw. der asymptotischen Stabilität erlauben im allgemeinen keine Folgerungen auf Beschränktheit bzw. Konvergenz der Lösungen, siehe hierzu das folgende Beispiel 8.10.2.

8.10.2 Beispiel (Stabilität, asymptotische Stabilität). Die Rekursionsgleichung $X_t = X_{t-1} + d$ erster Ordnung definiert die arithmetische Folge. Die Gesamtheit der Lösungen ist gegeben durch Folgen der Gestalt $X_t = x_0 + td$, $x_0 \in \mathbb{R}$, siehe auch Paragraph 5.5. Ersichtlich liegt Stabilität vor. Die Lösungsfolgen sind jedoch im inhomogenen Falle $d \ne 0$ nicht beschränkt. Ersichtlich ist die Autoregressionsgleichung nicht asymptotisch stabil.

Man betrachte die Rekursionsgleichung $X_t = 0.5X_{t-1} + 2^t$ erster Ordnung mit dem exponentiell wachsenden Input $W_t = 2^t$. Die Gesamtheit der Lösungen ist gegeben durch Folgen der Gestalt

$$X_t = \frac{x_0}{2^t} + 2^{t+2}\frac{1 - 4^{-t}}{3}, \quad x_0 \in \mathbb{R}.$$

Ersichtlich liegt asymptotische Stabilität vor, jedoch keine Konvergenz. •

Die bei Stabilität bzw. asymptotischer Stabilität möglichen Folgerungen bezüglich beschränkter oder konvergenter Lösungen sind im folgenden Satz dargestellt.

8.10.3 Satz (Stabilität, asymptotische Stabilität). Es liege eine Autoregressionsgleichung des Typs (320 vor.

(a) Die Autoregressionsgleichung sei stabil. Dann gilt:

(i) Existiert eine bestimmt divergente Lösung, so sind alle Lösungen bestimmt divergent mit derselben Divergenzrichtung.

(ii) Existiert eine beschränkte Lösung, so sind alle Lösungen beschränkt.

(iii) Ist die Autoregressionsgleichung homogen, so sind alle Lösungen beschränkt.

(b) Die Autoregressionsgleichung sei asymptotisch stabil. Dann gilt:

(i)   Existiert eine konvergente Lösung, so sind alle Lösungen konvergent mit demselben Grenzwert.

(ii)   Ist die Autoregressionsgleichung homogen, so sind alle Lösungen konvergent mit demselben Grenzwert $\lim_{t\to\infty} X_t = 0$.   •

Die genaueren Folgerungen bei homogener Autoregressionsgleichung beruhen auf der Existenz der trivialen Lösungsfolge $(X_t)_{\mathbb{N}_0}$ mit $X_t = 0$ für alle $t \in \mathbb{N}_0$ vor. Diese Lösung ist beschränkt und konvergent. Die Untersuchung auf Stabiltät bzw. asymptotische Stabilität wird durch den folgenden Charakterisierungssatz 8.10.4 erleichtert.

8.10.4 Satz (Stabilität, asymptotische Stabilität).   Es seien $\lambda_1, ..., \lambda_r \in \mathbb{C}$ die paarweise verschiedenen Nullstellen mit den Vielfachheiten $v_1, ..., v_r$, $v_1 + ... + v_r = p$, des Autoregressionspolynoms $L(z) = 1 - \phi_1 z^1 - ... - \phi_p z^p$ einer Autoregressionsgleichung (320). Dann gilt:

(a)   Es sind gleichwertig:

(i)   Die Autoregressionsgleichung (320) ist stabil.

(ii)   Es gilt $|\lambda_i| \geq 1$ für $i = 1, ..., r$, und ist für ein $i \in \{1, ..., r\}$ $|\lambda_i| = 1$, so ist die Vielfachheit $v_i = 1$.

(b)   Es sind gleichwertig:

(i)   Die Autoregressionsgleichung (320) ist asymptotisch stabil.

(ii)   Es gilt $|\lambda_i| > 1$ für $i = 1, ..., r$.   •

Der Beweis des Satzes 8.10.4 ergibt sich unschwer aus der Gestalt der Lösungen gemäß den Sätzen 8.5.1 und 8.7.1, siehe z. B. *Lakshmikantham & Trigante* (1988). Man beachte: Der Satz klärt die Bedingungen, unter denen *alle* Lösungen der Autoregressionsgleichung bei *beliebigen* Startbedingungen gewisse Eigenschaften haben. Im Einzelfall können bei gewissen Startbedingungen diese Eigenschaften auch dann vorliegen, wenn die Kriterien des Satzes nicht erfüllt sind. Man betrachte hierzu das folgende Beispiel 8.10.5.

8.10.5 Beispiel (Stabilität, asymptotische Stabilität).   Die homogene Autoregressionsgleichung $X_t = 2X_{t-1} - X_t$ besitzt das Autoregressionspolynom $L(z) = 1 - 2z + z^2 = (1 - z)^2$. $\lambda = 1$ ist die einzige Nullstelle, sie hat die Vielfachheit $v = 2$. Die Kriterien von Satz 8.10.4 sind nicht erfüllt. Gemäß Satz 8.5.2 haben die Lösungen die Gestalt $X_t = \alpha_1 + \alpha_2 t$. Die Parameter α_1, α_2 werden durch Initialisierungen bestimmt vermöge der Gleichungen $\alpha_1 = x_0^\star$, $\alpha_1 + \alpha_2 = x_1^\star$. Genau im Falle $x_0^\star = x_1^\star$ ist somit die Lösung konstant $X_t = \alpha_1 = x_0^\star$. Genau in diesem Falle ist die Lösungsfolge beschränkt und sogar konvergent.   •

8.11   Untersuchung autoregressiver Folgen auf Beschränktheit bzw. Konvergenz.

Die Sätze 8.10.3 und 8.10.4 ergeben ein einfaches Verfahren, mit denen in den meisten Fällen die Beschränktheit bzw. Konvergenz der Lösung eines Autoregressionsschemas bestimmt werden kann, ohne daß die Lösung explizit ermittelt werden muß.

8.11.1 Verfahren (Prüfung auf Beschränktheit bzw. Konvergenz).   Gegeben sei ein initialsiertes Autoregressionsschema mit Autoregressionsgleichung (320).

(S1)   Man bestimmt sämtliche Nullstellen $\lambda_1, ..., \lambda_r \in \mathbb{C}$ des Autoregressionspolynoms $L(z) = 1 - \phi_1 z^1 - ... - \phi_p z^p$ mit ihren Vielfachheiten $v_1, ..., v_r$, $v_1 + ... + v_r = p$. Für den Fall $p = 2$ verwende man die Resultate von Beispiel 8.4.1.

(S2)   Mit Satz 8.6.1 (p beliebig) bzw. Beispiel 8.6.2 ($p = 2$) bestimmt man ohne Berücksichtigung der Initialisierungen eine spezielle Lösung $(B_t)_{\mathbb{N}_0}$ der Gleichung Autoregressionsgleichung (320).

(S3)   Mit Satz 8.10.4 prüft man, ob Stabilität oder asymptotische Stabilität vorliegt. Liegt eine der beiden Eigenschaften vor, so kann man durch Anwendung von Satz 8.10.4 die Eigenschaften jeder Lösung $(X_t)_{\mathbb{N}_0}$ an den Eigenschaften der speziellen Lösung $(B_t)_{\mathbb{N}_0}$ ablesen.   •

Liegt Stabilität bzw. asymptotische Stabilität nicht vor, so kann es im Einzelfall, je nach Lage der Initialisierungen, dennoch beschränkte oder konvergente Lösungen geben, siehe Beispiel 8.10.5. In solchen Fällen ist die explizite Lösung des Autoregressionsschemas unumgänglich.

Ist die Konvergenz einer Lösung $(X_t)_{\mathbb{N}_0}$ sichergestellt, so kann der Grenzwert $\lim_{t \to \infty} X_t = X$ aus der Differenzengleichung (321) ermittelt werden. Die linke Seite der Differenzengleichung konvergiert gegen $X \cdot L(1) = X(1 - \phi_1 - ... - \phi_p)$. Folglich konvergiert auch die Inputfolge $(W_t)_{t \geq p}$ auf der rechten Seite. Mit $\lim_{t \to \infty} W_t = W$ ergibt sich aus (321) durch beidseitigen Grenzübergang

$$X \cdot L(1) \quad = \quad X(1 - \phi_1 - ... - \phi_p) \quad = \quad W. \tag{357}$$

Aus (357) folgt:

- Ist 1 keine Nullstelle des Autoregressionspolynoms L, d. h. $L(1) \neq 0$, so gilt

$$\lim_{t \to \infty} X_t \quad = \quad \frac{W}{L(1)} \quad = \quad \frac{W}{1 - \phi_1 - ... - \phi_p}. \tag{358}$$

Wohlgemerkt: Formel (358) ist *kein* Beweis der Konvergenz. Hierfür müssen andere Untersuchungen, z. B. mit Verfahren 8.11.1 angestellt werden.

- Ist 1 eine Nullstelle des Autoregressionspolynoms L, d. h. $L(1) = 0$, und ist $\lim_{t \to \infty} W_t = W \neq 0$, so zeigt (357), daß $(X_t)_{\mathbb{N}_0}$ nicht konvergent sein kann.

- Ist 1 eine Nullstelle des Autoregressionspolynoms L, d. h. $L(1) = 0$, und ist $\lim_{t \to \infty} W_t = W = 0$, so enthält (357) keinerlei Information.

8.11.2 Aufgabe (Stabilität, asymptotische Stabilität). Man prüfe die Autoregressionsgleichungen aus den Aufgaben 8.6.3 und 8.7.5 auf Stabilität bzw. asymptotische Stabilität. Mit dem Verfahren 8.11.1 prüfe man, ob die Lösungen beschränkt bzw. konvergent sind. •

9 Stetige Funktionen.

9.1 Motivation.

Die Kapitel 5, 6 und 8 beschäftigen sich mit Folgen $(a_n)_I$ reeller Zahlen. In den dabei behandelten wirtschaftswissenschaftlichen Anwendungen wurden der Indexbereich stets als Folge diskreter Zeitpunkte interpretiert, im Regelfall $1, 2, 3, \ldots$. Für die Beschäftigung mit solchen Modellen sind vor allem zwei Motive erkennbar.

(i)   Die *diskrete Analyse*, d. h. die Untersuchung von Größen wie Kontostand, Volkseinkommen, Preis, Konsum etc. zu diskreten äquidistanten Zeitpunkten 1,2,3...

(ii)   Die *Analyse auf lange Sicht*, d. h. die Untersuchung der Entwicklung wirtschaftlicher Größen nach Ablauf sehr vieler Zeiteinheiten 1,2,3,... Das mathematische Instrument dieser Analyse auf lange Sicht ist die Untersuchung des Grenzwertes von Zahlenfolgen, siehe Kapitel 7.

Die folgenden Kapitel kehren wieder zum Gegenstand von Kapitel 4 zurück: Reellwertige Funktionen eines reellen Arguments, wobei die Funktionen mindestens lokal auf einem kontinuierlichen Bereiche, d. h. einem Intervall definiert sind. Die Kapitel 15 und 16 weiten die Betrachtung auf Funktionen von zwei reellen Variablen aus.

Für die Untersuchungen dieser Kapitel sind vom Standpunkt der Wirtschaftswissenschaften die folgenden Motive wesentlich.

(i)   Die *kontinuierliche Analyse*, bei der ökonomische Variablen wie Kosten, Erlös, Preis, Nachfrage, Produktionsoutput, Produktionsinput etc. als kontinuierliche Variablen aufgefaßt werden, die ihre Werte in einem Intervall der reellen Achse annehmen.

(ii)   Die *lokale Analyse*, bei der sich *kleine* Veränderungen der unabhängigen Variablen auf die abhängige Variable auswirken, z. B. wie sich eine kleine Änderung des Preises auf die Nachfrage auswirkt etc.

(iii)   Die *Extremwertanalyse*, bei der diejenigen Werte der unabhängigen Werte ermittelt werden sollen, für die die abhängige Variable lokal oder global entweder besonders groß (Maximalstelle, Maximum) oder besonders klein (Minimalstelle, Minimum) wird. Man interessiert sich z. B. für das Minimum der Kosten als Funktion der Produktionsmenge, das Maximum der Nachfrage als Funktion des Preises, das Maximum des Gewinns als Funktion des Absatzes.

(iv)   Die *Optimierung*. Vom mathematischen Standpunkt behandeln Extremwertanalyse und Optimierung dasselbe Problem mit denselben Methoden, allenfalls mit dem Unterschied, daß für die Extremwertanalyse auch lokale Extrema interessant sind, während die Optimierung stets auf globale Extrema abzielt. In der Interpretation und Terminologie werden jedoch deutlich verschiedene Akzente gesetzt. Die Extremwertanalyse verwendet eine neutrale Terminologie, die den Extremwerten keine inhaltliche Bedeutung verleiht. Die Optimierung formuliert dasselbe Problem aus der Absicht heraus, unter gewissen Rahmenbedingungen eine besonders günstige Entscheidung zu treffen oder eine besonders vorteilhafte Situation zu erkennen. Die Gesamtheit der Entscheidungen oder Situationen wird dabei durch den Bereich beschrieben, in dem eine gewisse unabhängige Variable (z. B. oben Produktionsmenge, Preis, Absatz) Werte annehmen kann. Die unabhängige Variable muß nicht, wie in den obigen Beispielen, eindimensional sein, sondern es kann sich durchaus um eine mehrdimensionale Variable handeln, wenn z. B. der Erlös als Funktion des Preises und des Absatzes betrachet wird. Da die Werte der unabhängigen Variablen in vielen Fällen bewußt gewählt werden können, z. B. der Preis eines Produktes oder eine Produktionsmenge, wird die unabhängige Variable oft als *Entscheidungsvariable* bezeichnet. Die Rahmenbedingungen beinhalten die Auswirkungen der einzelnen Entscheidungen oder Situationen. Diese Rahmenbedingungen werden durch eine Funktion F beschrieben, die eine gewisse abhängige Variable $F(x)$ (z. B. oben Kosten, Nachfrage, Gewinn) in Abhängigkeit von der unabhängigen Variablen x beschreibt. Auf die Werte $F(x)$ dieser Funktion F zielt die Untersuchung ab, sie wird daher als *Zielfunktion* bezeichnet. Der Wertebereich dieser Zielfunktion ist stets ein Teilbereich der reellen Zahlen. Je nach Sachlage sind entweder möglichst große (Gewinn, Nachfrage) oder möglichst kleine Werte (Kosten) der Zielfunktion erwünscht. Im ersten Falle besteht die *Optimierungsaufgabe* in der Maximierung der Zielfunktion, d. h. in der Bestimmung globaler Maxima und Maximalstellen x_{max} aus dem Definitionsbereich B von F, und wird schematisch dargestellt durch

$$F(x) \overset{!}{=} \max, \quad x \overset{!}{=} x_{max} \in B. \tag{359}$$

Im zweiten Falle besteht die *Optimierungsaufgabe* in der Minimierung der Zielfunktion, d. h. in der Bestimmung globaler Minima und Minimalstellen x_{min} aus dem Definitionsbereich B von F, und wird schematisch dargestellt durch

$$F(x) \overset{!}{=} \min, \quad x \overset{!}{=} x_{min} \in B. \tag{360}$$

Die Eigenschaften stetiger und differenzierbarer Funktionen sind für alle vier genannten Aspekte nützlich. Bei der Einarbeitung in die Theorie der stetigen und differenzierbaren Funktionen sollte man diese Leitmotive nicht aus den Augen verlieren. Die im folgenden vorgestellten Begriffe und Methoden sind vor dem Hintergrund dieser Leitmotive zu rechtfertigen.

9.2 Begriff der Stetigkeit.

Mittels des in Tabelle 25 des Anhangs C eingeführten Grenzwertbegriffes von Funktionen kann der Begriff der Stetigkeit einer Funktion in einem Punkt auf einfache Weise erklärt werden.

9.2.1 Definition (Stetigkeit in einem Punkt). Es sei $B \subset \mathbb{R}$, $f: B \to \mathbb{R}$, $a \in B$.
f heißt genau dann *stetig in a*, wenn gilt: $\qquad \lim_{x \to a} f(x) \;=\; f(a)$. $\qquad$ •

Eine Funktion f ist also genau dann stetig in einem Punkt a ihres Definitionsbereiches, wenn der Grenzwert $\lim_{x \to a} f(x)$ für x gegen a existiert und mit dem Funktionswert $f(a)$ übereinstimmt. Zur Untersuchung auf Stetigkeit in einem Punkt a ist es häufig vorteilhaft, zunächst zu überprüfen, ob die einseitigen Grenzwerte $\lim_{x \uparrow a} f(x)$ und $\lim_{x \downarrow a} f(x)$ existieren. Ist dies nicht der Fall, so liegt sicher keine Stetigkeit vor. Ist dies aber der Fall, so ist noch zu prüfen, ob die einseitigen Grenzwerte beide mit dem Funktionswert übereinstimmen.

Stetigkeit auf einem Bereich kann nun folgendermaßen definiert werden:

9.2.2 Definition (Stetigkeit auf einem Bereich). Es sei $B \subset \mathbb{R}$, $f: B \to \mathbb{R}$.
f heißt genau dann *stetig auf B*, wenn f in jedem Punkt $a \in B$ stetig ist. $\qquad$ •

Bei den in wirtschaftswissenschaftlichen Modellen erforderlichen Funktionen treten Unstetigkeitsstellen im allgemeinen nur in der Form von *Sprungstellen* auf:

9.2.3 Definition (Sprungstelle). Es sei $B \subset \mathbb{R}$, $f: B \to \mathbb{R}$, $a \in B$.
Der Punkt a heißt *Sprungstelle* der Funktion f, wenn beide einseitigen Grenzwerte $\lim_{x \uparrow a} f(x)$ und $\lim_{x \downarrow a} f(x)$ existieren und nicht übereinstimmen, d. h. wenn $\qquad \lim_{x \uparrow a} f(x) \;\neq\; \lim_{x \downarrow a} f(x)$.

$\qquad$ •

Im Graphen einer Funktion zeigt sich eine Sprungstelle anschaulich als Lücke. Stetigkeit auf einem Bereich bedeutet also, daß der Graph keine Lücken besitzt, wobei er durchaus nicht „glatt" sein muß, sondern „Ecken" haben kann. Man betrachte hierzu das folgende Beispiel 9.2.4. Während der Begriff der Sprungstelle bereits exakt definiert werden konnte, sind die Begriffe *glatt* und *Ecke* vorerst nur vom Standpunkte der Anschauung verständlich. Eine exakte Definition ist erst mithilfe des Differenzierbarkeitsbegriffes möglich sein, siehe Paragraph 10.5

9.2.4 Beispiel. Die Funktion $f: \mathbb{R} \to \mathbb{R}$ sei definiert durch

$$f(x) \;=\; \begin{cases} x^2 - 3x + 2, & \text{falls } x < 3, \\[2mm] 5 - x, & \text{falls } 3 \le x < 4, \\[2mm] x - 4, & \text{falls } 4 \le x. \end{cases}$$

Offensichtlich ist f stetig auf der Menge $\mathbb{R} \setminus \{4\}$, unstetig im Punkte 4 (Beweis als Aufgabe!). Im Graphen der Funktion liegt ein Knick im Punkte 3 und eine Sprungstelle im Punkte 4 vor. Abbildung 62 zeigt den Graphen der Funktion f auf dem Intervall $[0; 6]$. •

Abbildung 62: Graph der Funktion f aus Beispiel 9.2.4 auf $[0; 6]$.

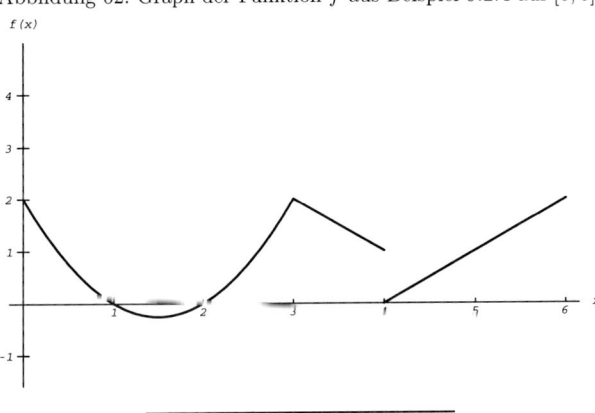

Die in Kapitel 4 betrachteten reellwertigen Funktionen eines reellen Arguments sind alle auf ihrem gesamten Definitionsbereich stetig: Konstante Funktion, lineare Funktion, Polynom, rationale Funktion, Logarithmus, Potenzfunktion, Exponentialfunktion, Sinus- und Cosinusfunktion. Weitere stetige Funktionen entstehen durch Zusammensetzung. Sind f, g in einem Punkt a stetige Funktionen, so sind auch

$$f + g, \quad f - g, \quad \alpha \cdot f \ (\alpha \in \mathbb{R}), \quad f \cdot g$$

stetig in a; ist $g(a) \neq 0$ und ist g auf einer Umgebung von a definiert, so ist auch $\frac{f}{g}$ stetig in a. Ist die Verkettung $f \circ g$ möglich und ist g stetig in a, f stetig in $b = g(a)$, so ist $f \circ g$ stetig in a.

Vom Standpunkte der Anwendung ist der Differenzierbarkeitsbegriff wesentlich wichtiger als der Stetigkeitsbegriff. Einfache Methoden zur Untersuchung des Verlaufs von Funktionen, z. B. auf Monotonie und Extremwerte, können erst für differenzierbare Funktionen angegeben werden, siehe Paragraph 11.2. Zwar ist Differenzierbarkeit eine stärkere Eigenschaft als Stetigkeit. Tatsächlich sind aber die meisten in einfachen Wirtschaftsmodellen betrachteten Funktionen bis auf endlich viele oder abzählbar viele diskret liegende Ausnahmepunkte nicht nur stetig, sondern auch differenzierbar. Zu warnen ist allerdings vor der Meinung, alle in ökonomischen Modellen betrachteten Funktionen seien auf ihrem *gesamten* Definitionsbereich stetig oder sogar differenzierbar. Ein einfaches mathematisches Modell, welches eine nicht überall differenzierbare und auch nicht überall stetige Funktion verwendet, findet sich im folgenden Beispiel 9.2.5.

9.2.5 Beispiel. In einer chemischen Fabrik wird einem Container mit Flüßiggas kontinuierlich Gas entnommen. Die pro Zeiteinheit entnommene Menge ist konstant. Es wird zunächst während zwei Stunden eine gewisse Substanz produziert, wobei 1 m^3 des Gases verbraucht wird. Danach wird für zwei Stunden auf die Produktion einer anderen Substanz

Abbildung 63: Graph der Funktion f aus Beispiel 9.2.5 auf $[0; 12]$.

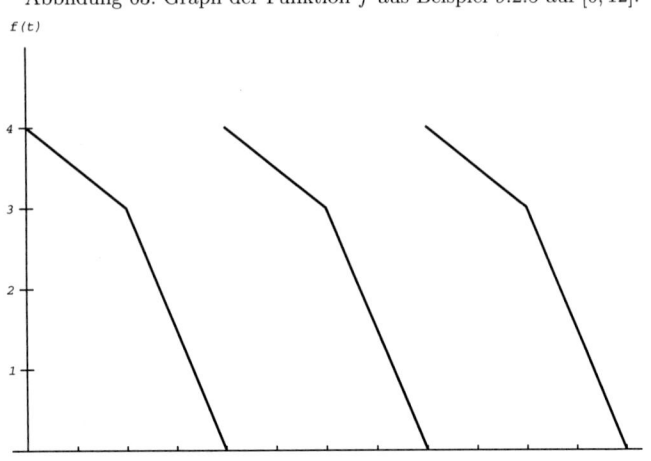

umgestellt, wobei 3 m^3 des Gases verbraucht werden. Nach vier Stunden wird der nunmehr leere Container ohne Zeitverlust durch einen gefüllten ersetzt und die Produktion in derselben Weise fortgesetzt.

Es sei $f(t)$ die Füllmenge des angeschlossenen Containers nach t Stunden Produktionszeit. Man überlege sich, daß

$$f(t) \;=\; \begin{cases} 4 - 0.5(t - 4k), & \text{falls } 4k \le t \le 4k + 2, \\[2mm] 6 - 1.5(t - 4k), & \text{falls } 4k + 2 < t < 4(k+1), \end{cases} \qquad k \in \mathbb{N}_0.$$

Offensichtlich ist f in den Punkten $\{4k | k \in \mathbb{N}\}$ nicht stetig (man begründe, warum!). In allen anderen Punkten ist f stetig. Wie sich später zeigen wird, ist f sogar in allen anderen Punkten differenzierbar, bis auf die Punkte $\{4k + 2 | k \in \mathbb{N}_0\}$.

Abbildung 63 zeigt den Graphen der Funktion f auf dem Intervall $[0; 12]$. •

10 Differenzierbare Funktionen.

Wir betrachten zunächst drei Motivationen des Begriffs der Differenzierbarkeit: Aus der Aufgabe der Untersuchung einer Funktion auf Monotonie, siehe Paragraph 10.1, aus der Aufgabe der Definition des Begriffs der Momentangeschwindigkeit, siehe Paragraph 10.2, und aus der Aufgabe der Bestimmung einer Tangente an den Graphen einer Funktion in einem gegebenen Punkt, siehe Paragraph 10.3. Alle drei Zugänge gehen aus von dem bereits in Kapitel 4 vielfach betrachteten *Differenzenquotienten* einer Funktion $f: B \to \mathbb{R}$, $B \subset \mathbb{R}$. Wir gehen im Argument der Funktion von einer Zahl $x \in B$ über zu einer Zahl $z \in B$. Dann ändert sich das Argument um die Größe $z - x$, denn es ist $z = x + (z - x)$. Ebenso verändert sich der Funktionswert um die Größe $f(z) - f(x)$, denn es ist $f(z) = f(r) + \Big(f(z) - f(x) \Big)$. Die relative Veränderung des Funktionswertes beim Übergang im Argument von x zu z mit $z \neq x$ wird durch den *Differenzenquotienten*

$$\frac{f(z) - f(x)}{z - x} \tag{361}$$

angegeben. Setzt man $z = x + \Delta$, so ergibt sich der Differenzenquotient als relativer Zuwachs $\frac{f(x+\Delta)-f(x)}{\Delta}$ des Funktionswertes im Verhältnis zum Zuwachs des Argumentes, vergleiche Paragraph 4.5.

10.1 Der Grenzwert des Differenzenquotienten in der Montonieuntersuchung.

Das Monotonieverhalten einer auf einem Intervall $I \subset \mathbb{R}$ definierten Funktion f läßt sich mithilfe des Differenzenquotienten folgendermaßen charakterisieren:

f ist genau dann (streng) monoton wachsend auf I, wenn

$$\frac{f(x + \Delta) - f(x)}{\Delta} \underset{(>)}{\geq} 0 \qquad \text{für jedes } x \in I \text{ und jedes } \Delta \neq 0 \text{ mit } x + \Delta \in I, \tag{362}$$

f ist genau dann (streng) monoton fallend auf I, wenn

$$\frac{f(x + \Delta) - f(x)}{\Delta} \underset{(<)}{\leq} 0 \qquad \text{für jedes } x \in I \text{ und jedes } \Delta \neq 0 \text{ mit } x + \Delta \in I. \tag{363}$$

In den Paragraphen 4.7 bis 4.10 wurde bereits erkennbar, daß die Monotonieuntersuchung mithilfe der Regeln (362) und (363) nur für sehr einfache Funktionen, nämlich für lineare Funktionen und allenfalls für quadratische Funktionen, praktikabel ist. Bereits für kubische Funktione ist die Monotonieuntersuchung mithilfe des Differenzenquotienten sehr mühsam. Das Problem liegt ersichtlich im Parameter Δ. Zur Anwendung der Monotoniekriterien (362) und (363) ist der Differenzenquotient für jedes $x \in I$ *und*, bei festgehaltenem x, für jedes $\Delta \neq 0$ mit $x + \Delta \in I$ zu untersuchen.

Vom Standpunkte der Anschauung ist jedoch zu vermuten, daß für die Monotonieuntersuchungen nur „sehr kleine" Veränderungen Δ des Argumentes zu betrachten sind. Diese Vermutung läßt sich unter gewissen Annahmen in der folgenden Weise präzisieren und bestätigen. Zur Präzisierung des Begriffs „sehr klein" betrachte man den Grenzübergang $\Delta \to 0$ und nehme an, daß für $x \in I$ der Grenzwert

$$\lim_{\Delta \to 0} \frac{f(x+\Delta) - f(x)}{\Delta} \tag{364}$$

des Differenzenquotienten existiert. Dann gilt für jedes $x \in I$ und für jedes $h \neq 0$ mit $x + h \in I$

$$f(x+h) - f(x) \quad =$$

$$h \cdot \lim_{\Delta \to 0} \frac{f(x+\Delta) - f(x)}{\Delta} \quad + \quad \underbrace{h \cdot \frac{f(x+h) - f(x)}{h} - \lim_{\Delta \to 0} \frac{f(x+\Delta) - f(x)}{\Delta}}_{=: \, r_x(h)},$$

also

$$\frac{f(x+h) - f(x)}{h} \quad = \quad \lim_{\Delta \to 0} \frac{f(x+\Delta) - f(x)}{\Delta} \quad + \quad \frac{r_x(h)}{h},$$

wobei ersichtlich

$$\lim_{h \to 0} \frac{r_x(h)}{h} \quad = \quad 0.$$

Wir wollen nun zeigen, daß streng monotones Wachstum der Funktion f auf I gefolgert werden kann aus der Gültigkeit des Kriteriums

$$\lim_{\Delta \to 0} \frac{f(x+\Delta) - f(x)}{\Delta} > 0 \qquad \text{für jedes } x \in I. \tag{365}$$

Gilt (365), so gibt es wegen $\lim_{h \to 0} \frac{r_x(h)}{h} = 0$ ein $\varepsilon_x > 0$ derart, daß für $-\varepsilon_x < h < \varepsilon_x$ gilt

$$\left| \frac{r_x(h)}{h} \right| \quad < \quad \lim_{\Delta \to 0} \frac{f(x+\Delta) - f(x)}{\Delta}$$

und damit

$$\frac{f(x+h) - f(x)}{h} > 0 \qquad \text{für } -\varepsilon_x < h < \varepsilon_x.$$

Also ist f streng monoton wachsend auf dem Teilintervall $(x - \varepsilon_x; x + \varepsilon_x)$. Da wir für jedes $x \in I$ ein solches Teilintervall angeben können, ist f also auch streng monton wachsend auf I.

Für die Untersuchung auf streng monotones Fallen kann ein zu (365) analoges Kriterium angegeben werden. Insgesmt zeigt sich: Im Falle der Existenz des Grenzwerts des Differenzenquotienten ist die Untersuchung seines Vorzeichens ein einfaches Mittel für die Monotonieuntersuchung einer Funktion.

Abbildung 64: Entfernung $f(x)$ (in km) eines zum Zeitpunkt 0 startenden Fahrzeugs vom Ausgangspunkt nach Verlauf von x Stunden.

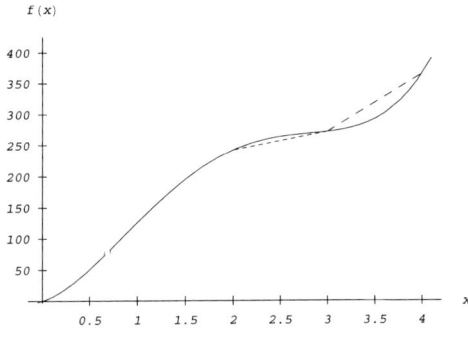

10.2 Der Grenzwert des Differenzenquotienten als Momentangeschwindigkeit.

Eine anschauliche Deutung des Differenzenquotienten ergibt sich aus der folgenden Situation. Zum Zeitpunkt 0 startet ein Fahrzeug von einem gewissen Ausgangspunkt. Die Entfernung des Fahrzeugs in Kilometer vom Ausgangspunkt werde als Funktion der Zeit in Stunden durch eine Funktion $f\colon [0; +\infty) \to \mathbb{R}$ mit $f(0) = 0$ beschrieben, d. h. nach Verlauf von $x \geq 0$ Stunden ist das Fahrzeug $f(x)$ *km* vom Ausgangspunkt entfernt, siehe das Beispiel in Abbildung 64. Für zwei Zeitpunkte x und $x + \Delta$ gibt dann der Differenzenquotient $\frac{f(x+\Delta)-f(x)}{\Delta}$ die mittlere Geschwindigkeit des Fahrzeugs zwischen den Zeitpunkten x und $x + \Delta$ an. Diese Deutung des Differenzenquotienten als mittlere Geschwindigkeit kann ersichtlich auf alle Situationen übertragen werden, bei denen die unabhängige Variable die Zeit ist. Typische Situationen sind die Entwicklung von Preis, Kosten, Bestand einer Population oder eines Gutes etc. als Funktion der Zeit.

Bei der Untersuchung einfacher Funktionen in den Paragraphen 4.7 bis 4.10 ergab sich, daß die durch den Differenzenquotienten ausgedrückte mittlere Geschwindigkeit im Zeitintervall $[x; x + \Delta]$ $(\Lambda > 0)$ nur im Falle einer linearen Entfernungsfunktion $f(x) = ax$ von der Länge Δ des Zeitintervalls unabhängig ist. In diesem Falle kann der Differenzenquotient $\frac{f(x+\Delta)-f(x)}{\Delta} = a$ ohne weiteres auch als Maß für die Momentangeschwindigkeit im Zeitpunkt x verwendet werden – diese ist dann sogar konstant in x. Bereits im Falle einer quadratischen Entfernungsfunktion $f(x) = ax^2 + bx$ ergibt sich

$$\frac{f(x + \Delta) - f(x)}{\Delta} = \Delta + 2ax + b.$$

In diesem Falle ist der Differenzenquotient bei festem x eine lineare Funktion der Intervalllänge Δ, kann also nicht ohne weiteres als Maß für die Momentangeschwindigkeit im Zeitpunkt x verwendet werden. Entsprechendes wird z. B. bei kubischen Funktionen beobachtet. In Abbildung 64 sind für $x = 3$ die mittleren Geschwindigkeiten in den Zeitintervallen $[2; 3] = [3 - 1; 3]$ und $[3; 4] = [3; 3 + 1]$ als die Steigungen der gestrichelten Geradenabschnitte erkennbar. Vom Standpunkt der Anschauung stimmen ersichtlich die mittleren Geschwindigkeiten nicht mit der Momentangeschwindigkeit im Zeitpunkt 3 überein, die als fast 0 angesehen werden muß.

Wenn der Differenzenquotient (die mittlere Geschwindigkeit im Zeitintervalle $[x; x + \Delta]$) nicht direkt zur Definition der Momentangeschwindigkeit herangezogen werden kann, so liegt es nahe, die Momentangeschwindigkeit durch einen Differenzenquotienten (eine mittlere Geschwindigkeit) zu einer „sehr kleinen" Intervalllänge Δ zu bestimmen. Doch wie klein sollte Δ gewählt werden? Diese Schwierigkeit der Festlegung eines geeigneten „sehr kleinen" Δ kann umgangen werden, wenn der Grenzwert (364) des Differenzenquotienten existiert. Offensichtlich ist dann dieser Grenzwert ein sinnvolles Maß für die Momentangeschwindigkeit im Zeitpunkt x. Im Falle einer quadratischen Entfernungsfunktion $f(x) = ax^2 + bx$ ergibt sich zum Beispiel

$$\lim_{\Delta \to 0} \frac{f(x + \Delta) - f(x)}{\Delta} \quad = \quad \lim_{\Delta \to 0} (\Delta + 2ax + b) \quad = \quad 2ax + b$$

als Maß der Momentangeschwindigkeit im Zeitpunkt x.

10.3   Der Grenzwert des Differenzenquotienten als Steigung der Tangente an den Graphen einer Funktion.

Dem Problem der Definition einer Momentangeschwindigkeit eng verwandt ist das Problem der Bestimmung der *Tangente* an den Graphen einer Funktion in einem gegebenen Punkt $\left(x_0, f(x_0) \right)$. Klar ist zunächst nur, daß die Tangente eine lineare Funktion $t(x) = \alpha x + \beta$, deren Wert im Punkte x_0 mit dem Funktionswert $f(x_0)$ übereinstimmt. Es ist also

$$f(x_0) \quad = \quad t(x_0) \quad = \quad \alpha x_0 + \beta \, . \tag{366}$$

Diese eine Gleichung reicht jedoch nicht zur Bestimmung der beiden Parameter α und β aus. Tatsächlich gibt es unendlich viele Geraden durch den Punkt $\left(x_0, f(x_0) \right)$.

Leicht zu bestimmen sind die sogenannten *Sekanten* im Punkt $(x_0, f(x_0))$. Dies sind die Verbindungsgeraden des Punktes $(x_0, f(x_0))$ mit weiteren Punkten $(x_0 + \Delta, f(x_0 + \Delta))$ des Graphen von f, siehe das Beispiel in Abbildung 65.

$$s_\Delta(x) \quad = \quad \frac{f(x_0 + \Delta) - f(x_0)}{\Delta} (x - x_0) + f(x_0)$$

als Gleichung der Sekante s_Δ durch die Punkte $(x_0, f(x_0))$ und $(x_0 + \Delta, f(x_0 + \Delta))$ des Graphen von f. Interpretiert man f im Sinne des obigen Beispiels 10.2, so ist die Steigung der Sekante gerade die mittlere Geschwindigkeit im Zeitintervall zwischen x_0 und

Abbildung 65: Sekanten und Tangente an den Graphen einer Funktion f im Punkte x_0.

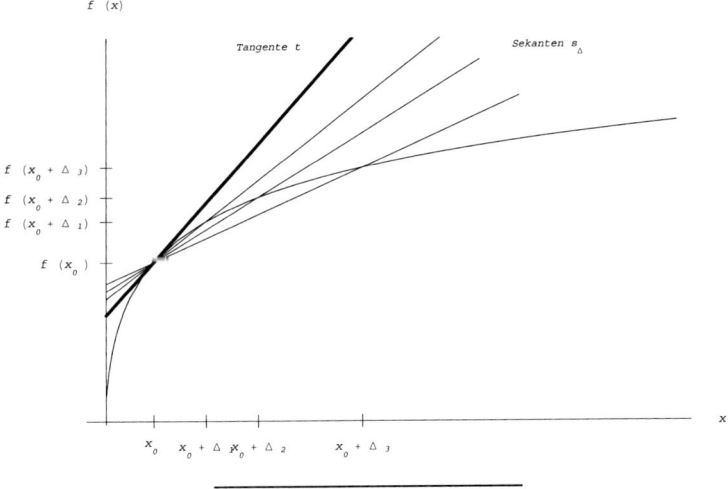

$x_0 + \Delta$. Wie bei der Definition der Momentangeschwindigkeit als Grenzwert der mittleren Geschwindigkeiten definiert man nun die Tangentensteigung α als Grenzwert der Sekantensteigungen durch

$$\alpha = \lim_{\Delta \to 0} \frac{f(x_0 + \Delta) - f(x_0)}{\Delta}, \qquad (367)$$

falls dieser Grenzwert existiert. Die Tangentensteigung ist also gerade die Momentangeschwindigkeit im Punkte x_0. Aus (366) und (367) ergibt sich im Falle der Existenz des Grenzwertes (367)

$$t(x) = \left(\lim_{\Delta \to 0} \frac{f(x_0 + \Delta) - f(x_0)}{\Delta} \right) (x - x_0) + f(x_0) \qquad (368)$$

als Gleichung der Tangente t an den Graphen der Funktion f bezüglich des Arguments x_0.

10.4 Der Begriff der Differenzierbarkeit.

Die in den Paragraphen 10.1, 10.2, 10.3 untersuchten Aufgaben der Monotonieuntersuchung, Festlegung eines Maßes der Momentangeschwindigkeit, Bestimmung einer Tangente an den Graphen der Funktion, führen zur Betrachtung des Grenzwertes des Differenzenquotienten. In Zusammenhang mit dieser Grenzwertbildung sind die Begriffe der

Ableitung und der *Differenzierbarkeit* einer Funktion einzuführen. Zunächst die Definition der Ableitung einer Funktion.

10.4.1 Definition (Differenzierbarkeit, Ableitung in einem Punkt).   Es sei $B \subset \mathbb{R}$ ein Intervall, $f: B \to \mathbb{R}$, $x \in B$.

f heißt genau dann *differenzierbar in* x, wenn der Grenzwert

$$\lim_{z \to x} \frac{f(z) - f(x)}{z - x} \quad = \quad \lim_{\Delta \to 0} \frac{f(x + \Delta) - f(x)}{\Delta} \tag{369}$$

des Differenzenquotienten im Punkt x existiert und endlich ist; dieser Grenzwert wird dann mit $f'(x)$ bezeichnet und *Ableitung von* f *an der Stelle* x genannt.   •

10.4.2 Definition (Differenzierbarkeit auf einem Bereich).   Es sei $B \subset \mathbb{R}$ ein Intervall, $f: B \to \mathbb{R}$.

f heißt genau dann *differenzierbar auf* B, wenn die Ableitung $f'(x)$ für jedes $x \in B$ existiert.   •

Man betrachte nun eine auf einem offenen Intervall I definierte Funktion f, die im Punkte $x \in I$ differenzierbar sei. Man findet dann eine Umgebung $(-\varepsilon; \varepsilon)$ von 0, auf der die Funktion

$$r_x(h) \quad = \quad f(x + h) - f(x) - h f'(x)$$

definiert ist. Der Zuwachs $f(x + h) - f(x)$ des Funktionswertes läßt sich nun ausdrücken in der Form

$$f(x + h) - f(x) \quad = \quad h f'(x) + r_x(h). \tag{370}$$

Der Zuwachs ist also, bis auf einen Fehler $r_x(h)$, proportional zum Zuwachs $x + h - x = h$ des Arguments, mit Proportionalitätsfaktor $f'(x)$. Gemäß Definition 10.4.1 gilt

$$\lim_{h \to 0} \frac{r_x(h)}{h} \quad = \quad \lim_{h \to 0} \frac{f(x + h) - f(x)}{h} - f'(x) \quad = \quad 0. \tag{371}$$

der Fehler ist also so klein, daß er selbst nach Division durch h für h gegen 0 immer noch gegen 0 strebt.

Die Darstellung (370) ist in vielerlei Hinsicht nützlich. So zeigen (370) und (371), daß in einer kleinen Umgebung $U = (x - \varepsilon; x + \varepsilon)$ eines Punktes x eine in x differenzierbare Funktion f gut durch eine lineare Funktion approximiert werden kann, und zwar durch

$$f(z) \quad \approx \quad f(x) + (z - x) f'(x) \quad = \quad f'(x) z + f(x) - x f'(x) \qquad \text{für } z \in U. \tag{372}$$

Die Approximation (372) ist ein wesentliches Argument für die Sinnfälligkeit der Verwendung linearer Funktionen in mathematischen Modellen: Eine in wenigstens einem Punkt eines „kleinen" Bereichs differenzierbare Funktion kann auf diesem Bereich stets durch eine lineare Funktion approximiert werden. Zur Illustration betrachte man Abbildung 66. Auf einem kleinen Intervall scheint die Approximation der im Großen stark gekrümmten Parabel vertretbar.

Abbildung 66: Graph der quadratischen Funktion $f(x) = -1.5x^2 + 5.0x + 7.0$ auf $[0; 5]$ (positiver Anteil), $[2; 4]$, $[3; 4]$.

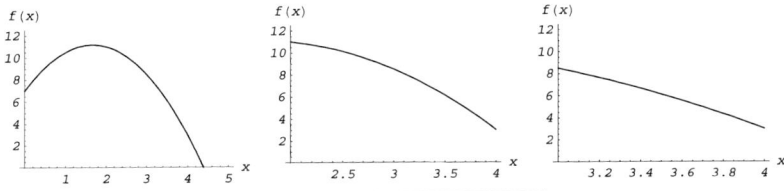

Ist f im Punkte x_0 differenzierbar, so kann die Tangente t_{x_0} an den Graphen von f bezüglich des Arguments x_0 gemäß den Überlegungen von Paragraph 10.3 mittels der Ableitung bestimmt werden. Aus der Definition 10.4.1 der Ableitung und aus (368) ergibt sich

$$t_{x_0}(x) \;=\; f'(x_0)(x - x_0) \;+\; f(x_0) \,. \tag{373}$$

Differenzierbarkeit ist eine stärkere Eigenschaft als Stetigkeit. Aus (370) und (371) ergibt sich sofort der folgende Satz:

10.4.3 Satz (Differenzierbarkeit und Stetigkeit).   Es sei $B \subset \mathbb{R}$ ein Intervall, $f \colon B \to \mathbb{R}$. Dann gilt:
Die Funktion f ist in jedem Punkte stetig, in dem sie differenzierbar ist.   •

Die Umkehrung von Satz 10.4.3 gilt im allgemeinen nicht, siehe die folgende Aufgabe 10.4.4.

10.4.4 Aufgabe (Betragsfunktion).   Man zeige: Die Betragsfunktion, siehe Paragraph 2.8, ist stetig auf $\mathbb{R}$, differenzierbar auf $\mathbb{R} \setminus \{0\}$, jedoch nicht differenzierbar im Punkte 0.   •

Existiert $f'(x)$ für alle Elemente des Definitionsbereiches B einer Funktion f, so kann die Ableitung als Funktion $f' \colon B \to \mathbb{R}$ aufgefaßt werden. Ist die Funktion f' ihrerseits in einem Punkte $x \in B$ differenzierbar, so bezeichnet man ihre Ableitung mit $(f')'(x) = f''(x)$ und nennt sie die *zweite Ableitung von f in x*. Entsprechend lassen sich weitere höhere Ableitungen definieren. Man schreibt im Falle der Existenz $f^{(1)} = f'$, $f^{(2)} = f''$, $f^{(3)} = f'''$ usw. Häufig werden auch folgende Bezeichnungen verwandt:

$$f' = \frac{\mathrm{d}}{\mathrm{d}x}f = \mathrm{D}f, \quad f'' = \frac{\mathrm{d}^2}{\mathrm{d}x^2}f = \mathrm{D}^2 f, \quad f''' = \frac{\mathrm{d}^3}{\mathrm{d}x^3}f = \mathrm{D}^3 f, \quad \ldots$$

Die Grundlagen der als *Differentialrechnung* oder als *Differentialkalkül* bezeichneten Theorie der differenzierbaren Funktionen legten im ausgehenden 17. Jahrhundert fast zeitgleich aber unabhängig voneinander *Isaac Newton* [12] und *Gottfried Wilhelm Leibniz* [13] Von Leibniz stammt die Bezeichnung „$\frac{d}{dx}f$" für die Ableitung einer Funktion. Die heute weitaus gebräuchlichste Bezeichnung „f'" geht auf *Joseph Louis Lagrange* (1736-1813) zurück. Newton bezeichnete die Ableitung einer Funktion y im Punkte t mit dem in der Physik gebräuchlichen Symbol „$\dot{y}(t)$". Obwohl Newton und Leibniz bereits wesentliche Eigenschaften der Ableitung einer Funktion und Differentiationsregeln angeben konnten, weisen die theoretischen Grundlagen beider Ansätze erhebliche Mängel auf. Der heute übliche Aufbau der Theorie der differenzierbaren Funktionen geht auf das 19. Jahrhundert zurück, beteiligt waren vor allem die bereits in Paragraph 7.12 genannten Mathematiker *Bernhard Bolzano* (1781-1848), *Augustin-Louis Cauchy* (1789-1857) und *Karl Weierstraß* (1815-1897).

10.5 Differenzierbare Funktionen, Differentiationsregeln.

Die in Kapitel 4 betrachteten reellwertigen Funktionen eines reellen Arguments sind alle auf ihrem gesamten Definitionsbereich differenzierbar: Konstante Funktion, lineare Funktion, Polynom, rationale Funktion, Logarithmus, Potenzfunktion, Exponentialfunktion, Sinus- und Cosinusfunktion. Eine Übersicht über elementare differenzierbare Funktionen und Differentiationsregeln, d. h. Regeln zur Berechnung der Ableitung, finden sich im Anhang E. Die Abbildungen 87,...,93 des Anhang E.3 illustrieren, daß der in Paragraph 9.2 auf intuitiver Grundlage eingeführte Begriff einer Funktion mit „glattem" Graphen auf Grundlage des Differenzierbarkeitsbegriffs nunmehr exakt definiert werden kann, und zwar als Graph einer auf dem gesamten jeweiligen Definitionsbereich differenzierbaren Funktion.

10.5.1 Aufgabe (Betragsfunktion). Die Betragsfunktion ist im Punkte 0 nicht differenzierbar, siehe Aufgabe 10.4.4. Man betrachte den Graphen der Betragsfunktion im Punkte 0 und mache sich klar, inwiefern der Graph in diesem Punkte nicht „glatt" ist. Man bringe die die Glattheit störende Eigenschaft des Graphen in eine Beziehung zu den Grenzwerten der Differenzenquotienten der Betragsfunktion im Punkte 0. •

---

[12] *Isaac Newton*, englischer Physiker und Mathematiker. Geboren in Woolsthorpe bei Grantham (Lincolnshire) 04.01.1643, gestorben in Kensington (London) 31.03.1727. Sohn eines Landwirtes, studierte seit 1661 in Cambridge. 1669 Professor für Mathematik in Cambridge, 1699 Master of the Mint in London, 1703 Präsident der Royal Society in London. Hauptwerk: *Philosphiae naturalis principia mathematica* von 1687. Wesentliche Beiträge zur Mechanik, Astronomie, Optik, Wahrscheinlichkeitsrechnung, Differentialrechnung.

[13] *Gottfried Wilhelm Freiherr von Leibniz*, Philosoph, Mathematiker, Physiker, Techniker, Jurist, politischer Schriftsteller. Geboren in Leipzig 01.07.1646, gestorben in Hannover 14.11.1716. Studium der Rechtswissenschaft und Philosophie in Leipzig und Jena. Zunächst Rat am Revisionsgericht des Kurfürsten Johann Philipp von Mainz, seit 1676 Rat, Bibliothekar, Hofgeschichtsschreiber des Herzogs Johann Friedrich von Braunschweig-Lüneburg in Hannover. Philosophisches Hauptwerk ist die *Monadologie* von 1714. Leibniz' Grundlegung der Differentialrechnung ist vom Ansatz Newtons unabhängig.

Unter den Differentiationsregeln (529) bis (532) im Anhang E.2 bereitet dem Anfänger erfahrungsgemäß die Kettenregel (532) die größten Schwierigkeiten. Man orientiere sich bei der Anwendung der Kettenregel am folgenden Beispiel 10.5.2.

10.5.2 Beispiel (Kettenregel).   Die Funktion h sei definiert durch $h(x) = \ln\left(\frac{x+8}{x^2-x-6}\right)$. Als Aufgabe bestimme man den maximalen Definitionsbereich von h. h kann dargestellt werden als Verkettung $h = g \circ h$ mit

$$g(y) = \ln(y), \quad f(x) = \frac{x+8}{x^2-x-6}.$$

Nach Anhang E.3 ist $g(y) = \ln(y)$ differenzierbar mit $g'(y) = 1/y$. Die Polynome im Zähler und Nenner von f sind differenzierbar gemäß Anhang E.3. Somit ist die rationale Funktion f differenzierbar gemäß der Quotientenregel (531). Mit der Quotientenregel (531) und der Kettenregel (532) ergibt sich

$$h'(x) \quad = \quad g'\Big(f(x)\Big)f'(x) \quad =$$

$$\frac{1}{f(x)}\frac{\frac{\mathrm{d}}{\mathrm{d}x}(x+8)\cdot(x^2-x-6) - (x+8)\cdot\frac{\mathrm{d}}{\mathrm{d}x}(x^2-x-6)}{(x^2-x-6)^2} =$$

$$\frac{x^2-x-6}{x+8}\frac{8(x^2-x-6)-(x+8)(2x-1)}{(x^2-x-6)^2} \quad = \quad \frac{6x^2-23x-40}{(x+8)(x^2-x-6)}. \qquad \bullet$$

Zur Einübung der Differentiationsregeln führe man die folgende Aufgabe 10.5.3 aus.

10.5.3 Aufgabe (Differentiationsregeln).   Für die folgenden Zuordnungen $f_1, \ldots, f_6$ ermittle man jeweils die größtmögliche Teilmenge $B_1, \ldots, B_6$ von $\mathbb{R}$, auf der die Zuordnung als Funktion definiert werden kann. Für $1 \le i \le 6$ begründe man, warum f_i differenzierbar ist auf B_i. Sodann, bestimme man f_i'.

$$f_1(x) \quad = \quad \frac{x+10}{x+11}, \qquad f_2(x) \quad = \quad \frac{x-1}{x^2-5x+6}, \qquad f_3(x) \quad = \quad \frac{17x^2}{\exp(x-4)},$$

$$f_4(x) \quad = \quad \frac{19x-1}{\ln(x^2-x-2)}, \qquad f_5(x) \quad = \quad \exp\left(\frac{x+5}{x-4}\right).$$

11 Extremwerte und Extremalstellen bei differenzierbaren Funktionen.

Wir beschäftigen uns in diesem Kapitel mit den Aspekten der Extremwertanalyse bzw. der Optimierung bei differenzierbaren Zielfunktionen, vergleiche Paragraph 9.1. Die Differentialrechnung stellt hierfür wirkungsvolle Methoden bereit. Einige für die Extremwertanalyse wichtige Eigenschaften liegen jedoch schon bei stetigen Funktionen vor.

11.1 Abbidlungseigenschaften stetiger Funktionen.

Aus der Eigenschaft der Stetigkeit lassen sich einige wichtige Aussagen über Eigenarten des Funktionsverlaufs, insbesondere über globale Extremalstellen ableiten. Insbesondere die letzteren Sachverhalte erweisen sich als nützlich bei der Lösung von Optimierungsaufgaben.

11.1.1 Satz. Es sei $f : [a; b] \to \mathbb{R}$ eine stetige Funktion. Dann gilt:

(a) f nimmt auf $[a; b]$ sein absolutes Minimum und sein absolutes Maximum an, d. h. es gibt $x_1, x_2 \in [a; b]$ mit

$$f(x_1) = \min_{a \leq x \leq b} f(x), \quad \text{also} \quad f(x_1) \leq f(x) \quad \text{für alle } x \in [a; b],$$

$$f(x_2) = \max_{a \leq x \leq b} f(x), \quad \text{also} \quad f(x_2) \geq f(x) \quad \text{für alle } x \in [a; b].$$

(b) Jeder Wert $\min_{a \leq x \leq b} f(x) \leq y \leq \max_{a \leq x \leq b} f(x)$ wird von f angenommen, d. h. es gibt zu jedem y mit $\min_{a \leq x \leq b} f(x) \leq y \leq \max_{a \leq x \leq b} f(x)$ ein $x \in [a; b]$ mit $f(x) = y$. Das Bild von $[a; b]$ unter f ist also das Intervall $\left[\min_{a \leq x \leq b} f(x); \max_{a \leq x \leq b} f(x) \right]$, d. h. es gilt

$$f^{+}\big([a; b]\big) = \Big\{ f(x) \mid x \in [a; b] \Big\} = \left[\min_{a \leq x \leq b} f(x); \max_{a \leq x \leq b} f(x) \right]. \quad \bullet$$

In Satz 11.1.1 ist die Voraussetzung der Abgeschlossenheit und Beschränktheit des Intervalls $[a; b]$ wesentlich. Die Aussagen des Satzes gelten also im allgemeinen *nicht* für halboffene, offene oder unbeschränkte Intervalle, siehe das folgende Beispiel 11.1.2.

11.1.2 Beispiel. Es sei $f : [0; 4) \to \mathbb{R}$ definiert durch $f(x) = x^2 - 3x + 2$. Der Graph von f ist die nach oben geöffnete Parabel mit den Nullstellen $x_1 = 1$, $x_2 = 2$, und Scheitel bei $x_0 = 1.5$. f ist also streng monoton fallend auf $(0; 1.5)$ und streng monoton wachsend auf $(1.5; 4)$. Wegen

$$0^2 - 3 \cdot 0 + 2 = 2 < 6 = 4^2 - 3 \cdot 4 + 2$$

ist 6 die kleinste obere Schranke für $\Big\{ f(x) \mid x \in [0; 4) \Big\}$, 6 wird jedoch nicht als Funktionswert angenommen, da 4 nicht zum Definitionsbereich von f gehört. $\quad \bullet$

220

Aus Satz 11.1.1 ergibt sich, daß eine streng montone stetige Funktion eine Umkehrfunktion besitzt. Im einzelnen:

11.1.3 Satz. Es sei $f\colon [a;b] \to \mathbb{R}$ eine stetige streng monotone Funktion, $I = \big\{f(x) \mid x \in [a;b]\big\}$ das Bild von $[a;b]$ unter f. Dann gilt:

(a) Das Bild I von $[a;b]$ unter f ist das Intervall

$$I = \begin{cases} \big[f(a); f(b)\big], & \text{falls } f \text{ streng monoton wachsend,} \\[2mm] \big[f(b); f(a)\big], & \text{falls } f \text{ streng monoton fallend.} \end{cases}$$

(b) f besitzt eine auf I definierte Umkehrfunktion f^{-1}. f^{-1} ist auf I stetig und streng monoton im selben Sinne wie f. •

11.1.4 Aufgabe. Man bestimme die Umkehrfunktion und deren Definitionsbereich für die Funktion f aus Beispiel 11.1.2. •

11.2 Untersuchung differenzierbarer Funktionen auf Monotonie, Extremwerte und Wendepunkte.

In Beispiel 10.1 von Paragraph 10.4 wurde bereits gezeigt, wie eine Funktion mithilfe der Grenzwerte ihrer Differenzenquotienten, d. h. mithilfe der Ableitung der Funktion, auf strenge Monotonie untersucht werden kann. Aus diesen Überlegungen lassen sich wirkungsvolle Methoden zur Extremwertanalyse differenzierbarer Funktionen entwickeln, die im Anhang E.4 zusammengestellt sind.

Man beachte: Die Bedingungen der Aussagen (d) und (e) von Satz E.4.2 sind hinreichend, aber *nicht* notwendig für das Vorliegen einer Extremalstelle, siehe die folgende Aufgabe 11.2.1.

11.2.1 Aufgabe. Es sei $f\colon \mathbb{R} \to \mathbb{R}$ mit $f(x) = (x - 2)^4$. Man zeige, daß f im Punkte 2 eine relative und sogar absolute Minimalstelle besitzt, daß aber $f''(2) = 0$. •

Man beachte, daß durch die Kriterien des Anhangs E.4 nur *relative* Extremalstellen auf *offenen* Intervallen erfaßt werden. Die Untersuchung auf relative Extremalstellen auf beliebigen Intervallen kann mit diesen Sätzen mühelos erfolgen, da definitionsgemäß relative Extremalstellen nur im Inneren eines Intervalls liegen können. Man untersucht also die relativen Extremalstellen im Inneren des Intervalls, und erhält so alle relativen Extremalstellen im gegebenen Intervall. Erheblich schwieriger ist die Untersuchung auf *absolute*

Extremalstellen auf beliebigen Intervallen. Zur Klärung der Existenz absoluter Extremstellen sind die Resultate über stetige Funktionen nützlich, siehe Paragraph 11.1. Zur Lokalisierung der absoluten Extremalstellen sind die Werte der Funktion auf den Rändern des Intervalls, häufig in Form von Grenzwerten, in Betracht zu ziehen. Im Falle streng konvexer oder streng konkaver Funktionen wird die Betrachtung durch den folgenden Satz erleichtert.

11.2.2 Satz (Krümmungsverhalten und Extremwerte). Es sei $I \subset \mathbb{R}$ ein Intervall, $f: I \to \mathbb{R}$ stetig. Dann gilt

(a) Ist f streng konvex auf I, so ist f entweder streng monoton wachsend auf I oder streng monoton fallend auf I oder f besitzt genau eine relative Minimalstelle a im Inneren $\overset{\circ}{I}$ von I. Diese relative Minimalstelle ist dann auch absolute Minimalstelle.

(b) Ist f streng konkav auf I, so ist f entweder streng monoton wachsend auf I oder streng monoton fallend auf I oder f besitzt genau eine relative Maximalstelle a im Inneren $\overset{\circ}{I}$ von I. Diese relative Maximalstelle ist dann auch absolute Maximalstelle.

•

Die wesentlichen Schritte der Extremwertuntersuchung einer auf einem Intervall stetigen und im Inneren des Intervalls zweimal differenzierbaren Funktion sind im folgenden Verfahren 11.2.3 zusammengestellt, das häufig als *Kurvendiskussion* bezeichnet wird.

11.2.3 Verfahren (Kurvendiskussion). Es sei $I \subset \mathbb{R}$ ein Intervall mit den Endpunkten $a < b$, wobei die Werte $a = -\infty$ und $b = +\infty$ zugelassen seien. Es sei $f: I \to \mathbb{R}$ zweimal differenzierbar auf dem Inneren $\overset{\circ}{I}$ von I. Zur Bestimmung des Vorzeichens von f, der relativen (lokalen) und absoluten (globalen) Extremalstellen und des Krümmungsverhaltens von f auf I sind die folgenden Schritte durchzuführen.

(S1) Man bestimme die Ableitungen f' und f''.

(S2) Man bestimme sämtliche Nullstellen von f, d. h. sämtliche Lösungen der Gleichung $f(x) \overset{!}{=} 0$. Diese Nullstellen können häufig nur näherungsweise bestimmt werden.

(S3) Man bestimme sämtliche Nullstellen von f', d. h. sämtliche Lösungen x_i der Gleichung $f'(x) \overset{!}{=} 0$. Diese Lösungen heißen *kritische Punkte von f*, sie. können häufig nur näherungsweise bestimmt werden.

(S4) Man bestimme sämtliche Nullstellen von f'', d. h. sämtliche Lösungen x_i der Gleichung $f''(x) \overset{!}{=} 0$. Diese Nullstellen können häufig nur näherungsweise bestimmt werden.

(S5) Mithilfe des Resultates von Schritt (S2) bestimme man die Bereiche, auf denen f positiv bzw. negativ ist. Insbesondere bestimme unter den Nullstellen die Stellen von Vorzeichenwechseln von f.

(S6) Mithilfe des Resultates von Schritt (S3) bestimme man die Bereiche, auf denen f' positiv ist (f streng wachsend) bzw. negativ ist (f streng fallend) bzw. Null ist (f konstant). Insbesondere wähle man aus den kritischen Punkten x_i von f mit den Kriterien der Aussagen (a) und (b) von Satz E.4.2 die relativen Extremalstellen von f aus:

- Diejenigen x_i, bei denen die Ableitung von ≤ 0 zu ≥ 0 übergeht, sind relative Minimalstellen von f.

- Diejenigen x_i, bei denen die Ableitung von ≥ 0 zu ≤ 0 übergeht, sind relative Maximalstellen von f.

Alternative mit den Aussagen (d) und (e) von Satz E.4.2, die aber nicht stets alle Extremalstellen anzeigt:

- Diejenigen x_i mit $f''(x_i) > 0$ sind relative Minimalstellen von f.

- Diejenigen x_i mit $f''(x_i) < 0$ sind relative Maximalstellen von f.

(S7) Mithilfe des Resultates von Schritt (S4) bestimme man die Bereiche, auf denen f'' positiv (f streng konvex) bzw. negativ (f streng konkav) ist. Insbesondere bestimme man unter den Nullstellen von f'' die Stellen von Vorzeichenwechseln von f''; diese sind Wendepunkte von f. Siehe hierzu auch Satz E.4.4.

(S8) Man bestimme die *Randwerte*

$$A \;=\; \lim_{x \to a} f(x) \quad \Big(A = f(a),\ \text{falls } a \in I \Big),$$

$$B \;=\; \lim_{x \to b} f(x) \quad \Big(B = f(b),\ \text{falls } b \in I \Big),$$

das größte relative Maximum $M = \max\Big\{ f(x_i) | x_i \text{ relative Maximalstelle}\Big\}$, und das kleinste relative Minimum $m = \min\Big\{ f(x_i) | x_i \text{ relative Minimalstelle}\Big\}$, wobei angenommen wird, daß es nur endlich viele relative Extremalstellen gibt.

(S9) Untersuchung auf absolute Maximalstellen.

- $\max\{A, B\} < M$: Die absoluten Maximalstellen sind genau diejenigen relativen Maximalstellen, in denen der Wert M angenommen wird. M ist auch der Wert des absoluten Maximums.

- $\max\{A, B\} = M$: Diejenigen relativen Maximalstellen, in denen der Wert M angenommen wird, sind auch absolute Maximalstellen. M ist der Wert des absoluten Maximums. Liegt der Intervallendpunkt, bei dem der Wert $\max\{A, B\}$ erreicht wird, in I, so ist auch dieser Endpunkt eine absolute Maximalstelle.

- $\max\{A, B\} > M$: Liegt der Intervallendpunkt, bei dem der Wert $\max\{A, B\}$ erreicht wird, in I, so ist dieser Endpunkt die einzige absolute Maximalstelle und $\max\{A, B\}$ ist der Wert des absoluten Maximums. Liegt der

Intervallendpunkt, bei dem der Wert $\max\{A, B\}$ erreicht wird, nicht in I, so gibt es keine absolute Maximalstelle und kein absolutes Maximum.

(S10)   Untersuchung auf absolute Minimalstellen.

- $\min\{A, B\} > m$:   Die absoluten Minimalstellen sind genau diejenigen relativen Minimalstellen, in denen der Wert m angenommen wird. m ist auch der Wert des absoluten Minimums.

- $\min\{A, B\} = m$:   Diejenigen relativen Minimalstellen, in denen der Wert m angenommen wird, sind auch absolute Minimalstellen. m ist der Wert des absoluten Minimums. Liegt der Intervallendpunkt, bei dem der Wert $\min\{A, B\}$ erreicht wird, in I, so ist auch dieser Endpunkt eine absolute Minimalstelle.

- $\min\{A, B\} < m$:   Liegt der Intervallendpunkt, bei dem der Wert $\min\{A, B\}$ erreicht wird, in I, so ist dieser Endpunkt die einzige absolute Minimalstelle und $\min\{A, B\}$ ist der Wert des absoluten Minimums. Liegt der Intervallendpunkt, bei dem der Wert $\min\{A, B\}$ erreicht wird, nicht in I, so gibt es keine absolute Minimalstelle und kein absolutes Minimum.   •

Ist der Definitionsbereich der Funktion kein Intervall, sondern eine Vereinigung $B = I_1 \cup ... \cup I_k$ von disjunkten Intervallen, so führt man das Verfahren 11.2.3 für jedes Intervall $I_1, ..., I_k$ aus und faßt dann die Ergebnisse zusammen. Um die absoluten Extremalstellen und Extrema für den gesamten Bereich B zu bestimmen, müssen die entsprechenden Werte aus den Teilintervallen $I_1, ..., I_k$ miteinander verglichen werden.

Grundsätzlich gilt: Die Schritte des Verfahren 11.2.3 müssen nicht stets in der angegebenen Reihenfolge, und, je nach Aufgabenstellung, nicht alle abgearbeitet werden. Die Bestimmung der Nullstellen der Funktion wird z. B. häufig durch vorangehende Extremwertbetrachtungen erleichtert. Häufig ist es zweckmäßig, gewisse Schritte zusammenzufassen. Eine Skizze des Graphen der Funktion ist bei der Durchführung des Verfahrens 11.2.3 stets nützlich. Siehe hierzu die folgenden Aufgaben.

11.2.4 Aufgabe (Kurvendiskussion).   Man diskutiere den Verlauf der folgenden Polynome. Man fertige jeweils eine Skizze des Graphen an.

$$f_1(x) = x^3 - 5x^2 + 7.75x - 3.75, \quad f_2(x) = \frac{-5}{48}x^3 + \frac{11}{12}x^2 - \frac{9}{4}x + 1,$$

$$f_3(x) = \frac{-5}{48}x^3 + \frac{11}{12}x^2 - \frac{9}{4}x + \frac{3}{2}, \quad f_4(x) = \frac{-1}{12}x^3 + \frac{5}{8}x^2 - \frac{23}{12}x + 3,$$

$$f_5(x) = \frac{-1}{12}x^3 + \frac{7}{8}x^2 - \frac{23}{12}x + 3, \quad f_6(x) = \frac{-1}{12}x^3 + \frac{5}{8}x^2 - \frac{3}{12}x + 3,$$

$$f_7(x) = 2x^4 - 8.5x^3 - 16.25x^2 + 39.25x + 22.5,$$

$$f_8(x) = 2x^4 - 8.5x^3 - 16.25x^2 + 39.25x + 5,$$

$$f_9(x) = x^4 + 2x^3 - x^2 + 5x - 1, \quad f_{10}(x) = x^4 - 2x^3 - 6x^2 + 2x + 2.   •$$

11.2.5 Aufgabe (Kurvendiskussion). Man diskutiere die folgenden Funktionen auf den jeweils größtmöglichen Definitionsbereichen. Man fertige jeweils eine Skizze des Graphen der Funktion an.

$$f_1(x) = (1+x)\sqrt{1-x^2}, \qquad f_2(x) = x^x = \exp\left(x\ln(x)\right),$$

$$f_3(x) = \frac{x^2-1}{(x^2+x-2)}, \qquad f_4(x) = x\exp\left(\frac{-1}{x}\right), \qquad f_5(x) = \frac{2x-5}{(3-8x)^2},$$

$$f_6(x) = x^2\exp\left(\frac{-1}{x^2}\right), \qquad f_7(x) = \frac{x}{2} - \frac{x+2}{4}\ln(x+1). \qquad \bullet$$

11.2.6 Aufgabe (Monotonieuntersuchung). Es sei $P:[3;12] \to \mathbb{R}$ mit $P(x) = \frac{x+3}{x-2}$ eine Preis-Absatz-Funktion.

Man zeige, daß P im betrachteten Bereich streng monoton fallend ist, und gebe die Umkehrfunktion an. $\bullet$

11.2.7 Aufgabe (Wirtschaftlichkeitsfunktion). Es seien $a,b,c,d \in \mathbb{R}$, $a,c,d > 0$, und es sei $E(x) := ax + b$, $K(x) := cx^2 + d$ für $x \in \mathbb{R}$. Auf $[0;+\infty)$ soll E als Erlösfunktion, K als Kostenfunktion in Abhängigkeit von der Produktionsmenge interpretiert werden. Die Funktion $W := \frac{E}{K}$ heißt dann *Wirtschaftlichkeitsfunktion*.

Man bestimme die Wirtschaftlichkeitsfunktion W, man bestimme die relativen Extremalstellen von W auf $\mathbb{R}$, und man zeige: W besitzt auf $[0;+\infty)$ eine absolute Maximalstelle. $\bullet$

11.2.8 Aufgabe (Erlösmaximum). Für $p \in [3;6]$ sei $A(p) = -0.1p^2 - 0.5p + 9$ der Absatz (in Stück) eines Artikels X. Ein zweiter Artikel Y, dessen Preis konstant gleich 3 gehalten wird, erfährt eine um so stärkere Nachfrage, je höher der Preis für den Artikel X ist; die Verbraucher weichen dann nämlich in zunehmendem Maße auf Y als Ersatz für X aus. Für $p \in [3;6]$ sei der Absatz von Y (in Stück) gegeben durch $B(p) = 0.2p + 15$.

Für welches $p \in [3;6]$ nimmt der Gesamterlös aus den Artikeln X und Y sein absolutes Maximum an? $\bullet$

11.2.9 Aufgabe (Ertragsfunktion). Die Abbildung $E:\mathbb{R} \to \mathbb{R}$ sei definiert durch $E(x) := -0.1x^3 + 3x^2 + 5x$. Für $x \in [0;+\infty)$ soll $E(x)$ interpretiert werden als Ertrag bei Einsatz von x Einheiten eines variablen Produktionsfaktors.

Es sei $D_E(x) := \frac{E(x)}{x}$ für $x \in (0;+\infty)$, $L_E(x) := x \cdot E'(x)$ für $x \in \mathbb{R}$. Für $x \in (0;+\infty)$ ist $D_E(x)$ der Durchschnittsertrag, $L_E(x)$ die Lohnsumme.

Auf den Intervallen $(0;5)$, $(2;15]$, $(0;20]$, $(10;20)$, $[50;100]$ untersuche man die Funktionen E, D_E, L_E auf absolute und relative Extrema. $\bullet$

11.2.10 Aufgabe (Nullstellenbestimmung).   Es sei $Q(x) := \frac{1}{3}x^3 - \frac{5}{2}x^2 + 6x - 4$ für alle $x \in \mathbb{R}$.

(a) Man bestimme Q' und man zeige:

Q ist streng monoton $\begin{cases} \text{wachsend auf } (-\infty; 2) \cup (3; +\infty), \\[2mm] \text{fallend auf } (2; 3). \end{cases}$

(b) Man zeige, daß Q genau eine Nullstelle x_0 besitzt, und man bestimme diese Nullstelle auf zwei Stellen nach dem Komma genau. •

11.2.11 Aufgabe (Extremalstellenbestimmung).   Man bestimme sämtliche Extremalstellen der Funktion $f: (-4; 100] \to \mathbb{R}$ mit

$$f(x) \quad = \quad (4x - 1)e^{x^2 + 4x - 10000} \quad \text{für } x \in (-4, 100].$$

Man entscheide jeweils, ob ein Minimum oder ein Maximum vorliegt. •

11.2.12 Aufgabe (Extremalstellenbestimmung).   Die Funktion $f: \mathbb{R} \to \mathbb{R}$ sei definiert durch

$$f(x) \quad := \quad \begin{cases} e^{x+1}(x-1) & \text{für } x \leq 2, \\[2mm] (x-3)^2 - 4 & \text{für } x > 2. \end{cases}$$

Man zeige, daß f an der Stelle $x_0 = 2$ nicht stetig ist. Sodann bestimme man sämtliche relativen und absoluten Extremalstellen von f und entscheide jeweils, ob ein Maximum oder ein Minimum vorliegt. •

11.2.13 Aufgabe (Extremalstellenbestimmung).   Die Funktion $f: [-\frac{1}{2}; 4] \to \mathbb{R}$ sei definiert durch

$$f(x) \quad = \quad \frac{5}{2}\ln(x^2 + 2x + 1) - \ln(x+1) + x^2 - 4x$$

Man bestimme die relativen und absoluten Extremalstellen der Funktion auf $[-\frac{1}{2}; 4]$. Auf welchem Intervall $I \subset D$ ist die Funktion streng monoton fallend? •

11.2.14 Aufgabe (Extremalstellenbestimmung).   Die Funktion $f: (-2; 2] \to \mathbb{R}$ sei definiert durch

$$f(x) \quad = \quad \begin{cases} -\sqrt{-x} + \frac{1}{\ln 2}, & \text{falls } -2 < x < 0, \\[2mm] (x - \frac{4}{\ln 16}) \cdot 4^x + \frac{4}{\ln 4}, & \text{falls } 0 \leq x \leq 2. \end{cases}$$

Man zeige, daß f stetig im Punkte 0 ist. Man bestimme sämtliche Extremalstellen von f. •

11.2.15 Aufgabe (Extremalstellenbestimmung). Die Funktion $f\colon \mathbb{R} \setminus \left\{\frac{1}{2}\right\} \to \mathbb{R}$ sei definiert durch

$$f(x) = (2x - 1)e^{\frac{-1}{2x-1}} \quad \text{für } x \neq \frac{1}{2}.$$

Man bestimme die relativen und absoluten Extremalstellen von f. •

11.2.16 Aufgabe (Extremalstellenbestimmung). Gegeben seien die Funktionen $f, g\colon \mathbb{R} \to \mathbb{R}$ mit

$$f(x) = -\frac{1}{3}x^3 + 4x, \qquad g(x) = \begin{cases} \frac{1}{2}e^{x+4} + 6, & \text{falls } x \leq -4, \\ f(x), & \text{falls } -4 < x. \end{cases}$$

(a) Man bestimme die ersten drei Ableitungen von f.

(b) Man untersuche f auf Nullstellen.

(c) Man untersuche f auf lokale Extremalstellen und lokale Extrema.

(d) Man untersuche das Verhalten von f, wenn x gegen $+\infty$ beziehungsweise $-\infty$ strebt.

(e) Man untersuche f auf globale Extrema und Extremalstellen.

(f) Man untersuche g auf Unstetigkeitsstellen.

(g) Man untersuche das Verhalten von g, wenn x gegen $+\infty$ beziehungsweise $-\infty$ strebt.

(h) Man untersuche g auf lokale Extremalstellen. **Hinweis:** Man untersuche die Situation im Punkte -4 und auf den Intervallen $(-\infty; -4)$, $(-4; +\infty)$ getrennt. Man beachte den Zusammenhang mit der Funktion f. Zur Untersuchung des Punktes -4 beachte man das Resultat von Aufgabe (f).

(i) Man untersuche g auf globale Extremalstellen und globale Extrema. •

Der Verlauf der in Aufgabe 11.2.16 betrachteten Funktion g ist in Abbildung 67 dargestellt.

Abbildung 67: Funktion g aus Aufgabe 11.2.16.

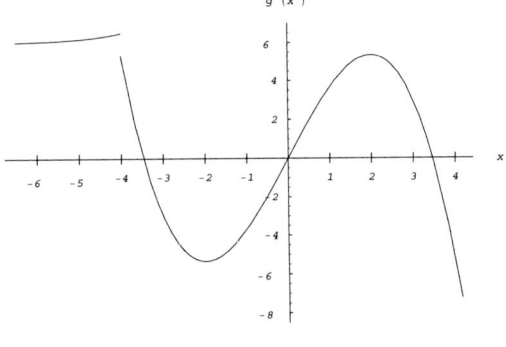

12 Anwendungen der Differentialrechnung in der wirtschaftswissenschaftlichen Modellierung.

Die Differentialrechnung hat eine Vielzahl von Anwendungen in der wirtschaftswissenschaftlichen Modellierung. Das vorliegende Kapitel greift einige wichtige Begriffe auf: Differential, polynomiale Approximation, Grenzfunktion, Elastizität.

12.1 Der Begriff des Differentials.

In Kapitel 10 wurden die Bezeichnungen *Differentialrechnung* und *Differentialkalkül* für die Theorie der differenzierbaren Funktionen eingeführt. Der Begriff eines *Differentials* selbst wurde jedoch außerhalb der obigen Komposita nicht erklärt. In vager Weise bestimmte Leibniz den „Diffentialquotienten" $\frac{\mathrm{d}}{\mathrm{d}x}f$ als einen echten Quotienten „infinitesimaler" Größen df und dx, die er „Differentiale" nannte. Eine stringente Deutung dieser Auffassung und eine Rekonstruktion des üblichen Kanons der Differentialrechnung auf der Grundlage geeignet definierter Differentiale gelang erst in der mathematischen Theorie der sogenannten *Nonstandard Analysis* im Verlauf des 20. Jahrhunderts. Aber auch ohne einen solchen theoretischen Hintergrund ist der Umgang mit Objekten, die „Differentiale" genannt werden, in den Anwendungen und insbesondere in den Wirtschaftswissenschaften sehr verbreitet. Dieser Umgang kann ohne weiteres im Sinne einer Approximation der Differenzen $f(x + \Delta) - f(x)$ der Funktionswerte beim Übergang vom Argument x zum Argument $x + \Delta$ gerechtfertigt werden.

Es sei $I \subset \mathbb{R}$ ein offenes Intervall, $f : I \to \mathbb{R}$ eine in $x \in I$ differenzierbare Funktion. Gemäß Paragraph 10.4, siehe dort die Formeln (370) und (371), gibt es eine auf einem geeigneten Intervall um die Null definierte Funktion $r_x(\Delta)$ derart, daß $\lim_{h \to 0} \frac{r_x(h)}{h} = 0$ und

$$f(x + \Delta) - f(x) = \Delta f'(x) + r_x(\Delta) \qquad (374)$$

für alle in Frage kommenden Δ. Für betragsmäßig kleines Δ ist der Wert $r_x(\Delta)$ klein, d. h. die Differenz $f(x + \Delta) - f(x)$ der Funktionswerte kann approximiert werden in der Form

$$f(x + \Delta) - f(x) \approx \Delta f'(x) \qquad \text{für kleines } |\Delta|. \qquad (375)$$

Die approximierende Größe $\Delta f'(x)$ wird als *Differential von* f (*an der Stelle* x *zur Veränderung* Δ) bezeichnet.

Nach der obigen Auffassung ist das Differential bei gegebenem x und Δ eine zu gewissen Approximationszwecken verwendete Zahl. Diese Auffassung ist harmlos. Von der häufig verwendeten Bezeichnung df für das Differential sollte man jedoch Abstand nehmen. Man verfällt sonst allzu leicht auf die Idee, im Symbol $\frac{\mathrm{d}}{\mathrm{d}x}f$ für die Ableitung einer Funktion seien df und dx zwei zur Bildung eines Bruches herangezogene Zahlen. Diese Auffassung ist völlig falsch.

Abbildung 68: Graph der Funktion $f(x) = (1+x)\sqrt{1-x^2}$ auf $[0;1]$, $[0.0;0.1]$, $[0.00;0.01]$.

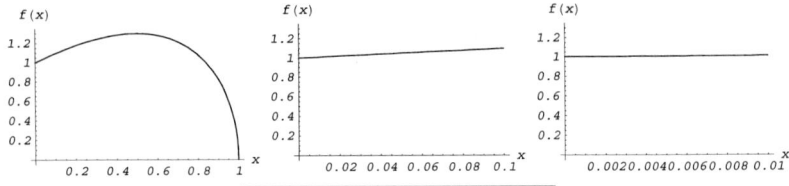

12.2 Lineare und polynomiale Approximation.

Die Differentialformel (375) kann als Maßgabe für die Approximation von $f(z)$ in einer geeigneten Umgebung eines festgehaltenen x durch eine *lineare Funktion* von z gelesen werden kann. Für z genügend dicht bei gegebenem x ist nach (375)

$$f(z) = f\big(x + (z - x)\big) \approx f'(x)z + f(x) - xf'(x). \tag{376}$$

Man vergleiche die Ausführungen zu Formel (372) in Paragraph 10.4. Die Genauigkeit der Approximation ist im Einzelfall zu prüfen, siehe Aufgabe 12.2.2 für einige Beispiele. Zur Illustration betrachte man die Graphen der Funktion $f(x) = (1 + x)\sqrt{1 - x^2}$ in Abbildung 68. Auf dem gesamten Intervall $[0;1]$ ist eine lineare Approximation ersichtlich nicht vertretbar. Auf dem Teilintervall $[0.0;0.1]$ ist die lineare Approximation ersichtlich bereits sehr gut. Auf dem Teilintervall $[0.00;0.01]$ ist die Funktion nahezu konstant.

Bei mehrfacher Differenzierbarkeit eine genauere Approximation durch ein *Polynom* entwickelt werden. Die Approximationstechnik beruht auf dem folgenden, auf B. Taylor[14] zurückgehenden Satz.

12.2.1 Satz (Taylor). Es sei $f: B \to \mathbb{R}$ eine auf einem Intervall B $(n + 1)$-mal stetig differenzierbare Funktion. x und z seien Punkte aus B.

Dann gibt es eine Zahl ξ zwischen x und z derart, daß

$$f(z) =$$

$$f(x) + \frac{f^{(1)}(x)}{1!}(z - x)^1 + \frac{f^{(2)}(x)}{2!}(z - x)^2 + \ldots + \frac{f^{(n)}(x)}{n!}(z - x)^n \tag{377}$$

$$+ \frac{f^{(n+1)}(\xi)}{(n + 1)!}(z - x)^{n+1} .$$

---

[14]Brook Taylor, geboren am 18. August 1685 in Edmonton, Middlesex, gestorben am 29. Dezember 1731 in Somerset House, London. Taylor entstammte einer wohlhabenden Familie und wurde bis zum 18. Lebensjahr von Privatlehrern ausgebildet. Von 1703 bis 1709 studierte Taylor Mathematik und Naturwissenschaften am St. John's College in Cambridge. Hernach lebte er als Privatgelehrter und veröffentlichte mathematische, physikalische und astronomische Schriften. 1712 wurde Taylor in die Royal Society aufgenommen. Das nach Taylor benannte Entwicklungstheorem taucht erstmals 1712 in einem Brief auf. Es wurde 1715 im Buch *Methodus incrementorum directa et inversa* veröffentlicht.

•

Man benutzt Taylors Satz zur Konstruktion einer polynomialen Approximation in einer Umgebung des *Entwicklungspunktes* x. Unter den Voraussetzungen des Satzes 12.2.1 ergibt sich für das sogenannte *Restglied*

$$R_n(z) = \frac{f^{(n+1)}(\xi)}{(n+1)!}(z-x)^{n+1} \tag{378}$$

aus Formel (377) die Grenzwertaussage

$$\lim_{z \to x} \frac{R_n(z)}{(z-x)^n} = 0. \tag{379}$$

Man approximiert f auf der Umgebung D von x in der Form

$$f(z) \approx f(x) + \frac{f^{(1)}(x)}{1!}(z-x)^1 + \frac{f^{(2)}(x)}{2!}(z-x)^2 + ... + \frac{f^{(n)}(x)}{n!}(z-x)^n \tag{380}$$

durch ein Polynom vom Grade kleiner oder gleich n. Aufgrund der Grenzwertformel (379) ist die Approximation sehr gut für dicht bei x liegendes z. Im Falle $n = 1$ ist die Approximation (380) gerade die lineare Approximation (376).

12.2.2 Aufgabe. Für die folgenden Funktionen f_i, die zugehörigen Argumente x_i und die Werte $\Delta = 0.01$, $\Delta = 0.10$, $\Delta = 1.00$ vergleiche man die wahren Differenzen $f_i(x_i + \Delta) - f_i(x_i)$ mit einer linearen Approximation gemäß (376) und mit einer quadratischen Approximation gemäß Formel (380).

$$f_1(x) = x^3 - 5x^2 + 7.75x - 3.75, \quad x_1 = 2.00,$$

$$f_2(x) = \frac{-5}{48}x^3 + \frac{11}{12}x^2 - \frac{9}{4}x + 1, \quad x_2 = 2.50,$$

$$f_3(x) = (1+x)\sqrt{1-x^2}, \quad x_3 = 0, \qquad f_4(x) = \exp(x), \quad x_4 = 3,$$

$$f_5(x) = \ln(x), \quad x_5 = 2.$$

•

12.3 Die Interpretation der ersten Ableitung als Grenzfunktion.

In den Wirtschaftswissenschaften wird die erste Ableitung f' einer Funktion f oft als *Grenzfunktion* bezeichnet. Diese nicht unbedingt glückliche Bezeichnung kann in der folgenden Weise gerechtfertigt werden. Ist $f: I \to \mathbb{R}$ differenzierbar auf dem Intervall I, so ist für jedes $x \in I$ nach Definition 10.4.1 $\lim_{\Delta \to 0} \frac{f(x+\Delta)-f(x)}{\Delta} = f'(x)$. Die relative Änderung $\frac{f(x+\Delta)-f(x)}{\Delta}$ des Funktionswertes im Verhältnis zur Veränderung des Arguments strebt also „in der Grenze", d. h. für $\Delta \to 0$, gegen die Ableitung $f'(x)$. In diesem Sinne kann $f'(x)$ als die „Grenze" der relativen Zuwächse und damit die Funktion f' als *Grenzfunktion* von f aufgefaßt werden. Gelegentlich findet sich statt Grenzfunktion auch die Bezeichnung *Marginalfunktion* für f'. Wirtschaftswissenschaftliche Anwendungen der Differentialrechnung werden daher auch als *Marginalanalyse* bezeichnet.

Insbesondere betrachtet man die folgenden Funktionen mit den zugehörigen Grenzfunktion, natürlich unter der Voraussetzung der Differenzierbarkeit. Man vergleiche die entsprechende Liste von Funktionen in Paragraph 4.1.

(i)   **Produktionskostenfunktion:** Die Produktionskosten $K(x)$ in Geldeinheiten (GE) als Funktion des Produktionsoutputs x in Mengeneinheiten (ME). Die Ableitung K' heißt *Grenzkostenfunktion*.

Die Produktionskosten beinhalten im allgemeinen fixe Kosten K_0 und variable Kosten $K_v(x)$, die tatsächlich vom Produktionsoutput x abhängen. Es gilt dann $K(x) = K_v(x) + K_0$.

(ii)   **Nachfragefunktion:** Die Nachfrage $N(p)$ in ME als Funktion des Preises p in GE. Die Ableitung N' heißt *Grenznachfragefunktion*.

(iii)   **Preisfunktion:** Der Preis $P(x)$ in GE als Funktion der Nachfrage x in ME. Die Ableitung P' heißt *Grenzpreisfunktion*.

(iv)   **Erlösfunktion:** Der Erlös $E(p)$ in GE als Funktion des Preises p in GE oder der Erlös $E(x)$ in GE als Funktion der Nachfrage x in ME. Ist $N(p)$ eine Nachfragefunktion, so ist $\quad E(p) = p \cdot N(p)$. Ist $P(x)$ eine Preisfunktion, so ist $E(x) = P(x) \cdot x$. Die Ableitung E' heißt *Grenzerlös*.

(v)   **Produktionsfunktion (Ertragsfunktion):** Der Produktionsoutput $O(x)$ in ME als Funktion des Inputs x in ME. Die Ableitung O' heißt *Grenzproduktivität* oder *Grenzertrag*.

(vi)   **Durchschnittsertragsfunktion:** Es sei $O(x)$ eine Ertragsfunktion. Dann ist die *Durchschnittsertragsfunktion* $\frac{O(x)}{x}$ der durchschnittliche Ertrag pro ME Input als Funktion des Inputs x in ME. Die Ableitung der Durchschnittsertragsfunktion heißt *Grenzdurchschnittsertrag*.

(vii)   **Gewinnfunktion:** Es seien $E(x)$ der Erlös, $K(x)$ die Kosten in GE als Funktionen des Absatzes (oder der Produktionsmenge oder der Nachfrage) x in ME. Dann ist $\quad G(x) = E(x) - K(x)\quad$ der Gewinn in GE als Funktion der Nachfrage (Produktionsmenge) x in ME. Die Ableitung der Gewinnfunktion heißt *Grenzgewinn*.

(viii)   **Stückgewinnfunktion:** Es sei $G(x)$ eine Gewinnfunktion. Dann ist die *Stückgewinnfunktion* $\frac{G(x)}{x}$ der durchschnittliche Gewinn pro ME Absatzmenge als Funktion des Absatzes x in ME. Die Ableitung der Stückgewinnfunktion heißt *Grenzstückgewinn*.

(ix)   **Deckungsbeitragsfunktion:** Es seien $E(x)$ der Erlös, $K_v(x)$ die variablen Kosten in GE als Funktionen des Absatzes (oder der Produktionsmenge oder

der Nachfrage) x in ME. Dann ist $G_D(x) = E(x) - K_v(x)$ der Deckungsbeitrag in GE als Funktion der Nachfrage (Produktionsmenge) x in ME. $\frac{G_D(x)}{x}$ ist der *Stückdeckungsbeitrag*. Die Ableitungen werden als *Grenzdeckungsbeitrag* bzw. als *Stückgrenzdeckungsbeitrag* bezeichnet.

(x) **Konsumfunktion:** Der Konsum $C(x)$ eines Haushalts in GE als Funktion des Haushaltseinkommens x in GE. Die Ableitung C' wird als *Grenzhang zum Konsum* oder *Grenzneigung zum Konsum* oder *marginale Konsumquote* bezeichnet.

(xi) **Sparfunktion:** Der Sparbetrag $S(x)$ eines Haushalts in GE als Funktion des Haushaltseinkommens x in GE. Die Ableitung S' wird als *Grenzhang zum Sparen* oder *Grenzneigung zum Sparen* oder *marginale Sparquote* bezeichnet.

(xii) **Nutzenfunktion:** Der Nutzen $U(x)$, den ein Konsument aus einer ihm zur Verfügung stehenden Menge x (in ME) eines Gutes zieht. Dabei wird unterstellt, daß der Nutzen in einer kontinuierlichen quantitativen Skala, d. h. in reellen Zahlen gemessen werden kann. Die Ableitung U' wird als *Grenznutzen* bezeichnet. Weitere Ausführungen zu diesem Begriff finden sich im folgenden Kapitel 14.

12.3.1 Aufgabe.

(a) Man interpretiere die Erlösfunktionen $E(p) = p \cdot N(p)$, $E(x) = xP(x)$, $E(x) = P(x) \cdot N(x)$ im Sinne von (iv) und bestimme die Grenzerlösfunktionen.

(b) Für die Durchschnittsertragsfunktion $\frac{O(x)}{x}$ bestimme man den Grenzdurchschnittsertrag.

(c) Für die Stückgewinnfunktion $\frac{G(x)}{x}$ bestimme man den Grenzstückgewinn.

(d) Für die Deckungsbeitragsfunktion $G_D(x) = E(x) - K_v(x)$ bestimme man den Grenzdeckungsbeitrag.

(e) Für die Erlösfunktion $E(x) = P(x) \cdot N(x)$ zeige man: Sind N, P linear, so gilt: $E''(x) = 2P'(x) \cdot N'(x)$. •

12.4 Die Elastizität einer Funktion.

Die mittlere Elastizität

$$\varepsilon_f(x, \Delta) = \frac{\frac{f(x+\Delta)-f(x)}{f(x)}}{\frac{\Delta}{x}}, \qquad \text{wobei } f(x) \neq 0, \tag{381}$$

einer Funktion f im Intervall zwischen x und $x + \Delta$ wurde bereits in Paragraph 4.5 als elementare Kenngröße eingeführt. Es handelt sich um den Quotienten des prozentualen

Zuwachses des Funktionswerts (des Bestandes) mit dem prozentualen Zuwachs des Arguments (der Zeit). Der Sinn der Bezeichnung *Elastizität* wurde in Paragraph 4.5 nicht erörtert. Das Wort „Elastizität" ist abgeleitet vom griechischen elastos, d. h. dehnbar. Vom Standpunkt der Anschauung sollte ein Maß für die Dehnbarkeit des Graphen den folgenden Anforderungen genügen.

(E1) Bei festem x und festem $\Delta > 0$ betrachten wir den Graphen als besonders dehnbar, wenn der prozentuale Zuwachs $\frac{f(x+\Delta)-f(x)}{f(x)}$ des Funktionswertes besonders groß ist. Das Dehnbarkeitsmaß sollte also eine streng monoton wachsende Funktion des Quotienten $\frac{f(x+\Delta)-f(x)}{f(x)}$ sein.

(E2) Ökonomische Funktionen wie Kosten, Preis, Nachfrage sind durchweg auf Intervallen $I \subset \mathbb{R}$ mit dem linken Endpunkt 0 definiert. Es seien f und g solche Funktionen. Es seien $0 < x_1 < x_2$ und $0 < \Delta_1 < \Delta_2$ mit $\frac{\Delta_1}{x_1} < \frac{\Delta_2}{x_2}$. Die prozentualen Zuwächse $\frac{f(x_1+\Delta_1)-f(x_1)}{f(x_1)} = \frac{g(x_2+\Delta_2)-g(x_2)}{g(x_2)}$ seien identisch. Eine einfache Skizze der Graphen zeigt, daß dann offensichtlich der Graph von f als dehnbarer aufgefaßt werden sollte als der Graph von g, da der prozentuale Zuwachs von f bei kleinerem prozentualen Zuwachs des Arguments genauso groß ist wie der prozentuale Zuwachs von g bei größerem prozentualen Zuwachs des Arguments. Diese Überlegung zeigt: Das Dehnbarkeitsmaß sollte eine streng monoton fallende Funktion des prozentualen Zuwachses $\frac{\Delta}{x}$ des Arguments sein.

Der Quotient $\varepsilon_f(x, \Delta)$ erfüllt die Anforderungen (E1) und (E2) und verdient daher die auf *Alfred Marshall*[15] zurückgehende Bezeichnung *mittlere Elastizität von f im Intervall zwischen x und x + Δ.*

Die Untersuchung des mittleren Zuwachses $\frac{f(x+\Delta)-f(x)}{\Delta}$ führt in der Differentialrechnung zum Begriff der Ableitung $f'(x) = \lim_{\Delta \to 0} \frac{f(x+\Delta)-f(x)}{\Delta}$. Für genügend kleines $|\Delta|$ ist der Zuwachs $f(x + \Delta) - f(x)$ näherungsweise gleich dem Differential $\Delta f'(x)$, siehe hierzu die Ausführungen von Paragraph 12.1. Entsprechende Grenzwertbetrachtungen können auch für den Elastizitätsquotienten $\varepsilon_f(x, \Delta)$ durchgeführt werden. Ist $f(x) \neq 0$ und ist f differenzierbar in x, so ergibt sich aus Definition 10.4.1 und aus (381)

$$\lim_{\Delta \to 0} \varepsilon_f(x, \Delta) \;=\; \lim_{\Delta \to 0} \frac{f(x + \Delta) - f(x)}{\Delta} \, \frac{x}{f(x)} \;=\; \frac{x f'(x)}{f(x)} \;=\; \varepsilon_f(x). \qquad (382)$$

Entsprechend der Definition des Momentgeschwindigkeit $f'(x)$ im Punkte x als Grenzwert der mittleren Geschwindigkeiten $\frac{f(x+\Delta)-f(x)}{\Delta}$ kann die Differentialkenngröße $\varepsilon_f(x)$ als *Elastizität von f im Punkte x* interpretiert werden.

Entsprechend der Differentialformel (375) gilt im Falle der Differenzierbarkeit in x mit $x \neq 0$, $f(x) \neq 0$:

$$\frac{f(x + \Delta) - f(x)}{f(x)} \;\approx\; \Delta \frac{f'(x)}{f(x)} \;=\; \frac{\Delta}{x} \varepsilon_f(x) \qquad \text{für kleines } |\Delta|. \qquad (383)$$

---

[15]Alfred Marshall, 1842-1924, britischer Nationalökonom, Vertreter der Neoklassik. Hauptwerke: *Economics of Industry* (1879), *Principles of Economics* (1890), *Industry and Trade* (1919), *Money, Credit and Commerce* (1923).

Wir vergleichen noch einmal begrifflich die Formeln (375) und (383).

- Formel (375): Ändert sich das Argument x der Funktion f um den betragsmäßig kleinen Wert Δ, so ändert sich der Funktionswert näherungsweise um den Wert $f(x + \Delta) - f(x) \approx \Delta f'(x)$.

- Formel (383): Ändert sich das Argument x der Funktion f um den kleinen Prozentsatz $|q|100\%$ zu $(1 + q)x$, so ändert sich der Funktionswert näherungsweise um $|q \cdot \varepsilon_f(x)| \cdot 100\%$.

Man beachte, daß die Differentialelastizität $\varepsilon_f(x)$ nur für Punkte x mit $f(x) \neq 0$ definiert ist. In Punkten x mit $f(x) = 0$ kann häufig eine Elastizität durch Grenzwertbildung definiert werden. Eine generelle Formulierung der möglichen Resultate ist eher verwirrend, die Grenzwertbildung sollte im einzelnen durchgeführt werden, siehe die Aufgabe 12.4.1.

Es sei $I \subset \mathbb{R}$, $f \colon I \to \mathbb{R}$ differenzierbar. Entsprechend des Wertes der Elastizität können die Elemente des Definitionsbereiches I der Funktion f in folgender Weise klassifiziert werden:

- $f(x) \neq 0$, $|\varepsilon_f(x)| > 1$: In der Umgebung solcher Punkte x ändert sich die Funktion f prozentual stärker als das Argument x. f heißt in solchen Punkten *elastisch*.

- $f(x) \neq 0$, $|\varepsilon_f(x)| < 1$: In der Umgebung solcher Punkte x ändert sich die Funktion f prozentual geringer als das Argument x. f heißt in solchen Punkten *unelastisch*.

- $f(x) \neq 0$, $|\varepsilon_f(x)| = 1$: In der Umgebung solcher Punkte x ändert sich die Funktion f prozentual genauso wie das Argument x. f heißt in solchen Punkten *ausgeglichen elastisch*.

- $f(x) \neq 0$, $\varepsilon_f(x) = 0$: In der Umgebung solcher Punkte x reagiert die Funktion f fast garnicht auf Veränderungen des Arguments. f heißt in solchen Punkten *vollkommen unelastisch*.

- $f(x) = 0$, $f(z) \neq 0$ in einer Umgebung von x, $\lim_{z \to x} |\varepsilon_f(z)| = +\infty$: In der Umgebung solcher Punkte x reagiert die Funktion f außerordentlich stark auf Veränderungen des Arguments. f heißt in solchen Punkten *vollkommen elastisch*.

- $f(x) = 0$, $f(z) \neq 0$ in einer Umgebung von x, $\lim_{z \to x} \varepsilon_f(z) = 0$: In der Umgebung solcher Punkte x reagiert die Funktion f fast garnicht auf Veränderungen des Arguments. f heißt in solchen Punkten *vollkommen unelastisch*.

12.4.1 Aufgabe. Man berechne die Elastizitäten der folgenden Funktionen und man klassifiziere den Definitionsbereich der Funktion gemäß dem Wert der Elastizitäten:

$$f(x) = ax + b \ \text{mit} \ a, b > 0, \qquad f(x) = ax^b \ \text{mit} \ a > 0, \qquad f(x) = ab^x \ \text{mit} \ b > 0. \ \bullet$$

12.4.2 Aufgabe. Für die folgenden Funktionen f_i, die zugehörigen Argumente x_i und die Werte $q = 0.001$, $q = 0.010$, $q = 0.100$ vergleiche man den exakten prozentualen Zuwachs des Funktionswertes bei Veränderung des Arguments von x_i um den Prozentsatz $q \cdot 100\%$ zu $(1+q)x$ mit der Näherung nach (375).

$$f_1(x) = 9x + 3, \quad x_1 = 2.0, \quad f_2(x) = 5x^2 + 10x + 7, \quad x_2 = 1.5,$$

$$f_3(x) = 50.8^x, \quad x_3 = 1.0, \qquad f_4(x) = \ln(x), \quad x_4 = 2.0. \qquad \bullet$$

12.4.3 Aufgabe. Es seien f, g Funktionen mit gemeinsamem Definitionsbereich und x ein Punkt, für den die Ableitungen $f'(x)$ und $g'(x)$ existieren und $f(x), g(x) \neq 0$ gilt. Man zeige:

$$\varepsilon_{f \cdot g}(x) = \varepsilon_f(x) + \varepsilon_g(x) \qquad \varepsilon_{\frac{f}{g}}(x) = \varepsilon_f(x) - \varepsilon_g(x), \qquad \varepsilon_{\frac{1}{g}}(x) = -\varepsilon_g(x). \quad (384)$$

$\bullet$

12.4.4 Aufgabe. Es sei $P(x)$ der Preis eines Artikels als Funktion der zu diesem Preis absetzbaren Menge x. Der Erlös ist dann $E(x) = xP(x)$. Für Punkte x mit $P(x) \neq 0$, in denen die Ableitung $P'(x)$ existiert, leite man die *Amoroso*[16]*-Robinson*[17]*-Formel* für den Grenzerlös $E'(x)$ her:

$$E'(x) = P(x) \cdot \left(1 + \varepsilon_P(x)\right). \tag{385}$$

$\bullet$

12.4.5 Aufgabe. Die Nachfrage C nach einem Konsumgut kann in Abhängigkeit vom Haushaltseinkommen $y > 0$ beschrieben werden durch die Funktion

$$C(y) = a \cdot e^{\frac{-b}{y}}.$$

Man bestimme die Koeffizienten a und b so, daß folgende Bedingungen erfüllt sind:

- Für unbeschränkt wachsendes Einkommen strebt die Nachfrage ihrem Sättigungswert 50 zu.

- Die Elastizität der Funktion C im Punkte $y = 10$ beträgt 0.4. $\bullet$

---

[16]Luigi Amoroso, 1886-1965. Italienischer Ökonom, Schüler von Vilfredo Pareto. Lehrte in Neapel und Rom.

[17]Joan Violet Robinson, 1903-1983. Britische Wirtschaftswissenschaftlerin.

13 Meßskalen.

Die Variablen eines mathematischen Modells nehmen als mögliche Werte stets Zahlen oder Tupel von Zahlen an. In der Einleitung zu Kapitel 2 wurden drei mögliche Interpretationen von Zahlen unterschieden: nominale, ordinale, kardinale Interpretation. Diese Unterscheidung wird jetzt in einer Theorie der Meßskalen präzisiert.

13.1 Entitäten und ihre Charakteristika.

Entitäten sind identifizierbare distinkte Einheiten. Zu unterscheiden sind drei Arten von Entitäten:

- *Einzelentitäten*: Einzelne Produkteinheiten, einzelne Dienstleistungen, einzelne Personen, einzelne Zeitpunkte.

- *Gruppenentitäten*: Aus Einzelentitäten zusammengesetzte Gruppen. In manchen Fällen ohne zeitliche Ordnung, z. B. Warenpartien, Gesamtheit erbrachter Dienstleistungen, Belegschaften. In anderen Fällen mit zeitlicher Abfolge in Gestalt eines *Prozesses* von Produkten oder Dienstleistungen.

- *Klassenentitäten*: Produkttyp, z. B. PKW-Modelle, Dienstleistungsart, z. B. Hauszustellung von Briefpost.

Die Entitäten sind Träger gewisser mit ihnen verträglicher *Charakteristika* (*Merkmale*, *Eigenschaften*), d. h. für jede Entität können die *Ausprägungen* (*Niveaus*, *Werte*) der mit der Entität verträglichen Charakteristika bestimmt werden.

13.1.1 Beispiel (Entitäten und verträgliche Charakteristika). Die Entitäten seien *Personenkraftwagen*. Unter anderem sind die folgenden Charakteristika verträglich: Farbe, Design, Preis, Hubraum, Leistung, Höchstgeschwindigkeit, mittlerer Benzinverbrauch, Preis, Zuverlässigkeit, Lebensdauer.

Die Entitäten seien *Beförderungsdienstleistungen*. Verträgliche Charakteristika sind: Preis, Verfügbarkeit, Geschwindigkeit, Pünktlichkeit, Ausstattung der Beförderungsmittel, Verhalten des Personals.   •

13.2 Skalen.

Die Feststellung der Ausprägung (des Niveaus oder Wertes) einer Charakteristik an einer Entität i bezeichnen wir als *Messung*, den festgestellten Wert x_i als *Meßwert* oder als *Datum* der Entität i bezüglich der Charakteristik. Die Gesamtheit der möglichen Meßwerte (Ausprägungen) wird festgelegt durch eine *Skala* mit einer Gesamtheit von *Skalierungen* oder *Punkten* oder *Graden*. In Abhängigkeit von der Art des betrachteten Merkmals verwendet man unterschiedliche *Meßskalen*: *Nominalskala, Ordinalskala, quantitative Skala*.

13.2.1 Nominalskala (Klassenskala, Kategorialskala). Eine *Nominalskala* ist eine endliche diskrete Skala. Es liegen endlich viele Merkmalsausprägungen (*Klassen, Kategorien*) vor ohne Rangordnung, Güteordnung oder Quantitätsordnung. Die *Verschiedenheit* ist die einzige zwischen den Klassen (Merkmalsausprägungen) definierte Relation. Eine Nominalskala ist im wesentlichen eine Vereinbarung der Bezeichnungsweise für die zur Disposition stehenden Kategorien oder Klassen. Im allgemeinen verwendet man Buchstaben oder Ziffern. Dabei sind die Ziffern aber nicht als Zahlen mit einer Rangordnung oder als Quantitäten aufzufassen. Eine durch $1, 2, 3, 4$ dargestellte Klasseneinteilung kann also auch durch $4, 3, 2, 1$ oder durch $5, 10, 16, 20$ dargestellt werden.

Beispiele: Klassifikation nach Geschlecht, Familienstand, Farbe, Produkttyp, Bearbeitungsmethode, Produktionsverfahren, Beförderungsart, Postleitzahl, •

13.2.2 Ordinalskala (Rangskala). Eine *Ordinalskala* ist eine diskrete Skala. Für die Merkmalsausprägungen ist eine *Ordnungsrelation* (Rangordnung, oft praktisch interpretierbar als Güteordnung) definiert. Die Skalierungen können durch Zahlen (*Rangzahlen*) dargestellt werden, z. B. $1, 2, 3, ...$, wobei die Ordnung zwischen den Merkmalsausprägungen der Größenordnung $<$ zwischen den Zahlen entspricht. Die einzelnen repräsentierenden Zahlen sind jedoch nicht als Quantitäten aufzufassen. Nur die Ordnung $<$ auf der Gesamtheit der Zahlen ist von Interesse. Durch Differenzbildung ausgedrückte Abstände zwischen den Zahlen (Skalierungen) sind in der Ordinalskala nicht interpretierbar.

Beispiele: Güteklassen oder Handelsklassen von Produkten, Zeugnisnoten, Ranking von Hochschulen, Härteskala nach Mohs, Mercalliskala zur Intensitätsmessung von Erdbeben, Beaufortskala zur Intensitätsmessung von Winden, Likertskala zur Messung von mentalen oder seelischen Dispositionen. •

13.2.3 Quantitative Skala (Kardinalskala). Eine quantitative Skala (Kardinalskala) wird stets durch einen Ausschnitt der Zahlengeraden dargestellt. Im Unterschied zur Ordinalskala werden die Zahlen als Kardinalzahlen (Quantitäten) aufgefaßt. Durch Differenzbildung ausgedrückte Abstände zwischen den Zahlen (Skalierungen) sind interpretierbar. *Diskrete* metrische Skalen werden meist durch durch Zahlenfolgen $0, 1, 2, ...$ (Abschnitt der diskreten Zahlengeraden) dargestellt. *Kontinuierliche* metrische Skalen werden durch Intervalle (Abschnitte auf der Zahlengeraden) oder durch die gesamte Zahlengerade dargestellt. Tritt die Zahl 0 auf der Skala auf, so bezeichnet man den entsprechenden Skalenpunkt als *Nullpunkt*.

Beispiele diskreter quantitativer Skalen: Anzahl von Fehlern eines Produktes, von Reklamationen, von Produktionsstillständen. Punktebewertungen jeder Art, etwa von Produkten oder Dienstleistungen durch Kunden, von Prüfungsleistungen, bei Evaluationen z. B. im Bildungssystem, bei Intelligenztests.

Beispiele kontinuierlicher quantitativer Skalen: Physikalische und technische Messgrößen wie Zeit, Ausdehnung, Gewicht, Volumen, Temperatur, Schadstoffausstoß, Benzinverbrauch. Ökonomische Quantitäten wie Kosten, Erlös, Profit, Haushaltseinkommen, Bruttosozialprodukt. •

Der Skalierung entsprechend unterscheidet man *nominale, ordinale, quantitative* (*diskrete* oder *kontinuierliche*) Charakteristika. Zusammenfassend bezeichnet man nominale und ordinale Charakteristika als *qualitativ*. Nominale, ordinale, und diskret quantitative Charakteristika erfordern stets diskrete Skalen, die im allgemeinen durch gewisse ganze Zahlen ausgedrückt werden. Man bezeichnet diese Charakteristika daher zusammenfassend als *diskret*, kontinuierliche quantitative Charakteristika dagegen einfach als *kontinuierlich*.

Charakteristika werden gelegentlich auch als *Faktoren* bezeichnet, vor allem dann, wenn der Effekt ihrer Werte auf andere Charakteristika betrachtet wird. Insbesondere bezeichnet man die Charakteristika von *Verfahren* als Faktoren, man spricht also von Faktoren wie Operationsmethode, Produktionstechnik, Beobachtungsmethode etc.

Kardinalskalen werden, neben der Unterscheidung in den diskreten und den kontinuierlichen Typ, zusätzlich in drei Typen entsprechend der Interpretation des Nullpunktes klassifiziert.

13.2.4 Kardinalskala: Intervallskala, Verhältnisskala, Absolutskala. Eine Kardinalskala ohne weitere Einschränkungen bezeichnet man auch als *Intervallskala*. Bei einer Intervallskala kann der Nullpunkt beliebig gewählt werden. Dies ist der Fall z. B. bei diskreten Punktebewertungen oder bei der kalendarischen Zeitmessung.

Bei einer *Verhältnisskala* liegt ein unverrückbarer Nullpunkt vor. Dies gilt im Regelfall bei nichtnegativen Charakteristika wie bei der Anzahlmessung (Fehler eines Produktes, Mitarbeiter), Zeitdauermessung (Lebensalter, Produktionsdauer, Wartezeit, Lieferzeit), Geldwerten (Einkommen, Aktienskurs).

Eine *Absolutskala* ist eine diskrete Verhältnisskala mit unverrückbaren Einheiten, d. h. unabänderlichen Abständen zwischen den Skalierungen. Diese Situation liegt vor bei der Anzahlmessung mit den Skalierungen $0, 1, 2, ...$ •

13.3 Skalentransformationen.

Gemäß der Beschreibung von Paragraph 13.2 kann als Gesamtheit der Skalierungen stets ein Teilbereich $S \subset \mathbb{R}$ von reellen Zahlen verwendet werden. Man bezeichnet dann den Bereich S als *Träger* der Skala. In vereinfachender Darstellung wird der Träger häufig auch mit der Skala identifiziert. Man beachte aber: Eine Skala ist im strengen Sinne nicht nur eine Menge von Zahlen, sondern eine Menge von Zahlen mit einer empirischen Interpretation im Sinne der Messung, d. h. der Feststellung von Werten einer empirischen Charakteristik.

Wir betrachten eine gewisse empirische Charakteristik, deren Werte festgestellt werden

Abbildung 69: Schuldenstand der öffentlichen Haushalte ohne Auslandsschulden in Millionen Euro für die Jahre 1950, 1955, 1960, 1965 bis 2003.

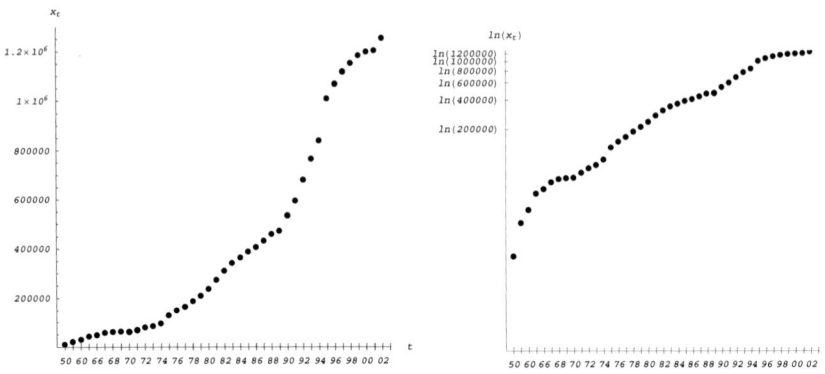

sollen. Im allgemeinen sind hierfür verschiedene Skalen mit verschiedenen Trägern geeignet. Beispiel: Die Temperaturskalen in Grad Celsius und in Grad Fahrenheit, Preisberechnung in Euro und Dollar, Gewichtsberechnung in Pfund und Kilogramm. Es seien zwei Skalen zur Messung der Charakteristik in Betracht gezogen. Die Träger S_1, S_2 dieser Skalen müssen einander im folgenden Sinne eindeutig zugeordnet sein: Zu jedem Skalenpunkt $s_2 \in S_2$ gibt es genau einen Skalenpunkt $s_1 \in S_1$, der denselben Wert der zu messenden Charakteristik ausdrückt, und umgekehrt. Mathematisch wird diese Forderung ausgedrückt durch die Bedingung, daß S_1 und S_2 in *Bijektion* stehen, d. h. daß es eine bijektive Abbildung $T \colon S_1 \to S_2$ gibt. Liegt eine solche Bijektion T vor, so sagt man, daß die Skala mit Träger S_1 durch die *Skalentransformation* T in die Skala mit Träger S_2 übergeht, und umgekehrt.

13.3.1 Beispiel (Logarithmische Skala).   Eine quantitative Charakteristik werde in einer Skala Verhältnisskala mit positiven Werten gemessen, z. B. Einkommen, Wertpapierkurs, Staatsverschuldung. Es liegt also ein Träger $S_1 \subset (0; +\infty)$ vor. Nimmt die empirische Charakteristik im betrachteten Fall bei verschiedenen Entitäten sowohl kleine als auch sehr große positive Werte an, so geht man zur Erleichterung der graphischen Darstellung häufig über zur *logarithmischen Skala*. Hierfür wählt man den Träger $S_2 = \ln^+(S_1)$ als Bildmenge des Trägers S_1 unter der Logarithmusfunktion. Dann ist $T = \ln$ eine bijektive Skalentransformation von zwischen S_1 und S_2. Abbildung 69 zeigt den Schuldenstand der öffentlichen Haushalte (Bund, Sondervermögen des Bundes, Länder, Gemeinden, Zweckverbände) ohne Auslandsschulden in Millionen Euro für die Jahre 1950, 1955, 1960, 1965 bis 2003, links in Geldeinheiten, rechts in logarithmischer Skalierung.   •

13.4 Gleichwertigkeit von Skalen.

Vom intuitiven Standpunkt fassen wir zwei Skalen als gleichwertig auf, wenn sie dieselbe Intention des Meßverfahrens wiedergeben. Klar ist: Zwei gleichwertige Skalen sind stets von demselben Typ, d. h. beide nominal oder beide ordinal oder beide kardinal. Zur formalen Charakterisierung des Begriffes der Skalengleichwertigkeit verwendet man den Begriff der *zulässigen Skalentransformation*: Zwei Skalen mit Trägern S_1, S_2 heißen genau dann gleichwertig, wenn es eine zulässige Skalentransformation $T: S_1 \rightarrow S_2$ gibt. Wir müssen nun den Begriff der zulässigen Transformation klären. Wie in Paragraph 13.3 fassen wir den Träger als S einer Skala stets als Teilmenge $S \subset \mathbb{R}$ der reellen Achse auf.

13.4.1 Gleichwertigkeit von Nominalskalen.   Die einzige Anforderung an den Träger einer Nominalskala ist die Anzahl der Skalierungen. Der Träger muß die erforderliche Anzahl von Skalenpunkten ausdrücken können. Je zwei Nominalskalen mit Trägern S_1, S_2 identischen Umfangs sind gleichwertig, und in diesem Falle ist jede Transformation $T: S_1 \rightarrow S_2$ zulässig. Insbesondere sind Umordnungen (Permutationen) einer gegebenen Folge von Trägerpunkten zulässig.

Beispiel: Ein Betrieb hat vier Abteilungen. Diese können mit Ziffern $1, ..., 4$ in beliebiger Reihenfolge bezeichnet werden.   •

13.4.2 Gleichwertigkeit von Ordinalskalen.   Eine Ordinalskala verwendet die ordinale Interpretation von reellen Zahlen. Die Rangordnung der Werte entspricht der Ordnung $<$ von Zahlen. Eine Skalentransformation $T: S_1 \rightarrow S_2$ ist also genau dann zulässig, wenn sie diese Ordnung invariant läßt, d. h. genau dann, wenn sie streng monoton wachsend ist.

Beispiel: Likertskalen messen den Grad der Zustimmung eines Subjektes zu gewissen Aussagen. Für die Charakteristik *Zustimmung* werden meist 5 Werte mit den Interpretationen *stimme überhaupt nicht zu, stimme nicht zu, unentschieden, stimme zu, stimme vollkommen zu*. Als gleichwertige Skalen sind gebräuchlich $-2, -1, 0, , 1, 2$ und $1, 2, 3, 4, 5$.   •

13.4.3 Gleichwertigkeit von Intervallskalen.   Eine Intervallskala ist eine Kardinalskala ohne weitere Einschränkungen. Wesentlich ist die Interpretationsfähigkeit der Abstände zwischen den Skalierungen. Eine Transformation ist genau dann zulässig, wenn sie die Proportionen der Abstände invariant läßt. Eine zulässige Transformation $T: S_1 \rightarrow S_2$ muß also der folgenden Bedingung genügen: Sind $s_1^{(1)} < s_2^{(1)}$, $s_3^{(1)} < s_4^{(1)}$ aus S_1 mit $s_2^{(1)} - s_1^{(1)} = c(s_4^{(1)} - s_3^{(1)})$, so ist auch $T(s_2^{(1)}) - T(s_1^{(1)}) = c(T(s_4^{(1)}) - T(s_3^{(1)}))$. Daraus folgt die Bedingung

$$\frac{s_2^{(1)} - s_1^{(1)}}{s_4^{(1)} - s_3^{(1)}} = \frac{T(s_2^{(1)}) - T(s_1^{(1)})}{T(s_4^{(1)}) - T(s_3^{(1)})} \qquad \text{für } s_1^{(1)} < s_2^{(1)}, \; s_3^{(1)} < s_4^{(1)} \text{ aus } S_1. \tag{386}$$

Die Bedingung (386) besagt, daß der Differenzenquotient von T konstant ist. Die Konstanz des Differenzenquotienten charakterisiert die *linearen Funktionen*. Eine Transformation $T: S_1 \rightarrow S_2$ von Intervallskalen ist also genau dann zulässig, wenn sie linear ist. Da auch die ordinale Struktur erhalten bleiben soll, muß die Transformation auch streng monoton wachsend sein. Also sind die zulässigen Transformationen zwischen Intervallskalen charakterisiert als die Funktionen

$$T(x) = \alpha x + \beta \quad \text{mit} \quad \alpha > 0, \beta \in \mathbb{R}. \tag{387}$$

Beispiele: 1) Der Ölpreis kann in € oder in US-Dollar angegeben werden. Die Transformation von der Euro- auf die Dollarskala richtet sich nach dem Wechselkurs. Am 01.09.2004 war die Transformation $T(x) = 1.2189x$. 2) Zur Temperaturmessung ist neben der Celsiusskala die Fahrenheitskala gebräuchlich. Die Transformation von Grad Celsius auf Grad Fahrenheit ist $T(x) = 1.8x + 32$. •

13.4.4 Gleichwertigkeit von Verhältnisskalen. Eine Verhältnisskala ist eine Kardinalskala mit einem unverrückbaren Nullpunkt. Als zulässige Transformationen kommen gemäß Punkt 13.4.3 nur die streng monoton wachsenden linearen Funktionen (387) in Frage. Da der Nullpunkt nicht verändert werden darf, sind die zulässigen Transformationen zwischen Verhältnisskalen also charakterisiert als die Funktionen

$$T(x) = \alpha x \quad \text{mit} \quad \alpha > 0. \tag{388}$$

Beispiel: Zur Längenmessung ist in angelsächsischen Ländern neben der Zentimeterskala die Zollskala gebräuchlich. Die Transformation von Zentimeter auf Zoll ist $T(x) = x/2.54$. •

Eine Absolutskala liegt unverrückbar fest. Zu einer gegebenen Absolutskala ist keine andere Skala gleichwertig.

13.4.5 Aufgabe (Zulässige Transformationen). Es liege eine Skala mit dem Träger $S = \{1, ..., 10\}$ vor. Man betrachte die folgenden, auf S definierten Funktionen T: $T(x) = x^2$, $T(x) = 2x + 1$, $T(x) = x^2 - 5x + 10$, $T(x) = \ln(x)$, $T(x) = 1/x$.

(a) Man bestimme die Bildbereiche $T^+(S)$.

(b) Welche der Funktionen sind Skalentransformationen?

(b) Man prüfe, unter welchen Annahmen die Transformationen zulässig sind. •

13.5 Skalenverträgliche Operationen.

Wir betrachten Operationen, die auf zwei in einer Skala gemessene Werte x, y wirken: *Vergleichsoperationen*, beruhend auf den Ordnungsrelationen, und *elementare Rechenoperationen*. Paragraph 13.2 weist bereits daraufhin, daß die einzelnen Operationen nicht auf jedem Skalentyp sinnvoll sind. Der Begriff der *mit einer Skala verträglichen Operation* soll jetzt präzisiert werden.

Im Sinne der Skalengleichwertigkeit ist die folgende Definition einer skalenverträglichen Operation plausibel: Erbringt eine Operation bei zwei Paaren (x_1, y_1) und (x_2, y_2) dasselbe

Resultat, so erbringt sie nach Anwendung einer zulässigen Transformation T auf die Daten bei den Paaren $(T(x_1), T(y_1))$ und $(T(x_2), T(y_2))$ dasselbe Resultat. Diese Forderung ist nicht ohne weiteres erfüllt. Man betrachte das folgende Beispiel.

13.5.1 Beispiel (Operationen auf einer Skala). Die Zufriedenheit von Personen mit ihrem Einkommen wird in einer ordinalen Skala mit den Werten *sehr gering, gering, mittel, gut, sehr gut* gemessen. Gemäß Punkt 13.4.2 sind die Skalen mit den Trägern $S_1 = \{1, 2, 3, 4, 5\}$ und $S_2 = \{1, 4, 9, 16, 25\}$ gleichwertig für diese Meßaufgabe. Die zulässige Skalentransformation ist $T(x) = x^2$. Man betrachte die Paare $(3, 4)$, $(2, 5)$ aus dem Träger S_1. Die elementare Rechenoperation Addition erbringt bei beiden Paaren das Resultat $3 + 4 = 7 = 2 + 5$. Das Resultat bei den durch T transformierten Paaren aus S_2 ist $3^2 + 4^2 = 25 \neq 29 = 2^2 + 5^2$. ●

Aus der obigen Forderung ergibt sich die folgende Zuordnung von Skalentypen und verträglichen Operationen.

(i)   *Nominalskala*: Keine.

(ii)   *Ordinalskala*: Vergleich.

(iii) *Intervallskala*: Vergleich, Summe, Differenz.

(iv) *Verhältnisskala*: Vergleich, Summe, Differenz, Produkt, Division.

Kardinalskalen lassen mehr Operationen zu. Gerade diese Reichhaltigkeit wirft Probleme bei der empirischen Grundlegung einer Kardinalskala auf. Summen und Differenzen, unter Umständen sogar Produkte und Quotienten müssen interpretierbar sein.

13.6   Festlegung von Skalen.

Die Identifikation eines geeigneten Skalentyps geht einher mit der Festlegung einer Meßtechnik. Diese Aufgaben gehören einer empirischen Disziplin zu, nicht der Mathematik. In die Formulierung, Lösung und Gütebeurteilung dieser Aufgaben geht wesentlich die von der jeweiligen Disziplin entwickelte, empirisch basierte Theorie der zu messenden Charakteristik ein. Die mathematische Typisierung von Skalen trägt wesentlich zur Klärung bei, löst aber nicht das empirische Problem. Statistische Verfahren, deren Gültigkeit teilweise auf mathematischen Methoden beruht, sind wichtige Hilfsmittel bei der Konstruktion von Skalen und Meßtechniken.

Die wichtigsten Beurteilungskriterien für Skalen und Meßtechniken sind *Validität, Objektivität,* und *Reliabilität*. Die folgenden Paragraphen 13.6.1 bis 13.6.3 schildern kurz den Gehalt dieser Kriterien.

13.6.1 Validität.

Der Gesichtspunkt der *Validität* oder *Gültigkeit*, englisch *validity*, betrifft die Angemessenheit und Aussagekraft der Skala und der Meßtechnik im Hinblick auf die empirische Charakteristik, deren Werte festgestellt werden sollen. In vereinfachter Formulierung geht es um die Frage: Mißt die Meßtechnik, was sie messen soll? Man unterscheidet die folgenden Validitätsaspekte.

Die *Inhaltsvalidität*, englisch *content validity*, beurteilt, inwieweit die Messung den Gehalt der zu messenden Charakteristik wiedergibt. Beispiel: Durch einen Test soll die Charakteristik *mathematische Kenntnis von Schülern der 10. Jahrgangsstufe* gemessen werden. Der Test enthält nur Fragen bezüglich der Addition und Multiplikation. Die Inhaltsvalidität ist gering, da die Kenntnis wichtiger mathematischer Operationen nicht geprüft wird.

Die *Konstruktvalidität*, englisch *construct validity*, beurteilt die Messung vor dem Hintergrund einer Theorie über die Eigenart der zu messenden Charakteristik. Beispiel: Eine Methode zur Intelligenzmessung wird beurteilt vor dem Hintergrund einer Theorie der Intelligenz.

Die *Kriteriumsvalidität*, englisch *criterion validity*, beurteilt die Messung mittels einer anderen Charakteristik (Kriteriumscharakteristik), der eine hinlängliche Aussagekraft über die zu messende Charakteristik zugebilligt wird, oder einer anderen, bereits als sinnfällig erwiesenen Meßmethode (Kriteriumsmessung) bezüglich der Untersuchungscharakteristik. Wird die Kriteriumscharakteristik gleichzeitig beobachtet bzw. die Kriteriumsmessung gleichzeitig vorgenommen, so spricht man von *konkurrenter Validität*, englisch *concurrent validity*. Wird die Messung zu Vorhersagen verwendet, und die Kriteriumscharakteristik später beobachtet bzw. die Kriteriumsmessung später vorgenommen, so spricht man von *prädiktiver Validität*, englisch *predictive validity*. Beispiel: Ein Patientenfragebogen zur Messung der Behandlungsqualität wird verglichen mit den Kriterien *Selbstbeurteilung der Ärzte* und *Beurteilung der Ärzte durch einen Experten*.

13.6.2 Objektivität.

Objektivität beurteilt das Vermögen der intersubjektiven Überprüfbarkeit und Reproduzierbarkeit der Messungen. Unter den gleichen Bedingungen sollten unterschiedliche Personen dasselbe Meßergebnis erzielen. Die Objektivität ist im allgemeinen hoch bei physikalischen Meßverfahren wie Längenmessung oder Gewichtsmessung. Sie kann gering sein bei Befragungen (Abhängigkeit vom Befragenden) oder bei Meßtechniken, die auf Beurteilung beruhen, vergleiche hierzu das verwandte Kriterium der *Inter-Rater-Reliabilität* in Paragraph 13.6.3.

13.6.3 Reliabilität.

Reliabilität oder *Zuverlässigkeit*, englisch *reliability*, beurteilt das Vermögen der Meßmethode, bei wiederholten Messungen konsistente Ergebnisse hervorzubringen. Man unterscheidet die folgenden Reliabilitätsaspekte.

Die *Stabilität*, auch *Test-Retest-Reliabilität*, englisch *test-retest reliability* beurteilt das Vermögen, bei wiederholten Messungen unter identischen Randbedingungen identische Ergebnisse hervorzubringen. Beispiel: Im US Bureau of Standards werden Objekte aus Platin aufbewahrt, deren Gewicht gewisse Einheiten wiedergibt, z. B. ein Kilogramm. Das Gewicht der Objekte kann als konstant angenommen werden. Unter dieser Annahme sind die Randbedingungen konstant. Waagen können durch Messung der Gewichte der Objekte auf Stabilität geprüft werden.

Die *interne Konsistenz*, englisch *internal consistency*, beurteilt, ob die Einzelindikatoren in zusammengesetzten Meßverfahren alle dieselbe Charakteristik messen. Dieses Kriterium ist vor allem für Befragungstechniken wichtig. Beispiel: Mittels eines Fragebogens soll die Zufriedenheit von Kunden mit einer Dienstleistung gemessen werden. Es ist zu prüfen, ob alle Fragen tatsächlich auf die Charakteristik *Zufriedenheit mit Dienstleistung* gerichtet sind, und nicht eher mit anderen, von der Dienstleistung unabhängigen Befindlichkeiten der Kunden zu tun haben.

Die *Inter-Rater-Reliabilität* beurteilt den Einfluß ausführender Personen auf das Resultat der Messung. Die Inter-Rater-Reliabilität ist der Objektivität verwandt, bezieht sich aber explizit auf Messungen, die eine Beurteilung erfordern. Bei Beurteilung durch verschiedene Personen unter identischen Randbedingungen sollten identische Resultate erzielt werden. Beispiel: Bei verschiedenen Sportarten, z. B. beim Kunstturnen oder beim Eislauf, erfolgt die Bewertung durch Juroren. In diesen Fällen ist die Inter-Rater-Reliabilität genau zu prüfen.

13.7   Die Likertskala.

Die in der Einstellungsforschung weitverbreitete Likertskala ist ein lehrreiches Beispiel für die Schwierigkeiten bei der Unterscheidung ordinaler und kardinaler Skalen. Die Skala und die zughörige Technik zur Messung von Einstellungen geht zurück auf Rensis Likert (1932).

Eine Person wird mit Aussagen konfrontiert, die im wesentlichen Werturteile oder Bewertungsurteile sind. Die Urteile können betreffen die von der Person erfahrene Außenwelt oder mentale und psychische Dispositionen der Person wie Gefühle, Wünsche, Begierden. Die Person soll ihre *Einstellung* zu jedem vorgelegten Urteil bekunden, indem sie einen von r Graden auf der r-gradigen *Likertskala* wählt. r ist im allgemeinen ungerade. Weitverbreitet sind 5-gradige und 7-gradige Likertskalen. Die Grade sind geordnet in aufsteigender Ordnung gemäß der Zustimmung der Person zum vorliegenden Werturteil. Im Falle $r = 5$ werden die Grade im allgemeinen interpretiert durch *stimme überhaupt nicht zu, stimme nicht zu, unentschieden, stimme zu, stimme vollkommen zu*.

Likertskalen werden in verschiedenen Bereichen zur Einstellungsmessung vermittels Befragungen verwandt, unter anderem in Sozialforschung, Psychologie, Gesundheitswesen, Qualitätskontrolle. Besonders verbreitet sind Anwendungen in der Erhebung von Kundenmeinungen über Produkte oder Dienstleistungen, insbesondere im Rahmen des SERVQUAL-Konzeptes, siehe Parasuraman et al. (1985, 1988), und in der psychologischen Analyse des subjektiven Wohlbefindens, siehe die von Diener et al. (1985) eingeführte 5-gradige *satisfaction with life scale* (SWLS) oder die 5-gradige *positive and negative affect scale* (PANAS) nach Watson et al. (1988). Auch die seit 1984 unter dem Titel *Sozio-oekonomisches Panel* (SOEP) im Auftrag des DIW (Deutsches Institut für Wirtschaftsforschung) durchgeführte Längsschnittstudie privater Haushalte in der Bundesrepublik enthält einen auf einer 11-gradigen Likertskala beruhenden Anteil zur Einstellungsmessung.

Die Messung von Einstellungen ist ein komplexes Problem der Psychometrie, siehe etwa Unger (1999). Validität, Objektivität, und Reliabilität sind in der Psychometrie im allgemeinen deutlich schwerer erzielbar als bei physikalischen Messungen. Zwei wesentliche Probleme betreffen den Gesichtspunkt der *Vergleichbarkeit*:

- *Interpersonale Vergleichbarkeit*: Sind die bei verschiedenen Personen gemessenen Einstellungswerte vergleichbar?

- *Intrapersonale Vergleichbarkeit*: Sind die bei einer Person zu verschiedenen Gelegenheiten gemessenen Einstellungswerte vergleichbar?

Diese Probleme berühren alle drei Gesichtspunkte der Validität, Objektivität, und Reliabilität. Angesichts dieser Probleme ist eine ordinale Interpretation psychometrischer Skalen meist einer kardinalen vorzuziehen. Ordinale Skalen beinhalten deutlich schwächere Annahmen als kardinale Skalen. Insbesondere müssen die Abstände von Skalenpunkten bei ordinaler Auffassung nicht interpretierbar sein.

Trotz der genannten Bedenken werden r-gradige Likertskalen mit Trägern $1, ..., r$ weithin kardinal interpretiert. Die von Parasuraman et al. (1988), Diener et al. (1985), Watson et al. (1988) im Kontext von SERVQUAL, SWLS und PANAS vorgeschlagenen Auswertungsmethoden beruhen auf einer kardinalen Interpretation. Diese Auffassung ist problematisch, vor allem im Hinblick auf die Interpretation der Abstände der Skalenpunkte $1, ..., r$. Psychometrische Experimente, siehe Lodge (1981) oder Hart (1996), ergeben, daß die Abstände der Skalierungen z. B. bei einer 7-gradigen Likertskala von Probanden keineswegs als gleichgewichtig aufgefaßt werden.

Das psychometrische Problem der Messung von Einstellungen ist dem Problem der Messung des Nutzen eng verwandt, siehe hierzu das folgende Kapitel 14.

14 Nutzen.

14.1 Einführung.

Ein eingehender historischer und systematischer Abriß der Nutzentheorie findet sich bei Georgescu-Roegen (1968). Wir stellen kurz die wichtigsten Aspekte vor.

Nutzen und Nützlichkeit von Gütern werden bereits in der wirtschaftstheoretischen Literatur des 18. Jahrhunderts diskutiert. Anfänglich wird die Nützlichkeit eines Gutes als eine dem Gut inhärente Eigenschaft aufgefaßt. Bereits Galiani (1750) und Bentham[18] diskutieren die Nützlichkeit von Gütern vor dem Hintergrund der Bedürfnisse von Wirtschaftssubjekten. Im Verlauf des 19. Jahrhunderts distanziert sich die Wert- und Nutzenlehre klar von der Inhärenzthese, siehe eine frühe Stellungnahme Lloyd (1833). Wert und Nutzen werden in Bezug auf Bedürfnisse reflektiert. Im wesentlichen wird Nutzen als Gebrauchswert zur Bedürfnisbefriedigung aufgefaßt. Wichtige Beiträge leisten Herrmann Heinrich Gossen[19] (1854), Carl Menger[20] (1871), William Stanley Jevons[21] (1871), Leon

---

[18] Jeremy Bentham, geboren am 15. Februar 1748 in Spitalfields, London, gestorben am 6. Juni 1832. Philosoph und Jurist.

[19] Herrmann Heinrich Gossen, geboren 1810, gestorben 1858. Über Gossens Leben ist wenig bekannt. Als Autor seines einzigen wirtschaftswissenschaftlichen Werkes *Entwickelung der Gesetze des menschlichen Verkehrs und der daraus fließenden Regeln für menschliches Handeln*, 1854 auf eigene Rechnung veröffentlicht, firmierte Gossen als „Königlich-Preußischer Regierungs-Assessor außer Dienst". Das Buch erfuhr kaum Verbreitung und keine Anerkennung in Fachkreisen. Gustav von Schmoller, der führende Vertreter der deutschen historischen Schule, bezeichnete Gossen als „genialen Idioten". Enttäuscht verhinderte Gossen den weiteren Vertrieb seines Werkes.

[20] Carl Menger, geboren am 28. Februar 1840 in Neu-Sandez in Galizien (heute Polen), gestorben am am 26. Februar 1921 in Wien. Sohn eines Rechtsanwalts. Studium der Rechtswissenschaft in Wien und Prag, juristische Promotion in Krakau 1867. Zunächst Journalist in Lemberg und Wien, dann Beamter in die Presseabteilung des österreichischen Ministerpräsidiums in Wien. Im Ministerium ist Menger mit der Verfassung von Marktberichten beauftragt und beginnt, sich mit Wirtschaftstheorie zu befassen. Bereits 1871 erscheinen die *Grundsätze der Volkswirthschaftslehre*. Menger habilitiert sich und wird 1873 zum außerordentlichen Professor an der Universität Wien bestellt. Ab 1876 Beratungstätigkeit am Kaiserhof zu Wien, insbesondere Unterweisung des achtzehnjährigen österreichischen Kronprinzen, Erzherzog Rudolf, in politischer Ökonomie. Der Einfluß von Mengers liberalen Ideen spiegelte sich in einer Reihe politischer Essays wider, die Rudolf der reaktionären Haltung des Hofes wegen zum Teil anonym veröffentlichen mußte. Mengers Vorlesungen ziehen einen internationalen Hörerkreis an. Mitte der achtziger Jahre erscheinen in rascher Folge die Werke *Untersuchungen über die Methode der Socialwissenschaften und der politischen Oekonomie insbesondere* (1883), *Die Irrthümer des Historismus in der deutschen Nationalökonmie* (1884), *Zur Kritik der politischen Ökonomie* (1887). 1892 Mitarbeit in der Österreichisch-Ungarischen Währungskommission, die zur Wiedereinführung der Goldwährung führt. 1900 Ernennung zum Mitglied des Österreichischen Herrenhauses auf Lebenszeit. 1903 auf eigenen Wunsch vorzeitige Emeritierung. Bis zu seinem Tode 1921 arbeitet Menger an einem unveröffentlich gebliebenen Werk über die Grundlagen der Sozialwissenschaften.

[21] William Stanley Jevons, geboren am 1. September 1835 in Liverpool, gestorben am 13. August 1882 bei Hastings, England. Sohn des juristisch und wirtschaftswissenschaftlichen Eisenwarenhändlers Thomas Jevons. Im Alter von 15 Jahren tritt Jevons ins University College in London ein. Geldnöte aufgrund des Zusammenbruchs der väterlichen Firma zwingen ihn 1854, eine Stelle als Metallprüfer in australischen Minen anzunehmen. 1859 tritt Jevons wieder in das University College ein und erwirbt die Grade B.A. und M.A. an der Universität London. 1866 Professor in Manchester für Logik, Philosophie, und politische Ökonomie in Manchester. Ab 1876 Professor für politische Ökonomie in London. Aufgrund von physiologischen und psychischen Problemen gibt Jevons die Lehrtätigkeit 1880 auf. Er ertrinkt 1882

Walras (1874), sowie die von Carl Menger begründete österreichische Schule, insbesondere von Wieser (1884) und Böhm-Bawerk (1886).

14.2   Nutzenmessung.

Die Auffassung von Nutzen als Gebrauchswert suggeriert die Idee der *Messung* des Nutzen. Aus der Beziehung zwischen Nutzen und Bedürfnis ergibt sich eine Beziehung zwischen der Nutzenmessung und dem psychometrischen Problem der Messung von Einstellungen. Verteter der sogenannten *hedonistischen* Schule wie Gossen (1854) oder Edgeworth (1881) identifizieren Wert vollständig mit subjektiver Befriedigung oder Glück. Bei dieser Auffassung ist die Nutzenmessung ausschließlich ein psychometrisches Problem. Edgeworth glaubte an die Möglichkeit der Nutzenmessung mithilfe eines „Hedonimeter". Der hedonistischen Auffassung diametral entgegengesetzt ist die *behaviouristische*, die Nutzen mittels offenbarter Präferenz z. B. im Konsumverhalten mißt. Tatsächlich ist der Gegensatz der beiden Positionen nur scheinbar unüberbrückbar. Die moderne Einstellungsmessung beruht nicht auf vagen Konzepten wie Introspektion, sondern bedient sich qualifizierter Instrumente wie z. B. den in Paragraph 13.7 geschilderten, auf Likertskalen beruhenden Techniken. Sen (1982) weist daraufhin, daß die behaviouristische Position zumindest verbale Äußerungen als Verhalten in Betracht ziehen muß. Die genannten Instrumente der Einstellungsmessung sind also von behaviouristischer Seite ernstzunehmen.

Aufgrund ihrer Verwandtschaft sind Einstellungs- und Nutzenmessung mit gleichartigen Problemen konfrontiert. Die in Paragraph 13.7 genannten Probleme der interpersonalen und intrapersonalen Vergleichbarkeit gelten auch für die Nutzenmessung. Auch für die Nutzenmessung liegt daher das auf schwächeren Annahmen beruhende ordinale Konzept näher als kardinale.

Trotz der genannten Schwierigkeiten verfolgen frühe Ansätze der Nutzentheorie explizit oder implizit das kardinale Konzept, so Gossen (1854), Jevons (1871), Walras (1874). Die frühe österreichische Schule hatte in dieser Frage keine eindeutige Position. Spätere Vertreter wie Ludwig von Mises neigen der ordinalen Auffassung zu. Eine klare ordinale Konzeption wurde zuerst vorgelegt von Vilfredo Pareto (1896, 1897).

Unumstritten zwischen der kardinalen und der ordinalen Position ist das Konzept der *Nutzenfunktion*, die den Nutzen in Abhängigkeit von Gütermengen angibt. Der einer Person durch gewisse Güter $G_1, ..., G_n$ erwachsende Nutzen ist eine reellwertige Funktion $U(x_1, ..., x_n)$ der der Person verfügbaren Mengen $x_1, ..., x_n$ an Gütern $G_1, ..., G_n$. Strittig ist die Skala, in der die Funktion U ihre Werte annimmt.

Die Debatte über ordinale und kardinale Nutzeninterpretationen dauert an. Verschiedene Autoren haben gezeigt, daß Kernkonzepte der Wirtschaftswissenschaften wie Grenznutzen ohne weiteres auch in einer ordinalen Auffassung begründet werden können, siehe

---

während eines Badeurlaubs bei Hastings.

McCulloch (1977). Vom Standpunkt der modernen Ökonometrie ist der Gegensatz eher pragmatisch zu beurteilen. Die ordinale Interpretation ist grundsätzlich die angemessenere. In bestimmten Kontexten können aber durch Methoden der Datenanalyse aus ordinalen Nutzenskalen kardinale entwickelt werden, siehe van Praag (1999).

14.3   Ursprünge der Theorie des Grenznutzen.

Die Theorie des *Grenznutzen* (englisch *marginal utility*) ist ein zentrales Paradigma der Wirtschaftswissenschaften.

Erste Überlegungen zu der später zur Theorie des Grenznutzen konkretisierten Auffassung stammen von Gossen (1854). Im Sinne seiner hedonistischen Position bezieht sich Gossen nicht auf Nutzen, sondern auf *Genuß*. Die folgende Feststellung über das Wesen des Genusses wird heute als *1. Gossensches Gesetz* bezeichnet:

> Bei jedem einzelnen Genuß gibt es eine Art und Weise zu genießen, die hauptsächlich von der häufigeren oder minder häufigeren Wiederholung des Genusses abhängt, durch welche die Summe des Genusses für den Menschen ein Größtes wird. Ist dieses Größte erreicht, so wird die Summe sowohl durch eine häufigere, wie durch eine minder häufige Wiederholung vermindert.

Identifiziert man Nutzen mit Genuß, s enthält das 1. Gossensche Gesetz bereits die Idee des *sinkenden Grenznutzen* (englisch *diminishing marginal utility*) ohne diese Begrifflichkeit explizit zu verwenden. Dem Begriff des Grenznutzen nahe kommt Gossens Begriff *Werth der letzten Atome*. Gossens Beitrag blieb zunächst unbekannt. Ohne direkten Bezug auf Gossen wurde das Prinzip des sinkenden Grenznutzen nahezu zeitgleich postuliert von Jevons (1871), Menger (1871) und Walras (1874). Diese Autoren formulieren das Prinzip noch ohne explizite Verwendung des sich erst später, im Anschluß an von Carl Mengers Schüler *Friedrich von Wieser* (1884) durchsetzenden Begriffs *Grenznutzen* (*marginal utility*). Jevons (1871) bezeichnet das Nutzenmaß als *degree of utility* und drückt marginal utility aus durch durch *final degree of utility*:

> We shall seldom need to consider the degree of utility except as regards the last increment which has been consumed, or, which comes to the same thing, the next increment which is about to be consumed. I shall therefore commonly use the expression final degree of utility, as meaning the degree of utility of the last addition, or the next possible addition of a very small, or infinitely small, quantity to the existing stock.

Das Prinzip vom sinkenden Grenznutzen wird von Jevons (1871) folgendermaßen formuliert:

> The variation of the function expressing the final degree of utility is the all-important point in economic problems. We may state as a general law, that the degree of utility varies with the quantity of commodity, and ultimately decreases as that quantity increases.

Mengers Darstellung in *Grundsätze der Volkswirthschaftslehre* (1871) ähnelt stärker der von Gossen als der von Jevons:

> ... so sehen wir nunmehr, daß die Befriedigung irgend eines bestimmten Bedürfnisses bis zu einem gewissen Grade der Vollständigkeit für uns die relativ höchste, die darüber hinausgehende Befriedigung aber eine immer geringere Bedeutung hat, bis zuletzt ein Stadium eintritt, wo eine noch vollständigere Befriedigung des betreffenden Bedürfnisses den Menschen gleichgiltig ist und schließlich ein solches, wo jeder Act, welcher die äußere Erscheinung der Befriedigung des betreffenden Bedürfnisses hat, nicht nur keine Bedeutung mehr für die Menschen besitzt, sondern ihnen vielmehr zur Last, zur Pein wird.

Im Unterschied zu Jevons verwendet Menger nicht den Nutzenbegriff. Mengers Prinzip ist ein Prinzip von der sinkenden Grenzbefriedigung von Bedürfnissen. Wieser (1884) bezieht sich in seiner Formulierung deutlicher auf die zur Bedürfnisbefriedigung herangezogenen Güter, ähnlich Böhm-Bawerk (1886):

> Die Größe des Wertes eines Gutes bemißt sich nach der Wichtigkeit desjenigen konkreten Bedürfnisses oder Teilbedürfnisses, welches unter den durch den verfügbaren Gesamtvorrat an Gütern solcher Art bedeckten Bedürfnissen das mindest wichtige ist. Nicht der größte Nutzen also, den das Gut stiften könnte, ist für seinen Wert maßgebend, auch nicht der Durchschnittsnutzen, den ein Gut seiner Art stiften kann, sondern der kleinste Nutzen, zu dessen Herbeiführung es oder seinesgleichen in der konkreten wirtschaftlichen Sachlage rationeller Weise noch verwendet werden durfte. Nennen wir, um uns in Zukunft die langatmige Beschreibung zu ersparen, ... diesen an der Grenze des ökonomisch zulässigen stehenden kleinsten Nutzen nach dem Vorgange Wiesers kurz den wirtschaftlichen Grenznutzen des Gutes, so drückt sich das Gesetz der Größe des Güterwerts in folgender einfachster Formel aus: der Wert eines Gutes bestimt sich nach der Größe seines Grenznutzens.

Von allen Autoren wurde das Grenznutzenprinzip zunächst vorwiegend begrifflich dargestellt. Mathematische Formulierungen treten in der wirtschaftswissenschaftlichen Literatur erst später in den Vordergrund. Die mathematische Formulierung beruht auf dem sowohl in der kardinalen als auch in der ordinalen Schule anerkannten Konzept der *Nutzenfunktion*. Die beiden folgenden Paragraphen 14.4 und 14.5 stellen Nutzenfunktionen und entsprechende Präzisierungen des Grenznutzenbegriffs in ordinaler und kardinaler Betrachtungsweise vor.

14.4   Nutzen und Grenznutzen in ordinaler Sicht.

Wir betrachten eine endliche Menge $W = \{w_1, ..., w_n\}$ von n paarweise verschiedenen Bedürfnissen $w_1, ..., w_n$. Diese Bedürfnisse treten in unterschiedlichen Kombinationen auf.

Tabelle 20: Präferenzordnung der Kombinationen von 5 Bedürfnissen $a, ..., e$.

Bedürfnis-kombination	$\emptyset$	e	d	d, e	c	b	c, e	c, d
Rang	1	2	3	4	5	6	7	8
Bedürfnis-kombination	b, e	a	b, d	c, d, e	a, e	b, d, e	b, c	b, c, e
Rang	9	10	11	12	13	14	15	16
Bedürfnis-kombination	a, d	a, d, e	a, c	b, c, d	a, b	a, c, e	b, c, d, e	a, c, d
Rang	17	18	19	20	21	22	23	24
Bedürfnis-kombination	a, b, e	a, b, d	a, c, d, e	a, b, d, e	a, b, c	a, b, c, e	a, b, c, d	a, b, c, d, e
Rang	25	26	27	28	29	30	31	32

Die Gesamtheit aller Bedürfniskombinationen wird dargestellt durch die Potenzmenge $\mathfrak{P}(W)$. Eine gewisse Person weist den Bedürfniskombinationen eine Präferenzordnung zu, die durch eine starke Ordnungsrelation $\prec$ auf $\mathfrak{P}(W)$ dargestellt wird. Siehe Paragraph 1.5 zum Begriff der Ordnungsrelation. Die Ordnungsrelation $\prec$ stellt eine ordinale Bedürfnisbewertung dar. Als Beispiel betrachte man die in Tabelle 20 angegebene Präferenzordnung von 5 Bedürfnissen $w_1 = a$, $w_2 = b$, $w_3 = c$, $w_4 = d$, $w_5 = e$, siehe McCulloch (1977).

Die Bedürfnisse werden durch eine Reihe von Gütern befriedigt. Wir bleiben im Beispiel von Tabelle 20 nach McCulloch (1977). Eine Mengeneinheit (ME) eines Gutes G_1 befriedigt eines der Bedürfnisse a, c, e. Eine ME eines Gutes G_2 befriedigt eines der Bedürfnisse b, d. Die erste ME des Gutes G_1 wird zur Befriedigung des vorrangigsten der drei Bedürfnisse a, c, e verwandt, also zur Befriedigung von a. Entsprechend wird die zweite ME des Gutes G_1 zur Befriedigung von c, die dritte zur Befriedigung von e verwandt. Die Mengeneinheiten von Gut G_2 werden in entsprechender Reihenfolge erst zur Befriedigung von b und dann zur Befriedigung von d verwandt. Aus dieser Anordnung ergibt sich eine ordinale Nutzenfunktion $U(x, y)$ zur Bewertung des Nutzens von x ME an Gut G_1, y ME an Gut G_2. Tabelle 21 gibt die Wertetabelle der Nutzenfunktion U an.

Wir untersuchen die Nutzenfunktion U aus Tabelle 21 im Hinblick auf Grenznutzen. Nach Jevons' und Böhm-Bawerks Beschreibung handelt es sich um den zusätzlichen Nutzen, der bei Vorhandensein einer gewissen Gütermenge aus einer zusätzlichen ME eines Gutes erwächst. Man gehe z. B. aus vom Vorhandensein der Kombination $(1, 2)$ von ME G_1 und ME G_2. Gemäß Tabelle 21 entspricht dies der vorrangig befriedigten Bedürfniskombination a, b, d. Es komme eine weitere ME G_1 hinzu. Diese kann a oder c oder e befriedigen. a ist bereits befriedigt. Also wird die zusätzliche ME G_1 zur Befriedigung von c verwandt. Die Befriedigung von c ist die *Grenzverwendung* der einen ME G_1, und c ist das zugehörige *Grenzverwendungsziel*. Der Nutzen der einen ME G_1 entspricht dem Rang des Bedürfnisses c in der Präferenzordnung nach Tabelle 20, mithin dem Rang 5. Der Grenznutzen einer ME G_1 bei Vorhandensein der Kombination $(1, 2)$ ist also 5.

Dem oben geschilderten Beispiel entsprechend ergeben sich die Grenznutzenwerte in der Tabelle 22. In der Vertikalen ist der vorgegebene Bestand des Gutes G_j angegeben, links $G_j = G_2$, rechts $G_j = G_1$. In der Horizontalen ist abgetragen die 1., 2., 3., 4. zusätzlich

Tabelle 21: Wertetabelle der Nutzenfunktion U.

Mengenkombination x, y	Vorrangig befriedigte Bedürfniskombination	Wert von $U(x,y)$
0, 0	$\emptyset$	1
1, 0	a	10
2, 0	a, c	19
3, 0	a, c, e	22
0, 1	b	6
1, 1	a, b	21
2, 1	a, b, c	29
3, 1	a, b, c, e	30
0, 2	b, d	11
1, 2	a, b, d	26
2, 2	a, b, c, d	31
3, 2	a, b, c, d, e	32

Tabelle 22: Grenzverwendungsziel und Grenznutzen einer ME G_i in Abhängigkeit vom Bestand an G_j.

		Neue ME von G_1						Neue ME von G_2		
		1.	2.	3.	4.			1.	2.	3.
Vor-	3	a 10	c 5	e 2	$\emptyset$ 1	Vor-	4	b 6	d 3	$\emptyset$ 1
handene	2	a 10	c 5	e 2	$\emptyset$ 1	handene	3	b 6	d 3	$\emptyset$ 1
ME von	1	a 10	c 5	e 2	$\emptyset$ 1	ME von	2	b 6	d 3	$\emptyset$ 1
Gut G_2	0	a 10	c 5	e 2	$\emptyset$ 1	Gut	1	b 6	d 3	$\emptyset$ 1
						G_1	0	b 6	d 3	$\emptyset$ 1

hinzukommende ME G_i, links $G_i = G_1$, rechts $G_i = G_2$. Die Kammern des Schemas geben das Grenzverwendungsziel und den Grenznutzen der zusätzlichen ME G_i in Abhängigkeit vom Bestand an G_j an.

Aus Tabelle 22 geht hervor: Der Grenznutzen einer ME G_i *fällt streng monoton* mit der Anzahl der bereits vorhandenen ME an G_i. Das Beispiel illustriert also das Prinzip vom sinkenden Grenznutzen bei ordinaler Nutzenfunktion. Man beachte: Das Prinzip wird hier aus Bedürfnispräferenzen abgeleitet und nicht axiomatisch von der Nutzenfunktion gefordert.

Alle Zeilen der Tableaus in Tabelle 22 stimmen überein. Der Grenznutzen bezüglich G_i hängt also nicht vom vorhandenen Bestand an G_j ab. Dieser Sachverhalt resultiert aus der *Unabhängigkeit* der Güter G_1 und G_2 in Bezug auf die Bedürfnisse $a, ..., e$. Das Gut G_1 befriedigt a, c, e, das Gut G_2 befriedigt b, d. Die Situation ändert sich, wenn eine der

Tabelle 23: Präferenzordnung der Kombinationen von 4 Bedürfnissen a, b, c, d.

Bedürfnis- kombination	$\emptyset$	d	c	b	c, d	a	b, d	b, c
Rang	1	2	3	4	5	6	7	8
Bedürfnis- kombination	a, d	a, c	b, c, d	a, b	a, c, d	a, b, d	a, b, c	a, b, c, d
Rang	9	10	11	12	13	14	15	16

beiden folgenden Konstellationen eintritt:

- *Rivalisierende Güter*: Gewisse Bedürfnisse können von beiden Gütern befriedigt werden.

- *Komplementäre Güter*: Gewisse Bedürfnisse können nur durch eine Kombination beider Güter befriedigt werden.

Für diese Situationen kann das Prinzip vom sinkenden Grenznutzen analog begründet werden, siehe McCulloch (1977).

14.4.1 Aufgabe (Ordinaler Nutzen und Grenznutzen). Die Tabelle 23, entnommen McCulloch (1977), gibt eine Präferenzordnung der Kombinationen von 4 Bedürfnissen a, b, c, d an. Jedes dieser Bedürfnisse wird durch genau eine ME eines Gutes G befriedigt. Dem Muster der Tabellen 21 und 22 entsprechend stelle man die zugehörige ordinale Nutzenfunktion $U(x)$ und den Grenznutzen dar. •

14.5 Nutzen und Grenznutzen in kardinaler Sicht.

Wir betrachten den aus einem Gut erwachsenden Nutzen. Der von x ME des Gutes erbrachte Nutzen $U(x)$ wird durch eine auf einem Teilbereich D_U der Zahlengeraden definierte reellwertige Nutzenfunktion $U : D_U \to \mathbb{R}$ angegeben. Der Nutzen sei kardinal interpretiert, d. h. die von U angenommen reellen Zahlen werden als Nutzenquanten aufgefaßt.

Der Definitionsbereich D_U der Nutzenfunktion U drückt die Art und Weise aus, in der das Gut dem Konsumenten zur Verfügung steht. Drei Fälle sind zu unterscheiden.

- *Diskrete äquipartitionierte Skala.* Das Gut steht in Portionen von jeweils q Mengeneinheiten zur Verfügung. In diesem Falle besteht D_U aus den Punkten $0 \cdot q, 1 \cdot q, 2 \cdot q \dots$ Beispiele: Bücher, Kleidungsstücke, Möbel, Fahrzeuge.

- *Diskrete nicht äquipartitionierte Skala.* Das Gut steht in diskreten, aber unterschiedlich großen Portionen zur Verfügung. Als Beispiel betrachte man ein Getränk, welches in Flaschen der Volumina 1/3 Liter und 3/4 Liter angeboten wird. In diesem

Falle besteht D_U aus den Punkten

$$\frac{0}{12}, \frac{4}{12}, \frac{8}{12}, \frac{9}{12}, \frac{12}{12}, \frac{13}{12}, \frac{16}{12}, \frac{17}{12}, \frac{18}{12}, \frac{20}{12} \quad \text{usw.}$$

- *Kontinuierliche Skala.* Das Gut steht in jeder Portion von x Mengeneinheiten zur Verfügung, wobei x eine zwischen einer unteren Grenze und einer oberen Grenze beliebig variierende reelle Zahl ist. In diesem Falle ist D_U ein Intervall auf der reellen Zahlengeraden, z. B. $D_U = [a;b]$ oder $D_U = [0;+\infty)$. Eine solche Skala liegt vor bei Gütern wie Wasser, Kraftstoff, flüssige oder feinkörnige Nahrungsmittel, Raumtemperatur, Zeit.

In vielen Fällen wird eine kontinuierliche Skala als Näherung unterstellt. Die Näherung ist vertretbar bei diskret äquiportionierten Gütern, bei denen die Portionsdifferenzen aber klein sind im Verhältnis zum mittleren Verkehrsquantum, z. B. bei Geld gerechnet in Cent oder bei feinkörnigen Nahrungsmitteln.

Menger[22] (1973) diskutiert verschiedene Formulierungen des Prinzips vom sinkenden Grenznutzen bei kardinaler Nutzenfunktion. Eine erste naheliegende Formulierung lautet wie folgt:

(i) *Prinzip vom sinkenden Grenznutzen:* Werden zwei Güterquanten um denselben Wert erhöht, so ist der absolute Zuwachs des Nutzens ausgehend vom kleineren Quantum größer als ausgehend vom größeren Quantum. In mathematischer Notation:

Für $x_1 < x_2$, $h > 0$ mit $x_1, x_1 + h, x_2, x_2 + h \in D_U$ ist

$$U(x_2 + h) - U(x_2) \leq U(x_1 + h) - U(x_1) \,. \tag{389}$$

Die folgende Formulierung (ii) ist sehr ähnlich.

(ii) *Prinzip vom sinkenden Grenznutzen:* Wird ein Güterquantum einerseits um einen gewissen Wert erhöht, andererseits um denselben Wert vermindert, so ist der Unterschied im Nutzen bei der Verminderung größer als bei der Erhöhung. In mathematischer Notation:

Für x, $h > 0$ mit $x, x + h, x - h \in D_U$ ist

$$U(x + h) - U(x) \leq U(x) - U(x - h) \,. \tag{390}$$

Ersichtlich impliziert die Formulierung (i) die Formulierung (ii): Man setze in Formel (389) $x_2 = x$, $x_1 = x - h$. Die Umkehrung gilt im allgemeinen nicht, d. h. die Formulierung (ii) impliziert im allgemeinen nicht die Formulierung (i). Man betrachte das folgende Beispiel 14.5.1.

---

[22]Karl Menger, geboren am 13. Januar 1902 in Wien, gestorben am 05. Oktober in Chicago. Sohn von Carl Menger. Mathematiker, lehrte in Amsterdam, Wien, an der Notre Dame University in Indiana, und am Illinois Institute of Technology.

14.5.1 Beispiel (Nutzenfunktion). Man betrachte das zur Erläuterung der diskreten nicht äquipartitionierten Skala herangezogene Beispiel. Die Nutzenfunktion U sei definiert in den Punkten 0, 4, 8, 9, 12, 13 mit den aus der folgenden Tabelle hervorgehenden Werten:

x	0	4	8	9	12	13
$U(x)$	0.0	0.5	0.9	1.0	1.2	1.5

U genügt der Forderung (390), jedoch nicht der Forderung (389). •

In den beiden wichtigen Spezialfällen einer diskreten äquipartitionierten Skala und einer kontinuierlichen Skala folgt aus der Formulierung (ii) die Formulierung (i). Vom Standpunkt der Anschauung suggeriert die Formulierung (ii) die folgende Formulierung (iii):

(iii) *Prinzip vom sinkenden Grenznutzen*: Die Nutzenfunktion ist konkav, d. h. die Verbindungsstrecke zweier Punkte des Graphen von U liegt stets unterhalb des Graphen. In einer Formel ausgedrückt:

Für $x < y < z$ aus D_U ist

$$U(y) \geq \tfrac{y-z}{x-z}U(x) + \tfrac{x-y}{x-z}U(z) = \tfrac{U(x)-U(z)}{x-z}(y-x) + U(x) \,. \tag{391}$$

Im allgemeinen folgt die Formulierung (iii) jedoch nicht aus den Formulierungen (i) bzw. (ii). Man betrachte das folgende Beispiel 14.5.2.

14.5.2 Beispiel (Nutzenfunktion). Wie in Beispiel 14.5.1 bestehe der Definitionsbereich der Nutzenfunktion U aus den Punkten 0, 4, 8, 9, 12, 13 mit den aus der folgenden Tabelle hervorgehenden Funktionswerten:

x	0	4	8	9	12	13
$U(x)$	0.00	0.50	0.90	1.00	1.20	1.30

U genügt den Forderungen (389) und (390), ist jedoch nicht konkav. •

Wir fassen die Beziehungen zwischen den Formulierungen (i) bis (iii) zusammen.

• Diskrete äquipartitionierte Skala oder kontinuierliche Skala: (i), (ii) und (iii) sind gleichwertig.

• Diskrete nicht äquipartitionierte Skala: Es gelten die Implikationen (i) ⇒ (ii), (iii) ⇒ (ii), (iii) ⇒ (i). Im allgemeinen gelten *nicht* die Implikationen (i) ⇒ (iii), siehe Beispiel 14.5.2, (ii) ⇒ (i), siehe Beispiel 14.5.1, (ii) ⇒ (iii), siehe Beispiel 14.5.2.

Die Formulierungen (i) bis (iii) kommen ohne spezielle Annahmen über die Eigenschaften der Nutzenfunktion aus. Hingegen stellt die folgende Formulierung (iv) erhebliche Ansprüche.

(iv) *Prinzip vom sinkenden Grenznutzen*: Die auf einem Intervall D_U definierte und differenzierbare Nutzenfunktion U besitzt eine monoton fallende Ableitung U'.

Gemäß dem Charakterisierungssatz E.4.3 des Anhangs ist die Formulierung (iv) unter den in (iv) genannten Einschränkungen der Konkavität der Nutzenfunktion und damit der Formulierung (iii) gleichwertig. Weiter erhöhte Ansprüche an die Nutzenfunktion U führen zu der in der wirtschaftswissenschaftlichen Literatur gebräuchlichen Formulierung (v) des Prinzips vom sinkenden Grenznutzen.

(v) *Prinzip vom sinkenden Grenznutzen*: Die auf einem Intervall D_U definierte und zweimal differenzierbare Nutzenfunktion U besitzt eine nichtpositive zweite Ableitung, d. h. es ist $U''(x) \leq 0$ für alle x aus dem Inneren des Intervalls D_U.

Gemäß dem Charakterisierungssatz E.4.3 des Anhangs ist die Formulierung (v) unter den in (v) genannten Einschränkungen der Formulierung (iv) gleichwertig.

Die Formulierungen (i) bis (v) klären das Prinzip vom sinkenden Grenznutzen, ohne eine Entität *Grenznutzen* festzulegen. Bei einer diskreten äquipartitionierten Skala $0 \cdot q, 1 \cdot q, 2 \cdot q \ldots$ kann der Grenznutzen in einem Güterquantum $x = k \cdot q$ festgelegt werden als der absolute Zuwachs $U(x + q) - U(x)$ des Nutzens bei Bereitstellung einer weiteren Portion des Gutes. Bei einer kontinuierlichen Skala kann für je h zusätzlich bereitgestellte Einheiten des Gutes zunächst nur der mittlere relative Nutzenzuwachs $(U(x+h) - U(x))/h$ pro zusätzlich bereitgestellte Gütereinheit bestimmt werden. Ist die Nutzenfunktion differenzierbar, so kann der Grenznutzen im Punkte x nach Definition 10.4.1 definiert werden als der Grenzwert

$$\lim_{h \to 0} \frac{U(x + h) - U(x)}{h} = U'(x), \tag{392}$$

d. h. als die Ableitung von U im Punkte x. Diese in der wirtschaftswissenschaftlichen Literatur verbreitete Definition, siehe etwa Varian (2001), entspricht Jevons' (1871) Charakterisierung des *final degree of utility*, siehe das Zitat auf Seite 249.

14.5.3 Aufgabe (Sinkender Grenznutzen). Die diskreten Nutzenfunktionen U_1, U_2, U_3 seien auf dem Bereich $D_U = \{0.0, 0.5, 1.3, 1.8, 2.3, 2.8\}$ durch die folgenden Wertetabellen definiert.

x	0.0	0.5	1.3	1.8	2.3	2.8
$U_1(x)$	0.0	10.0	14.0	18.0	20.0	21.0
$U_2(x)$	0.0	10.0	15.5	18.0	20.0	21.0
$U_3(x)$	0.0	10.0	14.0	18.5	20.0	21.0

Man kläre, welche der Eigenschaften (389), (390), (391) bei diesen Funktionen vorliegen.

•

14.5.4 Aufgabe (Sinkender Grenznutzen). Welche der Nutzenfunktionen aus Abbildung 70 genügt dem Prinzip vom sinkenden Grenznutzen?

•

Abbildung 70: Funktionen zu Aufgabe 14.5.3.

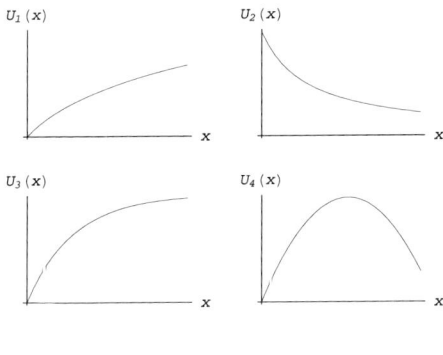

Die Charakterisierungen (i) bis (iv) des Prinzips vom sinkenden Grenznutzen setzen eine kardinale Nutzenfunktion voraus. Bei ordinaler Interpretation der Nutzenskala sind die Charakterisierungen unangemessen. Man betrachte das folgende Beispiel 14.5.5.

14.5.5 Beispiel (Grenznutzen).   Man betrachte die Nutzenfunktion $U(x) = \sqrt{x}$. Die Funktion ist zweimal differenzierbar auf $(0; +\infty)$ mit $U''(x) = -0.25/x^{1.5}$. Bei kardinaler Interpretation liegt nach Formulierung (v) sinkender Grenznutzen vor. Wir unterstellen jetzt eine ordinale Interpretation. Dann führt gemäß Paragraph 13.4 jede streng monoton wachsende Transformation T zu einer gleichwertigen Nutzenfunktion $U_T = T(U)$. Es sei z. B. T die 6. Potenz, d. h. $U_T(x) = x^3$. Es ist $U_T''(x) = 6x > 0$. Gemäß Formulierung (v) liegt kein sinkender Grenznutzen vor. Bei den vorgeblich gleichwertigen Nutzenfunktionen verhält sich der Grenznutzen völlig unterschiedlich.   •

14.6   Ordinale und kardinale Präferenzen.

Wie in Paragraph 14.4 betrachten wir eine endliche Menge $W = \{w_1, ..., w_n\}$ von n paarweise verschiedenen Bedürfnissen $w_1, ..., w_n$. Ordinale Präferenzordnungen von Bedürfniskombinationen werden durch starke Ordnungsrelationen $\prec$ auf $\mathfrak{P}(W)$ dargestellt.

Bei einer kardinalen Bewertung einzelner Bedürfnisse wird jedes Bedürfnis w_i durch eine positive reelle Zahl $p_i > 0$ bewertet. Aus der Einzelbewertung kann eine *additive* Bewertung von Bedürfniskombinationen entwickelt werden durch die Festlegung

$$P(B) = \sum_{w_i \in W} p_i \quad \text{für alle } B \subset W. \tag{393}$$

Die Bewertung P der Bedürfniskombinationen ist *additiv*, d. h.

$$P(B_1 \cup B_2) = P(B_1) + P(B_2) \quad \text{für alle } B_1, B_2 \subset W, \; B_1 \cap B_2 = \emptyset. \tag{394}$$

Eine Präferenzordnung $\prec$ auf $\mathfrak{P}(W)$ heißt *essentiell kardinal* genau dann, wenn es eine additive kardinale Bewertung P des Typs (393) auf $\mathfrak{P}(W)$ gibt mit der Eigenschaft

$$P(B_1) < P(B_2) \iff B_1 \prec B_2 \quad \text{für alle } B_1, B_2 \subset W. \tag{395}$$

Lange Zeit glaubte man, jede Präferenzordnung von Bedürfnissen sei essentiell kardinal. Kraft et al. (1959) zeigen jedoch, daß diese Vermutung nicht zutrifft. Man betrachte das folgende Gegenbeispiel nach McCulloch (1977).

14.6.1 Beispiel (Nicht essentiell kardinale Präferenz). Man nehme an, die Präferenzordnung von Bedürfnismengen aus Tabelle 22 sei essentiell kardinal und könne im Sinne von Formel (395) durch eine kardinale Bewertung P ausgedrückt werden. Die Präferenzordnung enthält die vier Relationen $\{c,d\} \prec \{b,e\}$, $\{a,e\} \prec \{b,c\}$, $\{b\} \prec \{c,e\}$, $\{b,c,e\} \prec \{a,d\}$. Aus den Formeln (394) und (395) folgen die vier Ungleichungen

$$P(\{c\}) + P(\{d\}) < P(\{b\}) + P(\{e\}), \qquad P(\{a\}) + P(\{e\}) < P(\{b\}) + P(\{c\}),$$

$$P(\{b\}) < P(\{c\}) + P(\{e\}), \qquad P(\{b\}) + P(\{c\}) + P(\{e\}) < P(\{a\}) + P(\{d\}).$$

Addiert man die linken und rechten Seiten dieser vier Ungleichungen, so ergibt sich die Ungleichung

$$P(\{a\}) + 2P(\{b\}) + 2P(\{c\}) + P(\{d\}) + 2P(\{e\}) <$$

$$P(\{a\}) + 2P(\{b\}) + 2P(\{c\}) + P(\{d\}) + 2P(\{e\}).$$

Die letzte Ungleichung ist gleichwertig zur Ungleichung $0 < 0$, also ersichtlich falsch. Die Präferenzordnung von Bedürfnismengen aus Tabelle 22 kann mithin nicht essentiell kardinal sein. ●

Zumindest im Vergleich mit *additiven* kardinalen Bewertungen von Bedürfnismengen sind ordinale Bewertungen reichhaltiger.

14.6.2 Aufgabe (Essentielle Kardinalität). Man prüfe die bereits in Aufgabe 14.4.1 untersuchte Präferenzordnung der Kombinationen von 4 Bedürfnissen a, b, c, d aus Tabelle 23 auf essentielle Kardinalität. ●

15 Reellwertige Funktionen von zwei Argumenten.

Bislang wurden nur Funktionen $f(x)$ einer Variablen betrachtet, d. h. die abhängige Variable wurde nur durch eine unabhängige Variable bestimmt. Diese Auffassung erweist sich in der wirtschaftswissenschaftlichen Modellierung häufig als ungenügend. Es ist oft erforderlich, eine abhängige Variable in Abhängigkeit von mehreren unabhängigen Variablen bzw. von einer unabhängigen Variablen mit mehreren Komponenten zu betrachten. Beispiele:

- Preis als Funktion der Produktionskosten und der Nachfrage;

- Profit als Funktion der Produktionskosten, des Preises, und des Absatzes;

- Produktionskosten als Funktion mehrerer Einsatzfaktoren (Arbeit, Energie, Rohstoffe, Zwischenprodukte).

Wir betrachten im folgenden wiederum eine eingeschränkte Situation, nämlich Funktionen $f(x,y)$ von zwei Variablen. Diese Situation tritt jedoch in der Modellierung häufig auf. Darüberhinaus können alle für die Untersuchung von Funktionen $f(x_1, ..., x_n)$ von mehreren Variablen erforderlichen Begriffe und Methoden an diesem Spezialfall in anschaulicher Weise dargestellt werden.

15.1 Mathematische Beispiele von Funktionen von zwei Variablen.

Eine *reellwertige Funktion von zwei reellen Variablen* ist eine Funktion $f: D \to \mathbb{R}$ mit Definitionsbereich $D \subset \mathbb{R}^2$ und Zielbereich $\mathbb{R}$. Der Graph

$$\left\{ (x, y, f(x,y)) \mid x, y \in D \right\} \quad \subset \quad \mathbb{R}^3$$

solcher Funktionen kann im dreidimensionalen Koordinatenraum dargestellt werden. In den für Anwendungen relevanten Situationen ergibt sich im allgemeinen eine Funktionsfläche im $\mathbb{R}^3$, siehe die folgenden Beispiele.

15.1.1 Beispiel. Für $(x,y) \in \mathbb{R}^2$ sei $f(x,y) = 3x - 5y$, $g(x,y) = 3x + 5y$. Die Graphen von f und g sind Ebenen im $\mathbb{R}^3$, siehe Abbildung 71. Offensichtlich besitzen diese Funktionen auf $\mathbb{R}^2$ weder relative noch absolute Extrema. •

15.1.2 Beispiel. Es sei

$$f(x,y) = \begin{cases} \sqrt{1 - 5x^2 - y^2} & \text{für } (x,y) \in \mathbb{R}^2 \text{ mit } 5x^2 + y^2 \leq 1, \\ 0 & \text{für } (x,y) \in \mathbb{R}^2 \text{ mit } 5x^2 + y^2 \geq 1, \end{cases}$$

Abbildung 71: Graphen der Funktionen f und g aus Beispiel 15.1.1.

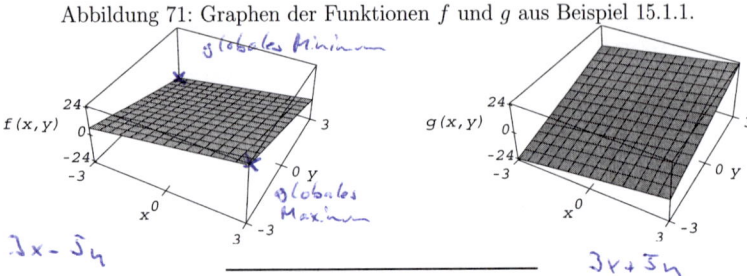

Abbildung 72: Graphen der Funktionen f und g aus Beispiel 15.1.2.

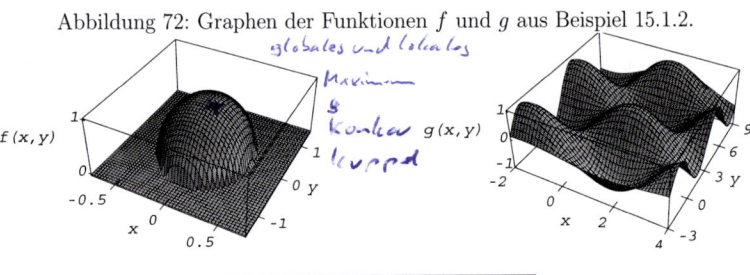

$$g(x,y) \;=\; \sin(x) \cdot \sin(y) \qquad \text{für } (x,y) \in \mathbb{R}^2.$$

Wie aus Abbildung 72 ersichtlich, besitzen diese Funktionen sowohl relative als auch absolute Extrema. •

Für Funktionen von zwei Variablen gilt wie für Funktionen von einer Variablen: Die Definition einer Funktion durch Angabe einer Wertetabelle ist nur bei endlichem Definitionsbereich möglich. Um Funktionen auf unendlichen Definitionsbereichen anzugeben, benutzt man meist eine explizite Rechenvorschrift oder Formel. Die einfachste und dem Anwender vertrauteste Methode eine solche Funktion zu definieren benützt eine aus den elementaren Rechenoperationen mit reellen Zahlen – Addition, Subtraktion, Multiplikation, Division, Potenzen mit rationalen Exponenten – zusammengesetzte Rechenvorschrift oder Formel, die auf die Komponenten der Argumente angewandt wird, z. B.

$$f(x,y) \;=\; 4xy^2 + y - x^4 + 10, \quad g(x_1,x_2) \;=\; \frac{x_1 + x_2}{x_1 - 5x_2} - 10,$$

$$h(x_1,x_2) \;=\; x_1^{4/5} x_2 - x_2^{5/3} - x_1 - 7 \,.$$

Der im Sinne der elementaren Rechenoperationen „natürliche" Definitionsbereich solcher Ausdrücke wird nur durch zwei bekannte Forderungen eingeschränkt:

(i)   Nenner $\neq$ Null.

(ii) Basis einer Potenz nichtnegativ, außer im Falle ganzzahliger Exponenten oder ungeradzahliger Wurzeln, z. B. dritte Wurzel, d. h. Exponent $1/3$, fünfte Wurzel, d. h. Exponent $1/5$ usw.

(iii) Argumente des Logarithmus $\ln$ positiv.

Zwei wichtige Typen von reellwertigen Funktionen, die auf diese Weise definiert werden können, sind die *Polynome* und die *rationalen Funktionen*, man vergleiche die entsprechenden in den Paragraphen 4.11 und 4.13 eingeführten Funktionen von einer Variablen.

Eine Funktion $f\colon \mathbb{R}^2 \to \mathbb{R}$ heißt *Polynom in den Variablen* x_1, x_2, wenn f bei festem Wert der ersten Variablen x_1 ein Polynom in der zweiten Variablen x_2 und bei festem Wert der zweiten Variablen x_2 ein Polynom in der ersten Variablen x_1 ist. Das Muster der expliziten Ausdrücke, die Polynome in 2 Variablen angeben, wird aus den folgenden Beispielen ersichtlich:

$$f(x_1, x_2) \;=\; 4x_1 x_2^2 + x_2 x_1^3 - x_1^4 + 10, \quad g(x, y) \;=\; x^3 y^3 + 7xy^2 + 3xy + x + 9,$$

$$h(x_1, x_2) \;=\; x_1^{12} x_2^7 - 6x_1^8 + 8x_2^4 + x_1 x_2 + 5\,.$$

Polynome sind besonders einfache Funktionen und demnach auch besonders beliebt bei der wirtschaftswissenschaftlichen Modellbildung.

Wie bei Funktionen einer Veränderlichen definiert man rationale Funktionen als Quotienten von Polynomen. Sind also $P, Q\colon \mathbb{R}^2 \to \mathbb{R}$ Polynome, so ist die Funktion

$$f\colon \big\{(x_1, x_2) \,|\, (x_1, x_2) \in \mathbb{R}^2,\, Q(x_1, x_2) \neq 0\big\} \to \mathbb{R}$$

mit

$$f(x_1, x_2) \;=\; \frac{P(x_1, x_2)}{Q(x_1, x_2)}$$

eine *rationale Funktion in den Variablen* x_1, x_2.

Rationale Funktionen sind z. B.

$$f(x_1, x_2) \;=\; \frac{x_1 x_2 - 7}{x_1 + x_2}, \quad g(x, y) \;=\; \frac{x^3 + y^3 + 7xy + 1}{xy - x^2}, \quad h(x_1, x_2) \;=\; \frac{x_1^2 + x_2^2}{x_1 - 2x_2 + x_1^7}\,.$$

Man beachte, daß man die elementaren Rechenoperationen mit reellen Zahlen selbst als Polynome bzw. rationale Funktionen auffassen kann. Addition, Subtraktion, Multiplikation reeller Zahlen ergeben die Polynome

$$\mathbb{R}^2 \ni (x_1, x_2) \;\mapsto\; x_1 + x_2, \quad \mathbb{R}^2 \ni (x_1, x_2) \;\mapsto\; x_1 - x_2, \quad \mathbb{R}^2 \ni (x_1, x_2) \;\mapsto\; x_1 \cdot x_2$$

in zwei Variablen, die Division ergibt die rationale Funktion

$$\mathbb{R} \times (\mathbb{R} \setminus \{0\}) \ni (x_1, x_2) \;\mapsto\; \frac{x_1}{x_2}\,.$$

Es können wesentlich mehr Funktionen explizit notiert werden, wenn als Konstuktionselemente von Formeln sämtliche aus der reellen Analysis einer Variablen bekannten Funktionen zugelassen werden. Man kann dann formal so abenteuerliche Funktionen bilden wie

$$f(x,y) \quad := \quad \frac{x^7}{\ln(xy^2 + xy + |x|)} - y^x + \sqrt{x}y^{1/5}$$

$$\text{für } xy^2 + xy + |x| > 0, \; xy^2 + xy + |x| \neq 1, \; x \geq 0,$$

$$g(x,y) \quad := \quad \frac{(xy)^z}{\sin(x+y)} - \ln\left(\frac{x}{x^2+y^3}\right) + \cos\left(\frac{x}{y}\right)$$

$$\text{für } \frac{x}{x^2+y^3} > 0, \; y \neq 0, \; x^2 + y^3 \neq 0,$$

$$x + y \neq k\pi \text{ für jedes ganzzahlige } k.$$

15.2 Stetigkeit von Funktionen von zwei Variablen.

Aufbauend auf dem in Paragraph 7.10 eingeführten Konvergenzbegriff für Folgen aus dem $\mathbb{R}^2$ kann die Stetigkeit von Funktionen von zwei Variablen in Analogie zur Stetigkeit von Funktionen einer Variablen definiert werden. Man definiert die Grenzwerte $\lim_{(x,y)\to(a,b)} f(x,y)$ in Analogie zur Definition des Grenzwertes $\lim_{x\to a} f(x)$, siehe Tafel 35 im Kapitel D des Anhangs. Dann ergibt sich in Analogie zu 9.2.1 folgende Definition der Stetigkeit einer Funktion von zwei Variablen in einem Punkt bzw. auf einem Bereich.

15.2.1 Definition (Stetigkeit in einem Punkt). Es sei B eine Teilmenge des $\mathbb{R}^2$, $f\colon B \to \mathbb{R}$, $(a,b) \in B$.

f heißt genau dann *stetig in* (a,b), wenn gilt: $\qquad \lim_{(x,y)\to(a,b)} f(x,y) \quad = \quad f(a,b)\,.$ •

15.2.2 Definition (Stetigkeit auf einem Bereich). Es sei B eine Teilmenge des $\mathbb{R}^2$, $f\colon B \to \mathbb{R}$.

f heißt genau dann *stetig auf* B, wenn f in jedem Punkt $(a,b) \in B$ stetig ist. •

Illustriert am Graphen der Funktion f im dreidimensionalen cartesischen System mit den Koordinatenachsen x, y (Definitionsbereich) und z (Zielbereich) hat Stetigkeit auf einem Bereich die folgende anschauliche Bedeutung: Bewegt man sich in der (x,y)-Ebene auf einem beliebigen Weg hinlänglich dicht an einen Punkt (a,b) des Bereichs heran, so kommt man auf der z-Achse beliebig dicht an den Wert $z_0 = f(a,b)$ heran. Der Graph einer auf einem Bereich stetigen Funktion darf also keine „Löcher " oder „Risse" besitzen.

Zur Prüfung einer Funktion auf Stetigkeit muß man in einfachen Anwendungen nur selten auf die Definitionen 15.2.1 und 15.2.2 zurückgreifen. Meist genügt die folgende Regel 15.2.3:

15.2.3 Regel (Stetigkeit von Funktionen von 2 Variablen). Eine Funktion von 2 Variablen, die auf einem Bereich durch Zusammensetzung stetiger Funktionen von einer Variablen mittels der elementaren Rechenoperationen Addition, Subtraktion, Multiplikation, Division, Potenzieren definiert ist, ist auf diesem Bereich stetig. •

Gemäß der Regel 15.2.3 sind insbesondere Polynome und rationale Funktionen in 2 Variablen stetig.

15.2.4 Aufgabe. Man prüfe die in Paragraph 15.1 als Beispiele angegebenen Funktionen auf Stetigkeit. •

15.3 Partielle Ableitungen.

Es sei $B \subset \mathbb{R}^2$, $f \colon B \to \mathbb{R}$. Es sei $y_0 \in \mathbb{R}$ und die Menge

$$B_{y_0} = \left\{ x \mid (x, y_0) \in B \right\}$$

sei nichtleer. Dann kann die *partielle Funktion* $g_{y_0} \colon B_{y_0} \to \mathbb{R}$ definiert werden durch

$$g_{y_0}(x) := f(x, y_0).$$

Ist diese partielle Funktion differenzierbar in einem Punkte $x_0 \in B_{y_0}$, so nennt man f *partiell differenzierbar nach der ersten Variablen im Punkte* (x_0, y_0) oder auch *partiell differenzierbar nach x für $x = x_0$, $y = y_0$*, und $g'_{y_0}(x_0)$ heißt *partielle Ableitung von f nach der ersten Variablen im Punkte* (x_0, y_0) oder auch *partielle Ableitung von f nach x für $x = x_0$, $y = y_0$*. Diese partielle Ableitung wird dann bezeichnet mit

$$\mathrm{D}_1 f(x_0, y_0) = \frac{\partial}{\partial x} f(x_0, y_0). \tag{396}$$

Analog definiert man die partielle Ableitung nach der zweiten Variablen y und schreibt

$$\mathrm{D}_2 f(x_0, y_0) = \frac{\partial}{\partial y} f(x_0, y_0). \tag{397}$$

Ist f in jedem Punkte seines Definitionsbereiches B partiell differenzierbar nach x bzw. nach y, so heißen die auf B definierten Funktionen $\mathrm{D}_1 f = \frac{\partial}{\partial x} f$ bzw. $\mathrm{D}_2 f = \frac{\partial}{\partial y} f$ ebenfalls partielle Ableitungen nach x bzw. nach y. Wie bei Funktionen einer Veränderlichen definiert man:

15.3.1 Definition (Differenzierbarkeit auf einem Bereich). Es sei B eine Teilmenge des $\mathbb{R}^2$, $f \colon B \to \mathbb{R}$.

f heißt genau dann *partiell differenzierbar auf B*, wenn für jedes $(x, y) \in U$ die partiellen Ableitungen $\mathrm{D}_1 f(x, y)$, $\mathrm{D}_2 f(x, y)$ existieren.

f heißt genau dann *stetig partiell differenzierbar auf B*, wenn f partiell differenzierbar ist auf B und wenn die partiellen Ableitungen $\mathrm{D}_1 f$, $\mathrm{D}_2 f$ stetig sind auf B. •

In der Anwendung erweisen sich diese Begriffsbildungen als leicht zu handhaben. Beim Berechnen der partiellen Ableitung nach x stellt man sich y für den Augenblick als Konstante vor und differenziert die nunmehr nur noch von der Variablen x abhängige Funktion nach den gewohnten Regeln. Die für die Identifikation stetiger Funktionen formulierte Regel Regel 15.2.3 kann zur Identifikation stetig partiell differenzierbarer Funktionen analogisiert werden:

15.3.2 Regel (Partielle Differenzierbarkeit). Eine Funktion von 2 Variablen, die auf einem Bereich durch Zusammensetzung stetig differenzierbarer Funktionen von einer Variablen mittels der elementaren Rechenoperationen Addition, Subtraktion, Multiplikation, Division, Potenzieren definiert ist, ist auf diesem Bereich stetig partiell differenzierbar. •

Gemäß der Regel 15.3.2 sind insbesondere Polynome und rationale Funktionen in 2 Variablen stetig partiell differenzierbar. Die Eigenschaften der Stetigkeit und stetigen partiellen Differenzierbarkeit können wie bei Funktionen von einer Variablen anhand der Gestalt der Graphen, jetzt Flächen im $\mathbb{R}^3$ identifiziert werden. Der Graph einer stetigen Funktion ist zusammenhängend, die Fläche weist keine Lücken oder Risse auf. Der Graph einer stetig partiell differenzierbaren Funktion ist glatt, die Fläche weist keine Ecken oder Kanten Risse auf.

15.3.3 Aufgabe. Für die Zuordnungen $f_1, \ldots, f_9$ in den Variablen x und y bestimme man jeweils die größtmögliche Teilmenge $B_1, \ldots, B_9$ von $\mathbb{R}^2$, auf der $f_1, \ldots, f_9$ als Funktion definiert werden kann. Sofern existent, bestimme man die partiellen Ableitungen nach x und y.

$$f_1(x,y) = (y^2 + y - 3)^{x+b}, \qquad f_2(x,y) = (x^2 - y)e^{x/y}, \qquad f_3(x,y) = \frac{2x - y}{\ln(x \cdot y)},$$

$$f_4(x,y) = (x+y)^{\ln y/x}, \qquad f_5(x,y) = \frac{x^y}{y^x}, \qquad f_6(x,y) = \ln\left(\frac{x^2 + 9x - 7}{y^2 - 8x + 6}\right),$$

$$f_7(x,y) = (x+y)^{y/x}, \qquad f_8(x,y) = \sin\left(\frac{x+y}{y}\right), \qquad f_9(x,y) = xy\sin(x)\cos(y). \bullet$$

Existiert die partielle Ableitung $D_i f$ nach der i-ten Variablen für alle $(x,y) \in B$ und ist diese Funktion $D_i f$ in einem Punkte (x_0, y_0) nach der k-ten Variablen differenzierbar, so erhält man die *zweite partielle Ableitung* oder *partielle Ableitung zweiter Ordnung*. Diese wird mit $D_k D_i f(x_0, y_0)$ bezeichnet. Gebräuchlich sind auch die Bezeichnungen

$$D_1 D_1 f = \frac{\partial^2}{\partial x^2} f, \quad D_1 D_2 f = \frac{\partial^2}{\partial x \partial y} f, \quad D_2 D_1 f = \frac{\partial^2}{\partial y \partial x} f, \quad D_2 D_2 f = \frac{\partial^2}{\partial y^2} f. \quad (398)$$

Prinzipiell ist bei der Bestimmung der partiellen Ableitungen $D_1 D_2 f$ und $D_2 D_1 f$ zweiter Ordnung die Reihenfolge der Ableitungen zu beachten. Gemäß dem folgenden Satz ist allerdings bei den meisten Anwendungen die Reihenfolge der Ableitungen unerheblich.

15.3.4 Satz (Reihenfolge der Differentiation). Es sei B eine offene Teilmenge des $\mathbb{R}^2$, $f \colon B \to \mathbb{R}$, und es sei $(x_0, y_0) \in B$. Die gemischten partiellen Ableitungen zweiter Ordnung $D_1 D_2 f$ und $D_2 D_1 f$ seien auf einer ε-Umgebung von (x_0, y_0) vorhanden und stetig in (x_0, y_0). Dann gilt

$$D_1 D_2 f(x_0, y_0) \quad = \quad D_2 D_1 f(x_0, y_0) \,. \tag{399}$$

●

Es sei f auf einer Menge B definiert. Existieren sämtliche partiellen Ableitungen zweiter Ordnung $D_k D_i f(x, y)$ für alle Elemente $(x, y) \in B$ und sind diese stetig, so sagt man, f sei auf B *zweimal stetig partiell differenzierbar*. Die für einfache Anwendungen interessanten Funktionen, siehe z. B. die Aufgaben 16.2.2, 16.2.3, 16.2.4, sind im allgemeinen auf wesentlichen Teilbereichen Ihres Definitionsbereiches zweimal stetig partiell differenzierbar. Es kann also in der Praxis im allgemeinen von der Gültigkeit von (399) ausgegangen werden.

15.4 Differentiation bei Verkettung.

Zur Motivation betrachte man das folgende Beispiel 15.4.1.

15.4.1 Beispiel (Verkettete Funktion). Es sei $P(x, y)$ eine gesamtwirtschaftliche Produktionsfunktion, d. h. der gesamte Output eines Gutes in einer Volkswirtschaft, in Abhängigkeit vom Arbeitseinsatz x (in Zeiteinheiten) und vom Energieeinsatz y (in Mengeneinheiten). Arbeits- und Energieeinsatz hängen ihrerseits ab vom Energiepreis (in GE pro Leistungseinheit): Steigt der Energiepreis, so sinkt der Energieeinsatz und es wächst der Arbeitseinsatz; sinkt der Energiepreis, so steigt der Energieeinsatz und es sinkt der Arbeitseinsatz. Der Arbeitseinsatz x und der Energieeinsatz y sind also aufzufassen als Funktionen $x(s)$, $y(s)$ des Energiepreises s. Der Produktionsoutput kann dann ebenfalls betrachtet werden als Funktion

$$p(s) \quad = \quad P\Big(x(s), y(s)\Big)$$

des Energiepreises s, d. h. als reellwertige Funktion einer reellen Veränderlichen. ●

Beispiel 15.4.1 ist eine Instanz der folgenden Situation. Es sei $U \subset \mathbb{R}^2$ offen, $F \colon U \to \mathbb{R}$, $D \subset \mathbb{R}$ ein Intervall, $\varphi, \psi \colon D \to \mathbb{R}$ Funktionen. Es sei $\{(\varphi(s), \psi(s)) \mid s \in D\} \subset U$. Dann können für jedes $s \in D$ die Paare $(\varphi(s), \psi(s))$ als Argumente in F eingesetzt werden. Es ist also die Funktion $f \colon D \to \mathbb{R}$ mit

$$f(s) \quad = \quad F\Big(\varphi(s), \psi(s)\Big) \quad \text{für} \ \ s \in D \tag{400}$$

definiert. Zur Untersuchung des Wachstumsverhaltens der Funktion f interessiert man sich für die Ableitung f'. Diese kann durch eine einfache Formel angegeben werden, falls F stetig partiell differenzierbar ist auf U. Dann gilt:

$$f'(s) = D_1 F\Big(\varphi(s),\psi(s)\Big)\varphi'(s) + D_2 F\Big(\varphi(s),\psi(s)\Big)\psi'(s) \quad \text{für } s \in D. \tag{401}$$

15.4.2 Aufgabe.   Es seien $\alpha, \beta \in \mathbb{R}$,

$$F(x,y) = x^\alpha y^\beta \quad \text{für } x, y > 0,$$

$$\varphi(s) = 2s^2 - 3s + 1, \quad \psi(s) = 5s + 1.$$

Man bestimme den größtmöglichen Definitionsbereich der wie in (400) gebildeten Funktion f. Sodann bestimme man die Ableitung f'.   •

15.5   Differentiation impliziter Funktionen.

Zur Motivation betrachte man das folgende Beispiel 15.4.1.

15.5.1 Beispiel (Substitution von Faktoren).   Wie in Beispiel 15.4.1 sei $P(x,y)$ eine gesamtwirtschaftliche Produktionsfunktion, d. h. der gesamte Output eines Gutes in einer Volkswirtschaft, in Abhängigkeit von den Faktoren (Variablen) Arbeitseinsatz x (in Zeiteinheiten) und Energieeinsatz y (in Mengeneinheiten). Man betrachtet diejenigen Kombinationen der unabhängigen Variablen, bei denen P einen vorgebenen Wert c annimmt, d. h. man betrachtet die Menge

$$P^-(\{c\}) = \Big\{(x,y)\,\Big|\,P(x,y) = c\Big\}$$

der Urbilder von c unter P. Siehe Paragraph 3.3, insbesondere Formel (109) zur Definition der Menge der Urbilder. Es ist klar, daß unter der Einschränkung $P(x,y) = c$ nur noch eine der beiden Variablen frei verändert werden kann. Legt man z. B. den Arbeitseinsatz x fest, so werden im allgemeinen nur ganz bestimmte Werte des Energieeinsatzes y die Gleichung $P(x,y) = c$ zur Erfüllung bringen. Die Faktorkombinationen (x,y) von Arbeitseinsatz x und Energieinsatz y mit $P(x,y) = c$ sind vom Standpunkt der Outputbetrachtung gleichwertig. Man betrachtet die Menge $P^-(\{c\})$ dieser Paare vor dem Hintergrund des Problems der *Substitution* eines Faktors durch den anderen Faktor bei unverändertem Output c. Soll etwa der Arbeitseinsatz bei unverändertem Output c verringert werden, so ist der Energieeinsatz zu erhöhen. Diese Substitution von Arbeit durch Energie kann formal ausgedrückt werden als Übergang von einem Paar $(x,y) \in P^-(\{c\})$ zu einem Paar $(x',y') \in P^-(\{c\})$ mit $x > x'$.   •

Beispiel 15.5.1 ist ein Spezialfall der folgenden Situation. Es sei $F\colon D \to \mathbb{R}$ eine auf einer Menge $D \subset \mathbb{R}^2$ definierte Funktion, $c \in \mathbb{R}$ ein Wert der Funktion. Die Menge

$$F^-(\{c\}) = \Big\{(x,y)\,\Big|\,F(x,y) = c\Big\} \tag{402}$$

der Urbildpunkte von c unter F wird als *Niveaukurve zum Wert c* bezeichnet. Im Regelfall handelt es sich bei der Niveaukurve tatsächlich um ein vom intuitiven Standpunkt

Abbildung 73: Graph der Funktion $F(x,y) = x^7 + 61.25y^2 - 122.50x^2y + 1512x$ für $0 \leq x, y \leq 5$ und zugehörige Niveaukurven in der Ebene.

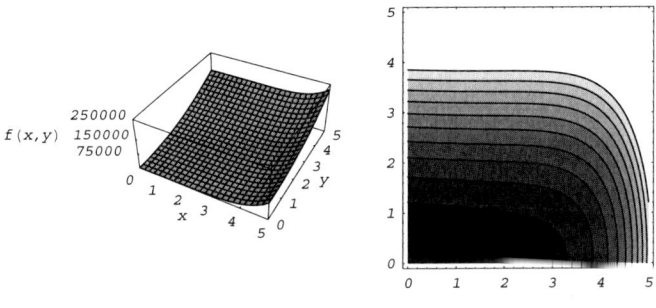

als Kurve identifizierbares Gebilde. Ist F eine Nutzenfunktion, so bezeichnet man die Niveaukurve auch als *Indifferenzkurve*: Alle Punkte auf der Niveaukurve repräsentieren Güterkombinationen mit demselben Nutzenniveau c und sind in diesem Sinne indifferent. Abbildung 73 zeigt eine Funktion und 10 zugehörige Niveaukurven. Die Bereiche in der Graphik sind umso dunkler, je kleiner die Funktionswerte sind.

Die Untersuchung der Niveaukurve ist besonders einfach, wenn es zu jedem x aus einem gewissen Bereich D auf der reellen Achse nur genau ein y gibt derart, daß (x, y) auf der Niveaukurve liegt, d. h. daß $F(x, y) = c$. In diesem Falle ist y als eine sogenannte *implizite Funktion* $y = \psi(x)$ von x gegeben und die Niveaukurve kann als Graph $\{x, \psi(x)|x \in D\}$ der impliziten Funktion ψ beschrieben werden. Vom wirtschaftswissenschaftlichen Standpunkt verbindet man mit impliziten Funktionen die Frage nach dem *Substitutionsverhalten* zweier unabhängiger Variablen bei vorgegebenm Wert der abhängigen Variablen. In der Situation von Beispiel 15.5.1: Erhöht man den Arbeitseinsatz von x Zeiteinheiten auf $x + \Delta$ Zeiteinheiten, so verändert sich der Energieeinsatz unter der Restriktion $P = c$ von $\psi(x)$ zu $\psi(x + \Delta)$ Mengeneinheiten, wobei bei vernünftigen Produktionsfunktionen davon auszugehen ist, daß der Energieeinsatz sinkt. Die implizite Funktion ψ gibt also an, wie Energie durch Arbeit ersetzt, d. h. *substituiert* werden kann, und wird daher als *Substitutionsfunktion (Energie durch Arbeit)* bezeichnet. Der folgende Satz 15.5.2 gibt hinreichende Bedingungen an, unter denen eine Variable unter der Bedingung $F(x, y) = c$ als implizite Funktion der anderen Variablen ausgedrückt werden kann.

15.5.2 Satz (Implizite Funktionen). Es sei $B \subset \mathbb{R}^2$ offen, $F: B \to \mathbb{R}$ stetig partiell differenzierbar. Es sei $c \in \mathbb{R}$ und es sei $(x_0, y_0) \in B$ mit $F(x_0, y_0) = c$, $D_2F(x_0, y_0) \neq 0$. Dann gilt:

Es gibt ein offenes Intervall $D \subset \mathbb{R}$ mit $x_0 \in D$ und eine eindeutig bestimmte stetig differenzierbare Funktion $\psi\colon D \to \mathbb{R}$, bezeichnet als *implizite Funktion*, derart, daß

$$\psi(x_0) = y_0 \quad \text{und} \quad F\Big(x, \psi(x)\Big) = c \quad \text{für alle } x \in D.$$

Es gilt

$$\psi'(x) = \frac{-D_1 F\Big(x, \psi(x)\Big)}{D_2 F\Big(x, \psi(x)\Big)} \quad \text{für alle } x \in D. \tag{403}$$

•

Interpretiert man ψ als Substitutionsfunktion, so wird die Ableitung $\psi'(x)$ als *Grenzrate der Substitution* bezeichnet. Bei Produktionsfunktionen $F = P$ bezeichnet man die im Vorzeichen invertierte Ableitung $-\psi'(x)$ als *technische Substitutionsrate*.

Der Satz 15.5.2 klärt nur die Existenz einer impliziten Funktion (Substitutionsfunktion) ψ. Die explizite Bestimmung einer impliziten Funktion ψ aus der Gleichung $F(x, \psi(x)) =^! c$ kann im Einzelfall schwierig sein. Ein Wert der Substitutionsfunktion ist jedoch bekannt: Nach Definition ist $\psi(x_0) = y_0$. Damit kann aus Satz 15.5.2 auch die Ableitung $\psi'(x_0)$ bestimmt werden. Es gilt

$$\psi'(x_0) = \frac{-D_1 F\Big(x_0, y_0\Big)}{D_2 F\Big(x_0, y_0\Big)}. \tag{404}$$

Durch Anwendung der Differentialformeln (372) bzw. (376) kann der Verlauf der Substitutionsfunktion wenigstens in einer kleinen Umgebung von x_0 näherungsweise bestimmt werden vermittels der linearen Approximation

$$\psi(x_0 + \Delta) \approx \psi(x_0) + \Delta\psi'(x_0). \tag{405}$$

15.5.3 Aufgabe. Es seien $\alpha, \beta \in \mathbb{R}$, und es sei $F(x, y) = x^\alpha y^\beta$ für $x, y > 0$. Es sei $c > 0$. Man untersuche, auf welchen Bereichen unter der Restriktion $F(x, y) = c$ die Variable y als implizite Funktion $y = \psi(x)$ der Variablen x ausgedrückt werden kann. Gegebenfalls bestimme man ψ und die Grenzrate der Substitution ψ'. •

15.5.4 Aufgabe. Es sollen zwei Güter A und B produziert werden. Die durch die Produktion von x Mengeneinheiten (ME) des Gutes A und y ME des Gutes B anfallenden variablen Kosten betragen $F(x, y)$ DM, wobei die Funktion $F\colon \mathbb{R}^2 \to \mathbb{R}$ definiert ist durch

$$F(x, y) = x^7 + 61.25y^2 - 122.50x^2 y + 1512x,$$

siehe Abbildung 73. Es stehen 2723.50 DM zur Verfügung, dieser Betrag soll ausgeschöpft werden. Man untersuche das Substitutionsverhalten von Gut B durch Gut A unter der Restriktion $f(x, y) = 2723.50$. Das heißt: Man untersuche, auf welchen Bereichen unter gegebenen Restriktion die Variable y als implizite Funktion $y = \psi(x)$ der Variablen x ausgedrückt werden kann. Gegebenfalls bestimme man ψ und die Grenzrate der Substitution ψ'. •

15.5.5 Aufgabe. Mit den Faktoren Arbeit (in Zeiteinheiten, ZE) und Energie (in Arbeitseinheiten, AE) soll eine Dienstleistung erbracht werden. Beim Einsatz von x ZE Arbeit und y AE Energie erbringt die Dienstleistung einen Gewinn (negativer Gewinn = Verlust) von $f(x, y)$ Geldeinheiten (GE), wobei die Funktion $f : (0; +\infty) \times (0; +\infty) \to \mathbb{R}$ definiert ist durch

$$f(x, y) \quad = \quad 10\ln(x) \; + \; 20\ln(y) \; - \; 2x \; - \; y.$$

Aus steuerlichen Gründen soll der Gewinn

$$z_0 \quad = \quad 10\ln(2) + 20\ln(4) - 8 \quad \approx \quad 26.6574 \qquad \text{(Rundung auf vier Stellen)}$$

GE erzielt werden, der z. B. für die Faktorenkombination $(x_0, y_0) = (2, 4)$ erreicht wird. Es soll das Substitutionsverhalten der Einsatzfaktoren unter der Restriktion $f(x, y) =^! z_0$ untersucht werden. Nach dem Satz 15.5.2 über implizite Funktionen kann unter dieser Restriktion die eingesetzte Menge y an Energie in einer geeigneten Umgebung von $(x_0, y_0) = (2, 4)$ als Funktion $y = \psi(x)$ des Arbeitseinsatzes x aufgefaßt werden.

(a) Man bestimme $\psi'(2)$ auf vier Stellen nach dem Dezimalpunkt genau.

(b) Unter Verwendung der Näherungsformel (405) bestimme man näherungsweise die absolute Veränderung des Energieeinsatzes, wenn der Arbeitseinsatz von $x_0 = 2$ ZE auf 2.5 ZE zunimmt.

(c) Man bestimme die Elastizität $\varepsilon_\psi(2)$ des Energieeinsatzes als Funktion des Arbeitseinsatzes im Punkte $x_0 = 2$ (2 ZE Arbeitseinsatz). Alle notwendigen Werte benutze man auf vier Stellen nach dem Dezimalpunkt genau. Man runde das Ergebnis auf vier Stellen nach dem Dezimalpunkt genau.

(d) Mithilfe der in (c) ermittelten Elastizität bestimme man eine Näherung der prozentualen Veränderung des Energieeinsatzes, wenn sich der Arbeitseinsatz von 2 ZE um 6% auf 2.12 ZE vergrößert. Man runde das Ergebnis auf vier Stellen nach dem Dezimalpunkt genau. Man gebe an, ob der Energieeinsatz um den genannten Prozentsatz wächst oder fällt. •

15.5.6 Aufgabe. Eine Regierung beabsichtigt, den Arbeitsmarkt mit einem auf vier Jahre angelegten Arbeitsförderungsprogramm zu beeinflussen. Es sollen zwei Maßnahmen *Programm 1* und *Programm 2* durchgeführt werden. Das Gesamtinvestitionsvolumen über die vier Jahre beträgt x Geldeinheiten (GE) in *Programm 1* und y GE in *Programm 2*. Eine Geldeinheit (GE) ist 1 Milliarde €. Es wird erwartet, daß als Folge dieser Investitionen die Arbeitslosenzahl nach vier Jahren die ganzzahlige Rundung von $f(x, y) \cdot 10^6$ ist, wobei die Funktion $f : \mathbb{R}^2 \to \mathbb{R}$ definiert ist durch

$$f(x, y) \quad = \quad 4 \; - \; 0.25xy \exp(-0.1x \; - \; 0.5y).$$

Es sind 8 Milliarden € zur Investition in *Programm 1* und 1 Milliarde € zur Investition in *Programm 2* eingeplant. Bei dieser Investition ist nach vier Jahren eine Arbeitslosenzahl von $3, 454, 936$ zu erwarten, denn es ist

$$z_0 \quad = \quad f(8, 1) \quad \approx \quad 3.454936 \qquad \text{(Rundung auf sechs Stellen nach dem Dezimalpunkt).}$$

Unter gewissen Umständen müssen die Investitionen zwischen den beiden Programmen umgeschichtet werden. Dabei soll der Zielwert $z_0 = f(8, 1)$ nicht verändert werden. In den folgenden Teilaufgaben (a) bis (d) soll daher das Substitutionsverhalten der Investitionsvolumina unter der Restriktion $f(x, y) =^! z_0$ untersucht werden. Nach dem bekannten Satz über implizite Funktionen kann unter dieser Restriktion das Investitionsvolumen y von *Programm 2* in einer geeigneten Umgebung von $(x_0, y_0) = (8, 1)$ als Funktion $y = \psi(x)$ des Investitionsvolumens x von *Programm 1* aufgefaßt werden.

(a) Man bestimme $\psi'(8)$. **Hinweis zur Rechenkontrolle:** Die Lösung hat nach dem Dezimalpunkt nur zwei von Null verschiedene Dezimalstellen.

(b) Unter Verwendung der bekannten Näherungsformel $\psi(x + \Delta) - \psi(x) \approx \Delta\psi'(x)$ bestimme man näherungsweise die absolute Veränderung des Investitionsvolumens von *Programm 2*, wenn das Investitionsvolumen von *Programm 1* von $x_0 = 8$ GE auf 7.5 GE abnimmt.

(c) Man bestimme die Elastizität $\varepsilon_\psi(8)$ des Investitionsvolumens von *Programm 2* als Funktion des Investitionsvolumens von *Programm 1* im Punkte $x_0 = 8$ (8 GE Investitionsvolumen in *Programm 1*). **Hinweis zur Rechenkontrolle:** Das Zehnfache der Lösung ist ganzzahlig.

(d) Mithilfe der in (c) ermittelten Elastizität bestimme man eine Näherung der prozentualen Veränderung des Investitionsvolumens von *Programm 2*, wenn sich das Investitionsvolumen in *Programm 1* von 8.0 GE um 5% auf 7.6 GE verringert. Man gebe an, ob das Investitionsvolumen von *Programm 2* um den genannten Prozentwert wächst oder fällt. $\bullet$

15.5.7 Aufgabe. Zwei Firmen A und B bieten konkurrierende Produkte P_A und P_B an. Um am Markt bestehen zu können, muß A den Preis für sein Produkt P_A ausgehend von einem maximal erzielbaren Preis von 2 € pro Mengeneinheit (ME) absenken, wenn der Absatz an Produkt P_B steigt: In Abhängigkeit vom Absatz y (in ME) an Produkt P_B beträgt der Preis pro ME des Produktes P_A genau $2\exp(-0.001y)$ €. Der Anbieter B befindet sich in der analogen Situation. Er muß den Preis für eine ME seines Produktes P_B ausgehend von einem maximal erzielbaren Preis von 4 € in Abhängigkeit vom Absatz x (in ME) an Produkt P_A kalkulieren gemäß der Formel $4\exp(-0.003x)$ €.

(a) Es werden $x_1 = 300$ ME von Produkt P_A abgesetzt. Man bestimme auf vier Stellen nach dem Dezimalpunkt genau dasjenige Absatzvolumen y_1 von Produkt P_B, bei dem die Preise pro ME für die beiden Produkte übereinstimmen.

(b) Man bestimme die gesamte am Markt durch Absatz von x ME P_A und von y ME P_B umgesetzte Geldmenge $G(x, y)$ (in €). **Hinweis:** Umsatz = Preis · Menge.

Es sei bekannt, daß zu einem gewissen Zeitpunkt $x_0 = 100$ ME an P_A und $y_0 = 300$ ME an P_B abgesetzt wurden. Man interessiert sich für den Zusammenhang zwischen den Absatzzahlen x von P_A und y von P_B, wenn der Umsatz invariant bei

$$z_0 = G(x_0, y_0) = G(100, 300) \approx 1037.1455$$

€ (Rundung auf zwei Dezimalstellen) verbleibt. In den folgenden Teilaufgaben (c) bis (e) soll daher das Substitutionsverhalten der Absatzvolumina unter der Restriktion $G(x, y) =^!$ z_0 untersucht werden. Nach dem bekannten Satz über implizite Funktionen kann unter dieser Restriktion das Absatzvolumen y von P_B in einer geeigneten Umgebung von $(x_0, y_0) = (100, 300)$ als Funktion $y = \psi(x)$ des Absatzvolumens x von P_A aufgefaßt werden.

(c) Man bestimme $\psi'(100)$ und notiere den Wert in der Form $\psi'(100) = \frac{p}{q}$ mit natürlichen Zahlen p, q.

(d) Unter Verwendung der bekannten Näherungsformel $\psi(x + \Delta) - \psi(x) \approx \Delta \psi'(x)$ bestimme man näherungsweise die absolute Veränderung des Absatzvolumens von P_B, wenn das Absatzvolumen von P_A von $x_0 = 100.0$ ME auf 109.5 ME zunimmt.

(e) Man bestimme die Elastizität $\varepsilon_\psi(100)$ des Absatzvolumens von P_B als Funktion des Absatzvolumens von P_A im Punkte $x_0 = 100$. Man runde das Ergebnis auf sechs Stellen nach dem Dezimalpunkt genau.

(f) Mithilfe der in (e) ermittelten Elastizität bestimme man eine Näherung der prozentualen Veränderung des Absatzvolumens von P_B, wenn sich das Absatzvolumen von P_A von 100.0 ME um 5% auf 95.0 ME verringert. Man runde das Ergebnis auf sechs Stellen nach dem Dezimalpunkt genau. Man gebe an, ob das Absatzvolumen von P_B um den ermittelten Prozentsatz wächst oder fällt. •

16 Extremwerte von Funktionen zweier Veränderlicher.

16.1 Extremalstellen und Sattelpunkte bei Funktionen zweier Veränderlicher.

Die Definition relativer (lokaler) und absoluter (globaler) Extremalstellen und Extrema von Funktionen zweier Veränderlicher erfolgt analog zu den in Paragraph 4.3 gegebenen Definitionen 4.3.1 und 4.3.2 für Funktionen einer Veränderlichen. Es sei $B \subset \mathbb{R}^2$, $f: B \to \mathbb{R}$.

Ein Punkt $(a, b) \in B$ heißt genau dann *relative (lokale) Minimalstelle* von f auf B, wenn es eine Umgebung $U \subset B$ des Punktes gibt mit

$$f(x, y) \geq f(a, b) \quad \text{für alle } (x, y) \in U. \tag{406}$$

Ein Punkt $(a, b) \in B$ heißt genau dann *relative (lokale) Maximalstelle* von f auf B, wenn es eine Umgebung $U \subset B$ des Punktes gibt mit

$$f(x, y) \leq f(a, b) \quad \text{für alle } (x, y) \in U. \tag{407}$$

Die Umgebung U ist jeweils entweder eine offene ε-Kreis-Umgebung oder eine offene ε-Quadrat-Umgebung, siehe Paragraph 2.14. Die Forderung der Existenz einer vollständig in B enthaltenen Umgebung des Punktes (a, b) schließt Randpunkte von B aus der Betrachtung aus. Randpunkte sollen nie als relative (lokale) Extremalstellen aufgefaßt werden. Betrachtet man die Extremwertaufgabe als Optimierungsaufgabe, so bezeichnet man f auch als *Zielfunktion*.

Man erhält die Definition der entprechenden *absoluten (globalen)* Extremalstellen, indem man in den Formeln (406) und (407) die Einschränkungen auf Umgebungen wegläßt und U durch B ersetzt. Absolute (globale) Extremalstellen können auch auf dem Rand des Definitionsbereiches B liegen.

Der zu einer relativen bzw. absoluten Extremalstelle (a, b) gehörige Funktionswert $f(a, b)$ wird jeweils als relatives bzw. absolutes Extremum des entsprechenden Typs (Minimum bzw. Maximum) bezeichnet.

Ersichtlich gilt: Die Minimalstellen bzw. Minima gewissen Typs der Funktion f sind genau die Maximalstellen bzw. Maxima gewissen Typs der Funktion $-f$. Die Maximalstellen bzw. Maxima gewissen Typs der Funktion f sind genau die Minimalstellen bzw. Minima gewissen Typs der Funktion $-f$.

Die Unterscheidung von lokalen und globalen Extremalstellen hängt wesentlich von der Wahl des Definitionsbereiches ab. Betrachtet man in der Situation von Formel (406) bzw. von Formel (407) die Einschränkung $f|U: U \to \mathbb{R}$ der Funktion f auf den Bereich U, so ist (a, b) auch globale Minimalstelle bzw. globale Maximalstelle.

Neben den Extremalstellen sind bei von Funktionen von zwei Variablen *Sattelpunkte* zu berücksichtigen. Aus den Formeln (406) und (407) folgt bei Wahl einer geeigneten ε-

Abbildung 74: Graph der Funktion $f(x, y) = x^2 - y^2$ aus Beispiel 16.1.1.

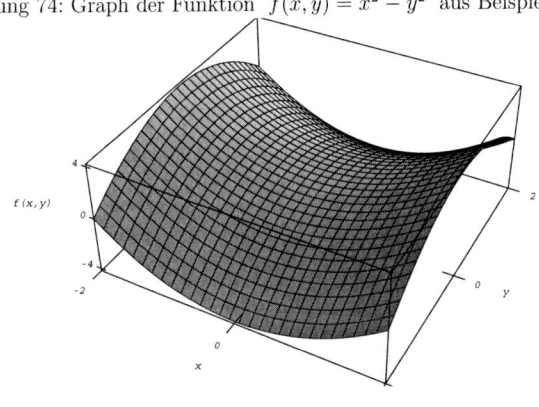

Quadrat-Umgebung U für eine relative Minimalstelle (a, b)

$$f(x, b) \geq f(a, b), \ f(a, y) \geq f(a, b), \quad \text{für } a - \varepsilon < x < a + \varepsilon, \ b - \varepsilon < y < b + \varepsilon,$$

und für eine relative Maximalstelle (a, b)

$$f(x, b) \leq f(a, b), \ f(a, y) \leq f(a, b), \quad \text{für } a - \varepsilon < x < a + \varepsilon, \ b - \varepsilon < y < b + \varepsilon.$$

Die Bewegungen längs der x-Achse und längs der y-Achse haben gleichsinnigen Effekt auf den Funktionswert. Es kann aber auch Punkte (a, b) geben, bei denen die Bewegungen längs der x-Achse und längs der y-Achse gegensinnigen Effekt auf den Funktionswert haben, d. h. Punkte (a, b), für die bei geeignet gewähltem $\varepsilon > 0$ gilt

$$f(x, b) \leq f(a, b), \ f(a, y) \geq f(a, b), \quad \text{für } a - \varepsilon < x < a + \varepsilon, \ b - \varepsilon < y < b + \varepsilon, \ (408)$$

oder

$$f(x, b) \geq f(a, b), \ f(a, y) \leq f(a, b), \quad \text{für } a - \varepsilon < x < a + \varepsilon, \ b - \varepsilon < y < b + \varepsilon. \ (409)$$

Durch (408) („maximal bezüglich x, minimal bezüglich y") oder (409) („minimal bezüglich x, maximal bezüglich y") charakterisierte Punkte (a, b) heißen *Sattelpunkte in Koordinatenorientierung*. Allgemein heißt ein Punkt (a, b) *Sattelpunkt*, wenn er durch eine Drehung der Koordinatenebene in einen Sattelpunkt in Koordinatenorientierung überführt werden kann.

16.1.1 Beispiel. Es sei $f(x, y) = x^2 - y^2$ für $(x, y) \in \mathbb{R}^2$. Wie aus Abbildung 74 ersichtlich, besitzt f im Punkte $(0, 0)$ einen Sattelpunkt. •

16.1.2 Aufgabe. Man untersuche die Funktionen aus den Abbildungen 71 und 72 auf den dort betrachteten Ausschnitten des Definitionsbereiches graphisch auf relative und absolute Extrema. •

16.2 Bestimmung relativer Extremalstellen bei Funktionen zweier Veränderlicher.

In diesem Paragraphen wird ein Verfahren zur Bestimmung von *relativen* (*lokalen*) Extremalstellen von Funktionen zweier Veränderlicher auf *offenen* Mengen vorgestellt. Das Verfahren führt also nicht zur Entscheidung über *absolute* (*globale*) Extremalstellen und nicht zur Entscheidung über mögliche relative oder absolute Extremalstellen auf dem Rand des Definitionsbereiches.

16.2.1 Verfahren (Extremwerte ohne Nebenbedingung). Es sei B eine offene Teilmenge des $\mathbb{R}^2$, $f : B \to \mathbb{R}$ zweimal stetig partiell differenzierbar auf B. Zur Bestimmung der relativen (lokalen) Extremalstellen von f auf B sind die folgenden Schritte durchzuführen.

(S1) Man bestimme die partiellen Ableitungen

$$D_1 f(x,y), \qquad D_2 f(x,y),$$

$$D_1 D_1 f(x,y), \qquad D_1 D_2 f(x,y) \; = \; D_2 D_1 f(x,y), \qquad D_2 D_2 f(x,y)\,.$$

(S2) Man bestimme sämtliche Lösungen (x,y) des Gleichungssystems

$$
\begin{aligned}
\text{(I)} \qquad D_1 f(x,y) &\overset{!}{=} 0, \\
\text{(II)} \qquad D_2 f(x,y) &\overset{!}{=} 0\,.
\end{aligned}
\tag{410}
$$

Diese Lösungen heißen *kritische Punkte von f.*

(S3) Für jede Lösung (x_0, y_0) des Gleichungssystems (410), d. h. für jeden kritischen Punkt (x_0, y_0) von f, setze man

$$A \; = \; D_1 D_1 f(x_0, y_0), \qquad C \; = \; D_2 D_2 f(x_0, y_0)\,,$$

$$B \; = \; D_1 D_2 f(x_0, y_0) \; = \; D_2 D_1 f(x_0, y_0)\,.$$

Man bestimme $A \cdot C - B^2$.

$A \cdot C - B^2 > 0, \; A > 0 :$
Der Punkt (x_0, y_0) ist eine relative (lokale) *Minimalstelle* von f.

$A \cdot C - B^2 > 0, \; A < 0 :$
Der Punkt (x_0, y_0) ist eine relative (lokale) *Maximalstelle* von f.

$A \cdot C - B^2 < 0 :$
Der Punkt (x_0, y_0) ist keine Extremalstelle, sondern ein *Sattelpunkt* von f.

$A \cdot C - B^2 = 0 :$
Bezüglich des Punktes (x_0, y_0) kann keine Entscheidung gefällt werden. •

16.2.2 Aufgabe. Mittels des Verfahrens von 16.2.1 untersuche man die folgenden Funktionen $f_1, \ldots f_{13}$ auf relative (lokale) Extremalstellen und Sattelpunkte. Man überlege jeweils, ob es sich bei den gefundenen relativen (lokalen) Extremalstellen auch um absolute (globale) Extremalstellen handelt.

$$f_1(x,y) = x^2 - y^2, \qquad f_2(x,y) = x^3 - y^3, \qquad f_3(x,y) = x^3 + y^3 - 3xy,$$

$$f_4(x,y) = 6xy - 3x^2 - 2y^3, \qquad f_5(x,y) = 8x^3 + 2xy - 3x^2 + y^2 + 1,$$

$$f_6(x,y) = x + 2ey - e^x - e^{2y}, \qquad f_7(x,y) = 4x^3 + 2xy^2 + x^2y - x,$$

$$f_8(x,y) = y^2 - 3x^2y + 2x^4, \qquad f_9(x,y) = (x+y)^{y/x}, \qquad f_{10}(x,y) = e^{xy} + 2xy + y,$$

$$f_{11}(x,y) = \sin(x) + \sin(y) + \sin(x+y), \qquad f_{12}(x,y) = \sin(x)\sin(y)\sin(x+y),$$

$$f_{13}(x,y) = 2(x-y)^2 + y^2 e^y. \qquad \bullet$$

16.2.3 Aufgabe. Es sei $W(x,t)$ die Wirkung (in Einheiten einer geeigneten meßbaren Größe, z. B. Blutdruck, Pulsfrequenz etc.), die x Einheiten eines Medikamentes t Stunden nach der Einnahme auf einen Patienten haben. In vielen Fällen ist

$$W_a(x,t) = x^2(a-x)t^2 \exp(-t) \qquad \text{für } x \in [0; a],\ t \in [0; +\infty) \text{ mit Parameter } a > 0$$

ein geeignetes mathematisches Modell für den Wirkungsverlauf. Man bestimme die Dosis x_0 und die Zeit t_0 so, daß die Wirkung $W_a(x_0, t_0)$ maximal wird. $\qquad \bullet$

16.2.4 Aufgabe. Man bestimme denjenigen Punkt (x_0, y_0) der Ebene, für den die Summe der Quadrate der Abstände von vorgegebenen Punkten $(a_1, b_1), \ldots, (a_n, b_n)$ minimal wird. $\qquad \bullet$

16.2.5 Aufgabe. Die Funktion $f: \mathbb{R}^2 \to \mathbb{R}$ sei definiert durch

$$f(x,y) := 4x^3 + 4xy + 133x^2 + 4y^2 + 12 .$$

Man untersuche die Funktion f auf relative Extrema und Sattelpunkte. Im einzelnen gehe man folgendermaßen vor:

(a) Man bestimme die partiellen Ableitungen erster und zweiter Ordnung von f.

(b) Man bestimme die Lösungen (x_i, y_i) des durch die partiellen Ableitungen erster Ordnung festgelegten Gleichungssystems. **Hinweis** zur Rechenkontrolle: Die Komponenten x_i und y_i sind jeweils ganzzahlig.

(c) Mittels einer geeigneten hinreichenden Bedingung kläre man für jedes Paar (x_i, y_i) aus **(b)**, ob es sich um eine relative Minimalstelle, eine relative Maximalstelle oder einen Sattelpunkt von f handelt. $\qquad \bullet$

16.2.6 Aufgabe.   Für die Produktion eines Gutes werden zwei Rohstoffe A und B verwendet. Die Produktionskosten beim Einsatz von x Mengeneinheiten des Rohstoffes A und von y Mengeneinheiten des Rohstoffes B betragen $f(x,y) \cdot 1000$ DM, wobei die Funktion $f\colon \mathbb{R}^2 \to \mathbb{R}$ definiert ist durch

$$f(x,y) \;=\; 10 \;-\; 2y \;+\; 3 \cdot \left(e^{-6-\ln(6)}\right)^2 \cdot e^{2x} \;+\; 2 \cdot e^{y-5} \;-\; e^{-6-\ln(6)} \cdot e^x.$$

Gesucht ist diejenige Kombination (x_0, y_0) von Einsatzmengen, bei der die Produktionskosten minimal sind. Als Beitrag zur Lösung dieser Aufgabe sollen hier **nur** die **relativen** Extremalstellen von f auf $\mathbb{R}^2$ bestimmt werden. Hierzu gehe man folgendermaßen vor.

(a)   Man bestimme die partiellen Ableitungen erster und zweiter Ordnung von f.

(b)   Man bestimme die Lösungen (x_i, y_i) des durch die partiellen Ableitungen erster Ordnung festgelegten Gleichungssystems.   **Hinweis** zur Rechenkontrolle: Die Komponenten x_i, y_i sind jeweils ganzzahlig.

(c)   Mittels einer geeigneten hinreichenden Bedingung kläre man für jedes Paar (x_i, y_i) aus (b), ob es sich um eine relative Minimalstelle oder eine relative Maximalstelle von f handelt. $\bullet$

16.2.7 Aufgabe.   Es sollen zwei Güter A und B produziert und verkauft werden. Der durch den Verkauf von x Mengeneinheiten (ME) des Gutes A und y ME des Gutes B erzielte Profit beträgt $f(x,y)$ DM, wobei die Funktion $f\colon \mathbb{R}^2 \to \mathbb{R}$ definiert ist durch

$$f(x,y) \;=\; 4581x \;+\; 59244y \;-\; 9x^2 \;-\; 189xy \;-\; 1234.50y^2.$$

Bei großen Werten von x bzw. von y ist offensichtlich $f(x,y) < 0$, d. h. es entsteht ein Verlust. Gesucht ist diejenige Kombination (x_0, y_0) von Verkaufsmengen, bei der der Profit maximal ist. Als Beitrag zur Lösung dieser Aufgabe sollen hier **nur** die **relativen** Extremalstellen von f auf $\mathbb{R}^2$ bestimmt werden. Hierzu gehe man folgendermaßen vor.

(a)   Man bestimme die partiellen Ableitungen erster und zweiter Ordnung von f.

(b)   Man bestimme die Lösungen (x_i, y_i) des durch die partiellen Ableitungen erster Ordnung festgelegten Gleichungssystems.   **Hinweis** zur Rechenkontrolle: Die Komponenten x_i, y_i sind jeweils ganzzahlig.

(c)   Mittels einer geeigneten hinreichenden Bedingung kläre man für jedes Paar (x_i, y_i) aus (b), ob es sich um eine relative Minimalstelle oder eine relative Maximalstelle von f handelt. $\bullet$

16.2.8 Aufgabe.   Es sollen zwei Güter A und B produziert werden. Die durch die Produktion von x Mengeneinheiten (ME) des Gutes A und y ME des Gutes B anfallenden variablen Kosten betragen $f(x,y)$ DM, wobei die Funktion $f\colon \mathbb{R}^2 \to \mathbb{R}$ definiert ist durch

$$f(x,y) \;=\; \frac{1}{7}\,x^7 \;+\; 8.75y^2 \;-\; 17.50x^2y \;+\; 216x.$$

Aus technischen Gründen beträgt die Mindestproduktionsmenge des Gutes A 1 ME und die Mindestproduktionsmenge des Gutes B 2 ME. Gesucht ist diejenige Kombination (x_0, y_0) von Produktionsmengen mit $x_0 \geq 1$, $y_0 \geq 2$, bei der die Kosten minimal sind. Als Beitrag zur Lösung dieser Aufgabe sollen in den Teilaufgaben (a) bis (e) **nur** die **relativen** Extremalstellen von f auf **dem ganzen** $\mathbb{R}^2$ bestimmt werden. Hierzu gehe man folgendermaßen vor.

(a)   Man bestimme die partiellen Ableitungen erster und zweiter Ordnung von f.

(b)   Aus der Gleichung $D_2 f(x, y) \overset{!}{=} 0$ bestimme man y als Funktion $y(x)$ von x.

(c)   Man setze $y = y(x)$ in der partiellen Ableitung $D_1 f(x, y)$ und bestimme dann alle Lösungen x_i der Gleichung $D_1 f\big(x, y(x)\big) \overset{!}{=} 0$.   **Hinweis:** Zur Lösung einer Gleichung $a x^6 + b x^3 + c \overset{!}{=} 0$ setze man $u = x^3$ und löse zunächst die entsprechende Gleichung in u.

(d)   Mithilfe der Ergebnisse von (b) und (c) bestimme man die kritischen Punkte (x_i, y_i) der Funktion f auf $\mathbb{R}^2$.   **Hinweis zur Rechenkontrolle:** Die Komponenten x_i, y_i sind jeweils ganzzahlig.

(e)   Mittels einer geeigneten hinreichenden Bedingung kläre man für jeden kritischen Punkt (x_i, y_i) aus (e), ob es sich um eine relative Minimalstelle oder eine relative Maximalstelle von f handelt.

In der folgenden Teilaufgabe (f) soll ein Beitrag zur Klärung der Frage geleistet werden, ob etwa gefundene relative Minimalstellen (x_i, y_i) auch globale Minimalstellen der Funktion f auf dem für die Bestimmung der Kosten interessanten Bereich $[1; +\infty) \times [2; +\infty)$ sind.

(f)   Mithilfe der relativen Minimalstellen (x_i, y_i) bestimme man die relativen Minima $f(x_i, y_i)$ auf zwei Stellen nach dem Dezimalpunkt genau. Man vergleiche diese mit den Kosten $f(1, 2)$ für die Mindestproduktionsmengen. Sofern sich anhand dieses Vergleichs herausstellt, daß eine relative Minimalstelle nicht global ist, gebe man dies an.

16.2.9 Aufgabe.   Mit den Faktoren Arbeit (in Zeiteinheiten, ZE) und Energie (in Arbeitseinheiten, AE) soll eine Dienstleistung erbracht werden. Beim Einsatz von x ZE Arbeit und y AE Energie erbringt die Dienstleistung einen Gewinn (negativer Gewinn = Verlust) von $f(x, y)$ Geldeinheiten (GE), wobei die Funktion $f\colon (0; +\infty) \times (0; +\infty) \to \mathbb{R}$ definiert ist durch

$$f(x, y) \;=\; 10\ln(x) \;+\; 20\ln(y) \;-\; 2x \;-\; y.$$

Gesucht ist diejenige Kombination (x_0, y_0) von Werten der Einsatzfaktoren mit $x_0 > 0$, $y_0 > 0$, bei der Gewinn maximal wird. Als Beitrag zur Lösung dieser Aufgabe sollen in den Teilaufgaben (a) bis (d) **nur** die **relativen** Extremalstellen und Extrema von f auf $(0; +\infty) \times (0; +\infty)$ bestimmt werden.

Abbildung 75: Graph der Funktion $\quad f(x,y) \;=\; \frac{1}{7}x^7 \;+\; 8.75y^2 \;-\; 17.50x^2y \;+\; 216x$
auf $[0;5] \times [0;13]$.

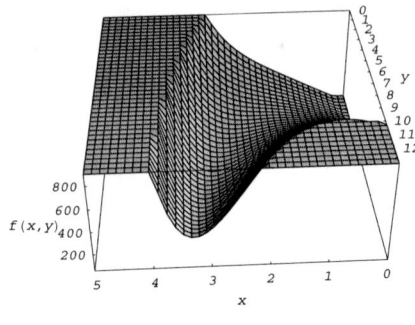

(a) Man bestimme die partiellen Ableitungen erster und zweiter Ordnung von f.

(b) Mithilfe des Ergebnisses von (a) bestimme man die kritischen Punkte (x_i, y_i) der Funktion f auf $(0; +\infty) \times (0; +\infty)$. **Hinweis zur Rechenkontrolle:** Die Komponenten x_i, y_i sind jeweils ganzzahlig.

(c) Mittels einer geeigneten hinreichenden Bedingung kläre man für jeden kritischen Punkt (x_i, y_i) aus (b) aus, ob es sich um eine relative Minimalstelle oder eine relative Maximalstelle von f handelt.

(d) Man bestimme die relativen Extrema $f(x_i, y_i)$ auf vier Stellen nach dem Dezimalpunkt genau. $\bullet$

Aus der Abbildung 76 geht hervor, daß die in Aufgabe 16.2.9 gefundene relative Maximalstelle auch absolute Maximalstelle von f auf dem Definitionsbereich $(0; +\infty) \times (0; +\infty)$ ist.

16.2.10 Aufgabe. Eine Regierung beabsichtigt, den Arbeitsmarkt mit einem auf vier Jahre angelegten Arbeitsförderungsprogramm zu beeinflussen. Es sollen zwei Maßnahmen *Programm 1* und *Programm 2* durchgeführt werden. Das Gesamtinvestitionsvolumen über die vier Jahre beträgt x Geldeinheiten (GE) in *Programm 1* und y GE in *Programm 2*. Eine Geldeinheit (GE) ist 1 Milliarde €. Es wird erwartet, daß als Folge dieser Investitionen die Arbeitslosenzahl nach vier Jahren die ganzzahlige Rundung von $f(x,y) \cdot 10^6$ ist, wobei die Funktion $f \colon \mathbb{R}^2 \to \mathbb{R}$ definiert ist durch

$$f(x,y) \;=\; 4 \;-\; 0.25xy \exp(-0.1x - 0.5y).$$

Gesucht ist diejenige Kombination (x_0, y_0) von Werten der Investitionsvolumina, bei der die nach vier Jahren erwartete Arbeitslosenzahl minimal wird. Als Beitrag zur Lösung

Abbildung 76: Graph der Funktion $\quad f(x,y) = 10\ln(x) + 20\ln(y) - 2x - y \quad$ auf $[1;19] \times [1;90]$.

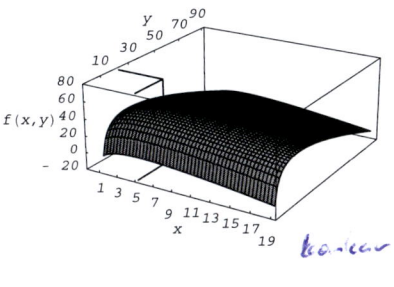

dieser Aufgabe sollen in den Teilaufgaben (a) bis (d) **nur** die **relativen** Extremalstellen und Extrema von f auf dem $\mathbb{R}^2$ bestimmt werden.

(a) Man bestimme die partiellen Ableitungen erster und zweiter Ordnung von f.

(b) Mithilfe des Ergebnisses von (a) bestimme man die kritischen Punkte (x_i, y_i) der Funktion f auf dem $\mathbb{R}^2$. **Hinweis zur Rechenkontrolle:** Die Komponenten x_i, y_i sind jeweils ganzzahlig.

(c) Mittels einer geeigneten hinreichenden Bedingung kläre man für jeden kritischen Punkt (x_i, y_i) aus (b), ob es sich um eine relative Minimalstelle oder eine relative Maximalstelle von f handelt.

(d) Man bestimme die relativen Extrema $f(x_i, y_i)$ auf sechs Stellen nach dem Dezimalpunkt genau. •

Die Abbildung 77 suggeriert, daß die in Aufgabe 16.2.10 gefundene relative Minimalstelle auch absolute Minimalstelle von f auf dem Bereich $(0; +\infty) \times (0; +\infty)$ ist.

16.2.11 Aufgabe. Den Markt bezüglich eines gewissen Gutes teilen sich die Dyopolisten 1 und 2. Als Funktion der insgesamt am Markt angebotenen Anzahl y von Mengeneinheiten (ME) des Gutes ergibt sich der Preis von $P(y) = 129.8 - 0.1y$ Geldeinheiten (GE) pro ME des Gutes. Durch Produktion und Vertrieb von y_i ME des Gutes entstehen dem Dyopolisten i die Gesamtkosten von $C_i(y_i)$ GE mit

$$C_1(y_1) = 0.1y_1^2 + 64.6y_1, \quad C_2(y_2) = 0.125y_2^2 + 53.10y_2.$$

Bei den folgenden Untersuchungen wird unterstellt, daß die von beiden Dyopolisten insgesamt am Markt angebotene Menge $y_1 + y_2$ vollständig zum Preis von $P(y_1 + y_2)$ GE pro ME des Gutes verkauft werden kann.

Abbildung 77: Graph der Funktion $f(x,y) = 4 - 0.25xy\exp(-0.1x - 0.5y)$.

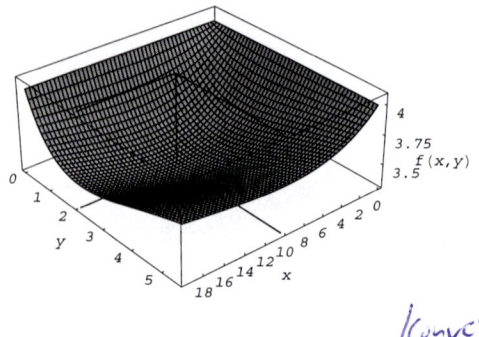

Konvex

(3.a)   Man gebe die den Gesamtgewinn $F(y_1, y_2)$ an, der von den Dyopolisten 1 und 2 bei Verkauf von y_1 ME durch Dyopolist 1 und von y_2 ME durch Dyopolist 2 erzielt wird. **Hinweis:** Gewinn = Erlös − Kosten.

Es soll die Dyopolstrategie der Gesamtgewinnmaximierung betrachtet werden. Als Beitrag zu dieser Untersuchung sollen in den folgenden Teilaufgaben 3.b bis 3.g die **relativen Extremalstellen** und **relativen Extrema** der in Teilaufgabe 3.a ermittelten Gesamtgewinnfunktion F auf dem $\mathbb{R}^2$ bestimmt werden.

(3.b)   Man bestimme die partiellen Ableitungen erster Ordnung der Funktion F.

(3.c)   Man bestimme die partiellen Ableitungen zweiter Ordnung der Funktion F.

(3.d)   Man gebe ein Gleichungssystem für die kritischen Punkte $(y_1^{(l)}, y_2^{(l)})$ von F an.

(3.e)   Aus dem in Teilaufgabe 3.d ermittelten Gleichungssystem bestimme man die kritischen Punkte $(y_1^{(l)}, y_2^{(l)})$ von F. **Hinweis zur Rechenkontrolle:** Die Komponenten der kritischen Punkte sind ganzzahlig.

(3.f)   Mittels einer geeigneten hinreichenden Bedingung kläre man für jede kritische Stelle $(y_1^{(l)}, y_2^{(l)})$ aus 3.e, ob es sich um eine relative Minimalstelle oder eine relative Maximalstelle von F handelt.

(3.g)   Man bestimme die relativen Extrema $F(y_1^{(l)}, y_2^{(l)})$ von F.   •

Die Abbildung 78 suggeriert, daß die in Aufgabe 16.2.11 gefundene relative Minimalstelle auch absolute Minimalstelle von F ist.

Abbildung 78: Graph der Funktion F aus Aufgabe 16.2.11.

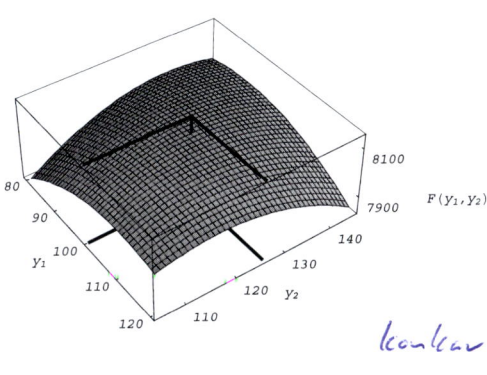

konkav

16.3   Relative Extremalstellen unter Nebenbedingung.

In vielen praktischen Optimierungsproblemen variieren die Einsatzvariablen nicht, wie in Paragraph 16 unterstellt, unabhängig voneinander. Insbesondere in wirtschaftswissenschaftlichen Anwendungen führen Nebenbedingungen wie Budgetrestriktionen, Marktbedingungen, technische Zusammenhänge usw. zur Abhängigkeit der Variablen gemäß impliziten Funktionen.

16.3.1 Beispiel (Maximalstelle unter Nebenbedingung).   Es sei $f(x,y) = x^2 + 4y^2 + 9xy$ der einem Konsumenten aus x Einheiten eines Gutes A und y Einheiten eines Gutes B erwachsende Nutzen. Eine Einheit des Gutes A kostet 5.-DM, eine Einheit des Gutes B kostet 20.-DM. Dem Konsumenten steht ein Budget von 28000.-DM zur Verfügung. Wieviele Einheiten von Gut A und Gut B soll der Konsument erwerben, um seinen Nutzen zu maximieren?

Da f auf $[0; +\infty) \times [0; +\infty)$ in beiden Variablen streng monoton wächst, ist zunächst klar, daß zur Nutzenmaximierung das Budget voll auszuschöpfen ist. Die von Gut A und Gut B zu erwerbenden Gütermengen unterliegen also dem Zusammenhang $5x + 20y = 28000$, x kann demnach explizit als Funktion $x(y) = 5600 - 4y$ von y ausgedrückt werden. Durch Einsetzen in die Nutzenfunktion erhält man als neue Zielfunktion

$$g(y) = f\Big(x(y), y\Big) = 16(-y^2 + 350y + 1960000).$$

Die Funktion g nimmt ihr absolutes Maximum an im Punkte $y_0 = 175$ (Beweis als Aufgabe!). Der Nutzen des Konsumenten wird also maximal beim Erwerb von $y_0 = 175$ Einheiten B und $x_0 = x(y_0) = 4900$ Einheiten A. Während also, wie durch Abbildung 79 illustriert, die Zielfunktion f auf $[0; +\infty) \times [0; +\infty)$ keine Maximalstellen besitzt, hat f auf der durch die Nebenbedingung festgelegten Geraden $x = 5600 - 4y$ genau eine relative und absolute Extremalstelle. $\bullet$

Abbildung 79: Zielfunktion f und durch die Nebenbedingung eingeschränkte Zielfunktion aus Beispiel 16.3.1.

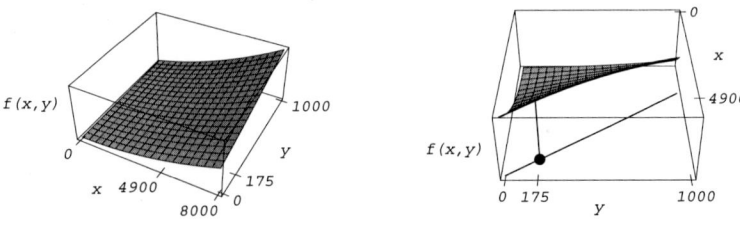

Optimierungsaufgaben wie das Problem von Beispiel 16.3.1 geben Anlaß zu der folgenden allgemeinen Definition von *Extremwerten unter einer Nebenbedingung*.

16.3.2 Definition (Lokale Extremalstellen unter einer Nebenbedingung). Es sei $B \subset \mathbb{R}^2$, $f, g \colon B \to \mathbb{R}$, $M = \left\{ (x, y) | (x, y) \in B, g(x, y) = 0 \right\}$, (a, b) ein Punkt aus M, d. h. ein Punkt aus B mit $g(a, b) = 0$.

Gibt es eine Umgebung U des Punktes (a, b) mit

$$f(x, y) \leq f(a, b) \quad \text{für alle } (x, y) \in U \cap M,$$

so heißt (a, b) *lokale Maximalstelle* oder *relative Maximalstelle von f unter der Nebenbedingung* $g(x, y) = 0$ und der Funktionswert $f(a, b)$ heißt *lokales Maximum* oder *relatives Maximum von f unter der Nebenbedingung* $g(x, y) = 0$.

Gibt es eine Umgebung U des Punktes (a, b) mit

$$f(x, y) \geq f(a, b) \quad \text{für alle } (x, y) \in U \cap M,$$

so heißt (a, b) *lokale Minimalstelle* oder *relative Minimalstelle von f unter der Nebenbedingung* $g(x, y) = 0$ und der Funktionswert $f(a, b)$ heißt *lokales Minimum* oder *relatives Minimum von f unter der Nebenbedingung* $g(x, y) = 0$. $\bullet$

Die Definition globaler (absoluter) Extremalstellen unter einer Nebenbedingung erhält man aus Definition aus 16.3.2 wie beim Übergang von Definition 4.3.1 zu 4.3.2 in Paragraph 4.3, indem man die Einschränkung der Ungleichungen auf ε-Umgebungen wegläßt.

Um die Situation von Beispiel 16.3.1 im Schema von 16.3.2 darzustellen, ist offensichtlich $g(x, y) = 5x + 20y - 28000$ zu wählen. Hat die Nebenbedingung eine so einfache Gestalt, daß, wie im Beipiel, eine der beiden Variablen explizit als Funktion der anderen dargestellt werden kann, so kann das Problem auf die Untersuchung einer Funktion einer Variablen zurückgeführt werden. Bei komplizierteren Nebenbedingungen ist diese Vorgehensweise jedoch im allgemeinen nicht möglich. Auch wird durch die Nebenbedingung keineswegs immer genau eine Funktion $x(y)$ bzw. $y(x)$ zwischen x und y festgelegt. Bei einer Nebenbedingung wie $x^2 + y^2 - 1 = 0$ gibt es z. B. zwei Zweige $x_1(y) = \sqrt{1 - y^2}$ und $x_2(y) = -\sqrt{1 - y^2}$. Zur Lösung von Optimierungsaufgaben unter solchen komplizierteren Nebenbedingungen steht das im folgenden angegebene Verfahren nach *Joseph Louis Lagrange* (1736-1813) zur Verfügung.

16.3.3 Verfahren (Extremwerte unter Nebenbedingung).   Es sei B eine offene Teilmenge des $\mathbb{R}^2$, $f, g\colon B \to \mathbb{R}$ zweimal stetig partiell differenzierbar auf B, wobei $D_1 g(x,y) \neq 0$ oder $D_2 g(x,y) \neq 0$ für alle $(x,y) \in B$. Zur Bestimmung der relativen (lokalen) Extremalstellen von f auf B unter der Nebenbedingung $g(x,y) = 0$ sind die folgenden Schritte durchzuführen.

(S1)   Man bilde die *Lagrange-Funktion*

$$F_\lambda(x,y) \quad := \quad f(x,y) + \lambda \cdot g(x,y) \qquad \text{für } (x,y) \in B, \ \lambda \in \mathbb{R}.$$

(S2)   Man bestimme die partiellen Ableitungen

$$D_1 F_\lambda(x,y) = D_1 f(x,y) + \lambda \cdot D_1 g(x,y),$$

$$D_2 F_\lambda(x,y) = D_2 f(x,y) + \lambda \cdot D_2 g(x,y),$$

$$D_1 D_1 F_\lambda(x,y), \qquad D_1 D_2 F_\lambda(x,y) = D_2 D_1 F_\lambda(x,y), \qquad D_2 D_2 F_\lambda(x,y),$$

$$D_1 g(x,y), \qquad D_2 g(x,y).$$

(S3)   Man bestimme sämtliche Lösungen (x,y,λ) des Gleichungssystems

$$
\begin{aligned}
\text{(I)} \qquad & D_1 F_\lambda(x,y) \quad \overset{!}{=} \quad 0, \\
\text{(II)} \qquad & D_2 F_\lambda(x,y) \quad \overset{!}{=} \quad 0, \\
\text{(III)} \qquad & g(x,y) \quad \overset{!}{=} \quad 0.
\end{aligned}
\qquad (411)
$$

(S4)   Man betrachte die Lösungen (x_0, y_0, λ_0) des Gleichungssystems (411) mit $D_1 g(x_0, y_0) \neq 0$ oder $D_2 g(x_0, y_0) \neq 0$. Für solche Punkte setze man

$$A \ := \ D_1 D_1 F_{\lambda_0}(x_0, y_0), \qquad C \ := \ D_2 D_2 F_{\lambda_0}(x_0, y_0),$$

$$B \ := \ D_1 D_2 F_{\lambda_0}(x_0, y_0) \ = \ D_2 D_1 F_{\lambda_0}(x_0, y_0).$$

Um zu entscheiden, ob (x_0, y_0) eine relative Extremalstelle unter der Nebenbedingung $g(x,y) = 0$ ist und welche Art von Extremalstelle gegebenenfalls vorliegt, wende man eines der beiden folgenden Kriterien an.

Erstes Kriterium anhand des Wertes $A \cdot C - B^2$.

$A \cdot C - B^2 > 0, \ A > 0:$
Der Punkt (x_0, y_0) ist eine lokale *Minimalstelle* von f unter der Nebenbedingung $g(x,y) = 0$.

$A \cdot C - B^2 > 0, \ A < 0:$

Der Punkt (x_0, y_0) ist eine lokale *Maximalstelle* von f unter der Nebenbedingung $g(x, y) = 0$.

$A \cdot C - B^2 \le 0:$

Mithilfe von $A \cdot C - B^2$ ist keine Entscheidung möglich.

Zweites Kriterium anhand des Wertes

$$U \quad :=$$

$$A \cdot \Big(D_2 g(x_0, y_0) \Big)^2 \ - \ 2 \cdot B \cdot D_1 g(x_0, y_0) \cdot D_2 g(x_0, y_0) \ + \ C \cdot \Big(D_1 g(x_0, y_0) \Big)^2 .$$

$U > 0:$

Der Punkt (x_0, y_0) ist eine lokale *Minimalstelle* von f unter der Nebenbedingung $g(x, y) = 0$.

$U < 0:$

Der Punkt (x_0, y_0) ist eine lokale *Maximalstelle* von f unter der Nebenbedingung $g(x, y) = 0$.

$U = 0:$

Mithilfe von U ist keine Entscheidung möglich. •

Bei den Aufgaben 16.3.4 und 16.3.5 kann sowohl das in Beispiel 16.3.1 verwendete Eliminationsverfahren als auch das Lagrange-Verfahren 16.3.3 verwendet werden. Die Aufgaben 16.3.6,...,16.3.13 löst man zweckmäßigerweise mit dem Verfahren von Lagrange.

16.3.4 Aufgabe.   Ein Hersteller beabsichtigt, insgesamt genau 8000 Einheiten zweier Waren A und B zu produzieren. Bei der Produktion von $x \cdot 1000$ Einheiten der Ware A, $y \cdot 1000$ Einheiten der Ware B entstehen die Kosten $K(x, y) = (x^2 + 2y^2 - xy) \cdot 10^6$. Man bestimme diejenige Kombination (x, y), bei der unter der obigen Nebenbedingung die Kosten minimiert werden. •

16.3.5 Aufgabe.   Die Wertschätzungen eines Verbrauchers für zwei Güter A und B lassen sich als Funktion der vom Verbraucher gekauften Stückzahlen x (Gut A) und y (Gut B) darstellen durch eine Nutzenfunktion $f(x, y)$. Für $\alpha, \beta \in (0; +\infty)$ sei $f \colon (0; +\infty) \times (0; +\infty) \to \mathbb{R}$ mit $f(x, y) \ := \ x^\alpha y^\beta$ eine solche Nutzenfunktion. Wieviel muß der Verbraucher von A und B kaufen, um maximalen Nutzen zu erzielen, wenn ihm ein Kapital $K > 0$ zur Verfügung steht und die Stückpreise p_A für Gut A und p_B für Gut B $(p_A, p_B > 0)$ betragen? •

16.3.6 Aufgabe. f, g seien auf geeigneten Teilmengen M des $\mathbb{R}^2$ definierte, zweimal stetig partiell differenzierbare Funktionen. Gesucht sind die Extremalstellen der Funktion f auf M unter der Nebenbedingung $g(x, y) = 0$. Einzelne Schritte des zur Lösung dieses

Problems dienenden *Verfahrens von Lagrange* sollen in den folgenden Teilaufgaben anhand dreier spezieller Beispiele für die Zielfunktion f und die Nebenbedingungsfunktion g durchgeführt werden.

(a) Es sei

$$f(x,y) \; := \; \frac{x}{x+y}, \qquad g(x,y) \; := \; \frac{1}{x^3 \, y^2} + xy \, .$$

Man definiere die Lagrange-Funktion F_λ, man bestimme die partiellen Ableitungen

$$D_1 F_\lambda(x,y), \quad D_2 F_\lambda(x,y),$$

$$D_1 D_1 F_\lambda(x,y), \quad D_1 D_2 F_\lambda(x,y) = D_2 D_1 F_\lambda(x,y), \quad D_2 D_2 F_\lambda(x,y),$$

und man gebe das die kritischen Punkte (x_0, y_0) mit zugehörigem λ_0 bestimmende Gleichungssystem an.

(b) Es sei

$$f(x,y) \; := \; 25x^2 + 6.25y^2, \qquad g(x,y) \; := \; 4.1x^2 + 0.9xy + 1.025y^2 - 1440 \, .$$

In diesem Falle werden die kritischen Punkte (x,y) mit zugehörigem λ bestimmt durch das Gleichungssystem

$$\text{(I)} \qquad 50x + \lambda \cdot \Big(8.2x + 0.9y\Big) \quad \overset{!}{=} \quad 0 \, ,$$

$$\text{(II)} \qquad 12.5y + \lambda \cdot \Big(2.05y + 0.9x\Big) \quad \overset{!}{=} \quad 0 \, ,$$

$$\text{(III)} \qquad 4.1x^2 + 0.9xy + 1.025y^2 \quad \overset{!}{=} \quad 1440 \, .$$

Dieses Zwischenergebnis soll *nicht* bewiesen werden!

Man bestimme sämtliche Lösungstripel (x_i, y_i, λ_i) dieses Gleichungssystems.

Hinweis: Ohne Beweis verwende man, daß für jedes der insgesamt *vier* Lösungstripel (x_i, y_i, λ_i) gilt: $x_i \neq 0$, $y_i \neq 0$, $\lambda_i \neq 0$. Zur Lösungskontrolle: x_i und y_i sind ganzzahlig.

(c) Es sei $\quad f(x,y) \; := \; 36 \cdot 2^{2/3} (xy)^{1/3}, \qquad g(x,y) \; := \; x^2 + 4y^2 - 8 \, .$ In diesem Falle ergibt sich:

$$D_1 D_1 F_\lambda(x,y) \; = \; -8 \cdot 2^{2/3} \frac{y^{1/3}}{x^{5/3}} + 2\lambda, \quad D_2 D_2 F_\lambda(x,y) \; = \; -8 \cdot 2^{2/3} \frac{x^{1/3}}{y^{5/3}} + 8\lambda,$$

$$D_1 D_2 F_\lambda(x,y) \; = \; \frac{4 \cdot 2^{2/3}}{x^{2/3} y^{2/3}} \; = \; D_2 D_1 F_\lambda(x,y) \, .$$

Das die kritischen Punkte bestimmende Gleichungssystem besitzt die folgenden Lösungstripel (x_i, y_i, λ_i) : $\quad (-2,-1,-3), \quad (-2,1,3), \quad (2,-1,3), \quad (2,1,-3)$.
Dieses Zwischenergebnis soll *nicht* bewiesen werden!

Mithilfe eines geeigneten Kriteriums entscheide man für die kritischen Punkte $(-2, -1)$ und $(-2, 1)$, ob es sich um eine lokale Minimalstelle oder eine lokale Maximalstelle der Funktion f unter der Nebenbedingung $g(x,y) = 0$ handelt. $\qquad \bullet$

16.3.7 Aufgabe. Die Funktionen $f, g \colon \mathbb{R}^2 \to \mathbb{R}$ seien definiert durch

$$f(x,y) \ := \ 17x + 9y, \qquad g(x,y) \ := \ x + x^2 + \frac{2^y}{\ln(2)} + y - 75 - \frac{8}{\ln(2)}.$$

Gesucht sind die Stellen relativer Extrema der Funktion f auf $(0; +\infty) \times (0; +\infty) = \left\{ (x,y) \mid x, y > 0 \right\}$ unter der Nebenbedingung $g(x,y) = 0$. Zur Lösung des Problems mittels des bekannten *Verfahrens von Lagrange* gehe man folgendermaßen vor:

(a) Man definiere die Lagrange-Funktion F_λ, man bestimme ihre partiellen Ableitungen

$$D_1 F_\lambda(x,y), \quad D_2 F_\lambda(x,y), \quad D_1 D_1 F_\lambda(x,y), \quad D_2 D_2 F_\lambda(x,y),$$

$$D_1 D_2 F_\lambda(x,y) = D_2 D_1 F_\lambda(x,y),$$

und man gebe das die kritischen Punkte (x_0, y_0) mit zugehörigem λ_0 bestimmende Gleichungssystem an.

(b) Mithilfe der Gleichungen $D_1 F_\lambda(x,y) = 0 = D_2 F_\lambda(x,y)$ drücke man x als Funktion $x(y)$ von y aus.

(c) In der dritten Gleichung $g(x,y) = 0$ von (a) ersetze man x durch $x(y)$ und gewinne so eine Gleichung $g\big(x(y), y\big) = 0$ in y.

(d) Man ermittle die eindeutig bestimmte Lösung $y_0 > 0$ der Gleichung von (c). **Hinweis**: Die Lösung ist ganzzahlig. **Hilfsmittel**: Bei der Auswertung der bei der Suche nach der Lösung zu untersuchenden Ausdrücke darf der Taschenrechner benutzt werden.

(e) Aus (b) und (d) bestimme man $x_0 = x(y_0)$.

(f) Man bestimme das zum kritischen Punkt (x_0, y_0) gehörige λ_0.

(g) Mithilfe eines geeigneten Kriteriums entscheide man, ob der kritische Punkt (x_0, y_0) eine lokale Minimalstelle oder eine lokale Maximalstelle der Funktion f unter der Nebenbedingung $g(x,y) = 0$ ist. $\bullet$

16.3.8 Aufgabe. Die Funktionen $f, g \colon \mathbb{R}^2 \to \mathbb{R}$ seien definiert durch

$$f(x,y) \ := \ 5x - y, \qquad g(x,y) \ := \ 5x^2 y - xy^2 + 1350 \,.$$

Gesucht sind die Stellen relativer Extrema der Funktion f auf $\mathbb{R}^2$ unter der Nebenbedingung $g(x,y) = 0$. Zur Lösung des Problems mittels des bekannten *Verfahrens von Lagrange* gehe man folgendermaßen vor:

(a) Man definiere die Lagrange-Funktion F_λ, man bestimme die partiellen Ableitungen

$$D_1 F_\lambda(x,y), \quad D_2 F_\lambda(x,y), \quad D_1 D_1 F_\lambda(x,y), \quad D_2 D_2 F_\lambda(x,y),$$

$$D_1 D_2 F_\lambda(x,y) = D_2 D_1 F_\lambda(x,y), \quad D_1 g(x,y), \quad D_2 g(x,y),$$

und man gebe das die kritischen Punkte (x_0, y_0) mit zugehörigem λ_0 bestimmende Gleichungssystem an.

(b)   Mithilfe der Gleichungen $D_1F_\lambda(x,y) = 0 = D_2F_\lambda(x,y)$ drücke man y als Funktionen $y_1(x), \ldots, y_i(x)$ von x aus.   **Hinweis**: Es gibt $i \geq 2$ Möglichkeiten, y als Funktion von x auszudrücken.

(c)   In der dritten Gleichung $g(x,y) = 0$ von (a) ersetze man y durch $y_j(x)$ und gewinne so Gleichungen $g\Big(x, y_j(x)\Big) = 0$ in x. Man prüfe die Lösbarkeit dieser Gleichungen und ermittle gegebenenfalls die jeweilige Lösung x_0.   **Hinweis**: Die Lösung ist jeweils ganzzahlig.

(d)   Zu den in (c) ermittelten Lösungen x_0 bestimme man den zugehörigen Wert $y_0 = y(x_0)$.

(e)   Man bestimme das zu den in (c) und (d) ermittelten kritischen Punkten (x_0, y_0) gehörige λ_0.

(f)   Mithilfe eines geeigneten Kriteriums entscheide man bezüglich der kritischen Punkte, ob es sich um Stellen lokaler Maxima oder lokaler Minima unter der Nebenbedingung $g(x,y) = 0$ handelt.   •

16.3.9 Aufgabe.   Die Funktion $f : \mathbb{R}^2 \to \mathbb{R}$ sei definiert durch $f(x,y) = 27x + 1331y$. Man bestimme die relativen Extrema von f unter denjenigen Punkten des $\mathbb{R}^2$, die der Gleichung $x^4 + y^4 = 14722$ genügen. Mittels einer geeigneten hinreichenden Bedingung kläre man, ob es sich bei den Lösungen um Stellen relativer Minima oder relativer Maxima handelt.   **Hinweis** zur Rechenkontrolle: Die Lösungen besitzen ganzzahlige Koordinaten.   •

16.3.10 Aufgabe.   Die Funktion $f : \mathbb{R}^2 \to \mathbb{R}$ sei definiert durch $f(x,y) := 3x + 6y$. Man bestimme die relativen Extrema von f unter denjenigen Punkten des $\mathbb{R}^2$, die auf dem Kreis des Radius $5\sqrt{5}$ um den Ursprung liegen, d. h. unter den Punkten $(x,y) \in \mathbb{R}^2$, die der Gleichung $x^2 + y^2 = 125$ genügen.
Mittels einer geeigneten hinreichenden Bedingung kläre man jeweils, ob es sich bei den Lösungen um Stellen relativer Minima oder relativer Maxima handelt. **Hinweis** zur Rechenkontrolle: Die Lösungen besitzen ganzzahlige Koordinaten.   •

16.3.11 Aufgabe.   Die Funktion $f : \mathbb{R}^2 \to \mathbb{R}$ sei definiert durch $f(x,y) := x + y$. Man bestimme die relativen Extrema von f unter denjenigen Punkten des $\mathbb{R}^2$, die der Gleichung $x^2 + x + y + y^2 = 220$ genügen. Mittels einer geeigneten hinreichenden Bedingung kläre man jeweils, ob es sich bei den Lösungen um Stellen relativer Minima oder relativer Maxima handelt. **Hinweis** zur Rechenkontrolle: Die Lösungen besitzen ganzzahlige Koordinaten.   •

16.3.12 Aufgabe.   Die Funktion $f : \mathbb{R}^2 \to \mathbb{R}$ sei definiert durch $f(x,y) := 7x + 5y$. Man bestimme die relativen Extrema von f unter denjenigen Punkten des $\mathbb{R}^2$, die der Gleichung $x^2 + xy + y^2 = 5733$ genügen. Hierzu verwende man das bekannte Verfahren nach Lagrange, im einzelnen:

(a) Man definiere die Lagrange-Funktion F_λ und bestimme ihre partiellen Ableitungen erster und zweiter Ordnung.

(b) Man bestimme die Lösungen (x_i, y_i, λ_i) des durch die partiellen Ableitungen erster Ordnung und die Nebenbedingung festgelegten Gleichungssystems. **Hinweis** zur Rechenkontrolle: Die Komponenten x_i, y_i sind jeweils ganzzahlig.

(c) Mittels einer geeigneten hinreichenden Bedingung kläre man für jedes Paar (x_i, y_i) aus (b), ob es sich um eine relative Minimalstelle oder eine relative Maximalstelle von f unter der Nebenbedingung handelt. •

16.3.13 Aufgabe. Die Funktion $f \colon \mathbb{R}^2 \to \mathbb{R}$ sei definiert durch $f(x, y) := 3x - 18y$. Man bestimme die relativen Extrema von f unter denjenigen Punkten des $\mathbb{R}^2$, die der Gleichung $x^2 + 5x + 6y - 6y^2 = -6$ genügen. Hierzu verwende man das bekannte Verfahren nach Lagrange, im einzelnen:

(a) Man definiere die Lagrange-Funktion F_λ und bestimme ihre partiellen Ableitungen erster und zweiter Ordnung.

(b) Man bestimme die Lösungen (x_i, y_i, λ_i) des durch die partiellen Ableitungen erster Ordnung und die Nebenbedingung festgelegten Gleichungssystems. **Hinweis** zur Rechenkontrolle: Die Komponenten x_i, y_i und λ_i sind jeweils ganzzahlig.

(c) Mittels einer geeigneten hinreichenden Bedingung kläre man für jedes Paar (x_i, y_i) aus (b), ob es sich um eine relative Minimalstelle oder eine relative Maximalstelle von f unter der Nebenbedingung handelt. •

16.4 Die Existenz absoluter Extrema.

Mit den Methoden der Paragraphen 16.2 und 16.3 können nur *relative* Extremalstellen und *relative* Extrema bestimmt werden. Bei Optimierungsproblemen ist man aber vorrangig an *absoluten* Extrema interessiert. Zur Bestimmung absoluter Extrema und Extremalstellen stehen leider keine ebenso einfachen Verfahren zur Verfügung. Immerhin ist die *Existenz* globaler Extrema und Extremalstellen gesichert für *stetige* Funktionen auf *kompakten* Bereichen. Siehe Paragraph 15.2 zur Definition der Stetigkeit von Funktionen zweier Veränderlicher und Paragraph 2.14 zur Definition kompakter Mengen.

16.4.1 Satz (Absolute Extrema). Es sei $D \subset \mathbb{R}^2$ eine kompakte, d. h. abgeschlossene und beschränkte Teilmenge des $\mathbb{R}^2$. Es sei $F \colon D \to \mathbb{R}$ eine stetige Funktion. Dann gilt:

F nimmt auf D sein absolutes Minimum und sein absolutes Maximum an, d. h. es gibt Punkte $(x_{\min}, y_{\min}), (x_{\max}, y_{\max}) \in D$ mit

$$F(x_{\min}, y_{\min}) = \min_{(x,y) \in D} F(x, y), \quad \text{also} \quad F(x_{\min}, y_{\min}) \le F(x, y) \text{ für alle } (x, y) \in D,$$

$$F(x_{\max}, y_{\max}) = \max_{(x,y)\in D} F(x,y), \quad \text{also} \quad F(x_{\max}, y_{\max}) \geq F(x,y) \quad \text{für alle } (x,y) \in D. \qquad \bullet$$

16.5 Absolute Extrema bei konvexen und konkaven Funktionen.

Die Eigenschaften der Konvexität und Konkavität erweisen sich bei der Bestimmung globaler Extrema als nützlich. Die Definition dieser Begriffe für Funktionen von zwei Veränderlichen verläuft analog der entsprechenden Definition für Funktionen einer reellen Veränderlichen, man vergleiche den Paragraphen 4.4. Siehe Paragraph 2.15 zur Definition des Begriffs der konvexen Menge.

16.5.1 Definition und Satz (Konvexe, konkave Funktion). Es sei $D \subset \mathbb{R}^2$ eine nichtleere konvexe Menge, $f\colon D \to \mathbb{R}$.

f heißt genau dann *(streng) konvex auf D*, wenn die Verbindungsstrecke zweier Punkte des Graphen stets (echt) oberhalb des Graphen verläuft, d. h. genau dann, wenn

$$f\Big(\lambda x_1 + (1-\lambda)y_1, \lambda x_2 + (1-\lambda)y_2\Big) \underset{(<)}{\overset{\leq}{}} \lambda f(x_1, x_2) + (1-\lambda)f(y_1, y_2) \tag{412}$$

für $(x_1, y_1), (x_2, y_2) \in D$, $\lambda \in (0;1)$.

f heißt genau dann *(streng) konkav auf D*, wenn die Verbindungsstrecke zweier Punkte des Graphen stets (echt) unterhalb des Graphen verläuft, d. h. genau dann, wenn

$$f\Big(\lambda x_1 + (1-\lambda)y_1, \lambda x_2 + (1-\lambda)y_2\Big) \underset{(>)}{\overset{\geq}{}} \lambda f(x_1, x_2) + (1-\lambda)f(y_1, y_2) \tag{413}$$

für $(x_1, y_1), (x_2, y_2) \in D$, $\lambda \in (0;1)$.

Es sind gleichwertig:

(i) f ist (streng) konkav.

(ii) $-f$ ist (streng) konvex. $\bullet$

Im Hinblick auf die Aussage von Satz 16.5.1 werden im folgenden vorrangig konvexe bzw. streng konvexe Funktionen untersucht. Die Untersuchung konkaver Funktionen f kann durch den Übergang zu $-f$ auf den konvexen Fall zurückgeführt werden.

Man beachte: Die Unterscheidung von konvexen und konkaven Funktionen etabliert keine *vollständige* Zerlegung der Menge der reellwertigen Funktionen. Zwar schließen sich strenge Konvexität und strenge Konkavität gegenseitig aus. Es gibt aber Funktionen, die auf gewissen Bereichen weder konvex noch konkav sind. Der folgende Satz gibt Konvexitätskriterien für differenzierbare Funktionen an.

16.5.2 Satz (Differenzierbare konvexe Funktion). Es sei $D \subset \mathbb{R}^q$ eine nichtleere konvexe offene Menge, $f\colon D \to \mathbb{R}$.

(a) Ist f auf D differenzierbar, so sind gleichwertig:

(i) f ist konvex auf D.

(ii) Für alle $(x_1, y_1), (x_2, y_2) \in D$, $(x_1, y_1) \neq (x_2, y_2)$, ist

$$f(x_1, y_1) - f(x_2, y_2) \geq D_1 f(x_2, y_2)(x_1 - x_2) + D_2 f(x_2, y_2)(y_1 - y_2).$$

(iii) Für alle $(x_1, y_1), (x_2, y_2) \in D$, $(x_1, y_1) \neq (x_2, y_2)$, ist

$$\Big(D_1 f(x_1, y_1) - D_1 f(x_2, y_2)\Big)(x_1 - x_2) \geq$$

$$\Big(D_2 f(x_1, y_1) - D_2 f(x_2, y_2)\Big)(y_1 - y_2).$$

(b) Ist f auf D zweimal differenzierbar, so sind gleichwertig: *Konvexizität*

(i) f ist konvex auf D.   *$A > 0$*   *$A < 0 \Rightarrow$ Konkavität*

(ii) Für alle $(x, y) \in D$ ist $D_1 D_1 f(x, y) \geq 0$ und

$$D_1 D_1 f(x, y) \cdot D_2 D_2 f(x, y) - \Big(D_1 D_2 f(x, y)\Big)^2 \geq 0.$$

Zur Charakterisierung der strengen Konvexität ist jeweils „$\geq$" durch „$>$" zu ersetzen. •

Zur Übung formuliere man das Analogon des Satzes 16.5.2 für den konkaven Fall.

16.5.3 Beispiel (Quadratische Form). Es sei $f \colon \mathbb{R}^2 \to \mathbb{R}$ definiert durch $f(x, y) = \alpha_1 x^2 + \beta x y + \alpha_2 y^2$. Dann ist $D_i D_i f(x, y) = 2\alpha_i$, $D_1 D_2 f(x, y) = \beta$. Es sind also gleichwertig:

(i) f ist (streng) konvex auf $\mathbb{R}^2$.

(ii) $\alpha_1 \geq (>)0$ und $4\alpha_1 \alpha_2 \geq (>)\beta^2$.   •

16.5.4 Aufgabe (Konvexe bzw. konkave Funktion). Man prüfe, ob die Funktionen aus den Extremwertaufgaben in Paragraph 16.2 auf ihren Definitionsbereichen konvex bzw. streng konvex oder konkav bzw. streng konkav sind. Gegebenenfalls ermittle man möglichst große Teilmengen des Definitionsbereiches, auf denen die genannten Eigenschaften vorliegen.   •

Die Untersuchung der Extremalstellen konvexer Funktionen wird durch die folgenden Sätze erleichtert.

16.5.5 Satz (Minimalstellen einer konvexen Funktion). Es sei $D \subset \mathbb{R}^2$ eine konvexe Menge, $f \colon D \to \mathbb{R}$ eine konvexe Funktion. Dann gilt:

(a) Jede lokale (relative) Minimalstelle von f auf D ist auch absolute (globale) Minimalstelle. *(nur in diesem Fall !)*

(b) Die Minimalstellen von f auf D bilden eine konvexe Menge.

(c) Ist f streng konvex, so gibt es höchstens eine Minimalstelle von f auf D.

(d) Ist D offen und ist f zweimal stetig auf D differenzierbar, so ist für jedes $(x, y) \in D$ gleichwertig:

  (i) (x, y) ist kritischer Punkt von f, d. h. $D_1 f(x, y) = 0 = D_2 f(x, y)$.

  (ii) (x, y) ist globale Minimalstelle von f auf D. •

Im folgenden Satz wird der in Definition 2.15.3 eingeführte Begriff des *Extremalpunktes* einer konvexen Menge verwandt. Man verwechsle diese Extremalpunkte nicht mit Extremalstellen einer Funktion!

16.5.6 Satz (Maximalstellen einer konvexen Funktion). Die Menge $D \subset \mathbb{R}^2$ sei konvex und kompakt, d. h. abgeschlossen und beschränkt. Es sei $f \colon D \to \mathbb{R}$ eine konvexe Funktion. Dann gilt:

f nimmt auf D sein absolutes Maximum an, und zwar nur in Randpunkten, sicher aber in einem oder mehreren Extremalpunkten von D. •

Zur Übung formuliere man die Analoga der Sätze 16.5.5 und 16.5.6 für den konkaven Fall. Die Sätze 16.5.5 und 16.5.6 und ihre konkaven Analoga liefern taugliche Kriterien für die Untersuchung auf globale Extremalstellen.

16.5.7 Aufgabe (Globale Extrema). Mittels Satz 16.5.5 bzw. mittels seines Analogons für konkave Funktionen versuche man, die globalen Extrema der Funktionen aus den Extremwertaufgaben in Paragraph 16.2 zu ermitteln. •

17 Regression.

17.1 Das Regressionsmodell.

Gegeben seien diskrete Daten $(x_1, y_1), \ldots, (x_n, y_n)$, alle Realisierungen eines bestimmten realen Phänomens, z. B. der Gewinn y_i eines Unternehmens zum Zeitpunkt x_i, das Steueraufkommen y_i eines Haushalts mit dem Einkommen x_i, das Exportvolumen y_i einer Volkswirtschaft im Jahr x_i. Dabei sei die durch y notierte Größe die abhängige und die durch x notierte Größe die unabhängige Variable. Der funktionale Zusammenhang $y = f(x)$ zwischen y und x ist das *Gesetz* des Phänomens. Vermöge des Gesetzes regredieren (gehen zurück) die Werte y auf die Werte x. Man bezeichnet die Gesetzfunktion f daher auch als *Regressionsfunktion*. Die Kenntnis des Gesetzes erlaubt Prognosen über Realisierungen der abhängigen Variablen y des Phänomens in Abhängigkeit von Realisierungen der unabhängigen Variablen x.

In Paragraph 4.12 wurden diskrete Daten $(x_1, y_1), \ldots, (x_n, y_n)$ durch stückweise lineare Funktionen und durch Polynome interpoliert. Diese Interpolationsfunktionen sind jedoch nicht geeignet, das Gesetz des Phänomens erkennbar zu machen. Bei den beobachteten Daten $(x_1, y_1), \ldots, (x_n, y_n)$ wird nämlich das funktionale deterministische Gesetz $y(x) = f(x)$ im allgemeinen von *zufälligen Störungen* überlagert. Die Daten y_i weisen demgemäß eine *zufällige Abweichung* $\varepsilon_i = y_i - f(x_i)$ von dem gemäß dem Gesetz zu erwartenden Wert $f(x_i)$ auf. Das Datenmodell lautet also

$$y_i = f(x_i) + \varepsilon_i \quad \text{für } i = 1, \ldots, n. \tag{414}$$

Ein solches Modell wird auch als *Regressionmodell* bezeichnet. Die Datenanalyse hat das Ziel, aus den Wertepaaren $(x_1, y_1), \ldots, (x_n, y_n)$ möglichst viel über die unbekannte Gesetzfunktion f zu erfahren. Grundlage dieser Analyse ist eine vorausgehende Annahme über die Struktur der Funktion f. Aufgrund von Vorkenntnissen über das Phänomen wird unterstellt, daß die Funktion einer gewissen parametrischen Klasse entstammt, z. B. der Klasse der linearen Funktionen $f(x) = ax + b$ oder der Klasse der exponentiellen Funktionen $f(x) = \beta \exp(\alpha x)$. Ausgehend von Daten $(x_1, y_1), \ldots, (x_n, y_n)$ bestimmt man aus der vorgegebenen Klasse diejenige Regressionsfunktion $\widehat{f}$, für die der gesetzmäßige Verlauf $\widehat{f}(x_i)$, $i = 1, \ldots, n$, ohne zufällige Abweichung besonders dicht an den beobachteten Resultaten $y_1, \ldots, y_n$ liegt. Zur Messung der Nähe zu den Resultaten $y_1, \ldots, y_n$ betrachtet man die Summe $\sum_{i=1}^{n}(y_i - f(x_i))^2$ der quadratischen Abweichungen der $f(x_i)$ von den y_i und bestimmt die Regressionsfunktion $\widehat{f}$ als Lösung der Minimierungsaufgabe

$$\sum_{i=1}^{n} \Big(y_i - f(x_i)\Big)^2 \overset{!}{=} \min. \tag{415}$$

Die Variablen der Aufgabe (415) sind die Parameter der Funktionsklasse, aus der die Regressionsfunktion f stammen soll. Die Lösung $\widehat{y} = \widehat{f}$ wird zur Unterscheidung von der wahren unbekannten Regressionsfunktion als *empirische Regressionsfunktion* bezeichnet.

17.2 Lineare Regression.

Die *lineare Regression* ist die einfachste Version des Regressionsmodells (414). Die Klasse der in Betracht gezogenen Regressionsfunktionen ist die Klasse der linearen Funktionen $f(x) = ax + b$ mit den Parametern $a, b \in \mathbb{R}$. Die Aufgabe (415) bedeutet hier: Bestimme $\widehat{a}, \widehat{b} \in \mathbb{R}$ so, daß $F(a, b) = \sum_{i=1}^{n} (y_i - ax_i - b)^2$ minimal wird. Die Regressionsfunktion $\widehat{y}(x) = \widehat{f}(x) = \widehat{a}x + \widehat{b}$ wird auch als *Ausgleichsgerade* oder *empirische Regressionsgerade* bezeichnet. Die Aufgabe kann gelöst werden, wenn nicht alle Werte $x_1, ..., x_n$ identisch sind. Man bestimmt zunächst die partiellen Ableitungen

$$\mathrm{D}_1 F(a, b) = -2 \sum_{i=1}^{n} x_i(y_i - ax_i - b) = -2 \sum_{i=1}^{n} x_i(y_i - ax_i) + 2n\overline{x}b,$$

$$\mathrm{D}_2 F(a, b) = -2 \sum_{i=1}^{n} (y_i - ax_i - b) = -2(n\overline{y} - na\overline{x} - nb),$$

$$\mathrm{D}_1\mathrm{D}_1 F(a, b) = 2 \sum_{i=1}^{n} x_i^2, \quad \mathrm{D}_1\mathrm{D}_2 F(a, b) = 2n\overline{x}, \quad \mathrm{D}_2\mathrm{D}_2 F(a, b) = 2n.$$

Dabei drückt die Notation $\overline{u}$ hier und im folgenden die Bildung des arithmetischen Mittels $\overline{u} = 1/n \sum_{i=1}^{n} u_i$ bezüglich gewisser Werte $u_1, ..., u_n$ aus, d. h. hier

$$\overline{x} = \frac{1}{n} \sum_{i=1}^{n} x_i, \quad \overline{y} = \frac{1}{n} \sum_{i=1}^{n} y_i. \tag{416}$$

Aus dem Gleichungssystem (410) ergeben sich die kritischen Punkte

$$\widehat{a} = \frac{\sum_{i=1}^{n} (x_i - \overline{x})(y_i - \overline{y})}{\sum_{i=1}^{n} (x_i - \overline{x})^2}, \quad \widehat{b} = \overline{y} - \widehat{a}\overline{x}. \tag{417}$$

Da nicht alle Werte $x_1, ..., x_n$ identisch sind, ist $\mathrm{D}_1\mathrm{D}_1 F(a, b) > 0$. Weiter ist

$$\mathrm{D}_1\mathrm{D}_1 F(a, b) \cdot \mathrm{D}_2\mathrm{D}_2 F(a, b) - \left(\mathrm{D}_1\mathrm{D}_2 F(a, b) \right)^2 = 4n \sum_{i=1}^{n} x_i^2 - 4n^2\overline{x}^2 =$$

$$4\left(n \sum_{i=1}^{n} x_i^2 - (\sum_{i=1}^{n} x_i)^2 \right) > 0.$$

Nach dem Kriterium von Satz 16.5.2 ist somit F konvex auf $\mathbb{R}^2$. $(\widehat{a}, \widehat{b})$ ist also gemäß Satz 16.5.5 globale Minimalstelle von F auf dem $\mathbb{R}^2$.

17.3 Nichtlineare Regression.

Zahlreiche Modellgleichungen des Typs (414) mit nichtlinearen Regressionsfunktionen können durch *Linearisierungstransformationen* T in eine lineare Modellgleichung überführt werden. Die Aufgabe (415) muß dann nicht neu gelöst werden, sondern kann folgendermaßen auf die Lösung im linearen Modell zurückgeführt werden. Ist $T(f(x)) = ax + b$ mit einer invertierbaren Transformation T, so betrachtet man für beobachtete Wertepaare $(x_1, y_1), \ldots, (x_n, y_n)$ die transformierten Daten $(x_1, z_1), \ldots, (x_n, z_n)$ mit $z_i = T(y_i)$. Man bestimmt anhand der transformierten Daten die empirische Regressionsgerade $\widehat{z}(x) = \widehat{a}x + \widehat{b}$. Dann setzt man

$$\widehat{y}(x) = \widehat{f}(x) = T^{-1}\Big(\widehat{z}(x)\Big) = T^{-1}(\widehat{a}x + \widehat{b}). \tag{418}$$

Es folgt eine Liste der wichtigsten Modelle mit den zugehörigen Linearisierungstransformationen:

$$y(x) = \beta \exp(\alpha x), \quad T\Big(y(x)\Big) = \ln\Big(y(x)\Big) = \alpha x + \ln(\beta), \tag{419}$$

$$y(x) = \frac{1}{ax + b}, \quad T\Big(y(x)\Big) = \frac{1}{y(x)} = ax + b. \tag{420}$$

Bei den folgenden Modellen müssen in der Transformation zusätzlich neue Variablen $\tilde{x}$ eingeführt werden:

$$y(x) = \beta x^{\alpha}, \quad T\Big(y(x)\Big) = \ln\Big(y(x)\Big) = \alpha \ln(x) + \beta, \quad \tilde{x} = \ln(x), \tag{421}$$

$$y(x) = \frac{x}{\alpha x + \beta}, \quad T\Big(y(x)\Big) = \frac{1}{y(x)} = \frac{\beta}{x} + \alpha, \quad \tilde{x} = \frac{1}{x}, \tag{422}$$

$$y(x) = \beta \exp\left(\frac{\alpha}{x}\right), \quad T\Big(y(x)\Big) = \ln\Big(y(x)\Big) = \frac{\alpha}{x} + \ln(\beta), \quad \tilde{x} = \frac{1}{x}, \tag{423}$$

$$y(x) = \frac{1}{a \exp(-x) + b}, \quad T\Big(y(x)\Big) = \frac{1}{y(x)} = a \exp(-x) + b, \quad \tilde{x} = \exp(-x). \tag{424}$$

17.3.1 Aufgabe (Exponentielle Regression). Man analysiere den folgenden Weltbevölkerungsbericht der *Population Division, Department of Economic and Social Affairs* der *United Nations* in einem Regressionmodell mit exponentieller Regressionsfunktion des Typs (419). Man bestimme die empirische Regressionsfunktion mit den Daten bis 1998. Man vergleiche die aus dem Regressionsmodell hervorgehenden Vorhersagen mit den Vorhersagen der Vereinten Nationen.

World Population Growth from Year 0 to 2050

The rapid growth of the world population is a recent phenomenon in the history of the world. It is estimated that 2000 years ago the population of the world was about 300 million. For a very long time the world population did not grow significantly, with periods of growth followed by periods of decline. It took more than 1600 years for the world population to double to 600 million.

The world population was estimated at 791 million in 1750, with 64 percent in Asia, 21 per cent in Europe and 13 per cent in Africa. Northern America was still nearly empty. By 1900, 150 years later, the world population had only slightly more than doubled, to 1,650 million. The major growth had been in

Europe, whose share had increased to 25 per cent, and in Northern America and in Latin America, whose share had increased to 5 per cent each. Meanwhile the share of Asia had decreased to 57 per cent and that of Africa to 8 per cent. The growth of the world population accelerated after 1900, with 2,520 million in 1950, a 53 per cent increase in 50 years.

The rapid growth of the world population started in 1950, with a sharp reduction in mortality in the less developed regions, resulting in an estimated population of 6,055 million in the year 2000, nearly two-and-a-half times the population in 1950. With the declines in fertility in most of the world, the global growth rate of population has been decreasing since its peak of 2.0 per cent in 1965-1970. In 1998, the world's population stands at 5.9 billion and is growing at 1.3 per cent per year, or an annual net addition of 78 million people.

According to the medium variant of the 1998 Revision of the official United Nations estimates and projections, by 2050 the world is expected to have 8,909 million people, an increase of slightly less than half from the 2000 population. By then the share of Asia will have stabilized at 59 per cent, that of Africa will have more than doubled, to 20 per cent, and that of Latin America nearly doubled, to 9 per cent. Meanwhile the share of Europe will decline to 7 per cent, less than one third its peak level. While in 1900 the population of Europe was three times that of Africa, in 2050 the population of Africa will be nearly three times that of Europe.

The world population will continue to grow after 2050. Long-range population projections of the United Nations indicate a population growth well into the twenty-second century.

World Population Growth from Year 0 to 2050

Year	Population (in billions)	Source
0	0.30	Durand
1000	0.31	Durand
1250	0.40	Durand
1500	0.50	Durand
1750	0.79	D & C
1800	0.98	D & C
1850	1.26	D & C
1900	1.65	D & C
1910	1.75	Interpolation
1920	1.86	WPP63
1930	2.07	WPP63
1940	2.30	WPP63
1950	2.52	WPP98
1960	3.02	WPP98
1970	3.70	WPP98
1980	4.44	WPP98

Abbildung 80: Verlauf der Weltbevölkerung, siehe Aufgabe 17.3.1.

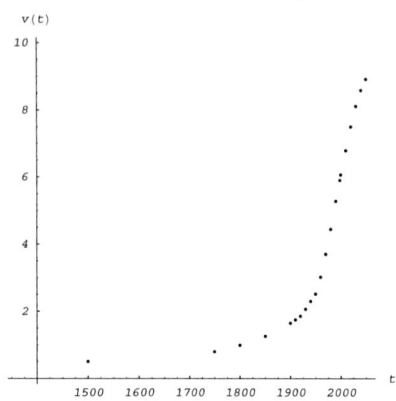

World Population Growth from Year 0 to 2050

Year	Population (in billions)	Source
1990	5.27	WPP98
1998	5.90	WPP98
2000	6.06	WPP98
2010	6.79	WPP98
2020	7.50	WPP98
2030	8.11	WPP98
2040	8.58	WPP98
2050	8.91	WPP98

Sources:

Durand: J.D. Durand, 1974. Historical Estimates of World Population: An Evaluation (University of Pennsylvania, Population Studies Center, Philadelphia), mimeo.

D & C: United Nations, 1973. The Determinants and Consequences of Population Trends, Vol.1 (United Nations, New York).

WPP63: United Nations, 1966. World Population Prospects as Assessed in 1963 (United Nations, New York).

WPP98: United Nations, (forthcoming). World Population Prospects: The 1998 Revision (United Nations, New York).

Abbildung 81: UK exports in goods and services 1946-1999 in 1 Million £ at current prices.

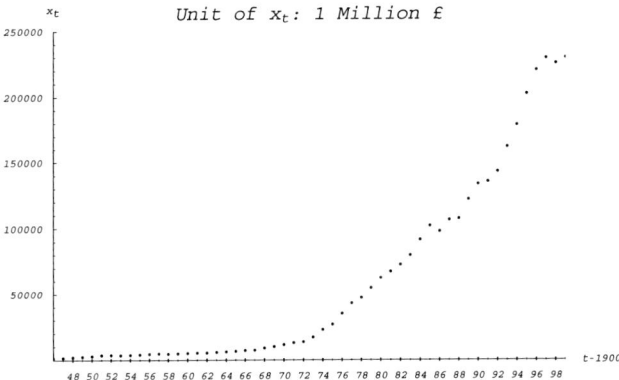

17.3.2 Aufgabe (Exponentielle Regression). Die Abbildung 81 zeigt die Volumina (in 1 Million £) des Exports an Gütern und Dienstleistungen aus dem United Kingdom (UK) für die Jahre $t = 1946, ..., 1999$. Alle Preise sind auf das Niveau des Jahres 1999 umgerechnet, Quelle http://www.statistics.gov.uk/statbase/datasets2.asp. Die Daten sind verfügbar als Textdatei UK_1946_1999.txt unter der WWW-Adresse https://statistik.mathematik.uni-wuerzburg.de/statistica-project/. Man untersuche diese Daten in einem Regressionmodell mit exponentieller Regressionsfunktion des Typs (419). •

18 Integration.

18.1 Motivation.

In den Kapiteln 5, 6 und 8 wurden Folgen vorwiegend vorwiegend durch Autoregressionsschemata festgelegt. Aus den Autoregressionsschemata wurde dann eine explizite Darstellung der Folge ermittelt. Ein besonders einfaches Autoregressionsschema beruht auf der Festlegung der absoluten Zuwächse:

$$a_0 = y_0, \quad a_{t+1} - a_t = w_t. \tag{425}$$

Aus dem Autoregressionsschema (425) ergibt sich die explizite Darstellung

$$a_t = y_0 + \sum_{i=0}^{t-1} w_i. \tag{426}$$

Zur Veranschaulichung interpretiere man a_t als den Inhalt eines Wasserspeichers zum Zeitpunkt t. w_t ist dann die Inhaltsveränderung (Zufluß oder Abfluß) zwischen den Zeitpunkten t und $t + 1$. Auf Grundlage dieser Interpretation ist Formel (426) anschaulich unmittelbar plausibel: Der Bestand ist die Summe der Veränderungen. Umgekehrt können die Veränderungen aus den Beständen durch Differenzbildung $w_t = a_{t+1} - a_t$ berechnet werden. In diesem Sinne heben sich Summation und Differenzbildung gegenseitig auf.

In Paragraph 5.3 wurde darauf hingewiesen, daß die absoluten Zuwächse $a_{t+1} - a_t$ als Zuwachsquotienten $\frac{a_{t+1} - a_t}{\Delta}$ mit $\Delta = 1$ aufgefaßt werden können. Es werde nunmehr der Speicherinhalt $a_t = a(t)$ zu beliebigen Zeitpunkten t gemessen und als Funktion $a\colon [0; +\infty) \to \mathbb{R}$ notiert. Dann können die Zuwachsquotienten $\frac{a(t+\Delta)-a(t)}{\Delta}$ zu beliebigen Zeitpunkten $t, t+\Delta$ bestimmt werden. Wir formulieren eine zu der diskreten Formel (425) analoge kontinuierliche Charakterisierung der Funktion $a\colon [0; +\infty) \to \mathbb{R}$. Für gegebenes t sei der absolute Zuwachs zwischen den Zeitpunkten t und $t + \Delta$ direkt proportional zur Länge Δ des Zeitintervalls mit einer von t abhängigen Proportionalitätskonstanten $w(t)$, d. h. $a(t + \Delta) - a(t) = \Delta w(t)$ oder gleichwertig

$$\frac{a(t + \Delta) - a(t)}{\Delta} = w(t). \tag{427}$$

Wir nehmen zusätzlich an, daß a auf $(0; +\infty)$ differenzierbar ist. Mit der Grenzwertdefinition der Ableitung, siehe Paragraph 10.4 oder den Paragraphen E.1 des Anhangs, ergibt sich aus (427):

$$a'(t) = w(t). \tag{428}$$

Im Lichte der Gleichung (428) kann $w(t)$ als Momentanveränderung des Speichervolumens pro Zeiteinheit oder als Momentangeschwindigkeit der Speicherbestandsentwicklung im Zeitpunkt t aufgefaßt werden, vergleiche Paragraph 10.4. In Paragraph 4.15 wurde für eine Gleichung, die einen Zusammenhang zwischen einer Funktion und ihrer Ableitung herstellt, der Begriff der *Differentialgleichung* eingeführt. Die Gleichung (428) ist also ein neuerliches Beispiel einer Differentialgleichung, und zwar ein sehr einfaches, da in der Gleichung nur die Ableitung auftritt. Die Differentialgleichung (428) ist das kontinuierliche Analogon der diskreten Differenzengleichung $a_{t+1} - a_t = w_t$. Zusammen mit dem

Anfangswert $a_0 = y_0$ legt die Differenzengleichung genau eine Folge fest, die durch Summation in der Form (426) angegeben werden kann. Man betrachte nun das entsprechende Differentialgleichungsschema

$$a(0) = y_0, \quad a'(t) \;=\; w(t) \quad \text{für } t \in (0; +\infty). \tag{429}$$

Hat auch dieses Schema genau eine Lösung? Und wenn ja: Mit welcher Operation kann die Lösung aus den gegebenen Momentanveränderungen bestimmt werden? In Analogie zum Verhältnis von Differenzenbildung und Summation müßte dies eine Operation sein, die die Differentiation „aufhebt". Eine solche Operation existiert. Sie wird als *Integration* bezeichnet. Wir werden sie in den folgenden Paragraphen definieren und genauer untersuchen.

18.2 Flächenberechnung vom intuitiven Standpunkt.

Im nächsten Paragraphen 18.3 wird das Integral als Flächeninhalt und die Integration als Flächenberechnung eingeführt. Auf dieser Grundlage kann dann gezeigt werden, siehe Paragraph 18.7, daß die Integration tatsächlich in gewissem Sinne die Differentiation aufhebt. Im vorliegenden Paragraphen betrachten wir das Problem der Flächenberechnung vom intuitiven Standpunkt.

Es sei $[a; b]$ ein nichtleeres Intervall und es sei $g: [a; b] \to \mathbb{R}$ eine *beschränkte* Funktion, d. h. es gebe eine Zahl $R > 0$ mit $|g(x)| \leq R$ für $x \in [a; b]$. Es soll der *vorzeichenbehaftete* Inhalt $I_g(a, b)$ der vom Graphen von g mit der x-Achse eingeschlossenen Fläche berechnet werden. Der Inhalt ist *vorzeichenbehaftet* in dem Sinne, daß oberhalb der x-Achse liegende Teile mit positivem, unterhalb der x-Achse liegende Teile mit negativem Vorzeichen gemessen werden. Für stückweise lineare Funktionen ist diese Aufgabe mit elementargeometrischen Hilfsmitteln lösbar. Man betrachte hierzu die folgende Aufgabe 18.2.1.

18.2.1 Aufgabe (Elementargeometrische Flächenberechnung). Man entnehme der Abbildung 82 die Definition der stückweise linearen Funktion $g: [0; 10.5] \to \mathbb{R}$. Mit elementargeometrischen Mitteln bestimme man den vorzeichenbehafteten Inhalt $I_g(1, 10)$ der vom Graphen von g im Bereich $a = 1$ bis $b = 10$ mit der x-Achse eingeschlossenen Fläche. Die gestrichelten Linien zeigen die Ränder der Teilflächen an Unstetigkeitsstellen an. •

Bei beliebigen Funktionen ist die Flächenberechnung mit elementargeometrischen Mitteln im allgemeinen nicht möglich. Man betrachte z. B. die Funktion aus Abbildung 83. Ein einfacher Behelf ist aus Abbildung 84 ersichtlich: Man teilt die cartesische Koordinatenebene in hinlänglich kleine Planquadrate ein und zählt die in den Flächen enthaltenen Quadrate ab. Auf diese Weise erhält man natürlich nur eine Näherung, die aber für viele Zwecke ausreichend ist. Der Vorteil dieses groben Verfahrens besteht darin, daß eine explizite Darstellung der Funktion durch eine Formel nicht erforderlich ist. Diese Situation

Abbildung 82: Flächenberechnung bei stückweise linearer Funktion.

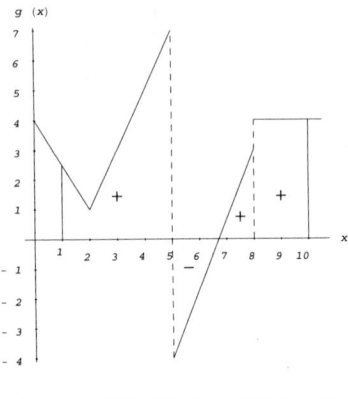

Abbildung 83: Eine Funktion.

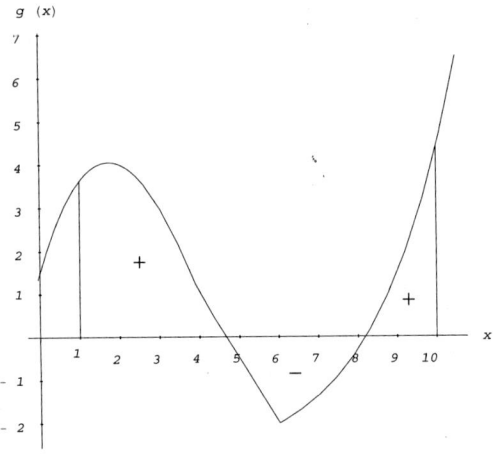

Abbildung 84: Flächenabschätzung mittels Planquadraten.

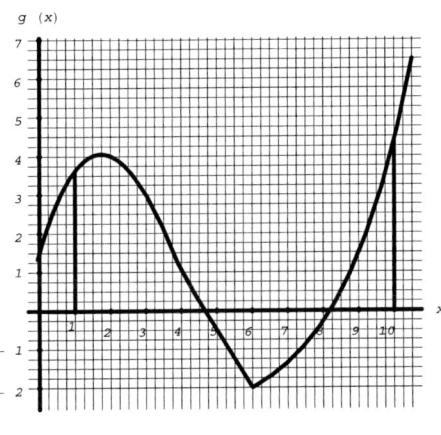

liegt in der Praxis häufig vor, wenn die Funktion empirisch bestimmt wird.

18.3 Das Integral als Flächeninhalt und als Grenzwert von Rechtecksflächensummen.

Der vorliegende Paragraph entwickelt aus den intuitiven Überlegungen zur Flächenberechnung eine systematische Definition der Begriffe des Integrals und der integrierbaren Funktion. Ausgehend von der Approximation des Flächeninhalts durch die Inhalte geeignet gewählter Rechtecke wird das Integral als Grenzwert definiert.

Es sei $[a; b]$ ein Intervall der positiven Länge $b - a > 0$ und es sei $g : [a; b] \to \mathbb{R}$ eine *beschränkte* Funktion, d. h. es gebe eine Zahl $R > 0$ mit $|g(x)| \leq R$ für $x \in [a; b]$. Es soll der vorzeichenbehaftete Inhalt $I_g(a, b)$ der vom Graphen von g mit der x-Achse eingeschlossenen Fläche berechnet werden. Für $N \in \mathbb{N}$ wird das fragliche Intervall $[a; b]$ in N Teilintervalle $[s_i^{(N)}; s_{i+1}^{(N)}]$, $i = 0, ..., N - 1$, mit den Randpunkten $a = s_0^{(N)} < s_1^{(N)} < ... < s_N^{(N)} = b$ eingeteilt. Eine solche Zerlegung wird als *Partition* des Intervalls $[a; b]$ bezeichnet. Auf den Teilintervallen $[s_i^{(N)}; s_{i+1}^{(N)}]$ approximiert man die vom Graphen von g mit der x-Achse eingeschlossene Fläche durch zwei Rechtecksflächen der Höhen

$$h_i \;=\; \inf_{s_i^{(N)} \leq x \leq s_{i+1}^{(N)}} g(x) \quad \text{und} \quad H_i \;=\; \inf_{s_i^{(N)} \leq x \leq s_{i+1}^{(N)}} g(x) : \tag{430}$$

- Von oben durch die Fläche des Inhalts

301

$$O_i^{(N)} = (s_{i+1}^{(N)} - s_i^{(N)})H_i \qquad (431)$$

des Rechtecks der Höhe H_i, das den Graphen von g auf dem Intervall $[s_i^{(N)}; s_{i+1}^{(N)}]$ überragt.

- Von unten durch die Fläche des Inhalts

$$U_i^{(N)} = (s_{i+1}^{(N)} - s_i^{(N)})h_i \qquad (432)$$

des Rechtecks der Höhe h_i, das auf dem Intervall $[s_i^{(N)}; s_{i+1}^{(N)}]$ vollständig unterhalb des Graphen von g liegt.

Man beachte: Aufgrund der Beschränktheit von g sind die Suprema H_i und die Infima h_i auf den Teilintervallen definiert. Die N den Graphen überragenden bzw. unterhalb des Graphen liegenden Rechtecke überdecken eine Fläche des Inhalts

$$O_N = \sum_{i=0}^{N-1} O_i^{(N)} \;(\textit{Obersumme}) \quad \text{bzw.} \quad U_N = \sum_{i=0}^{N-1} U_i^{(N)} \;(\textit{Untersumme}). \qquad (433)$$

Definitionsgemäß gilt $U_N \leq I_g(a,b) \leq O_N$. Besonders einfach sind Zerlegungen in N Teilintervalle der identischen Länge $\Delta_N = \frac{b-a}{N}$ mit den Randpunkten $s_i^{(N)} = a + i\Delta_N$, für $i = 0, ..., N-1$. Man spricht in diesem Falle von einer *Äquipartitionierung* des Intervalls $[a; b]$.

18.3.1 Beispiel. Man betrachte die bereits in den Abbildungen 83 und 84 dargestellte Funktion $g: \mathbb{R} \to \mathbb{R}$ mit

$$g(x) = \begin{cases} 1.5 + 3.125x - 1.0625x^2 + 0.0625x^3, & \text{falls } x < 4, \\[2mm] -1.5x + 7, & \text{falls } 4 \leq x < 6, \\[2mm] \exp(0.5x - 3) - 3, & \text{falls } x > 6, \end{cases} \qquad (434)$$

auf dem Intervall $[a; b] = [1.0; 10.0]$. Wir untersuchen die Partition in $N = 18$ Teilintervalle $[s_i; s_{i+1}] = [1.0, 1.5], [1.5, 2.0], ..., [9.5, 10.0]$ der identischen Länge $\Delta_N = 0.5$. Die von oben und von unten approximierenden Rechtecke der Höhen

$$\sup_{s_i^{(N)} \leq x \leq s_{i+1}^{(N)}} g(x) \quad \text{und} \quad \inf_{s_i^{(N)} \leq x \leq s_{i+1}^{(N)}} g(x)$$

sind in Abbildung 85 dargestellt. Als Aufgabe berechne man die Rechteckshöhen, die Rechtecksflächeninhalte $O_i^{(N)}$, $U_i^{(N)}$, sowie die Inhalte O_N, U_N der gesamten von den Rechtecken überdeckten Flächen. •

Die geschilderte Konstruktion wird für jedes $N \in \mathbb{N}$ ausgeführt. Mit wachsendem N soll die Partition von $[a; b]$ so *verfeinert* werden, daß die maximale Intervalllänge $s_{i+1}^{(N)} - s_i^{(N)}$ für $N \to \infty$ gegen 0 strebt, d. h. daß

Abbildung 85: Approximation durch Rechtecksflächen.

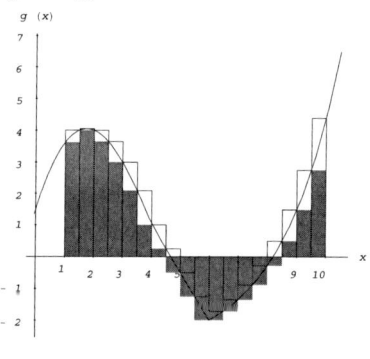

$$\lim_{N\to\infty}\ \max_{0\le i\le N-1}\ (s_{i+1}^{(N)} - s_i^{(N)})\ =\ 0. \tag{435}$$

Hat die Funktion einen in gewissem Sinne gutartigen Verlauf, so ist anschaulich plausibel, daß sich dann die Flächeninhalte U_N und O_N mit wachsendem N dem zu bestimmenden Flächeninhalt $I_g(a, b)$ annähern, d. h. daß die Folgen $(U_N)_\mathbb{N}$ und $(O_N)_\mathbb{N}$ denselben Grenzwert $I_g(a, b)$ haben. Diese Situation liegt z. B. für stetige Funktionen vor. Man kombiniert nun Anschauung und Analytik in folgender Weise: Für eine Funktion g mit $\lim_{N\to\infty} U_N = \lim_{N\to\infty} O_N$, wobei der Grenzprozeß der maximalen Intervalllängen der Forderung (435) genügt, definiert man das *Integral* $\int_a^b g(x)\,dx$ *von g über* $[a; b]$ durch

$$\int_{[a;b]} g(x)\,dx\ =\ \int_a^b g(x)\,dx\ =\ \lim_{N\to\infty} U_N\ =\ \lim_{N\to\infty} O_N \tag{436}$$

und interpretiert den Wert $\int_a^b g(x)\,dx$ als den Flächeninhalt $I_g(a, b)$. Wie bei der Definition der Momentangeschwindigkeit durch die Ableitung in Paragraph 10.4 wird auch hier eine zunächst nur vom Standpunkt der Anschauung bestimmte Größe, der Flächeninhalt $I_g(a, b)$, als Grenzwert formal exakt definiert und berechenbar gemacht. Eine beschränkte Funktion $g: [a; b] \to \mathbb{R}$ heißt genau dann *integrierbar über* $[a; b]$, wenn sie der Grenzwertbedingung $\lim_{N\to\infty} U_N = \lim_{N\to\infty} O_N$ genügt, falls der Grenzprozeß der maximalen Intervalllängen die Forderung (435) erfüllt. Nur für integrierbare Funktionen kann also mit der geschilderten Methode ein Flächeninhalt $I_g(a, b)$ definiert und berechnet werden. Für wirtschaftswissenschaftliche Anwendungen ist im allgemeinen die folgende folgende Regel 18.3.2 ausreichend:

18.3.2 Regel (Integrierbarkeit). Besitzt eine beschränkte Funktion $g: [a; b] \to \mathbb{R}$ auf $[a; b]$ höchstens endlich viele Unstetigkeitsstellen $a \le c_1 < ... < c_k \le b$, und ist g auf $(c_l; c_{l+1})$, $l = 1, ..., k-1$, stetig, so ist g integrierbar über $[a; b]$. Stetige Funktionen sind beschränkt, siehe Paragraph 11.1. Inbesondere ist also jede *stetige* Funktion $g: [a; b] \to \mathbb{R}$

Abbildung 86: Integration einer konstanten und einer linearen Funktion.

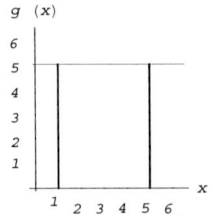 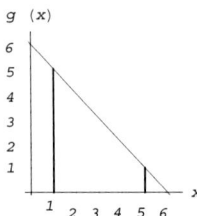

integrierbar über $[a; b]$. •

In Bezug auf das Integral $\int_a^b g(x)\,\mathrm{d}x$ bezeichnet man das Intervall $[a; b]$ als *Integrationsbereich*, die Zahl a als *untere Integrationsgrenze*, die Zahl b als *obere Integrationsgrenze*, die Funktion g als den *Integranden*, und das Argument x als *Integrationsvariable*. Wie bei der Interpretation des Symbols $\frac{\mathrm{d}}{\mathrm{d}x}f$ für die Ableitung einer Funktion f, siehe Paragraph 12.1, gilt: Das Symbol „$\int_a^b g(x)\,\mathrm{d}x$" bezeichnet das Integral von g über $[a; b]$. Einzelne Teile dieses Symbols sind isoliert betrachtet nicht sinnvoll. Insbesondere ist $\mathrm{d}x$ nicht etwa ein Faktor in einem Produkt.

Wir haben bislang einen Integrationsbereich $[a; b]$ der positiven Länge $b - a > 0$ vorausgesetzt. Ist $a = b$, so besteht der Integrationsbereich nur aus dem Punkt a. Die vom Graphen des Integranden g mit der x-Achse eingeschlossene Fläche ist dann eine Linie mit dem Flächenmaß 0.

Die Definition des Integrals scheint sinnvoll und die Interpretation des Integrals als Flächeninhalt ist anschaulich plausibel. Zur weiteren Rechtfertigung müssen wir untersuchen, ob das Integral bei stückweise linearen Funktionen definiert ist und den elementargeometrisch bestimmbaren Inhalt $I_g(a, b)$ der vom Graphen von g mit der x-Achse eingeschlossenen Fläche angibt. Als Beispiele betrachten wir die Funktionen von Abbildung 86 auf dem Intervall $[a; b] = [1; 5]$. Bei einer konstanten Funktion wie der Funktion $g(x) = 5$ auf der linken Seite von Abbildung 86 ist der elementar bestimmbare Flächeninhalt $I_g(a, b)$ die Fläche eines Rechtecks. Klarerweise gilt $\int_a^b g(x)\,\mathrm{d}x = U_N = O_N = I_g(a, b)$ für jedes $N \in \mathbb{N}$. Bei einer linearen Funktion mit nichtverschwindender Steigung wie der Funktion $g(x) = 6 - x$ auf der rechten Seite von Abbildung 86 ist der elementar bestimmbare Flächeninhalt $I_g(a, b)$ die Fläche eines Trapezes. In diesem Fall sind die Werte U_N und O_N leicht zu berechnen, und es ist leicht zu sehen, daß $\int_a^b g(x)\,\mathrm{d}x = \lim_{N \to \infty} U_N = \lim_{N \to \infty} O_N = I_g(a, b)$, siehe Aufgabe 18.3.3.

18.3.3 Aufgabe. Man betrachte die Funktion $g(x) = 6 - x$ auf dem Intervall $[a; b] = [1; 5]$, siehe Abbildung 86. Man berechne zunächst elementar den Inhalt $I_g(a, b)$ des vom

Graphen von g mit der x-Achse eingeschlossenen Trapezes. Sodann bestimme man für $N \in \mathbb{N}$ die Gesamtflächen O_N, U_N der Rechtecke zur Partition $[1; 1 + \frac{1}{N}], [1 + \frac{1}{N}; 1 + \frac{2}{N}], ... [5 - \frac{1}{N}; 5]$. Man zeige, daß $\int_a^b g(x)\, dx = \lim_{N \to \infty} U_N = \lim_{N \to \infty} O_N = I_g(a, b)$. •

18.4   Elementare Eigenschaften des Integrals.

Die im folgenden Satz 18.4.1 zusammengestellten Aussagen über das Integral und integrierbare Funktionen sind leicht beweisbar. Für den Anwender ist der Beweis ohne Interesse. Vielmehr sollte man sich klarmachen, wie die Aussagen mit der intuitiven Interpretation des Integrals als Flächeninhalt zusammenstimmen.

18.4.1 Satz.   Es sei $[a; b] \subset \mathbb{R}$ ein nichtleeres Intervall und es seien $f, g \colon [a; b] \to \mathbb{R}$. Dann gilt:

(a)   Sind f und g über $[a; b]$ integrierbar, so ist für $\alpha, \beta \in \mathbb{R}$ die Funktion $\alpha f + \beta g$ integrierbar über $[a; b]$ und es gilt

$$\int_a^b \alpha f(x) + \beta g(x)\, dx \;=\; \alpha \int_a^b f(x)\, dx \;+\; \beta \int_a^b g(x)\, dx. \tag{437}$$

(b)   Sind f und g über $[a; b]$ integrierbar, so sind auch $|f|$, $\max\{f, g\}$, $\min\{f, g\}$, fg über $[a; b]$ integrierbar.

(c)   Ist f über $[a; b]$ integrierbar mit $f(x) \geq 0$ für $x \in [a; b]$, so ist $\int_a^b f(x)\, dx \geq 0$.

(d)   *Dreiecksungleichung für die Integration*:   Ist f über $[a; b]$ integrierbar, so ist auch $|f|$ über $[a; b]$ integrierbar mit $0 \leq |\int_a^b f(x)\, dx| \leq \int_a^b |f(x)|\, dx$.

(e)   Ist f über $[a; b]$ integrierbar, so ist f über jedem nichtleeren Teilintervall $[a'; b'] \subset [a; b]$ integrierbar.

(f)   *Additivität des Integrals*:   Ist f über $[a; b]$ integrierbar, so gilt für $a \leq c \leq d \leq e \leq b$:

$$\int_c^d f(x)\, dx \;+\; \int_d^e f(x)\, dx \;=\; \int_c^e f(x)\, dx. \tag{438}$$

•

18.5   Orientiertes Integral.

Wir haben bislang einen Integrationsbereich $[a; b]$ der positiven Länge $b - a > 0$ vorausgesetzt. Ist $a = b$, so besteht der Integrationsbereich nur aus dem Punkt a. Die vom Graphen des Integranden g mit der x-Achse eingeschlossene Fläche ist dann eine Linie mit dem Flächenmaß 0. Konsequenterweise setzt man also

$$\int_a^a g(x)\, \mathrm{d}x \quad = \quad 0. \tag{439}$$

Die Definition des Integrals kann auch auf den Fall ausgedehnt werden, daß die untere Integrationsgrenze die obere Integrationsgrenze überragt. D. h. es kann im Falle $a < b$ auch $\int_b^a g(x)\, \mathrm{d}x$ definiert werden, obwohl in diesem Falle kein anschaulicher Integrationsbereich mehr vorliegt. Fordert man die durch Formel (438) in Satz 18.4.1 ausgedrückte Additivität als eine unverzichtbare Eigenschaft des Integrals, so muß $\int_b^a g(x)\, \mathrm{d}x$ generell so festgelegt werden, daß

$$\int_a^b g(x)\, \mathrm{d}x \; + \; \int_b^a g(x)\, \mathrm{d}x \quad = \quad \int_a^a g(x)\, \mathrm{d}x \quad =_{(438)} \quad 0.$$

Für eine über $[a; b]$ mit $a < b$ integrierbare Funktion g setzt man daher

$$\int_b^a g(x)\, \mathrm{d}x \quad = \quad - \int_a^b g(x)\, \mathrm{d}x. \tag{440}$$

Durch diese Festlegung erhält man ein *orientiertes Integral*. Vom Standpunkt der Anschauung kann man Formel (440) so deuten, daß das Integral sein Vorzeichen ändert, wenn die x-Achse in entgegengesetzter Richtung durchlaufen wird.

18.6   Integrale über Vereinigungen von Intervallen.

Es seien $I_1, ..., I_n$ Intervalle, die höchstens Randpunkte gemein haben, und es sei f eine auf jedem der I_l definierte und integrierbare Funktion. Dann bezeichnet man f als integrierbar über die Vereinigung $I_1 \cup ... \cup I_n$ der Intervalle und definiert im Einklang mit der Additivitätsregel von Satz 18.4.1 das Integral von f über die Vereinigung $I_1 \cup ... \cup I_n$ der Intervalle durch

$$\int_{I_1 \cup ... \cup I_n} f(x)\, \mathrm{d}x \quad := \quad \int_{I_1} f(x)\, \mathrm{d}x + ... + \int_{I_n} f(x)\, \mathrm{d}x. \tag{441}$$

Die Aussagen (a) bis (f) von Satz 18.4.1 gelten auch für die erweiterte Integraldefinition von Formel (441).

18.7 Der Hauptsatz der Differential- und Integralrechnung.

In den Paragraphen 18.3 und 18.4 wurde das Integral definiert und elementare Eigenschaften untersucht, die der Deutung als Flächeninhalt entsprechen. Zwei Aufgaben sind unerledigt:

- Paragraph 18.1 entwickelt die Idee einer die Differentiation „aufhebenden" Operation, mit der eine Gleichung der Gestalt $F'(x) \overset{!}{=} f(x)$ bei gegebenem f gelöst werden kann. Der Beitrag der Integration zu diesem Vorhaben ist bislang ungeklärt.

- Zur Berechnung von Integralen sind wir bislang auf die schwerfällige Grenzwertdefinition des Integrals aus Paragraph 18.3 angewiesen, siehe dort Formel (436). Einfache Methoden zur Berechnung von Integralen stehen bislang, außer für lineare Funktionen, nicht zur Verfügung.

Beide Aufgaben werden gelöst durch den *Hauptsatz der Differential- und Integralrechnung* 18.7.2. Zur Formulierung des Hauptsatzes wird der Begriff der *Stammfunktion* benötigt.

18.7.1 Definition und Satz (Stammfunktion). Es sei $[a; b] \subset \mathbb{R}$ ein nichtleeres Intervall und es sei $f \colon [a; b] \to \mathbb{R}$.

Eine Funktion $F \colon [a; b] \to \mathbb{R}$ heißt genau dann *Stammfunktion von f auf $[a; b]$*, wenn $F'(x) = f(x)$ für $x \in [a; b]$.

Es gilt: Ist F eine Stammfunktion von f auf $[a; b]$, so ist für jedes $c \in \mathbb{R}$ die Funktion $F + c$ eine Stammfunktion von f auf $[a; b]$.   •

Die Stammfunktionen einer gegebenen Funktion f sind also gerade die Lösungen der fraglichen Aufgabe $F'(x) \overset{!}{=} f(x)$. Die Aussage von Satz 18.7.1 ist mit den bekannten Differentiationsregeln mühelos beweisbar, siehe die Paragraphen E.2 und E.3 des Anhangs. Sie besagt, daß eine Funktion f entweder gar keine oder unendlich viele Stammfunktionen besitzt. Der *Hauptsatz der Differential- und Integralrechnung* stellt für *stetige* Funktionen f eine Beziehung zwischen Integral und Stammfunktion her.

18.7.2 Satz (Hauptsatz der Differential- und Integralrechnung). Es sei $[a; b] \subset \mathbb{R}$ ein nichtleeres Intervall und es sei $f \colon [a; b] \to \mathbb{R}$ eine integrierbare Funktion. Dann gilt:

(a) Ist f auf $[a; b]$ stetig, so ist die Funktion $F_0 \colon [a; b] \to \mathbb{R}$ mit $F_0(x) = \int_a^x f(t)\,dt$ eine Stammfunktion von f auf $[a; b]$, d. h. es gilt

$$F_0'(x) = \frac{d}{dx} \int_a^x f(t)\,dt = f(x) \qquad \text{für } x \in [a; b].$$

(b) Ist $F \colon [a; b] \to \mathbb{R}$ eine Stammfunktion von f auf $[a; b]$, so gilt

$$\int_a^x f(t)\,dt = F(x) - F(a) \qquad \text{für } x \in [a; b].$$

(b)   Sind $F_1, F_2 \colon [a; b] \to \mathbb{R}$ Stammfunktionen von f auf $[a; b]$, so unterscheiden diese sich nur um eine Konstante c, d. h. $F_1(x) - F_2(x) = c$ für alle $x \in [a; b]$.   •

Der Beweis der Aussage (a) des Hauptsatzes läßt sich anhand der Interpretation des Integrals als Flächeninhalt leicht illustrieren. Man mache sich dies durch eine Graphik klar.

Der Hauptsatz zeigt, daß unter der Bedingung der *Stetigkeit* des Integranden die Beziehung von Integration und Differentiation tatsächlich in Analogie zur Beziehung von Summation und Differenzbildung steht. Für stetiges f ist die Menge der Lösungen der Aufgabe $F'(x) =^! f(x)$ gegeben durch die Funktionen $F(x) = \int_a^x f(t)\,dt + c$. Ist für ein $x_0 \in [a; b]$ der Wert $F(x_0) =^! y_0$ vorgeschrieben, so ist die Lösung eindeutig bestimmt und lautet

$$F(x) \quad = \quad \int_{x_0}^x f(t)\,dt + y_0. \tag{442}$$

Ist umgekehrt $F \colon [a; b] \to \mathbb{R}$ stetig differenzierbar auf $[a; b]$, so ist F als Integral über seine Ableitung F' darstellbar in der Form

$$F(x) \quad = \quad F(a) + \int_a^x F'(t)\,dt. \tag{443}$$

Man beachte: Die *Stetigkeit* des Integranden ist wesentlich. Ohne diese Voraussetzung ist die Aussage (b) des Hauptsatzes im allgemeinen nicht mehr richtig.

18.7.3 Beispiel (Hauptsatz der Differential- und Integralrechnung).   Mit dem Hauptsatz 18.7.2 kann nun die im einleitenden Paragraphen 18.1 gestellte Aufgabe gelöst werden. Die den Speicherinhalt längs der Zeitachse angebende Funktion $a \colon [0; +\infty) \to \mathbb{R}$ soll bestimmt werden aus dem Differentialgleichungsschema $a(0) = y_0$, $a'(t) = w(t)$ für $t \in (0; +\infty)$, siehe Formel (429). Wir nehmen zusätzlich an, daß die die momentane Speicherinhaltsveränderung pro Zeiteinheit beschreibende Funktion w auf $[0; +\infty)$ stetig ist. Gemäß dem Hauptsatz 18.7.2 ist also die Funktion $a(t) = y_0 + \int_0^t w(x)\,dx$ eine Lösung des Schemas (429).   •

18.8   Integrationstechniken: Stammfunktion.

Mit dem Hauptsatz kann auch die zweite eingangs des vorigen Paragraphen 18.7 gestellte Aufgabe gelöst werden: Die Formulierung einfacher Methoden zur Berechnung von Integralen. Alle auf dem Hauptsatz beruhenden Methoden beziehen sich zunächst auf die Berechnung von Integralen $\int_a^b f(x)\,dx$ mit *stetigem* Integranden $f \colon [a; b] \to \mathbb{R}$. Es können dann aber auch Integrale für stückweise stetige Integranden bestimmt werden. Liegen endlich viele Unstetigkeitsstellen $a \le c_1 < \ldots < c_k \le b$ vor, und ist f auf $(c_l; c_{l+1})$, $l = 1, \ldots, k - 1$, stetig, so berechnet man zunächst die Integrale über den Bereichen $[a; c_1], [c_1; c_2], \ldots, [c_k; b]$. Das Integral $\int_a^b f(t)\,dt$ ergibt sich dann mit der Additivitätsregel (438) von Satz 18.4.1 zu

$$\int_a^b f(x)\,dx \;=\; \int_a^{c_1} f(x)\,dx \;+\; \int_{c_1}^{c_2} f(x)\,dx \;+\; \ldots \;+\; \int_{c_k}^b f(x)\,dx.$$

Die einfachste Methode beruht auf einer direkten Anwendung von Aussage (b) des Hauptsatzes. Ist eine Stammfunktion F des stetigen Integranden f bekannt, so ist

$$\int_a^b f(x)\,dx \;=\; F(b) - F(a) \;=:\; F(x)\Big|_a^b. \tag{444}$$

Für einfache Integranden f, z. B. für Polynome oder Potenzfunktionen, sind Stammfunktionen aus der Kenntnis der Differentiationsregeln leicht zu ermitteln. Man kann jedoch auch Tabellen von Stammfunktionen zu Rate ziehen, die in zahlreichen Tabellenwerken abgedruckt sind. Stammfunktionen werden in diesen Tabellen meist als *unbestimmte Integrale* bezeichnet und in der Form $\int f(x)\,dx$ notiert. Umfangreiche Tabellen finden sich in *Bronstein et al.* (1993) und in *Gradshteyn et al.* (1994). Beispiel 18.8.1 zeigt die Berechnung einiger einfacher Integrale mittels Stammfunktionen.

18.8.1 Beispiel (Berechnung von Integralen mit Stammfunktionen).   Zu berechnen sei $\int_0^6 7x^3 - 2x^2 + 5x - 7\,dx$. Man erkennt leicht, daß $F(x) = \frac{7}{4}x^4 - \frac{2}{3}x^3 + \frac{5}{2}x^2 + 7x$ eine Stammfunktion des Integranden ist. Folglich

$$\int_0^6 7x^3 - 2x^2 + 5x - 7\,dx \;=\; \left(\frac{7}{4}x^4 - \frac{2}{3}x^3 + \frac{5}{2}x^2 + 7x\right)\Big|_0^6 \;=\; 2172.$$

Zu berechnen sei $\int_1^3 \sqrt{2x+1}\,dx$. Man erkennt leicht, daß $F(x) = \frac{(2x+1)^{\frac{3}{2}}}{3}$ eine Stammfunktion des Integranden ist. Folglich

$$\int_1^3 \sqrt{2x+1}\,dx\,dx \;=\; \frac{(2x+1)^{\frac{3}{2}}}{3}\Big|_1^3 \;=\; \frac{1}{3}(7^{\frac{3}{2}} - 3^{\frac{3}{2}}) \;\approx\; 4.4414. \qquad \bullet$$

18.8.2 Aufgabe (Integration mit Stammfunktion).   Man berechne die folgenden Integrale:

$$\int_{-1}^6 3x^4 + 5x^3 - 2x^2 + x - 1\,dx, \qquad \int_1^5 x2\exp(x) - \frac{3}{x}\,dx, \qquad \int_{[1;5]\cup[10;20]} \frac{3}{x^2} - 4\,dx,$$

$$\int_0^1 \exp(2x-1)\,dx, \qquad \int_{-\pi}^\pi \sin(x)\,dx, \qquad \int_{-\pi}^\pi \cos(x)\,dx, \qquad \int_{[3;4]\cup[5;10]} \frac{1}{x-2}\,dx. \qquad \bullet$$

18.8.3 Aufgabe (Integration mit Stammfunktion).   Mit Stammfunktionstechnik berechne man das Integral $\int_1^{10} g(x)\,dx$ für die durch (434) definierte Funktion g. $\bullet$

18.9   Integrationstechniken: Partielle Integration.

Gemäß dem Hauptsatz gibt es prinzipiell für jeden stetigen Integranden eine Stammfunktion. Die Berechnungsformel (444) könnte also stets angewandt werden. Das Problem besteht jedoch im Einzelfall darin, die Stammfunktion explizit anzugeben. Dies ist häufig nicht leicht möglich. In solchen Fällen können zwei weitere auf dem Hauptsatz beruhende Techniken zum Ziel führen: *Produktintegration* und *Substitutionsregel*. Die *Produktintegration* oder *partielle Integration* beruht auf dem folgenden Satz 18.9.1.

18.9.1 Satz (Produktintegration, partielle Integration).   Es sei $[a; b] \subset \mathbb{R}$ ein nichtleeres Intervall, es sei $f \colon [a; b] \to \mathbb{R}$ stetig mit Stammfunktion F, und es sei $G \colon [a; b] \to \mathbb{R}$ stetig differenzierbar mit Ableitung $G' = g$. Dann gilt:

$$\int_a^b f(x)G(x)\,\mathrm{d}x \quad = \quad F(x)G(x)\Big|_a^b \ - \ \int_a^b F(x)g(x)\,\mathrm{d}x. \tag{445}$$

•

Der Beweis von Satz 18.9.1 kann mit dem Hauptsatz 18.7.2 leicht geführt werden. Für den Anwender ist der Beweis ohne Interesse. Vielmehr kommt es darauf an, die Technik der partiellen Integration geschickt anzuwenden. Insbesondere eignet sich diese Methode zur rekursiven Berechnung von Integralen.

18.9.2 Beispiel (Partielle Integration).   Zu berechnen sei $\int_a^b x^n \exp(x)\,\mathrm{d}x$ für $n \in \mathbb{N}_0$. Wegen $\exp'(x) = \exp(x)$ ergibt sich durch partielle Integration die Rekursionsformel

$$\int_a^b x^{n+1} \exp(x)\,\mathrm{d}x \quad = \quad x^{n+1} \exp(x)\Big|_a^b \ - \ (n+1) \int_a^b x^n \exp(x)\,\mathrm{d}x.$$

Für $n = 0$ ergibt sich mit der Stammfunktionsformel (444)

$$\int_a^b \exp(x)\,\mathrm{d}x \quad = \quad \exp(x)\Big|_a^b.$$

Durch Lösung des Rekursionsschemas erhält man

$$\int_a^b x^n \exp(x)\,\mathrm{d}x \quad = \quad \left\{ (-1)^n \exp(x) \sum_{k=0}^n \frac{n!}{k!}(-x)^k \right\}\Bigg|_a^b.$$

Tatsächlich erkennt man durch Differentiation, daß $F(x) = (-1)^n \exp(x) \sum_{k=0}^n \frac{n!}{k!}(-x)^k$ eine Stamm funktion des Integranden $x^n \exp(x)$ ist.

Zu berechnen sei $\int_a^b \ln(x)\,\mathrm{d}x$ für $a > 0$. In Satz 18.9.1 setzt man $f(x) = 1$, $G(x) = \ln(x)$, $F(x) = x$. Man erhält mit Formel (445)

$$\int_a^b \ln(x)\,\mathrm{d}x \quad = \quad x\ln(x)\Big|_a^b \ - \ \int_a^b x\frac{1}{x}\,\mathrm{d}x \quad = \quad x\Big(\ln(x) - 1\Big)\Big|_a^b.$$

Tatsächlich erkennt man durch Differentiation, daß $H(x) = x\Big(\ln(x) - 1\Big)$ eine Stammfunktion des Integranden $\ln(x)$ ist.

•

18.9.3 Aufgabe (Partielle Integration).   Man berechne die folgenden Integrale:

$$\int_1^5 x^2 \ln(x)\,dx, \quad \int_{-1}^3 x\sqrt{1+x}\,dx, \quad \int_{-\pi}^\pi x\sin(x)\,dx, \quad \int_1^5 x^2 \ln(x)\,dx,$$

$$\int_0^1 (x+2)\sqrt{x+3}\,dx, \quad \int_0^1 \frac{x^2}{\sqrt{1+x}}\,dx.$$

•

18.10   Integrationstechniken: Substitutionsregel.

Eine weitere ntzliche Integrationstechnik ist die im folgenden Satz 18.10.1 enthaltene *Substitutionsregel.*

18.10.1 Satz (Substitutionsregel).   Es seien $[a;b], B \subset \mathbb{R}$ nichtleere Intervalle. Es sei $f\colon B \to \mathbb{R}$ stetig, $g\colon [a;b] \to \mathbb{R}$ stetig differenzierbar. Es sei $g^+([a;b]) \subset B$, d. h. es sei das Bild von $[a;b]$ unter g im Definitionsbereich B von f enthalten, so daß die Verkettung $f \circ g$ möglich ist. Dann gilt:

$$\int_a^b f\big(g(x)\big)g'(x)\,dx \quad = \quad \int_{g(a)}^{g(b)} f(y)\,dy. \tag{446}$$

•

In der Situation von Satz 18.10.1 bezeichnet man die Funktion g als *Substitutionsfunktion.* Der Beweis von Satz 18.10.1 beruht auf dem Hauptsatz 18.7.2 und auf der Regel für die Differentiation verketteter Funktionen, siehe Formel (532) im Paragraphen E.2 des Anhangs. Für den Anwender ist wiederum die technische Beherrschung der Substitutionsregel von vorrangigem Interesse. Die einfachste Anwendung der Substitutionsregel besteht in der Bestimmung eine Integrals $\int_a^b f(\alpha x + \beta)\,dx$ mit $\alpha \neq 0$. Als Substitutionsfunktion ist hier die lineare Funktion $y = g(x) = \alpha x + \beta$ mit $\alpha \neq 0$ zu wählen. Aus der Substitutionsregel (446) ergibt sich

$$\int_a^b f(\alpha x + \beta)\,dx \quad = \quad \begin{cases} \frac{1}{\alpha} \int_{\alpha a + \beta}^{\alpha b + \beta} f(y)\,dy, & \text{falls } \alpha > 0, \\[2mm] \frac{-1}{\alpha} \int_{\alpha b + \beta}^{\alpha a + \beta} f(y)\,dy, & \text{falls } \alpha < 0 \end{cases} \tag{447}$$

Im einfachsten Fall ist $y = \alpha x + \beta = -x$, es handelt sich also um einen Vorzeichenwechsel im Argument von f, siehe das folgende Beispiel 18.10.2.

18.10.2 Beispiel (Substitutionsregel).   Zu berechnen sei $\int_a^b x^n \exp(-x)\,dx$ für $n \in \mathbb{N}_0$. Mit $y = g(x) = -x$ erhält man

$$\int_a^b x^n \exp(-x)\,dx \quad = \quad (-1)^n \int_a^b (-x)^n \exp(-x)\,dx \quad =_{(440)} \quad (-1)^n \int_{-b}^{-a} y^n \exp(y)\,dy.$$

Das letzte Integral kann mit Beispiel 18.10.2 bestimmt werden. Tatschlich erkennt man durch Differentiation, daß $F(x) = -\exp(-x)\sum_{k=0}^{n}\frac{n!}{k!}x^k$ eine Stammfunktion des Integranden $x^n\exp(x)$ ist. •

Häufig kann durch geeignete Substitution ein rationaler Integrand erzielt werden. Siehe Paragraph 4.13 zum Begriff der rationalen Funktion.

18.10.3 Beispiel (Substitutionsregel). Zu berechnen sei $\int_a^b \frac{x}{\sqrt{1-x}}\,dx$ für $0 < a < b < 1$. Man wählt die Substitution $y = g(x) = \sqrt{1-x}$. Es ist $g'(x) = \frac{-1}{2\sqrt{1-x}}$. Folglich

$$\int_a^b \frac{x}{\sqrt{1-x}}\,dx = -2\int_a^b g'(x)\left(1 - g(x)^2\right)dx =_{(446)} -2\int_{\sqrt{1-a}}^{\sqrt{1-b}}(1-y^2)\,dy =_{(440)}$$

$$2\int_{\sqrt{1-b}}^{\sqrt{1-a}} 1 - y^2\,dy = 2\left(\frac{-y^3}{3} + y\right)\Big|_{\sqrt{1-b}}^{\sqrt{1-a}}.$$

•

18.10.4 Aufgabe (Substitutionsregel). Man berechne die folgenden Integrale:

$$\int_0^{10} \frac{x}{\sqrt{2\pi}}\exp(-x^2)\,dx, \quad \int_0^5 (2\alpha x + \beta)(\alpha x^2 + \beta x + \gamma)^7\,dx, \quad \int_1^4 \frac{x}{3x^2+4}\,dx,$$

$$\int_{0.1}^{0.9} \frac{1}{x\sqrt{1-x}}\,dx, \quad \int_1^5 \frac{1}{x^{0.5} - x^{0.25}}\,dx,$$

•

18.11 Uneigentliche Integrale.

Die bislang entwickelte Integrationstheorie betrachtet *beschränkte* Integranden auf *beschränkten* Integrationsbereichen. Durch den Begriff des *uneigentlichen Integrals* können auch *unbeschränkte* Integranden und *unbeschränkte* Integrationsbereiche behandelt werden. Diese Fälle sind vor allem in der Wahrscheinlichkeitstheorie und Statistik von Bedeutung.

18.11.1 Definition (Uneigentliches Integral). Es sei $f: \mathbb{R} \to \mathbb{R}$.

(i)   *Nach oben unbeschränkter Integrationsbereich:* Es sei $a \in \mathbb{R}$ und es sei f auf jedem kompakten Intervall $[a;b]$ beschränkt und integrierbar. Existiert der Grenzwert

$$\int_a^{+\infty} f(x)\,dx := \lim_{b\to+\infty}\int_a^b f(x)\,dx, \tag{448}$$

so bezeichnet man ihn als das *uneigentliche Integral von f über $[a; +\infty)$*. Ist der Wert $\int_a^{+\infty} f(x)\,dx$ endlich, so bezeichnet man f als *uneigentlich integrierbar über* $[a; +\infty)$.

(ii) *Nach unten unbeschränkter Integrationsbereich:* Es sei $b \in \mathbb{R}$ und es sei f auf jedem kompakten Intervall $[a; b]$ beschränkt und integrierbar. Existiert der Grenzwert

$$\int_{-\infty}^{b} f(x)\,\mathrm{d}x \quad := \quad \lim_{a \to -\infty} \int_{a}^{b} f(x)\,\mathrm{d}x, \tag{449}$$

so bezeichnet man ihn als das *uneigentliche Integral von f über* $(-\infty; b]$. Ist der Wert $\int_{-\infty}^{b} f(x)\,\mathrm{d}x$ endlich, so bezeichnet man f als *uneigentlich integrierbar über* $(-\infty; b]$.

(iii) *Integrationsbereich $\mathbb{R}$:* Ist f auf jedem Intervall $[a; +\infty)$, $(-\infty; a]$ uneigentlich integrierbar, so bezeichnet man f als *uneigentlich integrierbar über* $(-\infty; +\infty) = \mathbb{R}$ mit dem Integralwert

$$\int_{-\infty}^{+\infty} f(x)\,\mathrm{d}x \quad := \quad \int_{-\infty}^{a} f(x)\,\mathrm{d}x \; + \; \int_{a}^{+\infty} f(x)\,\mathrm{d}x. \tag{450}$$

(iv) *Unbeschränkte Funktion auf kompaktem Integranden:* Es sei $a < b$.

(iv.1) Es sei f auf jedem kompakten echten Teilintervall $[u; b] \subset [a; b]$ beschränkt und integrierbar, auf $[a; b]$ jedoch nicht integrierbar. Existiert der Grenzwert

$$\int_{a}^{b} bf(x)\,\mathrm{d}x \quad := \quad \lim_{u \downarrow a} \int_{u}^{b} f(x)\,\mathrm{d}x, \tag{451}$$

so bezeichnet man ihn als das *uneigentliche Integral von f über* $[a; b]$. Ist $\int_{a}^{b} f(x)\,\mathrm{d}x$ endlich, so bezeichnet man f als *uneigentlich integrierbar über* $[a; b]$.

(iv.2) Es sei f auf jedem kompakten echten Teilintervall $[a; o] \subset [a; b]$ beschränkt und integrierbar, auf $[a; b]$ jedoch nicht integrierbar. Existiert der Grenzwert

$$\int_{a}^{b} bf(x)\,\mathrm{d}x \quad := \quad \lim_{o \uparrow b} \int_{a}^{o} f(x)\,\mathrm{d}x, \tag{452}$$

so bezeichnet man ihn als das *uneigentliche Integral von f über* $[a; b]$. Ist $\int_{a}^{b} f(x)\,\mathrm{d}x$ endlich, so bezeichnet man f als *uneigentlich integrierbar über* $[a; b]$.

(iv.3) Es sei f auf jedem kompakten echten Teilintervall $[u; o] \subset [a; b]$ beschränkt und integrierbar, auf $[a; b]$ jedoch nicht integrierbar. Ist f auf jedem Intervall $[a; m]$, $[m; b]$ uneigentlich integrierbar, so bezeichnet man f als *uneigentlich integrierbar über* $[a; b]$ mit dem Integralwert

$$\int_{a}^{b} f(x)\,\mathrm{d}x \quad := \quad \int_{a}^{m} f(x)\,\mathrm{d}x \; + \; \int_{m}^{b} f(x)\,\mathrm{d}x. \tag{453}$$

•

Zur Unterscheidung bezeichnet man die Integrierbarkeit im Sinne der Definition von Paragraph 18.3 auch auch als *eigentliche Integrierbarkeit*. Die entsprechenden Integrale werden als *eigentliche Integrale* bezeichnet. Auch das uneigentliche Integral kann als Flächeninhalt interpretiert werden. Wie das eigentliche Integral gibt es den vorzeichenbehafteten Inhalt der Fläche an, die vom Graphen des Integranden mit der x-Achse eingeschlossen wird. Im Unterschied zum eigentlichen Integral kann jetzt sowohl der betrachtete Abschnitt auf der x-Achse als auch der zu betrachtende Abschnitt auf der y-Achse unendliche Länge haben.

Die Eigenschaften des uneigentlichen Integrals stehen in Analogie zu den in Paragraph 18.4 angegebenen Eigenschaften des eigentlichen Integrals. Es lohnt nicht, diese intuitiv plausiblen Eigenschaften zu wiederholen. Stattdessen betrachten wir einige Beispiele.

18.11.2 Beispiel (Uneigentliches Integral). Zu untersuchen ist die Existenz des uneigentlichen Integrals $\int_a^{+\infty} x^n \exp(-x)\,dx$ für $n \in \mathbb{N}_0$. Mit dem Resultat von Beispiel 18.10.2 und mit den Konvergenzregeln der Tabelle 32 des Anhangs C ergibt sich

$$\lim_{b\to\infty} \int_a^b x^n \exp(-x)\,dx = \lim_{b\to\infty} \left\{ -\exp(-x) \sum_{k=0}^n \frac{n!}{k!} x^k \right\} \Big|_a^b = \exp(-a) \sum_{k=0}^n \frac{n!}{k!} a^k.$$

Also ist $f(x) = x^n \exp(-x)$ uneigentlich integrierbar über $(a; +\infty)$ mit Integralwert $\int_a^{+\infty} x^n \exp(-x)\,dx = \exp(-a) \sum_{k=0}^n \frac{n!}{k!} a^k$. Insbesondere ist $\int_0^{+\infty} x^n \exp(-x)\,dx = n!$. •

Viele uneigentliche Integrale können nicht mit einfachen Mitteln berechnet werden. Solche Integrale entnimmt man Tabellenwerken. Wichtig ist das Integral

$$\int_{-\infty}^{+\infty} \exp\left(\frac{-x^2}{2} \right) dx = \sqrt{2\pi}. \tag{454}$$

Mit dieser Integration zeigt man, daß das Integral mit Integrationsbereich $\mathbb{R}$ über die Dichtefunktion $f(x) = \frac{1}{\sqrt{2\pi}} \exp\left(\frac{-x^2}{2} \right)$ der sogenannten Standardnormalverteilung tatsächlich 1 beträgt.

18.11.3 Beispiel (Uneigentliches Integral). Zu untersuchen ist die Existenz des uneigentlichen Integrals $\int_{-\infty}^{+\infty} x^2 \exp\left(\frac{-x^2}{2} \right) dx$. Es ist

$$x^2 \exp\left(\frac{-x^2}{2} \right) = -x \frac{d}{dx} \exp\left(\frac{-x^2}{2} \right).$$

Mit partieller Integration ergibt sich daher

$$\int_a^b x^2 \exp\left(\frac{-x^2}{2} \right) dx = -x \exp\left(\frac{-x^2}{2} \right) \Big|_a^b + \int_a^b \exp\left(\frac{-x^2}{2} \right) dx \overset{=}{\scriptstyle(454)}$$

$$-x \exp\left(\frac{-x^2}{2} \right) \Big|_a^b + \sqrt{2\pi}.$$

Mit den Konvergenzregeln der Tabelle 32 des Anhangs C ergibt sich

$$\int_{-\infty}^{+\infty} x^2 \exp\left(\frac{-x^2}{2}\right) \, \mathrm{d}x \; = \; \sqrt{2\pi}.$$ •

18.11.4 Beispiel (Uneigentliches Integral).   Zu untersuchen ist die Existenz des uneigentlichen Integrals $\int_0^b \frac{1}{\sqrt{x}} \, \mathrm{d}x$. Eine Stammfunktion des Integranden ist $2\sqrt{x}$. Somit

$$\lim_{u \downarrow 0} \int_u^b \frac{1}{\sqrt{x}} \, \mathrm{d}x \; = \; \lim_{u \downarrow 0} 2(\sqrt{b} - \sqrt{u}) \; = \; 2(\sqrt{b}.$$

Also ist $\frac{1}{\sqrt{x}}$ uneigentlich integrierbar über $[0; b]$ mit Integralwert $\int_0^b \frac{1}{\sqrt{x}} \, \mathrm{d}x \; = \; 2\sqrt{b}$ •

18.12   Differentiation von Integralen.

Der Hauptsatz 18.7.2 der Differential- und Integralrechnung gibt die Ableitung des Integrals $\int_a^x f(y) \, \mathrm{d}y$ bei stetigem Integranden f an. Diese Regel kann auf uneigentliche Integrale mit unbeschränktem Integrationsbereich übertragen und erweitert werden.

Es sei $(a; b) \subset \mathbb{R}$ ein nichtleeres Intervall, $f \colon (a; b) \to \mathbb{R}$ eine über $(a; b)$ eigentlich oder uneigentlich integrierbare stetige Funktion. Aus dem Hauptsatz 18.7.2 und der Regel (401) für die Ableitung von Verkettungen $F(\varphi(s), \psi(s))$. ergeben sich die folgenden Differentiationsregeln:

$$\frac{\mathrm{d}}{\mathrm{d}x} \int_a^x f(t) \, \mathrm{d}t \; = \; f(x) \qquad \text{für } x \in (a; b), \tag{455}$$

wobei die untere Integrationsgrenze $a = -\infty$ möglich ist.

$$\frac{\mathrm{d}}{\mathrm{d}x} \int_x^b f(t) \, \mathrm{d}t \; = \; -f(x) \qquad \text{für } x \in (a; b), \tag{456}$$

wobei die obere Integrationsgrenze $b = +\infty$ möglich ist. Sind φ, ψ differenzierbar auf einem offenen Intervall $D \subset \mathbb{R}$ mit $\big(\varphi(s); \psi(s)\big) \subset (a; b)$ für $s \in D$, so gilt

$$\frac{\mathrm{d}}{\mathrm{d}s} \int_{\varphi(s)}^{\psi(s)} f(t) \, \mathrm{d}t \; = \; f\big(\psi(s)\big)\psi'(s) - f\big(\varphi(s)\big)\varphi'(s) \qquad \text{für } s \in D. \tag{457}$$

Formel (457) wird auch als *Leibniz-Regel* bezeichnet.

18.13   Anwendungen der Integralrechnung in der wirtschaftswissenschaftlichen Modellierung.

Ein Großteil der Anwendungen der Integralrechnung in der wirtschaftswissenschaftlichen Modellierung resultiert aus Anwendungen der Wahrscheinlichkeitstheorie und Statistik.

Wir beschränken uns hier auf Anwendungen in deterministischen Modellen. Wie die Anwendungen der Differentialrechnung, siehe Kapitel 12 beruhen auch die Anwendungen der Integralrechnung auf der Ersetzung eines im allgemeinen realistischeren *diskreten* durch ein *kontinuierliches* Modell. Das kontinuierliche Modell ist meist eine idealisierende Abstraktion. Diese kann jedoch gerechtfertigt werden vom theoretischen Standpunkt als Näherung und vom pragmatischen Standpunkt durch die erzielte mathematische Vereinfachung.

Es sei x eine unabhängige Variable, in der Standardinterpretation die Zeit, und es sei $F(x)$ eine abhängige ökonomische Variable, z. B. Preis, Kosten, Gewinn, Kurs, Kontostand, allgemein wie gewohnt als *Bestand* bezeichnet. Wir gehen aus von den *Zuwächsen* der abhängigen Variablen in einem Bereich $a < x < b$ der unabhängigen Variablen.

- *Diskretes Modell:* Für $k = 1, ..., N$ liegen die diskreten Zuwächse $F(a + k\Delta) - F\big(a + (k-1)\Delta\big)$ zwischen den Zeitpunkten $a + (k-1)\Delta$ und $a + k\Delta$ vor, wobei die Zeitintervalle die Länge $\Delta = \frac{b-a}{N}$ haben. Damit liegen auch die relativen Zuwächse

$$f(a + k\Delta) = \frac{F(a + k\Delta) - F\big(a + (k-1)\Delta\big)}{\Delta}, \quad k = 1, 2, ..., N$$

vor. Der gesamte Zuwachs im Bereich $a < x < b$ ist dann

$$F(b) - F(a) = \sum_{t=1}^{N} f(a + t\Delta)\Delta. \qquad \sum_{k=1}^{u} q^k = \frac{q - q^{u+1}}{1 - q} \quad (S\ 119) \tag{458}$$

Summen-regeln S. 113

- *Kontinuierliches Modell:* Für Zeitpunkte $x \in [a; b]$ liegt die momentane relative Bestandsveränderung $f(x)$ pro Zeiteinheit vor. Dann ist f als Ableitung $f = F'$ aufzufassen. Ist f integrierbar, so kann gemäß dem Hauptsatz 18.7.2 der gesamte Zuwachs des Bestandes im Intervall $[a; b]$ bestimmt werden durch Integration und ergibt sich zu

$$F(b) - F(a) = \int_a^b f(x)\,\mathrm{d}x. \tag{459}$$

Das kontinuierliche Modell ist in vielen Fällen mathematisch leichter handhabbar als das diskrete Modell. Vom empirischen Standpunkt sind jedoch die Annahmen des kontinuierlichen Modells nie erfüllt: Die momentane relative Bestandsveränderung $f(x)$ pro Zeiteinheit kann nicht direkt beobachtet werden. Beobachtet werden stets diskrete Zuwächse $F(a + k\Delta) - F\big(a + (k-1)\Delta\big)$ bzw. die zugehörigen relativen Zuwächse $f(a + k\Delta)$. Ist die Länge Δ zwischen den diskreten Beobachtungszeitpunkten klein, so ergibt sich aus der Grenzwertdefinition (436) des Integrals

$$\sum_{t=1}^{N} f(a + t\Delta)\Delta \approx \int_a^b f(x)\,\mathrm{d}x.$$

Das kontinuierliche Modell ist also eine Näherung des vom strengen empirischen Standpunkt gebotenen diskreten Modells. Wir betrachten einige Beispiele.

18.13.1 Beispiel (Kontinuierliche Kontostandsentwicklung). Für $t \geq 0$ sei $f(t)$ die momentane (im Zeitpunkt t) Veränderung pro Zeiteinheit eines in Geldeinheiten (GE) gemessenen Kontostandes. Im Falle $f(t) > 0$ ist die Momentanveränderung pro Zeiteinheit positiv, der Kontostand nimmt zu. Im Falle $f(t) < 0$ ist die Momentanveränderung pro Zeiteinheit negativ, der Kontostand nimmt ab. Die realen Instanzen dieser Situation sind weit vielfältiger als die eines gewöhnlichen Bankkontos. Der Kontostand $F(x)$ zum Zeitpunkt x kann aufgefaßt werden als das Saldo eines beliebigen Zahlungsstromes (Zufluß, Abfluß), englisch *cash flow*, z. B. aufgrund von Handel oder Investitionen im Zeitintervall $[0, x]$. Ist die Veränderungsfunktion f integrierbar über dem Intervall $[0; x]$, so kann im Sinne des kontinuierlichen Modells der Kontostand $F(x)$ berechnet werden als Integral $F(x) = F(0) + \int_0^x f(t)\,dt$.

Es sei $G(x)$ der Gesamtumfang des Zahlungsstromes zum oder vom Konto im Zeitintervall $[0; x]$, d. h. der Gesamtbetrag der Gelder, die im Zeitintervall $[0; x]$ auf dem Konto eingegangen oder vom Konto abgeflossen sind. Vom Konto abfließende Summen werden also in ihrem Absolutbetrag verrechnet. Die Momentanveränderung dieses Gesamtumfangs im Zeitpunkt t ist $|f(t)|$. Ist die Veränderungsfunktion $|f|$ integrierbar über dem Intervall $[0; x]$, so kann im Sinne des kontinuierlichen Modells der Gesamtumfang $G(x)$ des Zahlungsstromes im Zeitintervall $[0; x]$ berechnet werden als Integral $G(x) = \int_0^x |f(t)|\,dt$.

●

18.13.2 Aufgabe (Kontinuierliche Kontostandsentwicklung). Man betrachte die Entwicklung eines am Beginn des ersten Tages eines gewissen Jahres (Zeitpunkt 0) mit einem Startguthaben von A_0 GE eingerichteten Kontos. Die Zeit werde ab dem Zeitpunkt 0 in Tagen gemessen, ein Jahr sei 360 Tage. Für $x > 0$ sei $F(x)$ der Kontostand nach Verlauf von x Tagen, $G(x)$ der Gesamtumfang des Zahlungsstromes zum oder vom Konto im Zeitintervall $[0; x]$. Die Momentanveränderung $f(t)$ pro Zeiteinheit des Kontos sei gegeben durch $f(t) = 2 + 3 \sin\left(\frac{\pi x}{180}\right)$ für $t \in [0; +\infty)$.

(a) Man skizziere die Veränderungsfunktion f. Wie verhält sich der Zufluß bzw. Abfluß im Verlauf eines Jahres?

(b) Für $x > 0$ berechne man den Kontostand $F(x)$ nach Verlauf von x Tagen im kontinuierlichen Modell. Man skizziere den Verlauf des Kontostandes.

(c) Für $x > 0$ berechne man den Gesamtumfang $G(x)$ im Zeitintervall $[0; x]$. Man skizziere den Verlauf des Gesamtumfangs.   ●

18.13.3 Beispiel (Diskontierte kontinuierliche Investitionen). Für $t \geq 0$ sei $g(t) \geq 0$ die momentane (im Zeitpunkt t) Veränderung pro Zeiteinkeit eines in Geldeinheiten (GE) gemessenen Investitionsvolumens. g sei integrierbar über jedem Intervall $[a; b] \subset [0; +\infty)$. Die gesamten bis zum Zeitpunkt x getätigten Investitionen $G(x)$ ergeben sich wie in Beispiel 18.13.1 zu $G(x) = \int_0^x g(t)\,\mathrm{d}t$. Will man Investitionen zu verschiedenen Zeitpunkten vergleichen, so muß man sie diskontieren. Siehe Paragraph 5.14 zur Klärung des Begriffs der Diskontierung. Im kontinuierlichen Modell benutzen wir die in Paragraph 6.6 eingeführte stetige Diskontierungsmethode. Es sei $p \geq 0$ der Diskontierungszinsfaktor. Nach Formel (275) ist also $h(t) = g(t)\exp(-pt)$ das diskontierte zum Zeitpunkt t pro Zeiteinheit getätigte Investitionsvolumen. Ist die Veränderungsfunktion g integrierbar über dem Intervall $[0; x]$, so ist nach Satz 18.4.1 auch die Funktion h integrierbar über dem Intervall $[0; x]$. Ist also die Veränderungsfunktion g integrierbar über dem Intervall $[0; x]$, so ergeben sich die gesamten diskontierten bis zum Zeitpunkt x getätigten Investitionen $\widetilde{W}(x)$ zu

$$\widetilde{W}(x) = \int_0^x g(t)\exp(-pt)\,\mathrm{d}t \qquad \text{für } x \in [0; +\infty). \tag{460}$$

Ist der Zeithorizont unbegrenzt, so betragen im Falle der uneigentlichen Integrierbarkeit der Funktion $g(t)\exp(-pt)$ die gesamten diskontierten Investitionen

$$\widetilde{W}_\infty = \int_0^{+\infty} g(t)\exp(-pt)\,\mathrm{d}t \qquad \text{für } x \in [0; +\infty). \tag{461}$$

Ist inbesondere $g(t) = \gamma$ konstant, so ergibt sich

$$\widetilde{W}(x) = \gamma\frac{1 - \exp(-pt)}{p} \qquad \text{für } x \in [0; +\infty) \tag{462}$$

und

$$\widetilde{W}_\infty = \frac{\gamma}{p}. \tag{463}$$

Man vergleiche die im kontinuierlichen Modell hergeleiteten Formeln (462) und (463) mit den Formeln (222) und (292) (diskrete Kontoentwicklung, diskrete Diskontierung) und (277) (diskrete Kontoentwicklung, stetige Diskontierung). •

Statt Investitionen kann man sich in Beispiel 18.13.3 auch andere Zahlungsströme (cash flows) wie eingehende Gewinne und Revenuen jeder Art vorstellen.

18.13.4 Beispiel (Kontinuierliche Besteuerung).

Für $x \geq 0$ sei $q(x) \geq 0$ die Momentansteuerrate eines Jahreseinkommens von x Geldeinheiten. Dies bedeutet: Für jedes $x \geq 0$, jedes $\Delta > 0$, wird jede der Δ GE zusätzlichen Einkommens zwischen x und $x + \Delta$ näherungsweise zu $q(x)\cdot 100\%$ versteuert. Aus den Δ GE fallen also näherungsweise $\Delta q(x)$ GE an Steuern an. Aufgrund der inhaltlichen Interpretation sind die folgenden Annahmen zwingend: Die Funktion q ist auf $[0; +\infty)$ monoton wachsend und besitzt höchstens endlich viele Unstetigkeitsstellen (Sprungstellen). Zwischen zwei Sprungstellen liegt *kontinuierlich progressive Besteuerung* vor. In den Sprungstellen wächst die Steuerrate um einen positiven Wert, die Sprungstellen markieren also die Ränder von *Stufentarifen*. Aufgrund dieser Annahmen ist q gemäß der Regel 18.3.2 über jedem Intervall $[0; b]$ integrierbar.

Wir berechnen die gesamte auf ein Einkommen von b GE zu entrichtende Steuer $S(b)$. Zur diskreten Approximation betrachten wir für $N \in \mathbb{N}$ Partitionen des Intervalls $[0; b]$ in

Teilintervalle $[s_i^{(N)}; s_{i+1}^{(N)}]$ mit den Randpunkten $0 = s_0^{(N)} < s_1^{(N)} < ... < s_N^{(N)} = b$. Aus dem Einkommenszuwachs von $s_{i+1}^{(N)} - s_i^{(N)}$ GE im Intervall $[s_i^{(N)}; s_{i+1}^{(N)}]$ fallen aufgrund der Monotonie der Funktion q mindestens $(s_{i+1}^{(N)} - s_i^{(N)})q(s_i^{(N)})$ GE und höchstens $(s_{i+1}^{(N)} - s_i^{(N)})q(s_{i+1}^{(N)})$ GE Steuern an. Das gesamte auf dem Einkommen von b GE lastende Steueraufkommen $S(b)$ genügt also für $N \in \mathbb{N}$ der Ungleichung

$$U_N = \sum_{i=0}^{N-1}(s_{i+1}^{(N)} - s_i^{(N)})q(s_i^{(N)}) \leq S(b) \leq \sum_{i=0}^{N-1}(s_{i+1}^{(N)} - s_i^{(N)})q(s_{i+1}^{(N)}) = O_N. \quad (464)$$

Aufgrund der Monotonie der Funktion q handelt es sich bei den Größen U_N und O_N um die in Formel (433), Paragraph 18.3 bei der Definition des Integrals betrachteten Unter- und Obersummen. Aufgrund der Intergrierbarkeit von q gilt $\lim_{N\to\infty} U_N = \int_0^b q(x)\mathrm{d}x = \lim_{N\to\infty} O_N$. Mit Formel (464) ergibt sich also: Das gesamte auf dem Einkommen von b GE lastende Steueraufkommen beträgt $S(b) = \int_0^b q(x)\mathrm{d}x$ GE.   ♦

18.13.5 Aufgabe (Kontinuierliche Besteuerung).   Die Parteien CDU und CSU haben unterschiedliche Konzepte zu einer Steuerreform vorgeschlagen. Die CDU propagiert seit ihrem Parteitag in Leipzig Anfang Dezember 2003 ein Steuerkonzept mit drei Stufentarifen: Die ersten 8000 Euro des jährlichen Einkommens sind steuerfrei, von den nächsten 8000 Euro sind 12 Prozent abzuführen, danach greift ein Satz von 24 Prozent bis zu einem Einkommen von 40000 Euro, und nur von den darüber liegenden Einkommensbestandteilen sind 36 Prozent an Steuern zu zahlen. Die CSU vertritt seit der Klausurtagung in Wildbad Kreuth Anfang Januar 2004 folgendes Konzept: Die ersten 8000 Euro sind steuerfrei. Ab 8000 Euro greift ein Eingangssteuersatz von 13 Prozent. Die Steuerrate wächst dann linear bis zu einem Spitzensteuersatz von 39 Prozent bei 52500 Euro und mehr Jahreseinkommen.

(a)   Im Sinne von Beispiel 18.13.4 gebe man die Momentansteuerratenfunktionen q_i dieser Konzepte an.

(b)   Für jedes der beiden Konzepte berechne man für beliebiges $b > 0$ die gesamte auf ein Einkommen von b GE zu entrichtende Steuer $S_i(b)$. Man skizziere den Graphen der Funktionen $S_i(b)$.   •

19 Elementare kontinuierliche dynamische Modellierung.

Die diskrete dynamische Modellierung beruht auf Autoregressions- bzw. Differenzengleichungen, siehe Kapitel 8. Die kontinuierliche dynamische Modellierung verwendet Differentialgleichungen. Das vorliegende Kapitel entwickelt die Grundelemente der Theorie der Differentialgleichungen.

19.1 Der Begriff der Differentialgleichung.

Das Rekursionsschema (224) erster Ordnung bzw. die Differenzengleichung erster Ordnung kann in folgender Form dargestellt werden:

$$a_0 = a, \qquad a_{n+1} - a_n = (q-1)a_n + d \quad \text{für alle } n \in \mathbb{N}_0. \tag{465}$$

In dieser Darstellung wird der Zuwachs $a_{n+1} - a_n$ (Veränderung des Bestandes vom Zeitpunkt n zum Zeitpunkt $n+1$) als Funktion $(q-1)a_n + d$ des Folgengliedes a_n (Bestand zum Zeitpunkt n) ausgedrückt. Man betrachte weiterhin die folgende Modifikation des Schemas (465):

$$a_0 = a, \qquad a_{n+1} - a_n = (q-1)a_n + dn \quad \text{für alle } n \in \mathbb{N}_0. \tag{466}$$

In (466) wird der Zuwachs $a_{n+1} - a_n$ (Veränderung des Bestandes vom Zeitpunkt n zum Zeitpunkt $n+1$) als Funktion $(q-1)a_n + dn$ des Folgengliedes a_n (Bestand zum Zeitpunkt n) und des Index n ausgedrückt. Wir gehen nun vor wie in Paragraph 18.1: Wir unterstellen Beobachtungen $a(t) = a_t$ zu beliebigen Zeitpunkten $t \geq 0$ und betrachten die folgende Erweiterung der Formel (465):

$$a(0) = a, \qquad a(t + \Delta) - a(t) = \Delta\Big((q-1)a(t) + d\Big) \quad \text{für alle } t \in [0; +\infty). \tag{467}$$

Für $\Delta = 1$, $t = n$ drückt (467) gerade den Gehalt von (465) aus. Das Schema (467) nimmt an, daß die Veränderung $a(t + \Delta) - a(t)$ des Bestandes in einem Zeitintervall $[t; t + \Delta]$ direkt proportional ist zur Länge Δ des Intervalls mit dem vom Bestand $a(t)$, und den Parametern q, d abhängigen Proportionalitätsfaktor $(q-1)a(t)+d$. Nimmt man weiter an, daß a auf $(0; +\infty)$ differenzierbar ist, so ergibt sich aus (467) mit der Grenzwertdefinition der Ableitung, siehe Paragraph 10.4 oder den Paragraphen E.1 des Anhangs:

$$a(0) = a, \qquad a'(t) = (q-1)a(t) + d \quad \text{für alle } t \in [0; +\infty). \tag{468}$$

Mit analogen Überlegungen erhält man das Schema

$$a(0) = a, \qquad a'(t) = (q-1)a(t) + dt \quad \text{für alle } t \in [0; +\infty). \tag{469}$$

als Analogon zum Schema (466).

19.1.1 Aufgabe. Man bestimme eine explizite Darstellung der durch das Rekursionsschema (466) bestimmten Folge. •

Folgen sind bekanntlich Funktionen von ganzen Zahlen, also von diskreten Variablen, siehe hierzu die Ausführungen am Anfang von Abschnitt 5. Bei dieser Art von Funktionen wird das Wachstumsverhalten vollständig durch die Zuwächse $(a_{n+1} - a_n)_\mathbb{N}$ bestimmt. Bei Funktionen f von reellen Zahlen (kontinuierlichen Variablen) wird das Wachstumsverhalten im Falle der Differenzierbarkeit bekanntlich durch die Ableitung f' bestimmt, siehe hierzu Satz E.4.1 im Anhang E.4. Die Analogie der Rollen der Zuwächse und der Ableitung wird auch dadurch ersichtlich, daß der Zuwachs $a_{n+1} - a_n$ in der Form

$$a_{n+1} - a_n \;=\; \frac{a_{n+1} - a_n}{(n+1) - n} \;=\; \frac{a(n+1) - a(n)}{(n+1) - n}$$

als Spezialfall des in Paragraph 10.4 eingeführten Differenzenquotienten betrachtet werden kann. Im Falle der Differenzierbarkeit ist die Ableitung ja bekanntlich der Grenzwert der Differenzenquotienten, siehe Definition 10.4.1.

Aufgrund der oben herausgearbeiteten Analogie müßte also dem bei Folgen nützlichen *Rekursionsschema*, im Falle differenzierbarer Funktionen f das folgende Schema entsprechen:

$$f(t_0) \;=\; x_0, \qquad f'(t) \;=\; F\Big(t, f(t)\Big). \tag{470}$$

Man nennt ein solches Schema ein *Differentialgleichungsschema erster Ordnung*. Dabei bezeichnet man die Gleichung $f(t_0) = x_0$ als *Anfangswertbedingung* und die Gleichung

$$f'(t) \;=\; F\Big(t, f(t)\Big) \tag{471}$$

als *Differentialgleichung erster Ordnung*.

Allgemein heißt jede Gleichung, in der eine Funktion f und ihre Ableitungen $f^{(1)}, ..., f^{(k)}$ bis zur $k$ten Ableitung auftreten, eine *Differentialgleichung k-ter Ordnung*. Ein aus mehreren Differentialgleichungen höchstens $k$ter Ordnung bestehendes Gleichungssystem heißt *Differentialgleichungssystem k-ter Ordnung*. Treten Anfangswertbedingungen hinzu, so heißt das System *Differentialgleichungsschema k-ter Ordnung*.

Eine Funktion f, die auf einem passenden Definitionsbereich einer Differentialgleichung bzw. einem Differentialgleichungssystem bzw. einem Differentialgleichungsschema genügt, heißt *Lösung* der Differentialgleichung bzw. des Differentialgleichungssystems bzw. des Differentialgleichungsschemas. Eine Differentialgleichung bzw. ein Differentialgleichungssystem bzw. ein Differentialgleichungsschema heißt *lösbar*, wenn eine Lösung f existiert. Die Menge aller Lösungen wird als *Lösungsgesamtheit* bezeichnet.

19.1.2 Beispiel. In Paragraph 4.15 wurde die Exponentialfunktion exp als eindeutig bestimmte Lösung des Differentialgleichungsschemas

$$f'(x) \;=\; f(x) \qquad \text{für alle } x \in \mathbb{R}, \quad f(0) \;=\; 1$$

erster Ordnung eingeführt. Die Gesamtheit der Lösungen der Differentialgleichung

$$f'(x) \;=\; af(x) \qquad \text{für alle } x \in \mathbb{R}$$

wurde in Paragraph 4.15 durch die Funktionen $f_{a,c}(x) = c \exp(ax)$ $(c \in \mathbb{R})$ angegeben. Diese Sachverhalte können mit den im folgenden Paragraphen 19.3 angegebenen Satz 19.3.1 bewiesen werden. •

19.2 Gleichgewichtsorientierung, Stabilität und asymptotische Stabilität.

Wie Differenzengleichungen dienen Differentialgleichungen der dynamischen Modellierung, d. h. zur Charakterisierung des Verlaufes von Phänomenen längs der Zeitachse. Bei dieser Betrachtungsweise interessiert man sich für das Verhalten des Bestandes $f(t)$ auf lange Sicht, in mathematischer Terminologie also das Verhalten für $t \to \infty$. Der Charakterisierung dieses Verhaltens dienen analoge Begriffe wie sie für Differenzengleichungen verwendet werden, vergleiche Paragraph 8.10. Wesentlich sind die Begriffe der *Gleichgewichtsorientierung*, der *Stabilität* und der *asymptotischen Stabilität*.

19.2.1 Definition (Gleichgewicht, Stabilität, asymptotische Stabilität). Eine Differentialgleichung heißt

(i) *stabil* genau dann, wenn für je zwei Lösungen f_1, f_2 die Differenz $f_1 - f_2$ auf $(0; +\infty)$ beschränkt ist, d. h. genau dann, wenn es eine reelle Zahl R gibt mit $|f_1(t) - f_2(t)| \leq R$ für alle $t > 0$,

(ii) *asymptotisch stabil* genau dann, wenn für je zwei Lösungen f_1, f_2 gilt $\lim_{t \to +\infty} (f_1(t) - f_2(t)) = 0$.

(iii) *gleichgewichtsorientiert* genau dann, wenn es eine Konstante c gibt derart, daß für jede Lösung f gilt $\lim_{t \to +\infty} f(t) = c$. •

Aus Gleichgewichtsorientierung folgt asymptotische Stabilität, und aus asymptotischer Stabilität folgt Stabiltät. Die Umkehrungen treffen im allgemeinen nicht zu.

19.3 Die Differentialgleichung erster Ordnung.

Differenzengleichungen erster Ordnung spielen eine wichtige Rolle in diskreten Wirtschaftsmodellen, d. h. in Modellen, in denen die Entwicklungen gewisser Quantitäten durch Folgen beschrieben werden. Dementsprechend spielen Differentialgleichungen erster Ordnung eine wichtige Rolle in kontinuierlichen Wirtschaftsmodellen, d. h. in Modellen, in denen die Entwicklungen gewisser Quantitäten durch Funktionen reeller Zahlen beschrieben werden. In nahezu allen in Wirtschaftsmodellen zu erwartenden Fällen wird die Existenz und Eindeutigkeit einer stetig differenzierbaren Lösung eines Differentialgleichungsschemas erster Ordnung durch den folgenden Satz von *Picard & Lindelöf* gesichert.

19.3.1 Satz (Lösung des Differentialgleichungsschemas erster Ordnung). Es sei $I \subset \mathbb{R}$ ein Intervall und es sei $F \colon I \times \mathbb{R} \to \mathbb{R}$ eine stetige Funktion, die der folgenden Bedingung genügt:

(L) Es gibt ein $C > 0$ derart, daß für jedes $t \in I$ und alle $x, y \in \mathbb{R}$ gilt:

$$|F(t,x) - F(t,y)| \ \leq \ C|x - y|. \tag{472}$$

Dann gibt es genau eine stetig differenzierbare Lösung $f \colon I \to \mathbb{R}$ mit

$$f(t_0) \ = \ x_0, \qquad f'(t) \ = \ F\Big(t, f(t)\Big).$$

Die Bedingung (L) ist insbesondere erfüllt, wenn F der folgenden Bedingung (L') genügt:

(L') F ist partiell differenzierbar in der zweiten Variablen mit beschränkter partieller Ableitung, d. h. es gibt ein $c > 0$ gibt mit

$$|D_2 F(t,x)| \ \leq \ c \qquad \text{für alle} \ \ x \in \mathbb{R}, t \in I. \tag{473}$$
•

Die Bedingung (L) bzw. (L') von Satz 19.3.1 sichert die Lösbarkeit der Differentialgleichung $f'(t) = F(t, f(t))$. Unter den überabzählbar vielen Lösungen dieser Gleichung wird durch die Anfangswertbedingung $f(t_0) = x_0$ eine eindeutig bestimmte Lösung ausgewählt.

Im allgemeinen erfüllen die in Wirtschaftsmodellen zu erwartenden Funktionen F sogar die stärkere Bedingung (L'). In solchen Anwendungen ist dann die Existenz und Eindeutigkeit einer Lösung des Differentialgleichungsschemas erster Ordnung garantiert, siehe z. B. den folgenden Paragraphen 19.4.

19.4   Die lineare Differentialgleichung erster Ordnung.

Wir betrachten einen wichtigen, in Wirtschaftsmodellen häufig auftretenden Spezialfall des *linearen* Differentialgleichungsschemas erster Ordnung. Das betreffende Schema steht in erkennbarer Analogie zum Schema (225) der homogenen bzw. inhomogenen Differenzengleichung erster Ordnung:

$$f(t_0) \ = \ x_0, \qquad f'(t) \ = \ af(t) + b. \tag{474}$$

Wie bei der Differenzengleichung erster Ordnung nennt man das Differentialgleichungsschema bzw. die Differentialgleichung im Falle $b = 0$ *homogen*, im Falle $b \neq 0$ *inhomogen*. Der folgende Satz 19.4.1 bestimmt die Lösungen der homogenen und der inhomogenen linearen Differentialgleichung erster Ordnung.

19.4.1 Satz (Lineare Differentialgleichung erster Ordnung). Es sei $a, b \in \mathbb{R}$.

(a) Die Lösungsgesamtheit der homogenen linearen Differentialgleichung $f'(t) = af(t)$ im Bereich der differenzierbaren Funktionen $f \colon \mathbb{R} \to \mathbb{R}$ ist die Menge der Funktionen f mit

$$f(t) \;=\; c\exp(at) \quad \text{für } t \in \mathbb{R}, \qquad \text{wobei } c \in \mathbb{R}. \tag{475}$$

Die eindeutig bestimmte Lösung des homogenen linearen Differentialgleichungsschemas $f(t_0) = x_0$, $f'(t) = af(t)$ im Bereich der differenzierbaren Funktionen $f \colon \mathbb{R} \to \mathbb{R}$ ist die Funktion f mit

$$f(t) \;=\; x_0 \exp\Big(a(t - t_0)\Big) \quad \text{für } t \in \mathbb{R}. \tag{476}$$

(b) Die Lösungsgesamtheit der inhomogenen linearen Differentialgleichung $f'(t) = af(t) + b$ im Bereich der differenzierbaren Funktionen $f \colon \mathbb{R} \to \mathbb{R}$ ist die Menge der Funktionen f mit

$$f(t) \;=\; \begin{cases} c\exp(at) - \dfrac{b}{a}, & \text{falls } a \neq 0, \\[2mm] bt + c, & \text{falls } a = 0, \end{cases} \quad \text{für } t \in \mathbb{R}, \qquad \text{wobei } c \in \mathbb{R}. \tag{477}$$

Die eindeutig bestimmte Lösung des inhomogenen linearen Differentialgleichungsschemas $f(t_0) = x_0$, $f'(t) = af(t) + b$ im Bereich der differenzierbaren Funktionen $f \colon \mathbb{R} \to \mathbb{R}$ ist die Funktion f mit

$$f(t) \;=\; \begin{cases} \Big(x_0 + \dfrac{b}{a}\Big) \exp\Big(a(t - t_0)\Big) - \dfrac{b}{a}, & \text{falls } a \neq 0, \\[2mm] b(t - t_0) + x_0, & \text{falls } a = 0, \end{cases} \quad \text{für } t \in \mathbb{R}. \tag{478}$$

(c) Es sei $b \neq 0$. Dann sind gleichwertig:

(i)   Jede Lösung der der inhomogenen linearen Differentialgleichung $f'(t) = af(t) + b$ ist gleichgewichtsorientiert.

(ii) Es gibt eine gleichgewichtsorientierte Lösung der der inhomogenen linearen Differentialgleichung $f'(t) = af(t) + b$.

(iii) $a < 0$.

Beweis.
Zum Beweis von (a) und (b) genügt offensichtlich der Beweis zu (b). Die Aussage von (a) folgt aus (b) mit Parameterwahl $b = 0$.

Der Beweis von (b) läßt sich mit Satz 19.3.1 leicht führen. Es sei $F: \mathbb{R}^2 \to \mathbb{R}$ definiert durch $F(t, y) = ay + b$. Das inhomogene lineare Differentialgleichungsschema $f(t_0) = x_0$, $f'(t) = af(t) + b$ läßt sich mithilfe von F ausdrücken in der Form

$$f(t_0) = x_0, \qquad f'(t) = F\Big(t, f(t)\Big).$$

F erfüllt die Bedingung (L') des Satzes 19.3.1, wobei das Intervall I gewählt ist zu $I = (-\infty; +\infty) = \mathbb{R}$: Es ist

$$|D_2 F(t, y)| = |a| \qquad \text{für alle } y \in \mathbb{R}, \ t \in I = \mathbb{R}.$$

Also besitzt nach Satz 19.3.1 das Differentialgleichungsschema $f(t_0) = x_0$, $f'(t) = af(t) + b$ für jedes $x_0 \in \mathbb{R}$ genau eine Lösung. Durch Differenzieren und Einsetzen von $t = t_0$ prüft man leicht nach, daß die in (b) genannte Funktion f mit

$$f(t) = \left(x_0 + \frac{b}{a}\right) \exp\Big(a(t - t_0)\Big) - \frac{b}{a} \qquad \text{für } t \in \mathbb{R}$$

diese Lösung ist. Der Anfangswert x_0 kann jede reelle Zahl sein. Folglich ist jede Lösung von der Gestalt

$$f(t) = c \exp(at) - \frac{b}{a} \qquad \text{für } t \in \mathbb{R}, \qquad \text{wobei } c \in \mathbb{R}.$$

Aussage (c) folgt unmittelbar aus Aussage (b).   ●

Die homogene und die inhomogene lineare Differentialgleichung erster Ordnung sind von großer Bedeutung in den Natur- und Sozialwissenschaften. Die Entwicklung zahlreicher Quantitäten läßt sich, mindestens näherungsweise, mithilfe linearer Differentialgleichungen beschreiben. Beispiele werden in den folgenden Paragraphen geschildert.

19.5 Homogene lineare Differentialgleichung erster Ordnung: Das Wachstum einer Population.

Man betrachte eine biologische Population, z. B. von Viren, Zellen, Tieren, von Infizierten bei einer Epidemie, und dergleichen. Es sei $f(t)$ der Umfang (Bestand) der Population zum Zeitpunkt t. Der Zuwachs $f(t + h) - f(t)$ des Bestandes beim Übergang von einem Zeitpunkt t zum Zeitpunkt $t + h$ sei, bis auf kleine Abweichungen, im wesentlichen direkt proportional zum Bestand $f(t)$ zum Zeitpunkt t und zur Länge h des Zeitraums mit einer von t unabhängigen Proportionalitätskonstanten a. Formal kann diese Annahme folgendermaßen ausgedrückt werden:

$$f(t+h) - f(t) \;=\; af(t)h + r(h), \tag{479}$$

wobei r eine Funktion ist, die der Bedingung $\lim_{h\to 0} \frac{r(h)}{h} = 0$ genügt. Man bezeichnet dann a als die *Vermehrungskonstante* der Population. Die Vermehrungskonstante gibt an, wieviele neue Mitglieder der Population in einer Zeiteinheit pro gegebenem Mitglied der Population hinzukommen. In vielen Fällen, z. B. bei Ansteckung oder Zellteilung, kann die Vermehrungskonstante tatsächlich als die Anzahl der von jedem einzelnen Mitglied der Population in einer Zeiteinheit hervorgebrachten neuen Mitglieder der Population aufgefaßt werden.

Man nehme nun f als differenzierbar an. Aus der Formel (369) der Definition 10.4.1 und aus (479) ergibt sich dann

$$f'(t) \;=\; \lim_{h\to 0} \frac{f(t+h) - f(t)}{h} \;=\; af(t) + \lim_{h\to 0} \frac{r(h)}{h} \;=\; af(t).$$

Die Bestandsfunktion genügt also der homogenen linearen Differentialgleichung erster Ordnung, ist also nach Satz 19.4.1 von der Gestalt

$$f(t) \;=\; c\exp(at), \qquad \text{wobei } c \in \mathbb{R}.$$

Diese Lösung f kann nach Satz 19.4.1 als Funktion auf $\mathbb{R}$ aufgefaßt werden. Da es sich um ein Zeitachsenmodell handelt, wird man im allgemeinen hier nur ein Intervall $I \subset [0; +\infty)$ als Definitionsbereich betrachten. Die Konstante c wird durch eine Anfangswertbedingung bestimmt, i. a. durch Vorgabe des Bestands $f(0) = x_0$ zum Zeitpunkt 0.

19.6 Lineare Differentialgleichung erster Ordnung: Preisentwicklung in kontinuierlicher Zeit.

Das in Aufgabe 5.16.2 behandelte Cobweb-Modell beschreibt die Entwicklung eines Preises unter Marktgleichgewicht in diskreter Zeit. Wir betrachten nun die Preisentwicklung in kontinuierlicher Zeit bei einer Überschußnachfrage.

Als Funktion des Preises p einer Mengeneinheit (ME) eines gewissen Gutes sei $D(p)$ die Nachfrage nach dem Gut, $S(p)$ das Angebot an dem Gut. Dann ist $E(p) = D(p) - S(p)$ die *Überschußnachfrage*, d. h. die das Angebot übersteigende Nachfrage. In einem Spezialfall sind D und S lineare Funktionen des Preises mit

$$D(p) \;=\; \alpha_D + \beta_D p, \quad S(p) \;=\; \alpha_S + \beta_S p. \tag{480}$$

Dann ist auch die Überschußnachfrage eine lineare Funktion des Preises mit

$$E(p) \;=\; \alpha_D - \alpha_S + (\beta_D - \beta_S)p. \tag{481}$$

Wir fassen nun den Preis als Funktion $P(t)$ des Zeitpunktes t auf. Dann sind auch die Nachfrage $D(P(t))$ und das Angebot $S(P(t))$ Funktionen des Zeitpunktes t. Im Unterschied zu den Gleichungen (226) und (227) des Cobweb-Modells liegt hier keine verzögerte Reaktion der Anbieter auf den Preis vor.

Zumindest auf kleinen Zeitintervallen ist die Annahme sinnvoll, daß der Zuwachs des Preises direkt proportional ist zur Überschußnachfrage mit einer positiven Proportionalitätskonstanten $\gamma > 0$. Unterstellt man eine differenzierbare Preisfunktion P, so führt die Proportionalitätsannahme in kontinuierlicher Denkweise auf die Differentialgleichung

$$P'(t) \;=\; \gamma E\Big(P(t)\Big) \;=\; \gamma(\beta_D - \beta_S)P(t) + \gamma(\alpha_D - \alpha_S). \tag{482}$$

Eine genauere mathematische Rechtfertigung erfolgt analog der Vorgehensweise in Paragraph 19.5. (482) ist eine lineare Differentialgleichung erster Ordnung. Unterstellt man zusätzlich einen Startwert $p_0 = P(0)$ des Preises zum Zeitpunkt $t = 0$, so ergibt sich mit Formel (478) von Satz 19.4.1 die Lösung

$$P(t) \;=\; \left(p_0 + \frac{\alpha_D - \alpha_S}{\beta_D - \beta_S}\right)\exp\Big(\gamma(\beta_D - \beta_S)t\Big) - \frac{\alpha_D - \alpha_S}{\beta_D - \beta_S}. \tag{483}$$

Aus der inhaltlichen Interpretation der Koeffizienten der Angebots- und Nachfragegleichungen (480) ergibt sich zwingend die Annahme $\beta_D < 0 < \beta_S$, folglich $\gamma(\beta_D - \beta_S) < 0$. Somit strebt der Preis $P(t)$ gegen den Grenzpreis

$$p_\infty \;=\; \lim_{t \to \infty} P(t) \;=\; \frac{\alpha_D - \alpha_S}{\beta_S - \beta_D}. \tag{484}$$

Der Grenzpreis ist genau dann nichtnegativ, wenn $\alpha_D > \alpha_S$, d. h. im Hinblick auf die Angebots- und Nachfragegleichungen (480) genau dann, wenn beim Preis 0 die Nachfrage das Angebot übersteigt. Die Annahme $\alpha_D > \alpha_S$ ist also inhaltlich zwingend.

19.7 Die lineare Differentialgleichung erster Ordnung mit funktionalen Koeffizienten.

In gewissen Situationen müssen die Koeffizienten a und b des linearen Differentialgleichungsschemas (474) ihrerseits als Funktionen $a(t)$, $b(t)$ der Zeit aufgefaßt werden. Siehe z. B. das Wachstumsmodell von Harrod und Domar bei exponentiell wachsenden Investitionen in Beispiel 19.8.2. Man bezeichnet die Differentialgleichung

$$f'(t) \;=\; a(t)f(t) + b(t) \tag{485}$$

mit Funktionen $a(t)$, $b(t)$ als *lineare Differentialgleichung erster Ordnung mit funktionalen Koeffizienten*. Häufig bezeichnet man die einfache Differentialgleichung $f'(t) = af(t) + b$ mit konstanten Koeffizienten als *autonom* und die Differentialgleichung (485) als *nichtautonom*. Die entsprechenden Bezeichnungen verwendet man für die zugehörigen Schemata mit Anfangswertbedingung $f(t_0) = x_0$. Der folgende Satz 19.7.1 bestimmt die Lösungen der nichtautonomen linearen Differentialgleichung erster Ordnung.

19.7.1 Satz (Nichtautonome lineare Differentialgleichung erster Ordnung). Es sei $I \subset \mathbb{R}$ ein Intervall. Es seien $a, b \colon I \to \mathbb{R}$ stetig, a beschränkt auf I. Es sei $A(t)$ eine Stammfunktion von a auf I, d. h. es sei $A'(t) = a(t)$ für $t \in I$.

(a) Die Lösungsgesamtheit der nichtautonomen linearen Differentialgleichung $f'(t) = a(t)f(t) + b(t)$ im Bereich der differenzierbaren Funktionen $f \colon I \to \mathbb{R}$ ist die Menge der Funktionen f mit

$$f(t) = \exp\Big(A(t)\Big) \left(\int_z^t \exp\Big(-A(s)\Big) b(s) \mathrm{d}s + c \right) \text{ für } t \in I, \text{ wobei } c \in \mathbb{R},\ z \in I. \tag{486}$$

(b) Die eindeutig bestimmte Lösung des nichtautonomen linearen Differentialgleichungsschemas $f(t_0) = x_0$, $f'(t) = a(t)f(t) + b(t)$ im Bereich der differenzierbaren Funktionen $f \colon I \to \mathbb{R}$ ist die durch Formel (486) definierte Funktion mit der Konstanten

$$c = x_0 \exp\Big(-A(t_0)\Big) - \int_z^{t_0} \exp\Big(-A(s)\Big) b(s) \,\mathrm{d}s. \tag{487}$$

•

Der Beweis von Satz 19.7.1 verläuft analog dem Beweis zu Satz 19.4.1 auf Grundlage des Satzes 19.3.1 von Picard & Lindelöf.

19.8 Lineare Differentialgleichung erster Ordnung: Die Wachstumstheorie von Harrod und Domar.

Die Wachstumstheorie von *Harrod* (1939, 1948) und *Domar* (1946) hat bezüglich des zugrundeliegenden Problems und der im Modell enthaltenen Größen wesentliche Ähnlichkeiten mit dem in Beispiel 8.2.5 betrachteten Modell von Samuelson (1939). Beide Ansätze bemühen sich um ein Modell für die Entwicklung des Volkseinkommens (Sozialprodukts) in Zusammenhang mit dem Konsum und den autonomen und induzierten Investitionen, beide Modelle bewerten die Konsumbereitschaft durch einen Multiplikator und die Investitionsneigung durch einen Akzelerator. Die Modelle unterscheiden sich jedoch in zweierlei Hinsicht.

- In formaler Hinsicht: Samuelsons Modell betrachtet die Entwicklung zu *diskreten Zeitpunkten* und beruht auf *Folgen reeller Zahlen*. Das Modell von Harrod und Domar betrachtet die Entwicklung in *kontinuierlicher Zeit* und verwendet *differenzierbare Funktionen*.

- In inhaltlicher Hinsicht: Samuelsons Modell nimmt an, daß Konsum und Investitionen mit Verzögerung auf das Volkseinkommen reagieren. Hingegen unterstellt das Modell von Harrod und Domar eine verzögerungsfreie Abhängigkeit des Konsums und der Investitionen vom Volkseinkommen.

Es seien $y(t)$ das Volkseinkommen, $c(t)$ der Konsum, $\nu(t)$ die *autonomen Investitionen* (im wesentlichen feste Ausgaben der öffentlichen Hand), $i(t)$ die *induzierten Investitionen* (von der Wirtschaftslage abhängige Investitionen) zum Zeitpunkt t. Zwischen diesen Größen bestehen die folgenden Beziehungen:

$$c(t) = \gamma y(t) \qquad \text{mit } 0 < \gamma < 1, \tag{488}$$

$$i(t) = \beta y'(t) \qquad \text{mit } \beta > 0. \tag{489}$$

Der *Multiplikator* γ bewertet die Konsumbereitschaft. Im allgemeinen quantifiziert man γ durch denjenigen Anteil des Einkommens, den die Verbraucher auszugeben bereit sind, d. h. im wesentlichen: $\gamma = 1 - Sparquote$. β ist der sogenannte *Akzelerationskoeffizient*, er bewertet die Neigung zu Investitionen in Abhängigkeit vom Konsumzuwachs. Das Volkseinkommen, der Konsum und die Investitionen genügen der naheliegenden Gleichgewichtsbedingung

$$y(t) = c(t) + i(t) + \nu(t). \tag{490}$$

Folglich ist $y(t)$ bestimmt durch die Differentialgleichung

$$y'(t) = \frac{1-\gamma}{\beta} y(t) - \frac{1}{\beta} \nu(t). \tag{491}$$

Man beachte die Analogie zum Modell von Samuelson in Beispiel 8.2.5.

Die Lösungen der Differentialgleichung (491) hängen von den Annahmen über die Funktion $\nu(t)$ ab. Wir betrachten zwei Fälle in den Beispielen 19.8.1 und 19.8.2.

19.8.1 Beispiel (Wachstum bei konstanten Investitionen). Die autonomen Investitionen aus der Modellgleichung (490) sind konstant, d. h. es ist $\nu(t) = G$ mit $G \geq 0$. Unter dieser Bedingung wurde das Modell von Samuelson untersucht. Dann ergibt sich (491) zu

$$y'(t) = \frac{1-\gamma}{\beta} y(t) - \frac{G}{\beta}. \tag{492}$$

(492) ist ersichtlich ein Spezialfall der linearen Differentialgleichung erster Ordnung. Nach Satz 19.4.1 ist also y von der Gestalt

$$y(t) = c \exp\left(\frac{1-\gamma}{\beta} t\right) + \frac{G}{1-\gamma}, \qquad \text{wobei } c \in \mathbb{R}.$$

Die Konstante c wird durch eine Anfangswertbedingung bestimmt, im allgemeinen durch Vorgabe des Volkseinkommens $y(0) = x_0$ zum Startzeitpunkt 0. $\qquad \bullet$

19.8.2 Beispiel (Wachstum bei exponentiell wachsenden Investitionen). Die autonomen Investitionen aus der Modellgleichung (490) wachsen exponentiell, d. h. es ist $\nu(t) = \nu_0 \exp(rt)$ mit $r > 0$. Dann ergibt sich (491) zu

$$y'(t) = \frac{1-\gamma}{\beta} y(t) - \frac{\nu_0}{\beta} \exp(rt). \tag{493}$$

Im Falle $1 - \gamma - r\beta \neq 0$ kann die Differentialgleichung (493) auf zwei Weisen gelöst werden.

Erste Lösung im Falle $1 - \gamma - r\beta \neq 0$ mit Satz 19.4.1: Man setzt $h(t) = y(t)\exp(-rt)$. Dann ist

$$h'(t) = \frac{1 - \gamma - r\beta}{\beta}h(t) - \frac{\nu_0}{\beta}.$$

h genügt also einer linearen Differentialgleichung erster Ordnung. Nach Satz 19.4.1 ist die Funktion h von der Gestalt

$$h(t) = c\exp\left(\frac{1 - \gamma - r\beta}{\beta}t\right) + \frac{\nu_0}{1 - \gamma - r\beta}, \qquad \text{wobei } c \in \mathbb{R},$$

somit y von der Gestalt

$$y(t) = c\exp\left(\frac{1 - \gamma}{\beta}t\right) + \frac{\nu_0}{1 - \gamma - r\beta}\exp(rt), \qquad \text{wobei } c \in \mathbb{R}. \tag{494}$$

Zweite Lösung im Falle $1 - \gamma - r\beta \neq 0$ mit Satz 19.7.1: Die Differentialgleichung (493) entspricht der nichtautonomen Gleichung (485) mit $a = a(t) = (1 - \gamma)/\beta$, $b(t) = -\nu_0\exp(rt)/\beta$. Zur Anwendung von Satz 19.7.1 wählt man das Intervall $I = [0; +\infty)$ mit linkem Randpunkt $z = 0$. Eine Stammfunktion von $a(t)$ ist $A(t) = (1 - \gamma)t/\beta$. Mit Satz 19.7.1 erhält man nach einiger Rechnung wieder das Resultat (494).

Lösung im Falle $1 - \gamma - r\beta = 0$ mit Satz 19.7.1: Mit den Festlegungen wie im obigen zweiten Fall ergibt sich aus Satz 19.7.1

$$y(t) = \exp\left(\frac{1 - \gamma}{\beta}t\right)\left(c - \frac{\nu_0 t}{\beta}\right).$$

Die Konstante c wird jeweils durch eine Anfangswertbedingung bestimmt, im allgemeinen durch Vorgabe des Volkseinkommens $y(0) = x_0$ zu einem Startzeitpunkt 0. •

19.9 Nichtlineare Differentialgleichung erster Ordnung: Die Bernoulli-Gleichung.

Lineare Differentialgleichungen können mit den Sätzen 19.4.1 und 19.7.1 explizit gelöst werden. Für die Lösung nichtlinearer Differentialgleichungen steht zunächst nur der nichtkonstruktive Existenzsatz 19.3.1 zur Verfügung. Generell anwendbare Konstruktionsverfahren liegen nicht vor. Die Gleichungen müssen im Einzelfall mit speziellen Methoden gelöst werden.

In gewissen Fällen gelingt es, eine nichtlineare Differentialgleichung konstruktiv in eine äquivalente lineare Differentialgleichung umzuformen. Die Lösung der äquivalenten linearen Differentialgleichung führt dann zur Lösung der ursprünglichen Gleichung. Diese Situation liegt vor für die *Bernoulli-Gleichung*

$$f'(t) = a(t)f(t) + b(t)f(t)^q \quad \text{für } t \in I \tag{495}$$

auf einem Intervall I, mit Parameter $q \in \mathbb{N}_0$, stetigen Funktionen $a, b\colon I \to \mathbb{R}$, a beschränkt auf I. In den Fällen $q = 0$ und $q = 1$ liegt eine nichtautonome lineare Differentialgleichung des Typs (485) vor. Zu behandeln bleibt der Fall $q \neq 0, 1$.

19.9.1 Satz (Bernoulli-Gleichung). Es sei $I \subset \mathbb{R}$ ein Intervall, $q \in \{2, 3, ...\}$. Es seien $a, b\colon I \to \mathbb{R}$ stetig, a beschränkt auf I. Dann gilt:

Die Menge der Lösungen $f\colon I \to \mathbb{R}$ mit $f(t) \neq 0$ für $t \in I$ der Bernoulli-Gleichung $f'(t) = a(t)f(t) + b(t)f(t)^q$ ist gegeben durch die Menge der Funktionen $f(t) = g(t)^{q-1}$, wobei g eine Lösung der nichtautonomen linearen Differentialgleichung $g'(t) = (1 - q)a(t)g(t) + (1 - q)b(t)$ mit $g(t) \neq 0$ für $t \in I$ ist. •

Der Beweis von Satz 19.9.1 beruht auf elementaren Umformungen.

19.9.2 Beispiel (Logistisches Wachstumsmodell). Das einfache Wachstumsmodell von Paragraph 19.5 unterstellt unbeschränktes Wachstum einer biologischen Population. Aufgrund beschränkter Subsistenressourcen tendieren reale Populationen aber zu einer Sättigungsgrenze. Diese Feststellung wurde von T. R. Malthus[23] in seinem *Essay on the Principle of Population* als Postulat der Populationsbiologie formuliert:

Population, when unchecked, increases in a geometrical ratio. Subsistence only increases in an arithmetical ratio. A slight acquaintance with numbers will show the immensity of the first power compared to the second.

Malthus' Postulat kommt in der *logistischen Differentialgleichung* für den Populationsumfang $f(t)$ zum Zeitpunkt t zum Ausdruck:

$$f'(t) = \alpha f(t)\Big(N - f(t)\Big) = -\alpha f(t)^2 + \alpha N f(t). \tag{496}$$

Der Bestand wächst bis zur kritischen Grenze N. Wird dieser erreicht, so fällt der Bestand aufgrund mangelnder Subsistenzressourcen. Ersichtlich ist (496) ein Spezialfall der Bernoullischen Differentialgleichung (495) mit $a(t) = \alpha N$, $b(t) = -\alpha$, $q = 2$. Nach Satz (19.9.1) muß die lineare Differentialgleichung $g'(t) = -\alpha N g(t) + \alpha$ gelöst werden. Gemäß Satz 19.4.1 sind die Lösungen von der Gestalt $g(t) = c \exp(-\alpha N t) + 1/N$, $c \in \mathbb{R}$. Die Lösungen $f(t)$ der logistischen Gleichung (496) haben also die Gestalt $f(t) = N/\Big(1 + c \exp(-\alpha N t)\Big)$, $c \in \mathbb{R}$. •

---

[23]Thomas Robert Malthus, geboren am 13. Februar 1766 in Dorking, Surrey, gestorben am 29. Dezember 1834 in Bath. Studierte von 1784 bis 1788 am Jesus College in Cambridge. 1788 trat Malthus in den Dienst der Church of England. Von 1805 bis zu seinem Tode war Malthus Professor der Modernen Geschichte und Politischen Ökonomie am College der East India Company in Haileybury. Er veröffentlichte zahlreiche Schriften zur Populationstheorie und Ökonomie. Die zentralen Thesen zur Populationsentwicklung waren bereits enthalten im *Essay on the Principle of Population* von 1798.

19.10 Separable Differentialgleichungen erster Ordnung.

Die sogenannten *separablen* nichtlinearen Differentialgleichungen erster Ordnung können in vielen Fällen mit einem einfachen Verfahren explizit gelöst werden. Eine Differentialgleichung heißt genau dann *separabel*, wenn sie in der Form

$$v\Big(f(t)\Big)f'(t) \;=\; u(t) \quad \text{für } t \in I \tag{497}$$

dargestellt werden kann, wobei I ein Intervall, u, v stetige Funktionen sind. Ist U eine Stammfunktion von u, V eine Stammfunktion von v auf I, so ergibt sich mit der Aussage (c) des Hauptsatzes 18.7.2

$$V\Big(f(t)\Big) \;=\; U(t) + c \quad \text{für } t \in I \tag{498}$$

mit beliebigem $c \in \mathbb{R}$. (498) ist eine Gleichung nur in $f(t)$, die explizit oder numerisch gelöst werden kann.

19.10.1 Beispiel (Wachstumsmodell von Solow). Wir betrachten das Wachstumsmodell von Solow (1956) bei konstanter Sparrate $\rho \in (0;1)$ und konstantem Umfang der arbeitenden Bevölkerung. Der Kapitalbestand pro Arbeitskraft $f(t)$ wächst in Abhängigkeit vom Gesamtoutput $Y(t)$ pro Arbeitskraft gemäß der Gleichung $f'(t) = \rho Y(t)$. Wird der Output wiederum als Funktion $Y(t) = H(t, f(t))$ des Kaptials aufgefaßt, ergibt sich die Differentialgleichung

$$f'(t) \;=\; \rho H\Big(t, f(t)\Big). \tag{499}$$

Der Output $Y(t)$ pro Arbeitskraft sei eine lineare Funktion der Wurzel $\sqrt{f(t)}$ des Kapitalbestandes $f(t)$ und wachse exponentiell in der Zeit t. Diese Annahme kann ausgedrückt werden durch die Funktion $Y(t) = H(t, f(t)) = \exp(\alpha t)\sqrt{f(t)}$. Als Spezialfall von (499) ergibt sich die Differentialgleichung

$$f'(t) \;=\; \rho \exp(\alpha t)\sqrt{f(t)} \quad \text{bzw.} \quad \frac{1}{\sqrt{f(t)}}f'(t) \;=\; \rho \exp(\alpha t)\,. \tag{500}$$

Die zweite Gleichung in Formel (500) ist von der Gestalt (497) mit $v(y) = 1/\sqrt{y}$, $u(t) = \rho \exp(\alpha t)$. Geeignete Stammfunktionen sind $V(y) = 0.5\sqrt{y}$, $U(t) = \rho \exp(\alpha t)/\alpha$. Zu lösen ist also gemäß Formel (498) die Gleichung

$$0.5\sqrt{f(t)} \;=\; \frac{\rho}{\alpha}\exp(\alpha t) + c\,. \tag{501}$$

Somit ist die Gesamtheit der Lösungen der Differentialgleichung (500) gegeben durch die Funktionen

$$f_c(t) \;=\; 4\left(\frac{\rho}{\alpha}\exp(\alpha t) + c\right)^2. \tag{502}$$

Die Konstante c wird durch eine Anfangswertbedingung bestimmt, im allgemeinen durch Vorgabe des Kapitals $f(0) = x_0$ pro Kopf zu einem Startzeitpunkt 0. •

A Anhang: Regeln für Rechenoperationen mit reellen Zahlen.

In diesem Anhang sind die Regeln für die auf den reellen Zahlen $\mathbb{R}$ definierten Operationen $a+b$ (Addition, Summation), $a-b$ (Subtraktion, Differenzbildung), $ab = a \cdot b$ (Multiplikation, Produktbildung), $\frac{a}{b}$ ($b \neq 0$) (Division, Quotientenbildung), und für den Betrag $|a|$ reeller Zahlen zusammengestellt. Zum Aufbau des Zahlensystems und zur Begründung dieser Regeln siehe Kapitel 2.

$$a+b = b+a, \quad (a+b)+c = a+(b+c), \quad a \cdot b = b \cdot a, \quad (a \cdot b) \cdot c = a \cdot (b \cdot c), \tag{503}$$

$$a \cdot (b+c) = a \cdot b + a \cdot c, \quad 1 \cdot a = a = a \cdot 1. \tag{504}$$

$$1 \cdot a = a = a \cdot 1, \quad a+0 = a = 0+a, \quad a \cdot 0 = 0 = 0 \cdot a, \tag{505}$$

$$a - b = a + (-b), \quad -a = (-1) \cdot a, \quad -(-a) = a, \tag{506}$$

$$a \cdot (-b) = -(a \cdot b) = (-a) \cdot b, \quad -(a+b) = -a - b. \tag{507}$$

$$\frac{a}{b} = a \cdot \frac{1}{b}, \quad -\frac{a}{b} = \frac{-a}{b} = \frac{a}{-b} \quad (b \neq 0), \tag{508}$$

$$\frac{a+c}{b} = \frac{a}{b} + \frac{c}{b}, \quad \frac{a \cdot d}{b \cdot d} = \frac{a}{b} \quad (b, d \neq 0), \quad \frac{\frac{a}{b}}{\frac{c}{d}} = \frac{ad}{bc} \quad (b, c, d \neq 0). \tag{509}$$

$$a^0 = 1, \quad 0^n = 0 \ (n > 0), \quad a^{-1} = \frac{1}{a} \ (a \neq 0), \tag{510}$$

$$\left(\frac{a}{b}\right)^n = \frac{a^n}{b^n}, \quad \left(\frac{a}{b}\right)^{-n} = \frac{b^n}{a^n} \ (a, b \neq 0), \tag{511}$$

$$(ab)^p = a^p b^p, \quad a^p a^q = a^{p+q}, \quad \left(a^p\right)^q = a^{pq}, \quad \frac{a^p}{a^q} = a^{p-q}. \tag{512}$$

$$|a| = \begin{cases} a, & \text{falls } a \geq 0, \\ -a, & \text{falls } a \leq 0. \end{cases} \tag{513}$$

$$|a \cdot b| = |a| \cdot |b|, \quad |-a| = |a|, \quad |a^n| = |a|^n, \quad |a+b| \leq |a| + |b|. \tag{514}$$

B   Anhang: Regeln für Rechenoperationen auf der kompaktifizierten Zahlengeraden.

Die *kompaktifizierte Zahlengerade* $\overline{\mathbb{R}} = \{-\infty\} \cup \mathbb{R} \cup \{+\infty\}$ besteht aus den reellen Zahlen $\mathbb{R}$ zuzüglich der sogenannten *Fernpunkte* $+\infty$ und $-\infty$. $+\infty$ wird als ein unendlich großes Quantum, $-\infty$ als ein unendlich kleines Quantum interpretiert. Demgemäß gilt bezüglich der Größenordnung $<$:

$$-\infty < x < +\infty \quad \text{für alle } x \in \mathbb{R}. \tag{515}$$

Auf der kompaktifierten Zahlengeraden können die die Fernpunkte einschließenden Intervalle des Typs $[-\infty; x)$, $[-\infty; x]$, $(x; +\infty]$, $[x; +\infty]$ betrachtet werden.

Die elementaren Rechenoperationen Addition, Differenzbildung, Multiplikation und Division und die zugehörigen vertrauten Rechenregeln können, mit wenigen Ausnahmen, in intuitiv plausibler Weise von $\mathbb{R}$ auf die kompaktifizierte Zahlengerade $\overline{\mathbb{R}}$ fortgesetzt werden. Es gelten die folgenden Regeln:

$$-(+\infty) = -\infty, \quad -(-\infty) = +\infty. \tag{516}$$

$$+\infty + x = x + (+\infty) = x - (-\infty) = +\infty \quad \text{für alle } x \in \mathbb{R} \cup \{+\infty\}. \tag{517}$$

$$-\infty + x = x + (-\infty) = x - (+\infty) = -\infty \quad \text{für alle } x \in \mathbb{R} \cup \{-\infty\}. \tag{518}$$

$$(+\infty) \cdot x = x \cdot (+\infty) = \begin{cases} -\infty & \text{für } x \in [-\infty; 0), \\ 0 & \text{für } x = 0, \\ +\infty & \text{für } x \in (0; +\infty]. \end{cases} \tag{519}$$

$$(-\infty) \cdot x = x \cdot (-\infty) = -\left(x \cdot (+\infty)\right) \quad \text{für alle } x \in \{-\infty\} \cup \mathbb{R} \cup \{+\infty\}. \tag{520}$$

$$\frac{x}{+\infty} = \frac{x}{-\infty} = 0 \quad \text{für alle } x \in \mathbb{R}. \tag{521}$$

$$\frac{+\infty}{x} = (+\infty) \cdot \frac{1}{x}, \quad \frac{-\infty}{x} = (-\infty) \cdot \frac{1}{x} \quad \text{für alle } x \in \mathbb{R}, \ x \neq 0. \tag{522}$$

$$(+\infty)^x = \begin{cases} 0 & \text{für } x \in [-\infty; 0), \\ 1 & \text{für } x = 0, \\ +\infty & \text{für } x \in (0; +\infty]. \end{cases} \tag{523}$$

Die folgenden Operationen sind **nicht definiert**:

$$+\infty - (+\infty), \quad +\infty + (-\infty), \quad -\infty + (+\infty), \quad +\infty \cdot 0, \quad -\infty \cdot 0, \tag{524}$$

$$\frac{+\infty}{+\infty}, \quad \frac{+\infty}{-\infty}, \quad \frac{-\infty}{+\infty}, \quad \frac{-\infty}{-\infty}, \quad \frac{+\infty}{0}, \quad \frac{-\infty}{+\infty}. \tag{525}$$

Existiert $\lim_{x \to +\infty} f(x)$ bzw. $\lim_{x \to -\infty} f(x)$, so kann dieser Grenzwert als Funktionswert

$$f(+\infty) = \lim_{x \to +\infty} f(x) \quad \text{bzw.} \quad f(-\infty) = \lim_{x \to -\infty} f(x) \tag{526}$$

in den Fernpunkten $+\infty$ bzw. $-\infty$ aufgefaßt werden.

C   Anhang: Grenzübergang, Konvergenz, bestimmte Divergenz bei Folgen und Funktionen auf $\mathbb{R}$.

In diesem Anhang sind die wichtigsten Definitionen und Aussagen über Grenzübergänge, Konvergenz und bestimmte Divergenz von Folgen und Funktionen auf $\mathbb{R}$ zusammengestellt. Zur Motivation der Begriffe und zur Herleitung der Aussagen konsultiere man Kapitel 7.

Tabelle 25: Definition der Konvergenz von Funktionen $f\colon D \to \mathbb{R}$, $D \subset \mathbb{R}$.

Sprechweise	Formale Notation	Definierende Bedingung
f konvergiert gegen b für x gegen a, b ist Grenzwert von f für x gegen a	$\lim\limits_{x \to a} f(x) = b$ $f \xrightarrow[x \to a]{} b$	Zu jedem $\varepsilon > 0$ gibt es $\delta > 0$ derart, daß für alle $x \in D$ mit $|x - a| < \delta$ gilt $|f(x) - b| < \varepsilon$.
f konvergiert gegen b für x von links gegen a, b ist Grenzwert von f für x von links gegen a	$\lim\limits_{x \uparrow a} f(x) = b$ $f \xrightarrow[x \uparrow a]{} b$	Zu jedem $\varepsilon > 0$ gibt es $\delta > 0$ derart, daß für alle $x \in D$ mit $0 \le a - x < \delta$ gilt $|f(x) - b| < \varepsilon$.
f konvergiert gegen b für x von rechts gegen a, b ist Grenzwert von f für x von rechts gegen a	$\lim\limits_{x \downarrow a} f(x) = b$ $f \xrightarrow[x \downarrow a]{} b$	Zu jedem $\varepsilon > 0$ gibt es $\delta > 0$ derart, daß für alle $x \in D$ mit $0 \le x - a < \delta$ gilt $|f(x) - b| < \varepsilon$.
f konvergiert gegen b für x gegen $+\infty$, b ist Grenzwert von f für x gegen $+\infty$	$\lim\limits_{x \to +\infty} f(x) = b$ $f \xrightarrow[x \to +\infty]{} b$	Zu jedem $\varepsilon > 0$ gibt es $x_\varepsilon \in \mathbb{R}$ derart, daß für alle $x \in D$ mit $x > x_\varepsilon$ gilt $|f(x) - b| < \varepsilon$.
f konvergiert gegen b für x gegen $-\infty$, b ist Grenzwert von f für x gegen $-\infty$	$\lim\limits_{x \to -\infty} f(x) = b$ $f \xrightarrow[x \to -\infty]{} b$	Zu jedem $\varepsilon > 0$ gibt es $x_\varepsilon \in \mathbb{R}$ derart, daß für alle $x \in D$ mit $x > x_\varepsilon$ gilt $|f(x) - b| < \varepsilon$.

Tabelle 26: Definition der bestimmten Divergenz von Funktionen $f\colon D \to \mathbb{R}$, $D \subset \mathbb{R}$.

Sprechweise	Formale Notation	Definierende Bedingung
f strebt gegen $+\infty$ für x gegen a, f ist bestimmt divergent gegen $+\infty$ für x gegen a	$\displaystyle\lim_{x \to a} f(x) = +\infty$ $\quad f \xrightarrow[x \to a]{} +\infty$	Zu jedem $R \in \mathbb{R}$ gibt es $\delta > 0$ derart, daß für alle $x \in D$ mit $|x - a| < \delta$ gilt $f(x) \geq R$.
f strebt gegen $+\infty$ für x von links gegen a, f ist bestimmt divergent gegen $+\infty$ für x von links gegen a	$\displaystyle\lim_{x \uparrow a} f(x) = +\infty$ $\quad f \xrightarrow[x \uparrow a]{} +\infty$	Zu jedem $R \in \mathbb{R}$ gibt es $\delta > 0$ derart, daß für alle $x \in D$ mit $0 \leq a - x < \delta$ gilt $f(x) \geq R$.
f strebt gegen $+\infty$ für x von rechts gegen a, f ist bestimmt divergent gegen $+\infty$ für x von rechts gegen a	$\displaystyle\lim_{x \uparrow a} f(x) = +\infty$ $\quad f \xrightarrow[x \downarrow a]{} +\infty$	Zu jedem $R \in \mathbb{R}$ gibt es $\delta > 0$ derart, daß für alle $x \in D$ mit $0 \leq x - a < \delta$ gilt $f(x) \geq R$.
f strebt gegen $+\infty$ für x gegen $+\infty$, f ist bestimmt divergent gegen $+\infty$ für x gegen $+\infty$	$\displaystyle\lim_{x \to +\infty} f(x) = +\infty$ $\quad f \xrightarrow[x \to +\infty]{} +\infty$	Zu jedem $R \in \mathbb{R}$ gibt es $x_R \in \mathbb{R}$ derart, daß für alle $x \in D$ mit $x > x_R$ gilt $f(x) \geq R$.
f strebt gegen $+\infty$ für x gegen $-\infty$, f ist bestimmt divergent gegen $+\infty$ für x gegen $-\infty$	$\displaystyle\lim_{x \to -\infty} f(x) = +\infty$ $\quad f \xrightarrow[x \to -\infty]{} +\infty$	Zu jedem $R \in \mathbb{R}$ gibt es $x_R \in \mathbb{R}$ derart, daß für alle $x \in D$ mit $x < x_R$ gilt $f(x) \geq R$.

Die entsprechenden Definitionen von f *strebt gegen* $-\infty$ erhält man aus den Kennzeichnungen von $-f$ *strebt gegen* $+\infty$.

Tabelle 27: Definition der Konvergenz und bestimmten Divergenz von Folgen aus $\mathbb{R}$.

Sprechweise	Formale Notation	Definierende Bedingung
$(a_n)_I$ konvergiert gegen a für n gegen ∞,	$\lim\limits_{n \to \infty} a_n = a$	Zu jedem $\varepsilon > 0$ gibt es $n_\varepsilon \in \mathbb{N}$ derart, daß für alle
b ist Grenzwert von $(a_n)_I$ für n gegen ∞	$a_n \xrightarrow[n \to \infty]{} a$	$n \in I$ mit $n \geq n_\varepsilon$ gilt $\lvert a_n - a \rvert < \varepsilon$.
$(a_n)_I$ strebt gegen $+\infty$ für n gegen ∞,	$\lim\limits_{n \to \infty} a_n = +\infty$	Zu jedem $R \in \mathbb{R}$ gibt es $n_R \in \mathbb{N}$ derart, daß für alle
$(a_n)_I$ ist bestimmt divergent gegen ∞ für n gegen ∞	$a_n \xrightarrow[n \to \infty]{} +\infty$	$n \in I$ mit $n \geq n_R$ gilt $a_n \geq R$.
$(a_n)_I$ strebt gegen $-\infty$ für n gegen ∞,	$\lim\limits_{n \to \infty} a_n = -\infty$	Zu jedem $R \in \mathbb{R}$ gibt es $n_R \in \mathbb{N}$ derart, daß für alle
$(a_n)_I$ ist bestimmt divergent gegen $-\infty$ für n gegen ∞	$a_n \xrightarrow[n \to \infty]{} -\infty$	$n \in I$ mit $n \geq n_R$ gilt $a_n \leq R$.

Tabelle 28: Grenzprozesse von x^p, $x \in (0; +\infty)$, $p \in \mathbb{R}$.

Werte von p	$p < 0$	$p = 0$	$p > 0$
Grenzprozesse von x^p	$\lim\limits_{x \to \infty} x^p = 0$	$\lim\limits_{x \to \infty} x^p = 1$	$\lim\limits_{x \to \infty} x^p = +\infty$
$(a > 0)$	$\lim\limits_{x \downarrow 0} x^p = +\infty$	$\lim\limits_{x \downarrow 0} x^p = 1$	$\lim\limits_{x \downarrow 0} x^p = 0$
	$\lim\limits_{x \to a} x^p = a^p$	$\lim\limits_{x \to a} x^p = a^p$	$\lim\limits_{x \to a} x^p = a^p$

Tabelle 29: Grenzprozesse von q^x, $q \in (0; +\infty)$, $x \in \mathbb{R}$.

Werte von q	$0 < q < 1$	$q = 1$	$q > 1$
Grenzprozesse von q^x	$\lim\limits_{x \to \infty} q^x = 0$	$\lim\limits_{x \to \infty} q^x = 1$	$\lim\limits_{x \to \infty} q^x = +\infty$
$(a \in \mathbb{R})$	$\lim\limits_{x \to -\infty} q^x = +\infty$	$\lim\limits_{x \to -\infty} q^x = 1$	$\lim\limits_{x \to -\infty} q^x = 0$
	$\lim\limits_{x \to a} q^x = q^a$	$\lim\limits_{x \to a} q^x = q^a$	$\lim\limits_{x \to a} q^x = q^a$

Tabelle 30: Grenzprozesse von q^n, $q \in \mathbb{R}$.

Werte von q	$q \leq -1$	$-1 < q < 1$	$q = 1$	$q > 1$
Grenzprozesse von q^n	Divergenz	$\lim\limits_{n\to\infty} q^n = 0$	$\lim\limits_{n\to\infty} q^n = 1$	$\lim\limits_{n\to\infty} q^n = +\infty$

Tabelle 31: Grenzprozesse von Polynomen $f(x) = b_n x^n + b_{n-1} x^{n-1} + ... + b_1 x^1 + b_0$ vom Grade n mit $b_n \neq 0$.

Werte von n und b_n	$b_n < 0$ n ungerade	$b_n > 0$ n gerade	$b_n < 0$ n gerade	$b_n > 0$ n ungerade
Grenzprozesse	$\lim\limits_{x\to-\infty} f(x) = \lim\limits_{x\to-\infty} b_n x^n = +\infty$		$\lim\limits_{x\to-\infty} f(x) = \lim\limits_{x\to-\infty} b_n x^n = -\infty$	
von $f(x)$ $(a \in \mathbb{R})$	$\lim\limits_{x\to a} f(x) = f(a) = b_n a^n + b_{n-1} a^{n-1} + ... + b_1 a^1 + b_0$			
Werte von b_n	$b_n < 0$		$b_n > 0$	
Grenzprozesse	$\lim\limits_{x\to+\infty} f(x) = \lim\limits_{x\to+\infty} b_n x^n = -\infty$		$\lim\limits_{x\to+\infty} f(x) = \lim\limits_{x\to+\infty} b_n x^n = +\infty$	
von $f(x)$ $(a \in \mathbb{R})$	$\lim\limits_{x\to a} f(x) = f(a) = b_n a^n + b_{n-1} a^{n-1} + ... + b_1 a^1 + b_0$			

Tabelle 32: Grenzprozesse von $x^r \cdot q^x$.

Werte von q	$0 < q < 1$	$q > 1$	$q > 0$
Grenzprozesse von $x^r \cdot q^x$	$\lim\limits_{x\to\infty} x^r \cdot q^x = 0$	$\lim\limits_{x\to\infty} x^r \cdot q^x = +\infty$	$\lim\limits_{x\to-\infty} x^r \cdot q^x = 0$
$(a > 0)$		$\lim\limits_{x\to a} x^r \cdot q^x = a^r \cdot q^a$	

Tabelle 33: Grenzprozesse von $n^r \cdot q^n$.

Werte von q	$q \leq -1$	$0 < |q| < 1$	$q > 1$
Grenzprozesse von q^n	Divergenz	$\lim\limits_{n\to\infty} n^r \cdot q^n = 0$	$\lim\limits_{n\to\infty} n^r \cdot q^n = +\infty$

D   Anhang: Grenzübergang, Konvergenz, bestimmte Divergenz im $\mathbb{R}^2$ und in $\mathbb{C}$.

Tabelle 34: Definition der Konvergenz und bestimmten Divergenz von Folgen aus dem $\mathbb{R}^2$.

Sprechweise	Formale Notation	Definierende Bedingung
$\Big((a_n, b_n)\Big)_I$ konvergiert gegen (a,b) für n gegen ∞, (a,b) ist Grenzwert von $\Big((a_n, b_n)\Big)_I$ für n gegen ∞	$\lim\limits_{n\to\infty}(a_n, b_n) = (a,b)$ $(a_n, b_n) \xrightarrow[n\to\infty]{} (a,b)$	Zu jedem $\varepsilon > 0$ gibt es $n_\varepsilon \in \mathbb{N}$ derart, daß für alle $n \in I$ mit $n \geq n_\varepsilon$ gilt $\sqrt{(a_n - a)^2 + (b_n - b)^2} < \varepsilon.$
$\Big((a_n, b_n)\Big)_I$ strebt gegen $(a, +\infty)$ für n gegen ∞, $\Big((a_n, b_n)\Big)_I$ ist für n gegen ∞ konvergent gegen a in der ersten und bestimmt divergent gegen $+\infty$ in der zweiten Komponente	$\lim\limits_{n\to\infty}(a_n, b_n) = (a, +\infty)$ $(a_n, b_n) \xrightarrow[n\to\infty]{} (a, +\infty)$	Zu jedem $R \in \mathbb{R}$, jedem $\varepsilon > 0$ gibt es $n_{R,\varepsilon} \in \mathbb{N}$ derart, daß für alle $n \in I$ mit $n \geq n_{R,\varepsilon}$ gilt $|a_n - a| \leq \varepsilon, \ b_n \geq R.$

Für alle weiteren Situationen ergeben sich die Konvergenz- und Divergenzdefinitionen durch Analogisierung aus den obigen Definitionen.

Tabelle 35: Definition der Konvergenz und bestimmten Divergenz von Funktionen $f\colon D \to \mathbb{R}$, $D \subset \mathbb{R}^2$.

Sprechweise	Formale Notation	Definierende Bedingung
f konvergiert gegen c für (x,y) gegen (a,b), c ist Grenzwert von f für (x,y) gegen (a,b)	$\lim\limits_{(x,y)\to(a,b)} f(x,y) = c$ $f \xrightarrow[(x,y)\to(a,b)]{} c$	Zu jedem $\varepsilon > 0$ gibt es $\delta > 0$ derart, daß für alle $(x,y) \in D$ mit $\sqrt{(x-a)^2+(y-b)^2} < \delta$ gilt $|f(x,y) - b| < \varepsilon$.
f strebt gegen $+\infty$ für (x,y) gegen (a,b), f ist bestimmt divergent gegen $+\infty$ für (x,y) gegen (a,b)	$\lim\limits_{(x,y)\to(a,b)} f(x,y) = +\infty$ $f \xrightarrow[(x,y)\to(a,b)]{} +\infty$	Zu jedem $R \in \mathbb{R}$ gibt es $\delta > 0$ derart, daß für alle $(x,y) \in D$ mit $\sqrt{(x-a)^2+(y-b)^2} < \delta$ gilt $f(x,y) \geq R$.
f konvergiert gegen c für (x,y) gegen $(a,+\infty)$, c ist Grenzwert von f für (x,y) gegen $(a,+\infty)$	$\lim\limits_{(x,y)\to(a,\infty)} f(x,y) = c$ $f \xrightarrow[(x,y)\to(a,+\infty)]{} c$	Zu jedem $\varepsilon > 0$ gibt es $\delta > 0$, $y_R \in \mathbb{R}$ derart, daß für alle $(x,y) \in D$ mit $|x-a| < \delta$ und mit $y > y_R$ gilt $|f(x,y) - b| < \varepsilon$.
f strebt gegen $+\infty$ für (x,y) gegen $(a,+\infty)$, f ist bestimmt divergent gegen $+\infty$ für (x,y) gegen $(a,+\infty)$	$\lim\limits_{(x,y)\to(a,+\infty)} f(x,y) = +\infty$ $f \xrightarrow[(x,y)\to(a,+\infty)]{} +\infty$	Zu jedem $R \in \mathbb{R}$ gibt es $\delta > 0$, $y_R \in \mathbb{R}$ derart, daß für alle $(x,y) \in D$ mit $|x-a| < \delta$ und mit $y > y_R$ gilt $f(x,y) \geq R$.

Für alle weiteren Situationen ergeben sich die Konvergenz- und Divergenzdefinitionen durch Analogisierung aus den obigen Definitionen.

Tabelle 36: Grenzprozesse von q^n mit komplexer Basis $q \in \mathbb{C}$.

Werte von q	$|q| < 1$	$q = 1$	$|q| > 1$
Grenzprozesse von q^n	$\lim\limits_{n\to\infty} q^n = 0$	$\lim\limits_{n\to\infty} q^n = 1$	Divergenz

E   Anhang: Differentialrechnung bei reellwertigen Funktionen einer reellen Variablen.

In diesem Anhang sind die wichtigsten Definitionen und Aussagen über differenzierbare Funktionen einer reellen Variablen ohne Kommentar zusammengestellt. Zur Motivation der Begriffe und zur Herleitung der Aussagen konsultiere man den zweiten Teil des Skriptums.

E.1   Der Begriff der Differenzierbarkeit.

E.1.1 Definition (Differenzierbarkeit, Ableitung in einem Punkt).   Es sei $B \subset \mathbb{R}$ ein Intervall, $f\colon B \to \mathbb{R}$, $x \in B$.

f heißt genau dann *differenzierbar in x*, wenn der Grenzwert

$$\lim_{z \to x} \frac{f(z) - f(x)}{z - x} \quad = \quad \lim_{\Delta \to 0} \frac{f(x + \Delta) - f(x)}{\Delta} \tag{527}$$

existiert und endlich ist; dieser Grenzwert wird dann mit $f'(x)$ bezeichnet und *Ableitung von f an der Stelle x* genannt.   ●

E.1.2 Definition (Differenzierbarkeit auf einem Bereich).   Es sei $B \subset \mathbb{R}$ ein Intervall, $f\colon B \to \mathbb{R}$.

f heißt genau dann *differenzierbar auf B*, wenn die Ableitung $f'(x)$ für jedes $x \in B$ existiert.

f heißt genau dann *stetig differenzierbar auf B*, wenn f differenzierbar ist auf B und wenn die Ableitung f' stetig ist auf B.   ●

E.1.3 Satz (Differenzierbarkeit und Stetigkeit).   Es sei $B \subset \mathbb{R}$ ein Intervall, $f\colon B \to \mathbb{R}$. Dann gilt:

Die Funktion f ist in jedem Punkte stetig, in dem sie differenzierbar ist.   ●

Es sei $B \subset \mathbb{R}$ ein Intervall, $f\colon B \to \mathbb{R}$. f sei differenzierbar im Punkte $a \in B$. In der cartesischen Koordinatenebene sei für die x-Achse und die y-Achse derselbe Maßstab gewählt. Es sei α der Winkel zwischen der x-Achse und dem Graphen der Funktion f, wobei der Winkel von der positiven x-Achse zur Tangente im entgegengesetzten Uhrzeigersinn gemessen wird. Dann gilt

$$\tan(\alpha) \quad = \quad f'(a). \tag{528}$$

Existiert $f'(x)$ für alle Elemente des Definitionsbereiches B einer Funktion f, so kann die Ableitung als Funktion $f'\colon B \to \mathbb{R}$ aufgefaßt werden. Ist die Funktion f' ihrerseits in einem Punkte $x \in B$ differenzierbar, so bezeichnet man ihre Ableitung mit $(f')'(x) = f''(x)$

und nennt sie die *zweite Ableitung von f in x.* Entsprechend lassen sich weitere höhere Ableitungen definieren. Man schreibt im Falle der Existenz $f^{(1)} = f'$, $f^{(2)} = f''$, $f^{(3)} = f'''$ usw. Häufig werden auch folgende Bezeichnungen verwandt:

$$f' = \frac{\mathrm{d}}{\mathrm{d}x}f = \mathrm{D}f, \quad f'' = \frac{\mathrm{d}^2}{\mathrm{d}x^2}f = \mathrm{D}^2 f, \quad f''' = \frac{\mathrm{d}^3}{\mathrm{d}x^3}f = \mathrm{D}^3 f, \quad \cdots$$

E.2   Differentiationsregeln.

Es seien f, g zwei auf einem geeigneten Intervall $B \subset \mathbb{R}$ definierte Funktionen und es sei $x \in D$ ein Punkt, für den die Ableitungen $f'(x)$ und $g'(x)$ existieren. Dann sind auch die Funktionen $f + g$, $f - g$, $f \cdot g$, $a \cdot f$ $(a \in \mathbb{R})$ differenzierbar in x. Im Falle $g(x) \neq 0$ ist auch die Funktion $\frac{f}{g}$ differenzierbar in x. Die Ableitungen sind durch die folgenden Formeln gegeben:

$$(f + g)'(x) \;=\; f'(x) + g'(x), \quad (f - g)'(x) \;=\; f'(x) - g'(x), \tag{529}$$

$$(f \cdot g)'(x) \;=\; f'(x) \cdot g(x) + f(x) \cdot g'(x), \quad (a \cdot f)'(x) \;=\; a \cdot f'(x), \tag{530}$$

$$\left(\frac{f}{g}\right)'(x) \;=\; \frac{f'(x)g(x) - f(x)g'(x)}{g(x)^2}, \quad \text{falls} \quad g(x) \neq 0. \tag{531}$$

Es sei f eine auf einem Intervall $B \subset \mathbb{R}$ definierte Funktion, g eine auf einem Teilintervall I des Bildes $\{f(x)|x \in B\}$ von B unter f definierte Funktion. Es sei $x \in B$, $y = f(x)$, f sei differenzierbar in x und g sei differenzierbar in y. Dann ist die Verkettung $g \circ f$ differenzierbar in x mit

$$(g \circ f)'(x) \;=\; g'\Big(f(x)\Big)f'(x)\,. \tag{532}$$

Es sei f eine auf einem Intervall $B \subset \mathbb{R}$ definierte injektive Funktion mit Umkehrfunktion $f^{-1}: f^+(B) \to \mathbb{R}$. Es sei $y \in f^+(B)$, $y = f(x)$. f sei differenzierbar in x mit $f'(x) \neq 0$ und f^{-1} sei stetig in y. Dann ist $g = f^{-1}$ differenzierbar in y mit

$$g'(y) \;=\; \frac{1}{f'\Big(f^{-1}(y)\Big)} \;=\; \frac{1}{f'(x)}\,. \tag{533}$$

E.3   Die Ableitung wichtiger Funktionen.

Die konstante Funktion $f: \mathbb{R} \to \mathbb{R}$ mit $f(x) = c$ ist differenzierbar auf ihrem gesamten Definitionsbereich $\mathbb{R}$ mit

$$f'(x) \;=\; \frac{\mathrm{d}}{\mathrm{d}x}c \;=\; 0. \tag{534}$$

Abbildung 87: Graph der Funktion $f(x) = 2x - 1$ und ihrer Ableitung $f'(x) = 2$ auf $[-1.5; 3.5]$.

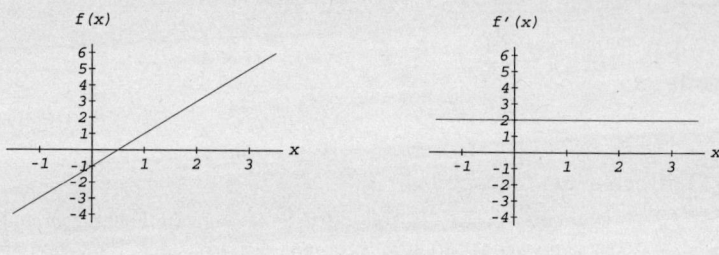

Abbildung 88: Graph des Polynoms $p(x) = x^3 - 3.5x^2 + 4.5$ und seiner Ableitung $p'(x) = 3x^2 - 7x$ auf $[-1.5; 3.5]$.

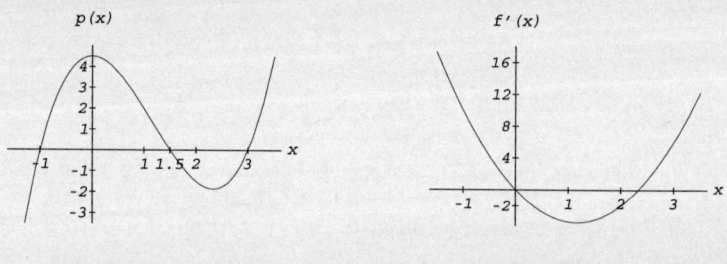

Die lineare Funktion $f: \mathbb{R} \to \mathbb{R}$ mit $f(x) = ax + b$ ist differenzierbar auf ihrem gesamten Definitionsbereich $\mathbb{R}$ mit

$$f'(x) = \frac{\mathrm{d}}{\mathrm{d}x}(ax + b) = a. \tag{535}$$

Zur Illustration siehe die Abbildung 87.

Ein Polynom $p: \mathbb{R} \to \mathbb{R}$ mit $p(x) = a_n x^n + a_{n-1} x^{n-1} + \ldots + a_1 x^1 + a_0$ ist differenzierbar auf seinem gesamten Definitionsbereich $\mathbb{R}$ mit

$$p'(x) = \frac{\mathrm{d}}{\mathrm{d}x}(a_n x^n + a_{n-1} x^{n-1} + \ldots + a_1 x^1 + a_0) =$$

$$n a_n x^{n-1} + (n-1) a_{n-1} x^{n-2} + \ldots + + a_1. \tag{536}$$

Zur Illustration siehe die Abbildung 88.

Die Potenzfunktion $f: (0; +\infty) \to \mathbb{R}$, $f(x) = x^q$ mit Exponent $q \in \mathbb{R}$ ist differenzierbar auf ihrem gesamten Definitionsbereich $(0; +\infty)$ mit

Abbildung 89: Graph der Funktion $f(x) = x^{2/3}$ und ihrer Ableitung $f'(x) = \frac{2}{3x^{1/3}}$ auf $[0.1; 5.5]$.

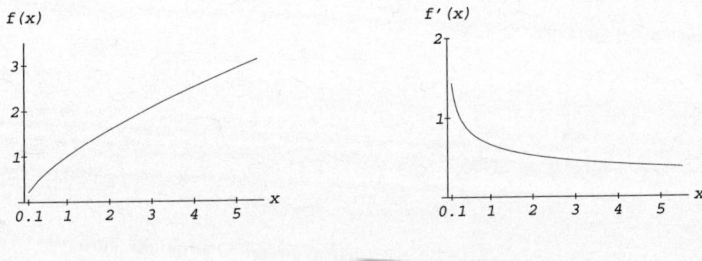

Abbildung 90: Graph der Exponentialfunktion exp und ihrer Ableitung $\exp' = \exp$ auf $[-1.2; 3.5]$.

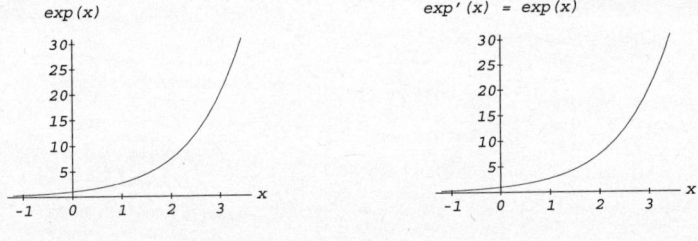

$$f'(x) \;=\; \frac{\mathrm{d}}{\mathrm{d}x}\, x^q \;=\; q x^{q-1}. \tag{537}$$

Zur Illustration siehe die Abbildung 89.

Die Exponentialfunktion exp, die Sinusfunktion sin und die Cosinusfunktion cos sind differenzierbar auf ihrem Definitionsbereich $\mathbb{R}$ mit

$$\exp' = \exp, \qquad \sin' = \cos, \qquad \cos' = -\sin. \tag{538}$$

Zur Illustration siehe die Abbildungen 90, 91 und 92.

Die Logarithmusfunktion ln ist differenzierbar auf ihrem Definitionsbereich $(0; +\infty)$ mit

$$\ln'(x) \;=\; \frac{1}{x}. \tag{539}$$

Zur Illustration siehe die Abbildung 93.

Abbildung 91: Graph der Sinusfunktion sin und ihrer Ableitung   sin' = cos   auf $[-2.25\pi; 2.25\pi]$, wobei $p = \pi$.

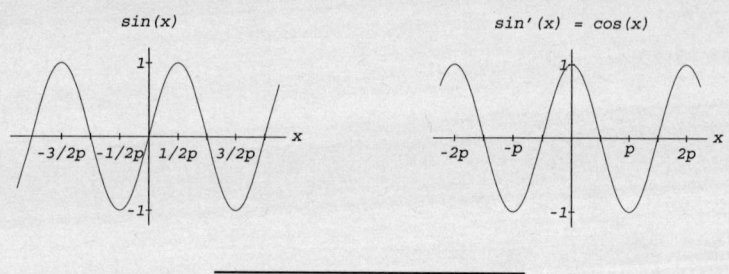

Abbildung 92: Graph der Cosinusfunktion cos und ihrer Ableitung   cos' = −sin   auf $[-2.25\pi; 2.25\pi]$, wobei $p = \pi$.

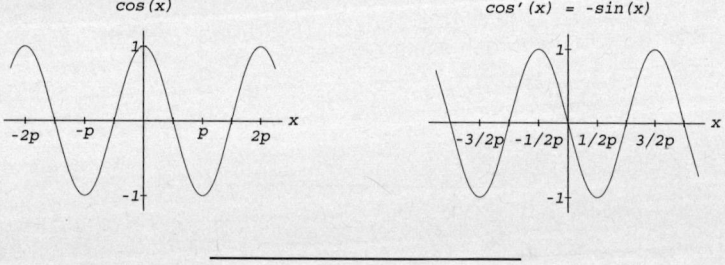

Abbildung 93: Graph der Logarithmusfunktion ln und ihrer Ableitung $\ln'(x) = \frac{1}{x}$ auf $[0.1; 5.5]$.

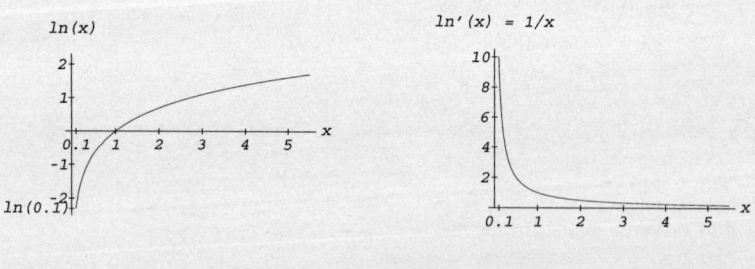

E.4   Untersuchung differenzierbarer Funktionen auf Monotonie, Extremwerte und Wendepunkte.

E.4.1 Satz (Monotoniekriterien). Es sei $I \subset \mathbb{R}$ ein Intervall, $f: I \to \mathbb{R}$ stetig, f differenzierbar auf dem Inneren $\overset{\circ}{I}$ von I.

(a) f ist genau dann monoton wachsend auf I, wenn $f'(x) \geq 0$ für jedes $x \in \overset{\circ}{I}$.

   Gilt $f'(x) > 0$ für jedes $x \in \overset{\circ}{I}$, so ist f streng monoton wachsend auf I.

(b) f ist genau dann monoton fallend auf I, wenn $f'(x) \leq 0$ für jedes $x \in \overset{\circ}{I}$.

   Gilt $f'(x) < 0$ für jedes $x \in \overset{\circ}{I}$, so ist f streng monoton fallend auf I.

(c) f ist genau dann konstant auf I, wenn $f'(x) = 0$ für jedes $x \in \overset{\circ}{I}$.   •

E.4.2 Satz (Kriterien für relative Extremalstellen).   Es sei $I \subset \mathbb{R}$ ein offenes Intervall, $f: I \to \mathbb{R}$ differenzierbar auf I, $a \in I$.

(a)   **Notwendige und hinreichende Bedingung für relative Maximalstelle.**
   a ist genau dann relative Maximalstelle von f, wenn gilt:

$$\text{Es gibt ein } \varepsilon > 0 \text{ mit } \begin{cases} f'(x) \geq 0 & \text{für } a - \varepsilon < x < a, \\ f'(a) = 0, \\ f'(x) \leq 0 & \text{für } a < x < a + \varepsilon. \end{cases} \tag{540}$$

(b)   **Notwendige und hinreichende Bedingung für relative Minimalstelle.**
   a ist genau dann relative Minimalstelle von f, wenn gilt:

$$\text{Es gibt ein } \varepsilon > 0 \text{ mit } \begin{cases} f'(x) \leq 0 & \text{für } a - \varepsilon < x < a, \\ f'(a) = 0, \\ f'(x) \geq 0 & \text{für } a < x < a + \varepsilon. \end{cases} \tag{541}$$

(c)   **Notwendige Bedingung für relative Extremalstelle.**   Ist a eine relative Extremalstelle von f, so ist a *kritischer Punkt* von f, d.h. $f'(a) = 0$.

(d)   **Hinreichende Bedingung für relative Maximalstelle.**   Ist f zweimal differenzierbar auf I, so gilt:
   Ist a ein kritischer Punkt von f, d.h. $f'(a) = 0$, und ist $f''(a) < 0$, so ist a eine relative Maximalstelle von f.

347

(e)   Hinreichende Bedingung für relative Minimalstelle.   Ist f zweimal differenzierbar auf I, so gilt:

Ist a ein kritischer Punkt von f, d.h. $f'(a) = 0$, und ist $f''(a) > 0$, so ist a eine relative Minimalstelle von f.   •

Man beachte, daß durch Satz E.4.2 nur *relative* Extremalstellen auf *offenen* Intervallen erfaßt werden. Bei der Untersuchung auf relative Extremalstellen auf beliebigen Intervallen bestimmt man zunächst die relativen Extremalstellen im Inneren des Intervalls. Um die relativen Extremalstellen auf dem gesamten Intervall und die *absoluten* Extremalstellen zu bestimmen, sind zusätzlich die Werte der Funktion auf den Rändern des Intervalls, häufig in Form von Grenzwerten, in Betracht zu ziehen.

E.4.3 Satz (Krümmungsverhalten).   Es sei $I \subset \mathbb{R}$ ein Intervall, $f \colon I \to \mathbb{R}$ stetig, f differenzierbar auf dem Inneren $\overset{\circ}{I}$ von I.

(a)   Charakterisierung der Konvexität. Es sind gleichwertig:

(i) f ist konvex auf I.

(ii) f' ist monoton wachsend auf dem Inneren $\overset{\circ}{I}$ von I.

Ist f zweimal differenzierbar auf dem Inneren $\overset{\circ}{I}$ von I, so ist weiterhin gleichwertig zu (i) und (ii): $f''(x) \geq 0$ für alle $x \in \overset{\circ}{I}$.

(b)   Charakterisierung der Konkavität. Es sind gleichwertig:

(i) f ist konkav auf I.

(ii) f' ist monoton wachsend auf dem Inneren $\overset{\circ}{I}$ von I.

Ist f zweimal differenzierbar auf dem Inneren $\overset{\circ}{I}$ von I, so ist weiterhin gleichwertig zu (i) und (ii):   (iii) $f''(x) \leq 0$ für alle $x \in \overset{\circ}{I}$.

(c)   Hinreichende Bedingungen für strenge Konvexität.

(i)   Ist f' streng monoton wachsend auf dem Inneren $\overset{\circ}{I}$ von I, so ist f streng konvex auf I.

(ii)   Ist f zweimal differenzierbar auf dem Inneren $\overset{\circ}{I}$ von I, so gilt:

Ist $f''(x) > 0$ für alle $x \in \overset{\circ}{I}$, so ist f streng konvex auf I.

(d)   Hinreichende Bedingungen für strenge Konkavität.

(i)   Ist f' streng monoton fallend auf dem Inneren $\overset{\circ}{I}$ von I, so ist f streng konkav auf I.

(ii)   Ist f zweimal differenzierbar auf dem Inneren $\overset{\circ}{I}$ von I, so gilt:

Ist $f''(x) < 0$ für alle $x \in \overset{\circ}{I}$, so ist f streng konkav auf I.   •

Die Punkte, in denen die Funktion von Konvexität in Konkavität übergeht oder umge-kehrt, werden als *Wendepunkte* bezeichnet. Nach Satz E.4.3 sind die Wendepunkte als die Vorzeichenwechsel der zweiten Ableitung erkennbar. Genaue Kriterien sind im folgenden Satz enthalten.

E.4.4 Satz (Wendepunkte).   Es sei $I \subset \mathbb{R}$ ein Intervall, f zweimal differenzierbar auf dem Inneren $\overset{\circ}{I}$ von I mit stetiger zweiter Ableitung f''. Es sei $a \in \overset{\circ}{I}$.

(a)   Charakterisierung der Wendepunkte. Es sind gleichwertig:

(i) a ist Wendepunkt von f.

(ii) a ist relative Extremalstelle von f'.

(b)   Notwendige Bedingung für einen Wendepunkt. Ist a Wendepunkt von f, so ist $f''(a) = 0$.

(c)   Hinreichende Bedingung für einen Wendepunkt. Ist f dreimal differenzierbar auf dem Inneren $\overset{\circ}{I}$ von I, und ist $f'''(a) \neq 0$, so ist a Wendepunkt von f.   •

Literatur.

Allen, R. G. D. (1959) Mathematical Economics. McMillan & Co., London.

Barner, M., Flohr, F. (1974) Analysis I. Walter de Gruyter, Berlin, New York.

Basler, H. (1994) Statistische Methodenlehre. 10. Auflage. Physica-Verlag, Heidelberg.

Batschelet, E. (1980) Einführung in die Mathematik für Biologen. Springer-Verlag, Heidelberg.

Becker, P. (1982) "Patterns in listings of failure-rate and MTTF values and listings of other data". IEEE Transactions on Reliability R-31, pp. 132-134.

Denford, F. (1938) "The Law of Anomalous Numbers". Proceedings of the American Philosophical Society, Vol. 78, No. 4, pp. 551-572

Bentham, J. (1962) The Works of Jeremy Bentham. 11 volumes. Edited by J. Bowring, Russel, New York.

Böhm-Bawerk, E. (1886) Grundzüge der Theorie des wirtschaftlichen Güterwertes. Jahrbücher für Nationalökonomie und Statistik, dreizehnter Band. Verlag von Gustav Fischer, Jena.

Boncompagni, B. (1852) Della vita e delle opere di Leonardo Pisano, matematico del secolo decimoterzo. Rom.

Bosch, A. (1987) Übungs- und Arbeitsbuch (Mathematik für Ökonomen) R. Oldenbourg Verlag, München, Wien.

Bosch, A. (1988) Brückenkurs Mathematik. R. Oldenbourg Verlag, München, Wien.

Bosch, A. (1994) Mathematik für Wirtschaftswissenschaftler. 9. Auflage. R. Oldenbourg Verlag, München, Wien.

Bronstein, I.N., Semendjaev, K.A., Muisol, G., Mühlig, H. (1993) Taschenbuch der Mathematik. Verlag Harri Deutsch, Thun, Frankfurt am Main.

Buck, B., Merchant, A., und Perez, S. (1993) "An illustration of Benford's first digit law using alpha decay half lives". Eur. J. Phys., Vol. 14, pp. 59-63.

Burke, J., und Kincanon, E. (1991) "Benford's law and physical constants: The distribution of initial digits". Am. J. Phys., Vol. 59, p. 952.

De Ceuster, M. J. K., Dhaene, G., und Schatteman, T. (1998). "On the hypothesis of psychological barriers in stock markets and Benford's law". Journal of Empirical Finance, Vol. 5, No. 3, pp. 263-279.

Diener, E., Emmons, R. A., Larsen, R. J., und Griffin, S. (1985) "The Satisfaction with Life Scale". Journal of Personality Assessment, Vol. 49, No. 1, pp. 71-75.

Domar, E. D. (1946) "Capital Expansion, Rate of Growth, and Employment". Econometrica, pp. 137-147.

Durtschi, C., Hillison, H., und Pacini, C. (2004) "The Effective Use of Benford's Law to Assist in Detecting Fraud in Accounting Data". Journal of Forensic Accounting, Vol. 5, pp. 17-34.

Eigen, M. (1988) Perspektiven der Wissenschaft. Deutsche Verlags-Anstalt, Stuttgart.

Edgeworth, F. Y. (1881) Mathematical Psychics: An Essay on the Application of Mathematics to the Moral Sciences. Kelley, New York.

Galiani, F. (1750) Della moneta. Reprint 1915, herausgegeben von F. Nicolini, Laterza, Bari.

Geyer, C. L., und Williamson, P. P. (2004) "Detecting Fraud in Data Sets Using Benford's Law". Communications in Statistics: Simulation and Computation, Vol. 33, No. 1, pp. 229-246.

Giles, D. E. (2006). "Benford's law and naturally occurring prices in certain ebaY auctions". Econometrics Working Paper EWP0505, University of Victoria, Department of Economics.

Gossen, H. H. (1854) Entwicklung der Gesetze des menschlichen Verkehrs und der daraus fließenden Regeln für menschliches Handeln. Vieweg-Verlag, Braunschweig.

Gradshteyn, I. S., und Ryzhik, I. M. (1994) Tables of Integrals, Series, and Products. Academic Press, San Diego.

Hand, D. J., Daly, F., Lunn, A. D., McConway, K. J., und Ostrowski, E. (1994) A Handbook of Small Data Sets. Chapman & Hall, New York.

Harrod, R. F. (1939) "An Essay in Dynamic Theory". Economic Journal 49, pp. 14-33.

Harrod, R. F. (1948) Towards a Dynamic Economics. Macmillan & Co., London.

Hart, M. C. (1996) "Improving the Discrimination of SERVQUAL by Using Magnitude Scaling". In: Total Quality Management in Action, edited by G. K. Kanji. Chapman & Hall, London.

Hill, T. P. (1999) "The difficulty of faking data". Chance, Vol. 12, No. 3, pp. 27-30.

Jevons, W. S. (1888) The Theory of Political Economy. Third edition (first published 1871) Macmillan & Co., London.

Kraft, C. H. Pratt, J. W., und Seidenberg, A. (1959) "Intuitive Probability on Finite Sets". The Annals of Mathematical Statistics, Vol. 30, pp. 408-419.

Knuth, D. (1969) The Art of Computer Programming, Vol. 2. Addison-Wesley, New York.

Lakshmikantham, V., Trigante, D. (1988) Theory of Difference Equations: Numerical Methods and Applications. Academic Press, San Diego, London.

Ley (1996) "On the peculiar distribution of the U. S. Stock Indices First Digits". The American Statistician, Vol. 50, No. 4, pp. 311-314.

Likert, R. (1932) "A Technique for the Measurement of Attitudes". Journal of Social Psychology, Vol. 5, pp. 228-238.

Lodge,M. (1981) "Magnitude Scaling". Sage University Paper Series on Quantitative Applications in the Social Sciences, 07-025, Sage Publications, Beverly Hills and London.

McCulloch, J. H. (1977) "The Austrian Theory of the Marginal Use and of Ordinal Marginal Utility". Zeitschrift für Nationalökonomie, Vol. 37, No. 3-4, pp. 249-280.

Menger, C. (1871) Grundsätze der Volkswirtschaftslehre. Neuabdruck in: Gesammelte Werke, Band 1. Herausgegeben von F. A. Hayek. J. C. B. (Paul Mohr), Tübingen 1968.

Menger, K. (1973) "Austrian Marginalism and Mathematical Economics". In: Carl Menger and the Austrian School of Economics, herausgegeben von J. R. Hicks und W. Weber, Clarendon Press, Oxford.

Newcomb, S. (1881) "Note on the Frequency of Use of the Different Digits in Natural Numbers". Amer. J. Math., Vol. 4, pp. 39-40.

Nigrini, M. J. (1996) "A taxpayer compliance application of Benfords law". Journal of the American Taxation Association, Vol. 18 , pp. 72-91.

Parasuraman, A., Zeithaml, V. A., und Berry, L. L. (1985) "SERVQUAL: A Multiple-Item Scale for Measuring Consumer Perceptions of Service Quality". Journal of Retailing, Vol. 64, No. 1, pp. 12-40.

Parasuraman, A., Zeithaml, V. A., und Berry, L. L. (1988) "A Conceptual Model for Service Quality and Its Implication for Future Research". Journal of Marketing, pp. 41-50.

Pareto, V. (1896, 1897) Cours d'économie politique. Lausanne.

Pietronero, L., Tossati, E., Tossati V., and Vespignani, A. (2001) "Explaining the uneven distribution of numbers in nature: the laws of Benford and Zipf". Physica A 293, pp. 297-304.

Samuelson, P. A. (1939) "Interaction between the Multiplier Analysis and the Principles of Acceleration". Review of Economics and Statistics, 21, pp. 75-78.

Scott, P. D., und Fasli M. (2001) "Benford's Law: An empirical investigation and a novel explanation". CSM Technical Report 349, University of Essex.

Sen, A. (1982) Choice, Welfare, and Measurement. MIT Press, Cambridge, Massachusetts.

Solow, R. M. (1956) "A Contribution to the Theory of Economic Growth". Quarterly Journal of Economics, Vol. 70, pp. 64-95.

Sydsæter, K., Hammond, P. (2003) Mathematik für Wirtschaftswissenschaftler. Pearson

Studium, München.

Unger, F. (1999) "Einstellungsforschung". Seiten 609-624 in: Moderne Marktforschungspraxis. Handbuch für mittelständische Unternehmen. Herausgegeben von W. Pepels. Luchterhand Verlag, Neuwied.

van Praag, B. M. S. (1999) "Ordinal and Cardinal Utility". Journal of Econometrics, Vol. 50, pp. 69-89.

Varian, H. R. (1972) "Benford's Law". The American Statistician, Vol. 26, pp. 65-66.

Varian, H. R. (2001) Grundzüge der Mikroökonomik. 5. Auflage. R. Oldenbourg Verlag, München, Wien.

Vogt, H. (1988) Einführung in die Wirtschaftsmathematik. 6. Auflage. Physica-Verlag, Heidelberg.

Watson, D., Clark, L., und Tellegen, A. (1988) "Development and Validation of Brief Measures of Positive and Negative Affect: The Panas Scales". Journal of Personality and Social Psychology, Vol. 54, No. 6, pp. 1063-1070.

Weibull, W. (1939a) "A Statistical Theory of the Strength of Material". Ingeniörs Vetenskaps Akademiens Handligar, Report No. 153, Stockholm.

Weibull, W. (1939b) "The Phenomenon of Rupture in Solids". Ingeniörs Vetenskaps Akademiens Handligar, Report No. 151, Stockholm.

von Wieser, F. (1884) Über den Ursprung und die Hauptgesetze des wirthschaftlichen Werthes. A. Hölder, Wien. Reprint 1968, Sauer & Auvermann, Frankfurt am Main.

Index